Forest Hydrology
Processes, Management and Assessment

森林水文——过程、管理与评价

〔美〕德文德拉·M. 阿玛蒂亚（Devendra M. Amatya）
〔美〕托马斯·M. 威廉姆斯（Thomas M. Williams） 编
〔澳〕利昂·布伦（Leon Bren）
〔法〕卡门·德容（Carmen de Jong）

段 凯 林玉茹 孙 阁 译

科学出版社
北 京

图字：01-2022-0542 号

内 容 简 介

本书广泛收录了世界知名的教授学者、工程技术专家与管理决策人员在森林水文理论、技术、管理与应用等方面的研究成果，内容涵盖了从苔原、泰加林、高海拔山林到热带森林等不同气候与植被环境的森林水文研究，汇集了极端事件、野火、滑坡、气候变化等自然与人为干扰对下垫面过程影响的最新成果。

本书可供生态水文、水资源工程、林学、土地资源管理、气候气象等相关领域的科研、技术、管理人员与高校相关专业的师生阅读使用，书中的森林水文基本理论可为当代森林水文过程研究、流域管理、环境影响评估等提供参考。

First published by CAB International in UK in the year 2016.

© CAB International and USDA，2016. All rights reserved. No part of this publication may be reproduced in any form or by any means，electronically，mechanically，by photocopying，recording or otherwise，without the prior permission of the copyright owners.

图书在版编目（CIP）数据

森林水文：过程、管理与评价／（美）德文德拉·M. 阿玛蒂亚（Devendra M. Amatya）等编；段凯，林玉茹，孙阁译. —北京：科学出版社，2022.10

书名原文：Forest Hydrology: Processes, Management and Assessment

ISBN 978-7-03-073306-1

Ⅰ.①森… Ⅱ.①德… ②段… ③林… ④孙… Ⅲ.①森林水文学—研究 Ⅳ.①S715-3

中国版本图书馆 CIP 数据核字（2022）第 181837 号

责任编辑：彭婧煜 冷 玥／责任校对：张亚丹
责任印制：张 伟／封面设计：刘 静

科学出版社 出版
北京东黄城根北街 16 号
邮政编码：100717
http://www.sciencep.com

北京建宏印刷有限公司 印刷
科学出版社发行 各地新华书店经销

*

2022 年 10 月第 一 版　开本：720×1000　1/16
2023 年 3 月第二次印刷　印张：21 3/4　插页：3
　　　　　　　　　　　　字数：440 000

定价：148.00 元
（如有印装质量问题，我社负责调换）

译 者 序

今天中华大地上正在以生态文明建设为指导，走可持续发展道路，加快建设美丽中国。这为生态水文学的快速发展提供了契机，也提出了挑战。生态水文学作为一门新兴学科，对正确理解和量化评价植被恢复的生态服务功能，为中国大面积荒山绿化、生态恢复提供科学依据具有重要作用。

森林水文学是一门研究森林生态系统与水循环相互作用的科学。森林水文学先驱们最开始研究的重点是森林植被变化对洪水过程的影响，已有近一个世纪的历史。如果说生态水文学是探讨生态过程与水文过程的相互作用，那么森林水文学即是当代生态水文学的雏形。欧美环境保护者关注森林的水文（洪水、泥沙）、气象（森林降水）作用起源于19世纪70年代的第二次工业革命。第二次工业革命带来了森林锐减、严重的水土流失、空气污染、酸雨等环境问题。森林水文研究在北美20世纪60年代已日趋成熟，主要标志是1965年在宾夕法尼亚州召开的第一届国际森林水文学研讨会（The First International Symposium on Forest Hydrology）。在那次划时代的会议上，一些欧洲国家及美国、日本、澳大利亚等国的森林水文学奠基者们系统总结了森林水文研究成果，预示了之后半个世纪的研究方向。的确，之后世界各地森林水文学发展方兴未艾，逐步成为高等学校林学和流域综合管理专业的基础学科。21世纪的今天，人类面对的环境挑战与百年前不可同日而语。气候变化、城市化、水资源短缺等使得森林生态服务功能的重要性更显突出。国际上森林水文研究领域不断拓展和深入，研究内容已从过去局限于营林对河流水质水量的影响，到今天拓宽至极端气候和土地利用变化对人类水资源供给的评价与未来预测、森林碳水耦合、新环境下森林水分运动和反馈规律等。研究手段从过去径流小区或小流域"配对实验"到今天大流域乃至区域尺度遥感应用和计算机模拟仿真；研究范式也从过去的"黑匣子"式的研究到今天研究水分在土壤-植被-大气连续体机理运动转变。

中国人民历来对森林的水文作用都存有敬畏和美好的感情。从古代"天人合一"的哲学思想、富有特色的山水画到当代"山水林田湖草是生命共同体"的系统思想，都体现了大众对人、森林、水紧密关系的重要认识。然而中国森林水文研究起步较晚。中国林业科学研究院和四川省林业科学研究院虽在20世纪60年代就在岷江上游开展了采伐暗针叶林对产流的影响的研究，进行了开创性的研究，可惜由于"文化大革命"没有得到持续。20世纪80年代改革开放为中国森林水文研究带来了春风。中国林业科学研究院、北京林业大学、东北林业大学、中国科学院地理科学与资源研究所等高校和研究机构逐步恢复森林水文学方面的研究和人才培养，使中国与日本、美国、德国、奥地利等国家的交流成为可能。一件值得纪念的事件是 1987 年 8 月由联合国教科文组织人与生物圈计划（Man and the Biosphere Programme）发起的在哈尔滨举行的国际森林水文学研讨会。会议总结评价了中国的森林水文研究，会后由美国国务院赞助亚利桑那大学在 1990 年编辑了英文论文集，记录了历史上第一次中美森林水文研究人员面对面的交流过程，意义深远。这次研讨会后，国内森林水文学家们在 1993 年出版了《森林水文学》一书（马雪华主编），系统总结了中国森林水文学发展过程和研究成果。

1998 年长江特大洪水的沉痛教训迫使人们反思江河上游的森林经营问题。中央政府痛定思痛，从 20 世纪 90 年代末开始下大力气实施大规模退耕还林还草工程与天然林保护工程。这一时期中国森林水文研究开始向西方生态系统研究网络看齐，采用定位站点观测，在开始收集第一手野外资料的同时，结合遥感技术和监测史料开始森林水文规律研究。中国森林水文研究在过去二十年高速发展，尤其是干旱和半干旱地区重点流域生态水文研究取得国际瞩目成绩。2006 年，在国内外华人森林水文学者积极倡导下，第一届"变化环境下森林与水国际研讨会"在北京举行，会后由美国水资源协会杂志出版了《中国森林水文研究》专刊，在国际上系统介绍了中国森林水文研究成果。"变化环境下森林与水国际研讨会"也成了国际上三年一次的森林水文学的系列研讨会，到 2022 年为止已在中国、美国、日本、加拿大和智利举办了五次，每次都有相应专刊通过 *Ecohydrology*，*Hydrological Processes*，*Forests* 等国际学术期刊出版。可喜的是，最近几年中国生态学学会又新成立了生态水文、流域生态两个专业委员会，促进了森林与水关系的研究和知识普及。

纵观中国森林水文学短暂的发展历史，可以说，我们与美国、澳大利亚、日本的森林水文研究和教学还有很大的差距。比如中国至今为止还没有严格的小流域配对实验观测，植被变化研究都基于径流小区，缺乏流域产汇流机理性研究。有径流观测的流域一般面积较大，主要用于防洪预报，不是监测土地利用变化对水资源的影响。河川径流历史数据还没有完全为大众免费开放，用于科学研究和教育与资源管理。为与当前国家退耕还林还草等植被生态建设需求相匹配，中国森林水文研究任重道远。

正是在这样的背景下，我们翻译了《森林水文——过程、管理与评价》（*Forest Hydrology*: *Processes*，*Management and Assessment*）一书，希望能为国内森林水文工作者提供参考。该书的编辑和各章的作者都是当前活跃在国际森林水文界的著名专家和学者，遍布世界重要研究机构。该书第 1 章首先对森林水文学的研究历史做了介绍，最后一章（17 章）提出该学科的发展方向和应对未来的挑战。2—16 章的内容涵盖了森林水文的所有过程，包括降雨截留、蒸散、入渗、地表产流、地下径流等。由于森林水文过程的多样性，书中对不同气候带，如热带、寒带（俄罗斯西伯利亚地区），或独特的水文区，如降雪控制的山区（北美洲落基山、欧洲阿尔卑斯山）、平坦的森林湿地（美国东南海岸平原）分别举例论述，对美国不同气候带未干扰参证流域的长期水量平衡进行了总结。同时，对森林管理、野火、气候变化等因素对森林水量与水质的影响进行了综述。在研究方法上，有两章专门介绍了在大流域如何采用时间序列统计学方法确定森林变化的水文影响和如何使用遥感手段管理流域水土植被资源。北美有关森林水文的教科书从 20 世纪 80 年代初开始不断涌现，多为林业院校所采用。与其他森林水文学书籍不同的是，该书作者具有国际视角，书的内容反映了国际上较新的研究成果。事实上，由于读者需求，该书的英文版再版正在酝酿之中。

中国改革开放四十余年是中国经济社会高速发展的四十余年，科技进步在其中也起到了很大的作用。走出去，请进来，不断与同行交流，汲取全人类文明的精华，是中国今后从科学大国走向科学强国的必由之路。有理由相信，该译文的出版能够对中文读者尽快了解森林水文学的发展现状，正确理解和使用森林水文学基本概念和原理，并用于中国大面积生态恢复实践起到重要的推动作用。

孙　阁
二〇二二年九月

原 书 序

最早的森林水文学论著是约翰·D. 休利特（John D. Hewlett）与韦德·L. 纳特（Wade L. Nutter）（美国佐治亚大学）于 1969 年在欧洲出版的《森林水文学原理》(*Principles of Forest Hydrology*)，随后 G. 米切里希（G. Mitscherlich）于 1971 年出版了《森林、生长与环境——森林气象与森林水文》(*Wald, Wachstum und Umwelt: Waldklima und Wasserhaushalt*，德国绍尔兰出版社）。自此以后，森林水文学的基本理论在 20 世纪得到了长足的发展。然而，森林下垫面、土地利用与管理、各种自然与人为因素对森林的干扰均已发生了剧烈变化，且仍处于不断变化之中。因此，近年来有越来越多的学者开始关注森林水文学的研究，包括森林水文过程与土地利用和变化环境的交互作用、气候变化下森林水文对生态系统功能的影响，以及相关理论在流域尺度的应用等，而电子计算机、传感器、信息技术的迅速发展促进了这一趋势。1991 年，彼得·E. 布莱克（Peter E. Black）出版了《流域水文学》(*Watershed Hydrology*，普伦蒂斯霍尔出版社）；2000 年，巴特（Buttle）等人在《水文过程》(*Hydrological Processes*) 期刊组织了一期针对加拿大森林水文研究进展的专刊；2003 年，张明德（Mingteh Chang）出版了《森林水文学：水与森林》(*Forest Hydrology: An Introduction to Water and Forests*，美国 CRC 出版社）；2008 年，孙阁等人在美国水资源协会会刊（*Journal of the American Water Resources Association*）出版了一期关于中国森林水文研究的专刊；2011 年，D. L. 莱维亚（D.L. Levia）、D. 克莱尔莫斯（D. Carlyle-Moses）与 T. 田中（T. Tanaka）编辑出版了《森林水文与生物地球化学》(*Forest Hydrology and Biogeochemistry*，斯普林格出版社），侧重于水文学与生物地球化学过程的联系；2014 年，本书的编撰作者之一利昂·布伦（Leon Bren）出版了《森林水文与流域管理：澳大利亚视角》(*Forest Hydrology and Catchment Management: An Australian Perspective*，斯普林格出版社），该书致力于为相关领域的研究生与土地管理者提供参考。

鉴于森林水文学大量的最新理论、数据、信息主要见于期刊和会议论文、教材以及技术报告，英国 CABI 出版社的组稿编辑维奇·博纳姆（Vicki Bonham）认为有必要出版一部新的森林水文学专著，并邀请了美国农业部林务局的德文德拉·M. 阿玛蒂亚（Devendra M. Amatya）博士承担这一工作。在 2015 年初，德文德拉·M. 阿玛蒂亚博士与克莱姆森大学的托马斯·M. 威廉姆斯（Thomas M. Williams）教授、墨尔本大学的利昂·布伦教授、斯特拉斯堡大学的卡门·德容

（Carmen de Jong）教授一起组成了本书的编纂团队。

本书的独特之处在于广泛收录了世界知名的学者、工程技术专家与管理决策人员关于森林水文理论、管理与应用等不同方面的研究成果。本书共包含17章内容，其中2—4章、6—8章、12—16章涵盖了从苔原、泰加林、高海拔山林到热带森林等不同气候与植被环境下的森林水文研究，汇集了极端事件（如飓风、洪水、干旱）、野火、滑坡、气候变化等自然与人为干扰对下垫面过程影响的最新研究成果。第1章与第12章综述了森林管理的水文效应研究；第11章探讨了将小流域研究成果升尺度至大流域时的统计方法与存在的问题；9—10章则论述了数值模型与地理空间技术在空间尺度与不确定性分析、土地利用变化等干扰的影响评估中的应用；第5章探讨了欧洲视角下的森林水文研究。编者对以上各章的作者与合作者致以诚挚谢意，我们相信尽管本书无法覆盖全球所有环境与生态系统内的森林水文过程，但仍具有较强的代表性。最后，第17章总结了各种生物群落中森林水文过程的要点，展望了21世纪环境变化背景下森林水文学的研究方向。本书中"流域"（watershed）与"集水区"（catchment）两个概念可互换，以便于读者理解。编者感谢本书的审稿人所提出的宝贵的建设性意见，这些意见显著提升了本书的质量。

四位编者与各章作者、审稿人、相关专家、CABI出版团队的共同努力促成了本书的完成，本书可供相关领域的科研、技术、管理人员与高校相关专业的师生阅读，书中的森林水文基本理论可为当代森林水文过程研究、流域管理、环境影响评估等提供参考。

感谢美国农业部林务局的莫林·斯图尔特（Maureen Stuart）及其编辑团队在其中两章内容的编写中提供的帮助，感谢阿扎尔·阿玛蒂亚（Azal Amatya）帮助准备本书的内容列表，感谢Weyerhaeuser公司的杰米·勒特利斯（Jami Nettles）赞助了本书中的彩图印刷。最后，感谢CABI出版社前组稿编辑维奇·博纳姆邀请我们编写本书，感谢现任副主编亚历山大德拉·莱恩斯伯里（Alexandra Lainsbury）在本书完成过程中提供的帮助，感谢现任组稿编辑（Ward Cooper）与所有参与本书出版工作的CABI工作人员。

德文德拉·M.阿玛蒂亚，博士，项目主管
托马斯·M.威廉姆斯，博士
利昂·布伦，博士
卡门·德容，博士

目 录

译者序
原书序

1 森林水文学导论 ·· 1
  1.1 什么是森林水文学？ ··· 1
  1.2 森林水文学的发展 ·· 1
    1.2.1 历史前身 ··· 1
    1.2.2 水文迷思时代 ··· 2
    1.2.3 小流域观测时代 ·· 3
    1.2.4 巨大的进步：配对流域实验 ·· 3
    1.2.5 迅速增加的配对流域实验 ·· 4
    1.2.6 "闭合"水量平衡 ··· 6
    1.2.7 寻找实验替代方案 ··· 7
    1.2.8 掌握流域的径流动态 ··· 7
    1.2.9 水文过程线分析——"绝望的水文学家的最后一招" ················ 8
    1.2.10 森林火灾和流域水文学 ··· 11
    1.2.11 集成时代和布德科（Budyko）公式时代 ······························· 12
  1.3 森林水文学所面临的挑战 ·· 13
    1.3.1 0.8 的诅咒 ··· 13
    1.3.2 我们注定要依靠经验主义才能有预测能力吗？ ························ 14
    1.3.3 气候变化与森林水文学 ··· 14
    1.3.4 新的观测技术 ··· 14
    1.3.5 集成度更高的建模 ··· 15
    1.3.6 严格的假设检验 ·· 15
  1.4 森林水文学的未来 ·· 15
  参考文献 ··· 16

2 森林径流过程 ··· 20
  2.1 引言 ··· 20
  2.2 非线性、连通性和阈值 ·· 23
  2.3 过程分布 ·· 25

  2.3.1 截留 ···25
  2.3.2 森林地面水流 ···27
  2.3.3 非饱和基质和饱和基质 ···28
  2.3.4 大孔隙和土管 ···29
 2.4 小结 ··31
 参考文献 ··33

3 森林蒸散在不同尺度上的监测与模拟···38
 3.1 引言 ··38
  3.1.1 了解生态系统过程 ···39
  3.1.2 建立水量平衡 ···40
  3.1.3 了解气候变化、变异和反馈 ··40
  3.1.4 区域生态系统生物多样性建模 ···41
 3.2 蒸散过程 ··41
  3.2.1 冠层和枯枝落叶截留 ···41
  3.2.2 蒸腾 ··42
  3.2.3 根系水力再分配：土壤-根系处的水分交换 ······································43
  3.2.4 总蒸散 ··43
 3.3 直接测定蒸散 ··45
 3.4 蒸散间接估算 ··48
  3.4.1 基于潜在蒸散的方法 ···48
  3.4.2 蒸散经验模型 ···49
 3.5 未来发展方向 ··51
  3.5.1 对气候变化的响应 ···51
  3.5.2 缺水环境中蒸散的管理 ···51
  3.5.3 随时随地观测蒸散 ···52
  3.5.4 新一代生态水文模型 ···52
 参考文献 ··53

4 山区和雪源流域森林水文 ···61
 4.1 引言 ··61
 4.2 积雪过程 ··62
  4.2.1 海洋性气候 ···63
  4.2.2 大陆性气候 ···64
  4.2.3 进行森林管理，提高产水量 ··64
 4.3 森林与雪崩 ··66
  4.3.1 雪崩特征剖析 ···66

		4.3.2 雪崩对森林的影响	68
		4.3.3 森林对雪崩的影响	68
		4.3.4 雪崩和水文循环	69
	4.4	陡峭流域的水文过程	70
		4.4.1 雨源水文系统与雪源水文系统的异同	70
		4.4.2 入渗过程和径流过程	71
		4.4.3 土壤持水量	72
		4.4.4 基岩渗透性	73
		4.4.5 地形	74
		4.4.6 土壤水分初始状况	75
	4.5	气候变化对流域过程可能产生的影响	76
	4.6	小结	77
	参考文献		77
5	欧洲视角的森林水文学		83
	5.1	引言	83
	5.2	洪水与森林的保护作用	87
	5.3	干旱与森林的相互作用	89
	5.4	与森林相关的欧盟管理政策	90
		5.4.1 欧洲森林政策的演变	90
		5.4.2 政策对森林水文学的影响	92
	5.5	新出现的问题	94
		5.5.1 饮用水和地下水保护	94
		5.5.2 水资源短缺	95
		5.5.3 滑雪道和山地度假区的径流	95
		5.5.4 气候变化	96
	5.6	适应性和水敏性森林管理	97
	5.7	挑战与未来研究需求	98
	5.8	致谢	101
	参考文献		101
6	热带森林的水文特征		106
	6.1	引言	106
	6.2	泛热带气候特征和森林类型	107
	6.3	泛热带蒸散	108
	6.4	泛热带径流的形成	112
	6.5	研究需求	116

6.6　致谢 ………………………………………………………………………… 118
　　参考文献 …………………………………………………………………………… 118
7　洪泛森林和湿地森林的水文特征 ………………………………………………… 124
　　7.1　引言 ………………………………………………………………………… 124
　　7.2　降水补给形成的森林湿地 ………………………………………………… 125
　　　　7.2.1　北部雨雪地区 ……………………………………………………… 126
　　　　7.2.2　南部只降雨的地区 ………………………………………………… 128
　　7.3　地下径流过多而形成的森林湿地 ………………………………………… 129
　　7.4　降水补给湿地和地下水补给湿地的水文实例 …………………………… 130
　　7.5　地表径流补给形成的森林湿地 …………………………………………… 138
　　7.6　小结 ………………………………………………………………………… 144
　　参考文献 …………………………………………………………………………… 145
8　森林排水 …………………………………………………………………………… 150
　　8.1　引言 ………………………………………………………………………… 150
　　8.2　森林排水的用途和影响 …………………………………………………… 152
　　8.3　排水系统及其功能 ………………………………………………………… 156
　　8.4　长期森林排水与水资源管理案例研究 …………………………………… 161
　　　　8.4.1　排水林地的基本水文过程 ………………………………………… 161
　　　　8.4.2　控制排水对人工松林水文的影响 ………………………………… 162
　　　　8.4.3　采伐、台床整地和种植对水文的影响 …………………………… 163
　　8.5　森林排水仿真模型的应用 ………………………………………………… 164
　　8.6　小结 ………………………………………………………………………… 166
　　参考文献 …………………………………………………………………………… 167
9　森林系统中的水文模拟 …………………………………………………………… 171
　　9.1　引言 ………………………………………………………………………… 171
　　9.2　模型的功能性和复杂性 …………………………………………………… 172
　　　　9.2.1　林地和土壤水分函数 ……………………………………………… 172
　　　　9.2.2　降雨-径流函数 …………………………………………………… 173
　　　　9.2.3　模型的参数化 ……………………………………………………… 174
　　　　9.2.4　模型功能与复杂性的权衡 ………………………………………… 175
　　9.3　模型的选择 ………………………………………………………………… 176
　　9.4　模型诊断和评估 …………………………………………………………… 176
　　9.5　森林水文模型示例 ………………………………………………………… 178
　　　　9.5.1　流域和样地模型 …………………………………………………… 178
　　　　9.5.2　生态系统模型 ……………………………………………………… 182

9.5.3 地下水模型 ·················· 182
9.5.4 地表-地下耦合模型 ·················· 186
9.6 小结与结论 ·················· 187
9.7 免责声明 ·················· 188
参考文献 ·················· 188

10 地理空间技术在森林水文学中的应用 ·················· 194
10.1 引言 ·················· 194
10.2 地理空间技术在森林水文过程管理中的应用 ·················· 196
10.2.1 森林覆盖制图和变化分析 ·················· 196
10.2.2 森林土壤水/湿度估算和森林湿地分析 ·················· 198
10.2.3 森林植被和生物量地图的绘制 ·················· 200
10.2.4 森林蒸散的估算 ·················· 201
10.2.5 森林水文所引起的地质灾害分析 ·················· 203
10.2.6 森林溪流水质管理 ·················· 205
10.3 利用地理空间技术支持模拟森林水文过程 ·················· 206
10.4 森林水文管理中的新技术 ·················· 207
10.5 结论 ·················· 207
参考文献 ·················· 208

11 大流域的森林覆盖变化和森林水文 ·················· 214
11.1 引言 ·················· 214
11.2 大流域森林覆盖变化和水量的关系 ·················· 216
11.3 研究方法 ·················· 218
11.3.1 水文建模 ·················· 218
11.3.2 突变点和双累积曲线 ·················· 219
11.3.3 基于敏感性分析的方法 ·················· 220
11.3.4 简单水量平衡法 ·················· 220
11.3.5 时间趋势法 ·················· 221
11.3.6 托姆-锡林（Tomer-Schilling）框架 ·················· 222
11.4 未来的研究重点 ·················· 223
参考文献 ·················· 223

12 森林管理的水文效应 ·················· 228
12.1 引言 ·················· 228
12.1.1 年产水量 ·················· 229
12.1.2 洪峰流量 ·················· 231
12.1.3 枯水流量 ·················· 232

12.2　森林火灾的影响 ··· 233
12.3　昆虫和病害的影响 ··· 233
12.4　未来的调查方法 ·· 234
　　12.4.1　单一流域研究 ··· 234
　　12.4.2　回顾性研究 ··· 235
　　12.4.3　嵌套流域研究 ··· 235
　　12.4.4　统计方法 ··· 235
12.5　小结 ··· 236
参考文献 ··· 236

13　火灾后的森林水文 ··· 243
13.1　引言 ··· 243
13.2　火灾对土壤的影响 ··· 244
　　13.2.1　土壤渗透 ··· 244
　　13.2.2　土壤疏水性 ··· 244
　　13.2.3　土壤蓄水 ··· 246
　　13.2.4　枯枝落叶层/腐殖层 ··· 246
　　13.2.5　土壤的空间变异性 ·· 247
13.3　火灾对植被的影响 ··· 247
13.4　火灾对流域响应的影响 ·· 248
　　13.4.1　降水 ··· 248
　　13.4.2　地表径流/坡面流 ·· 248
　　13.4.3　河川径流 ··· 249
　　13.4.4　洪峰流量 ··· 250
　　13.4.5　基流 ··· 250
　　13.4.6　水质 ··· 251
13.5　火灾对产沙量的影响 ··· 252
　　13.5.1　土壤侵蚀 ··· 252
　　13.5.2　泥石流 ··· 253
13.6　稳定和恢复 ··· 254
参考文献 ··· 255

14　美国实验林参证流域的水文过程 ··· 261
14.1　引言 ··· 261
14.2　流域描述 ··· 267
　　14.2.1　卡里布布克溪（Caribou-Poker Creek）研究流域（CPCRW），
　　　　　　阿拉斯加州参证子流域 C2 ··· 267

14.2.2　卡斯帕溪（Caspar Creek）实验流域（CCEW），
　　　　　　加利福尼亚州北福克（NF）参证流域 ································· 269
　　　14.2.3　考维塔（Coweeta）水文实验室（CHL），北卡罗来纳州
　　　　　　参证流域 WS18 ··· 269
　　　14.2.4　费尔诺（Fernow）实验林（FnEF），西弗吉尼亚州
　　　　　　参证流域 WS4 ··· 270
　　　14.2.5　弗雷泽（Fraser）实验林（FrEF），科罗拉多州东圣
　　　　　　路易斯（ESL）参证流域 ·· 271
　　　14.2.6　H. J. 安德鲁斯（H. J. Andrews）实验林（HJAEF），
　　　　　　俄勒冈州参证流域 WS02 ·· 272
　　　14.2.7　哈伯德布鲁克（Hubbard Brook）实验林（HBEF），
　　　　　　新罕布什尔州参证流域 W3 ·· 272
　　　14.2.8　马塞尔（Marcell）实验林（MEF），明尼苏达州参证流域 S2 ······ 273
　　　14.2.9　圣迪马斯（San Dimas）实验林（SDEF），加利福尼亚州
　　　　　　参证流域 Bell 3 ··· 274
　　　14.2.10　桑蒂（Santee）实验林（SEF），南卡罗来纳州参证流域 WS80 ······ 275
　　14.3　水文过程的讨论 ·· 275
　　　14.3.1　流量历时曲线 ··· 275
　　　14.3.2　长期平均日流量 ··· 277
　　　14.3.3　影响水文的其他流域特征 ··· 277
　　　14.3.4　水文过程的意义 ··· 278
　　14.4　小结 ·· 278
　　参考文献 ·· 280

15　森林水文科学在 21 世纪流域管理中的应用 ································· 285
　　15.1　引言 ·· 285
　　15.2　预计未来几十年将发生的生物物理和社会经济变化 ······························ 286
　　15.3　21 世纪维持流域生态系统服务的管理对策 ··· 289
　　　15.3.1　管理物种组成和林分结构来优化产水量 ·· 289
　　　15.3.2　更大的空间尺度上的管理 ·· 292
　　15.4　结论和建议 ··· 294
　　参考文献 ·· 295

16　北部高纬度地区泰加林的水文特征 ·· 302
　　16.1　引言 ·· 302
　　16.2　北方森林特征和生长条件 ·· 303
　　16.3　文献综述 ··· 304

- 16.4 局地和区域水文变化 ··· 306
  - 16.4.1 泰加林带的雪水平衡 ··· 306
  - 16.4.2 森林覆盖对产水量的影响 ··· 312
- 16.5 结论 ··· 314
- 16.6 致谢 ··· 314
- 参考文献 ·· 315

17 森林水文学的发展方向 ··· 320
- 17.1 森林水文学：我们已经知道了什么？ ····································· 320
- 17.2 我们将何去何从？ ··· 324
  - 17.2.1 森林水文学会发生什么转变？ ······································· 324
  - 17.2.2 蒸发和蒸腾 ·· 324
  - 17.2.3 凝结 ·· 325
  - 17.2.4 径流过程 ·· 326
  - 17.2.5 森林水文学与生态水文学的融合 ····································· 326
- 17.3 更广泛的森林水文学 ··· 327
- 参考文献 ·· 328

彩图

1 森林水文学导论

L. 布伦（L. Bren）[*]

1.1 什么是森林水文学？

森林水文学研究的对象是流域的结构和功能，及其对水分运移和储存的影响。"纯粹"的森林水文学是一门定量科学，其基础是连续介质的质量守恒和能量守恒。但构成流域的物质特性与输入项的时空变化使得这种"纯粹"理论的应用变得十分困难，而这些变化正是森林水文学的研究内容。

在撰写该学科概述时，笔者对"森林水文学"相关出版物的数量之多感到震惊，包括理论、观察、方法、物理过程、结果和政治主张等方方面面。研究的尺度从分子一直到全球。也有人对土地利用管理方面的科学、经济学或政治学感兴趣。森林水文学涉及气象学、地质学、水文学、森林学、土壤科学和植物生理学等学科内容。全球已有大量关于森林水文学的各类文献。

人们对森林水文学的兴趣可以追溯到三个方面：第一，对整个世界运行方式的好奇。第二，观察土地所有者的行为，诸如砍伐森林之类的行动通常会在水流和泥沙负荷方面产生一致、可观察（至少在事后看来）和可预测的结果。第三，对土地利用，尤其是降雨"可持续性"的长期关注。当然，无论过去还是现在，河川径流对于社会经济都十分重要，尤其是当降雨和随之而来的径流极少或极多时，会带来恶劣的影响。

1.2 森林水文学的发展

1.2.1 历史前身

实际上，水文学的历史可以追溯到古罗马等早期文明。这些文明确实具有观测水流以及利用运河、排水隧道和水坝来管理水的能力。科学史学家认为水文学的发展已经历了几个世纪，通常认为法国人皮埃尔·佩罗（Pierre Perrault）（1608—

---

[*] 墨尔本大学，澳大利亚维多利亚州克雷西克。通讯作者邮箱：l.bren@unimelb.edu.au

1680）和埃德姆·马里奥特（Edme Marriotte）（1620—1684）在 1670—1680 年的研究工作是这门学科的起点。这项研究表明塞纳河流域的降雨完全足以维持河流的流量（Biswas，1970）。1700 年左右，英国天文学家埃德蒙·哈利（Edmond Halley）提供了我们现在称为水文循环的第一个定量估算，这进一步推动了这一领域的发展（Hubbart，2011）。可惜，很少有资料表明谁首先提出了"流域"这一与降雨有关的重要概念。McCulloch 和 Robinson（1993）认为这个概念已经被使用了数千年。著名科学家 Cayley（1859）因改进了等高线和示坡线的概念，被认为可能是科学界较早使用"流域"这一概念的人。澳大利亚早期的水坝建设项目表明，水坝的大小通常是基于水坝上游河流的大小，而确定流域大小和性质的时间则要晚得多。

森林水文学作为水文学子学科的出现，在很大程度上应归功于法国大革命中被不幸推上断头台的受害者们（Andreassian，2004）。随着"国王森林"被清理成居住地，法国的开荒达到了史无前例的规模。土地所有者随后遇到了许多如今发展中国家所遇到的问题——土壤侵蚀、洪水、河川干涸、滑坡或其他形式的大规模侵蚀以及沉积。法国在当时可能是全球技术最先进的国家。革命后法国知识界对这些顽疾和可能的补救措施进行了很多讨论，虽然按照现代标准，他们讨论的是哲学而不是科学。他们所得出的观点是，森林流域类似于"海绵"[在多斯（Dausse）之后有时被称为"多斯定律"，1842]，目前许多非技术人员仍持这种过分简化的观点。

Dausse（1842）指出，"雨是在温暖潮湿的风与冷空气层接触时形成的；而且由于森林的空气比野外的空气更冷、更潮湿，所以那里的雨水必定更多"。还有人认为，森林成为了一个"巨大的冷凝器"。这个信息被解释为"树木带来雨水"，该观点在一个世纪前十分流行。有趣的是，近十年来人们通过卫星对气温的观测，至少证实了由于热量散失与蒸腾作用，森林的空气比周围农地的空气更冷（Mildrexler et al.，2011），但难以确认这与凝结和降雨增多的联系。随着现代技术的发展，这一问题在未来仍有巨大的研究潜力。在此之后有更多的现代科学被应用于这一领域。本书的后续章节将继续讨论其中的一些概念。

1.2.2　水文迷思时代

在 19 世纪下半叶，人们开始接受关于森林在水文循环中的作用的观点，并且这些观点被视为"传统智慧"。其中包括"树木带来雨水"、森林改变洪水、森林提供"更健康的水"、森林提供更多的旱季径流以及森林减少土壤侵蚀。一个半世纪后，这些言论被认为是"部分正确"、"泛泛而谈"、"一概而论"或"未经证实的"，但仍被媒体普遍引用。在此期间，人们开始收集数据以"证明"此类言论。森林水文学界尚无实验设计、严格观测和假设检验方面的概念。

到20世纪初，人们对森林在保护流域中的作用和一些观测技术有了更深入的思考，但是这些思考在现在看来几乎是不"科学"的。一些学者（Marsh，1864；Zon，1912）在研究大片森林的存在对河川径流的有益影响方面，远远领先于他们的时代。回顾起来，他们的工作对森林水文学和流域科学的发展做出了开创性的贡献。随着林学的发展、稳定的森林管理组织以及成熟可靠的仪器（例如，水位、降水、气温和太阳辐射记录仪）的出现，该学科的发展趋向于成熟。

1.2.3 小流域观测时代

在19世纪中叶，水文数据的价值得到了体现。一般情况下，水文数据来自于对主要河流水位的定期观测。尽管已经有了大量信息，但人们很快意识到，除非就最粗略的意义而言，否则采用这种方法不可能将降雨和河川径流相联系，而且大型河流不但难以观测径流，对于简单的水量平衡研究而言又过于复杂。在1906年才在瑞士的伯尔尼爱蒙塔尔地区（Bernese Emmental region）首次出现了真正的"流域研究"。该研究比较了两个$0.6 km^2$流域的水文响应，而且这些流域的土地利用类型分布不同，通过比较分析了流域坡度对水文过程的影响。总体而言，研究结果表明森林可以调节洪峰流量、减缓夏季退水速率（表明森林流域的坡面储水量更大）。伯尔尼爱蒙塔尔地区的观测仍在继续，数据集对于气候变化研究人员而言十分宝贵；Hegg等（2006）对该项目进行了概述。

按照当代标准，伯尔尼爱蒙塔尔地区开展的早期研究远非完美。该项目依赖的是土地利用与产水量之间的相关性，而不是控制性实验，其数据有时是不连续的，并且该项目似乎未引起政界的关注。但是，我们不得不钦佩这项久远的工作和完成这项工作的人们。他们骑马或步行前往野外，在潮湿和寒冷的条件下进行观测，使用手动计算器、对数表或计算尺进行长时间的烦琐计算，不辞劳苦手绘出各种图表，努力维护和升级设备，同时行政人员还会不断询问"这些新的数据能告诉你什么你以前不知道的信息吗？"。但该项目确实为森林水文学配对流域实验的展开奠定了基础。

1.2.4 巨大的进步：配对流域实验

移民美国的欧洲人根据欧洲的经验，付出了巨大的努力来控制大型河流。1891年美国农业部林务局的成立明确认可了森林在保护流域方面的价值。但在Marsh（1864）的早期观察之前，没有任何明确的观测记录。对于早期的林学家而言，这种缺陷十分明显。

1910年，美国农业部林务局在科罗拉多州的瓦根惠尔加普（Wagon Wheel

Gap)进行了实验(Bates and Henry,1921,1928)。这是人们首次针对森林砍伐对径流与输沙量的影响进行正式研究。这项研究一直持续到 1926 年,是全球数百个配对流域实验的原型。可以说,配对流域实验是最成功的森林水文学技术。这种方法的基本思路是:首先,将"实验流域"的径流数据参照"对照流域"径流进行"校准";然后,变更第一个流域的森林条件,并通过与"对照流域"径流进行比较来确定森林变化对径流的影响。他们的结论主要是针对径流均值的变化,而缺乏对年际变化的统计分析。

Van Haveren(1988)重新审视了 Bates 和 Henry(1928)的数据集,从而确定了更复杂的"现代化"方法(包括协方差和回归分析)是否会得出与早期工作相同的结果。表 1.1 总结了他的发现。

分析结果表明,Bates 和 Henry(1928)提出的许多原始结论都可以得到统计学的支持,但另一些结论却不能。早期研究者在计算机时代之前所从事的这些工作,如今被视为"计算密集型"工作。Bates 和 Henry(1928)的工作反映了"水文过程线分析"中的初步试验,即将流量记录的特定特征与土地利用或土地利用变化相关联。如今,这依然是森林水文学领域的一个专业领域。

表 1.1　Van Haveren(1988)瓦根惠尔加普实验结论与 Bates 和 Henry(1928)的结论之间的比较

水文参数	原始结论	重新评估结果
年平均产水量	增加 24 mm	增加 25 mm
年最大日流量	增加 50%	平均增加 50%
年最大流量日期	提前 3 d	提前 6 d
融雪的开始日期	提前 12 d	提前 5 d(NS)

NS 表示不显著。

1.2.5　迅速增加的配对流域实验

瓦根惠尔加普实验的成功使得全球配对流域项目大量增加;这些项目一般可以被归类为研究森林采伐影响的"伐林实验"或评估人工造林影响的"造林实验"。图 1.1 是此类项目的一个示例。在该项目中,澳大利亚原始森林被砍伐并转变成辐射松林。该项目目前仍在继续。Brown 等(2005)给出了世界各地项目的汇总清单。总体而言,所匹配的径流和降雨记录数据集在数学建模、特定假设的检验以及气候变化影响评估方面具有不可估量的价值。

这项技术已积累了丰富的经验。此外,这还表明:

①实验人员正在迅速积累水文知识,并取得了许多实验的主要目标之外的成果(Hewlett et al.,1969;有关定量研究的示例,请参见 Bren and Lane,2014)。

图 1.1 配对流域项目示例

1980 年，在澳大利亚维多利亚州东北部的一个配对流域项目中，一个小流域从原生桉树林被改造成辐射松林。该流域现在正在进行第二次松林轮作，观测工作仍在继续。

②这些项目为森林水文学者提供了很好的"教学工具"（通常是自我教育）（Hewlett and Pienaar，1973）。

③实验结果通常被法院和类似机构视为"值得信赖"的结果，通常不会在法院受到质疑。笔者认为其原因之一是实验的"可视性、有形性"——人们可以看到和参观这些区域，而且可以理解正在探索的概念。

④这些实验的完成需要大量资金成本和机构的支持。实验场地在建立后的维护成本相对较低。这种维护非常适合作为研究机构的日常工作（Bren and McGuire，2012）。

⑤为反映森林的特性，这些项目可能需要数十年才能完成。在一个不断调整土地管理机构（或者根本没有）的社会中，长期管理可能会十分困难。

该方法的主要缺点之一是实验流域通常很小，从而很难将结果"升尺度"到区域性的大流域。

配对流域实验与实验科学？

鉴于森林水文学是一门科学，因此应该可以对概念进行量化，并且可以通过实验检验假设。配对流域项目是一种特殊的实验，在实验中相对于参考状态（"控制组"）观测时变效应。从科学的角度来看，这种观测存在一些困难：

①就经济或地理角度而言，重复实验几乎是不可行的。通常各流域之间存在许多差异，这些差异在某种程度上属于不可控的差异。无论如何，很少有组织能够负担得起重复实验的费用。

②很少有人针对该实验设计中"双盲实验"的概念（分析人员事先不知晓实验对象的信息）进行过研究。这部分反映在最终研究人员对结果需要进行必要的分析。

③由于许多模型的残差非正态性，很难对数据进行统计分析，从而限制了相关测试。Hewlett 和 Pienaar（1973）指出，水文学家对这一点的重要性持分歧态度，而且这一分歧在今天仍然存在。

④除了零假设（森林对径流没有影响）之外，很难建立可检验的假设。迄今为止，许多配对流域实验都是"探索性"的，用于检测径流特征与"正常"状态的偏差。

尽管该设计并不完美，但多年来的发展显示配对流域实验的严谨性和成熟度不断提高，在测试中使用了处理数据残差非正态性的新方法，并且使用逐时、逐日或逐月数据取代了逐年数据，提高了数据的自由度（以自相关为代价）；Watson等（2001）非常清晰地研究了这些方面的内容。

1.2.6 "闭合"水量平衡

配对流域实验的基础是对进入流域的降水和离开流域的水（或水汽）的观测。进入和离开流域的水可视为形成了"水量平衡"是森林水文学的一个公理。因此在任何时期，进入流域的水量等于离开流域的水量加流域储水量变化。通过在适当的时间段内仔细观测水文过程并求和，可以比较流入量和流出量。二者的差异则反应了观测的误差。这被称为"闭合"水量平衡，一直到最近都是森林水文学家追求的一个目标（Waichler and Wemple，2005；Scott，2010）。

这种方法隐含了许多困难，从而导致了实验的不确定性（Fisher et al.，2005）。事实证明，所有实地观测方案都需要昂贵且费力的维护才能维持数年之久。一些变量（例如，降雨和径流）的观测相对容易，但蒸散等其他变量却难以掌握，耗时费力且很难观测。许多描述水文过程的必要参数具有很大的随机性。水量平衡的形成还取决于一项关键的假设：实际流域边界与地表边界重合。由于无法进行检验，因此这通常被视为一项公理而不是可检验的假设。同样，流进或流出流域的渗漏量被假定为零或至多是一个较小的相对恒定的值。

1.2.7　寻找实验替代方案

配对流域实验方法的优点和缺点均为该研究的连续性。因此，如果森林的形成需要一个世纪的时间，那么研究一个完整森林生命周期的配对流域实验至少也需要这么长时间。对于大多数研究组织而言，这个时间过长。此外，"控制流域"保持"平稳"（例如，一个世纪不变）的概念存在问题且十分困难。

加快该流程的方法之一是在治理之前省略"率定期"。这样做的缺点是很难设置任何统计误差极限（或者实际上有时很难形成对治理效果的看法）。另一种方法是使用图来观测目标水文变量。实验人员不受观测时序的束缚，可以绘制森林不同年龄段的图。复杂的样地设计具有以下缺点：样地很难长期维持，并且通常无法直接观测一般情况下的目标变量——河川径流。因此，必须通过水平衡差来推断对径流的影响。这是否可以像直接观测径流一样得到令人满意的结果目前仍存在争议。但通过良好的统计设计，可以量化相关的误差。例如，Benyon 等（2006）在澳大利亚南部平坦的喀斯特样地评估了松树和桉树人工林的用水量。该样地地下含水层之上覆盖有沙质土壤。

1.2.8　掌握流域的径流动态

随着森林水文学知识的增长，流域水文学等其他领域的知识也逐渐增加。其中的一部分动力来自 Buckingham（1907）在土壤物理学方面的杰出工作。参见 Philip（1974）对该工作及其之后的发展的评论。这项工作提供了包含饱和区和非饱和区具有水能连续体的坡地模型。尽管该模型适用于农业和森林土壤，但后者的非均质性使其难以应用。

非林地水文状况很大程度上由降雨（"暴雨径流"）期间和之后渗透面上的坡面流流量所主导。一般情况下，地下水不被视为造成雨洪（甚至径流）的因素。渗透的水分向下穿过土壤的孔隙结构，其中一部分到达含水层补充"基流"。这些过程已被联系起来并有坚实的理论基础（Horton，1945）。曾有人尝试将这些公式应用于森林流域，但结果并不令人满意。森林水文学家几乎未发现任何坡面流的迹象。由于存在森林土壤中的岩石、植物根系和土壤大孔隙，无法从筛过的土壤样品中得出正确的下渗参数。

20 世纪 50 至 70 年代，许多研究（以及一些激烈的辩论）的主题都是农业坡地和森林坡地之间的差异。自那以后，这一领域的学术地位逐渐减弱，而且被视为是一个"困难"和"艰苦"的领域。在进行这项研究时，配对流域研究网络即提供了宝贵的样地和数据。这项研究的结果可以概括为：

①通常情况下，森林坡地具有很高的渗透能力，很少产生真正的"坡面流"。Orr（1973）注意到在大量降雨时坡面流会发生，且有显著的凋落物运移，但土壤侵蚀很少。

②渗入的水既穿过土壤中的"大孔隙"，又穿过土壤基质（Aubertin，1971）。由于根系和森林生物群落的作用，土壤不断"翻松"。使用简单的模型很难描述此类介质的水力特性。尤其是土壤质地、结构和孔隙空间几何形状的随机变化、各向异质性和空气压缩效应都使水分运移变得复杂。同位素研究（Brooks et al.，2010；McDonnell，2014）表明，树木可能只会优先吸取较小孔隙中的水，从而形成了"两个水世界"模型。

③流域的"土壤"是由岩石、矿物土壤和有机物组成的复杂介质。一般情况下，应将土壤视为分解岩石（"腐泥土"）。因此，很难使用基于农业土壤的简单模型。

④流域的水文响应有时可能在土壤表层以下数米处发生。表层土壤通常是超导层，可以将水传输到很深的土壤或河流中。一般情况下，很难将森林中的表层土壤特性与水文过程线联系起来。

⑤大多数坡地的水文特征受到地表以下一定深度的地下水位影响。地下水位的变化过程可以使用地下水理论获得近似值（Troch et al.，2003）。但正如 Loague 和 Freeze（1985）等人所示，这绝非易事。森林流域数据与"经典地下水理论"之间的关系常常取决于其中的微妙定义。我们对于森林水文学中地下水相互作用的大部分理解均来自同位素分析和针对径流化学成分的端员混合模型（McDonnell，2014）。其他问题包括随机变化、各向异性、非连续性、难以确定初始条件和边界条件，以及如何反映土壤大孔隙和气流的作用等（Morel-Seytoux，1973）。总体而言，在过去的几十年中，全球对这些问题的思考未取得太大进展。

⑥目前对流域坡地上的小孔隙在高负压下的持水性所知甚少。Brooks 等（2010）使用同位素比值发现，地中海气候中的森林似乎从这些小孔隙中获取了水分，这可能会帮助人们对流域坡地性质以及其中的水作用力产生新的认识。

尽管存在量化困难，但这项研究清楚地展示了流域坡面的补给和排水，树木提供了高导电性的土壤表层，并维持了通向地下水的渗透路径。土壤和粗糙的森林地表使降雨渗透到地表以下。森林和林下植被的作用是保持良好的土壤环境，并通过蒸腾消耗坡地的土壤水分。这使得下一次降雨的水文响应减弱。土壤深处的流域特征以及与树木根系的相互作用仍是一个未知的领域。

1.2.9　水文过程线分析——"绝望的水文学家的最后一招"

水文过程线图记录了流域出流的过程；在理想情况下，水文过程线图应与记录降雨强度变化过程的"雨量图"结合使用。这种常规记录方法（同时也是最基本的方法）整合一年数据获得年降雨量和年径流量。这一整合可以减小误差，并常常使长期关系变得显著。

另一种方法是直接使用观测数据，或者分解到更小的时间尺度。后者会导致时间序列的变异性和误差增大（Whittaker and Robinson，1924）。此类操作通常也属于"水文过程线分析"。森林水文学专家约翰·D.休利特在一次会议上打趣道："水文过程线分析是绝望的水文学家的最后一招。"该技术已提供大量有关森林径流系统动态变化的信息，但源自森林流域的径流通常显示出复杂的动态特征，无法通过简单的公式或简单的解释进行概括。因此，巧妙的公式也许能解释某些河流特征，但无法重现其所有方面。

大量的配对流域实验和相关数据为模型测试和率定提供了完美的降雨和径流序列。由 Hibbert 和 Cunningham（1967）提出的"快速径流分割"技术是一个典型代表（图 1.2）。按照最初的设想，用向上的斜线表示"暴雨径流"（也称为"快速径流"）。暴雨是指在该线起始处和该线与退水过程线相交处之间所发生的降雨。这一概念非常适合用于小型暴雨流量图。但不久便出现了许多难题：

①到 1966 年，大家都已知道森林流域的暴雨径流基本上因地下水响应引起。因此，将"快速径流"描述为一个特殊独立过程的概念并未持续很长时间，它被武断地归入持续时间更长的坡地响应。

②该方法使用因变量（洪水过程线）来定义自变量（暴雨）。就统计意义而言，这一点具有不确定性。

③对于大暴雨，可能需要等待数天或数周时间，"快速径流"分割线才会截断退水过程线。因此，"快速径流"概念成为一个令人困惑的误称，实际上它不适用于降雨发生后多日（或几周）发生的暴雨径流。

其他流量过程线分割方法（有时通称为"基流-暴雨径流分割"）也遇到过类似问题。

因此，无论是过去还是现在，我们并不完全清楚水文过程线描述的到底是什么。但利用该方法生成了一个国家数据集（Hewlett et al.，1977）和一个国际数据集（Hewlett et al.，1984）。通过这两个数据集可以使用来自森林流域的数据对非森林流域的一些水文假设进行检验。这些工作表明短期最大雨强对暴雨径流影响很小，而雨量才是森林流域暴雨径流的最佳预测指标。之后的工作（包括 Bren et al.，1987）表明，降雨强度确实是影响暴雨径流的一个因素，但诸如最大 15 min、30 min 或 1 h 降雨之类的简单指标是不够的。在发布这一结论 30 多年后，Howard 等（2010）使用来自一个热带高雨强流域的数据重新讨论了这一问题，发现该问题仍未得到解决。

水文过程线分析和流量过程线分割在森林水文学中仍然占据着重要的位置，但目前研究得并不多。这反映了获得匹配良好的降雨和径流数据集有多么困难，而且该技术十分耗时。

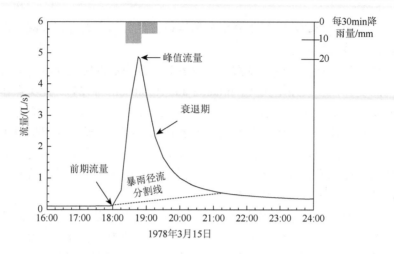

图1.2 "快速径流分割"技术在澳大利亚维多利亚州东北部一个小型原生森林流域中的应用

"旧"水和"新"水

在20世纪70年代,向森林中的坡地施加同位素标记的水显示出快速的水文响应,但从坡地进入河川的水是长期储存在坡地中的水,这些水通常与落在坡地上的雨水不同。因此,"新"水正在将"旧"水挤出。这有效展示了坡面蓄水的有序更换过程。停留时间可能是数周到数月(Sklash and Farvolden,1979;Pearce et al.,1986)。

在得到这一发现之时,人们认为基于水文过程线分析的暴雨径流分割将提供有关坡面水文过程的新信息。但正如 Burns(2002)所讨论的,情况并非如此。实际上,此类研究的地位已降级为"仅仅是另外一种工具"。其中的难点包括混合模型、坡面的均质性以及土壤大孔隙在提供优先流路径中的作用。但是这种降级可能还为时过早。Brooks 等(2010)和 McDonnell(2014)使用双同位素技术发现蒸腾水仅来自较小的孔隙,这一最新发现开辟了一个新的研究领域,同时也突出了这个"困难领域"在采样和技术方面所存在的许多实际困难。

"变水源区"概念

"变水源区"(variable source area,VSA)是森林水文学的一个重要但却有些抽象、费解的概念,Hibbert 和 Troendle(1988)怀着对这一概念的热情做出了此番描述。这个概念源自 Hewlett 和 Nutter(1969)在考维塔(Coweeta)水文实验室所做的工作。提出这个概念是因为他们对当时基于低渗透率产生坡面流的水文理论感到不满。根据该概念,暴雨径流是由于降雨渗入河流附近的流域坡地而引起的(图 1.3),该区域会变得饱和,并迅速为河流贡献径流。在强降雨条件下，源区会扩大，而在较干燥的时期，源区会缩小，因此被称为"变水源区"。在极大的暴雨中（Orr，1973），源区将扩大至整个流域。

小流域研究已对该概念进行了一定程度的验证。"变水源区"在过去和现在都是一个实用的定性概念，它抽象地描述了更为复杂的现实情况。在 Hewlett 及其同事解释此模型 30 余年后，McDonnell（2003）重新研究了该模型。他指出，针对小流域的数学模型通常隐含了基于 VSA 概念的结构，但他同时指出，建模者与野外研究人员之间的"脱节"不利于数值建模与 VSA 概念的结合。令人失望的是，尽管自该理论首次提出以来，我们的流域水文学知识已有了显著的增长，但至今还没有基于数值的理论来发展这一概念。

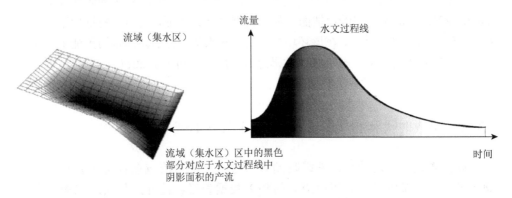

图 1.3　Bren 对"变水源区"（VSA）模型的理解

与浅色部分相比，流域（集水区）中"较黑"的部分更有可能对水文过程线中"较黑"的部分产生影响（Bren，2014）。

1.2.10　森林火灾和流域水文学

森林火灾的存在时间与森林一样长，但是直到最近，人们才意识到森林火灾对景观形成的影响。在最近的几十年中，澳大利亚、美国和加拿大都经历了"特大火灾"，这几场大火都是迄今为止规模最大的破坏性森林火灾（面积以数百或数千平方公里为单位）。其中几场火灾因灭火政策、前所未有的燃料负荷、昆虫和疾病侵袭，以及与气候变化相关的干燥条件所产生的累积效应而加剧。这些高强度的森林火灾对森林景观水文产生了巨大的影响。一般情况下，其结果可以总结为：

①森林年龄和/或类型的改变可能对水文状况产生长期影响。因此在澳大利亚，主要商业树种王桉（*Eucalyptus regnans*）的用水量随森林年龄而变化（Bren，2014）。王桉林会被森林大火杀死，而新的、年龄组成均衡的森林能够再生。因

此，这些森林大火会引起产水量（相对于年降雨量）的长期变化。由于这些林地产水对于经济的重要性，这已成为一个重大的管理问题。

②火灾后，通常会在短时间内产生流量极高的"尖峰水文图"（Brown，1972）。这种高流量具有很大的侵蚀力。彩图 1 显示的是图 1.1 中所示实验流域在火灾烧毁后的一处量水堰。

③火灾引起的土壤侵蚀可能对重要流域的土地退化产生重大影响，并且似乎正在改变大流域的水文状况（Smith et al.，2011）。在具有许多其他驱动因素的大流域中，明确土壤侵蚀在水文响应中的相对重要性是一个十分重要且困难的问题。

对于一个经历过火灾的流域所进行的研究表明，约需要 3 年的时间才能恢复（Bren，2012）。灌木丛烧毁后地面会显示出许多侵蚀特征，而这些特征似乎与过去未知时间段的燃烧也有关。在该环境中，火灾与水文过程的共同作用可能加快了澳大利亚山区景观的发展，至少在北坡是这样（Nyman et al.，2011）。当前全球有许多国家正在针对这些过程进行研究。

1.2.11 集成时代和布德科（Budyko）公式时代

数据集成一直是抑制误差影响的有效方法。配对流域项目每年会制作流入量（降雨）和流出量（河川径流）的相关数据表格。此外，与大流域的产水量相比，小流域产水量的动态变化很少引起供水管理者的关注。因此，整合一年的数据很有意义。"年"通常指一个水文年（从第一年夏季到第二年夏季），这是为了避免"储水量变化"所带来的影响。因此在澳大利亚，水文年为第一年五月至第二年四月，这是因为在四月底，流域的土壤湿度和地下水位会保持在较低的水平。

苏联科学家米哈伊尔·布德科（Mihail Budyko）建立了一种气候的能量平衡公式（Budyko，1982）。这将气候学从定性转变为定量的物理科学。气象要素与森林水文学直接相关，并已广泛应用于气候变化建模中。而来自配对流域实验的小流域数据也被证明是检验气候变化理论的理想选择（Donohue et al.，2012）。布德科方法在森林水文学中被 Zhang 等（2001）用于生成平均年蒸散与平均年降雨量的函数曲线（图 1.4）。这些曲线被用于比较成熟森林和牧场（草地）的水文过程。

近期的研究工作主要依赖于小流域数据估测 E/P，其中 E 是年蒸散，P 是年降水量。这些工作均使用布德科模型来描述区域水文特征（Donohue et al.，2012）。尤其重要的是，此类模型被用来描述流域水文的区域和全球趋势特征。这项工作为森林的特性与其辐射环境之间建立了联系。当前已有许多这方面的文献。该理论的发展促进了气候变化与森林水文研究之间的关联。

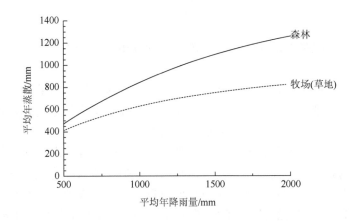

图1.4 Zhang 等（2001）提出用于牧场（草地）和森林蒸散计算的曲线

1.3 森林水文学所面临的挑战

森林水文学是一门经验性学科，需要结合长期实地试验和一些物理原理，而这些原理基本上基于质量守恒以及详细的水量计算。使用实验检验假设可以满足 Popper（2005）所述的主要科学标准，但是最重要的实验设计方法实施成本极高，并且不容易满足公认的可复制性和再现性标准。就统计学意义而言，配对流域实验属于案例研究；如果要满足其他学科的统计标准，需要设计涉及 30 个或以上流域的研究，这是很难想象的。尽管从总体上讲，该学科已成功回答了社会所提出的问题，但仍存在多项重大的挑战。下面将总结这些挑战。

1.3.1 0.8 的诅咒

一般在使用水文数据时，建立 R^2（决定系数）约为 0.8 的模型相对简单，即模型能够解释 80% 的数据变化特征。例如，在对王桉的研究中，使用回归模型得出了年产水量与树龄和年降雨量的关系，其误差约为 80 mm（Bren et al., 2010）。如果超出此范围（例如，$R^2 = 0.95$），就会变得困难或不可能。其原因通常被认为是由于数据误差以及其他不易量化的因素的时空复杂性，可能包括一年中的降雨分布、土壤特性、森林组成等很多因素。这是否令人满意，以及应该达到什么水平的预测误差将是未来的一个研究领域。使用更复杂的模型（例如，Watson 等的 Macaque 模型，1998）进行各种"更好"的尝试均未取得显著的成功。首先，使用的基本数据经常出现问题。其次，复杂模型的参数化需要对深层流域坡面进行观测，这带来了巨大的问题。笔者认为，现在应该定义森林水文可以达到的预报能力极限，并以此来评估过去和将来的工作。

1.3.2　我们注定要依靠经验主义才能有预测能力吗？

森林水文学的成功通常需要基于过去的实验对森林管理结果进行预测。因此，现在已有一系列基于经验主义的预测方法。我们需要考虑将来是否仍要坚持这一做法。科学史上许多案例表明，发展健全的观测机构有助于发展具有较强预测能力的综合性理论，从而取代原始经验观测。这是否会在森林水文学中发生？

笔者认为有可能，而且希望发生这种情况，但在不久的将来还不太可能。首先，需要对由于降雨和径流观测不充分而导致的数据集误差加以纠正，然后才能提高预测的准确性和可靠性。此类问题（例如，流域上的"真正"降雨量是多少？）可以解决，但成本非常高昂，大多数机构缺乏足够的资源。其次，总体预测理论最成功的实例只涉及几个变量，而森林水文学涉及许多变量。我们有理由认为，虽然并非完美，但许多森林水文数据可以满足对较大河流的一般观测需求。在这些数据变得更加准确之前，提高准确性和精度很难产生任何回报。

1.3.3　气候变化与森林水文学

气候变化将引起流域的多年平均降雨或降雪变化，而且蒸散可能也会发生变化。正如 Stohlgren 等（2007）所指出的，气候变化对于流域并不是什么新鲜事物。因此，许多流域都有"排水管线"，即在流域降雨冲刷下形成的干枯河床。大多数森林都可以抵抗干旱和过量降雨。在笔者的祖国澳大利亚，人们对于气候变化对生态系统的影响进行了大量讨论。森林火灾加剧是气候变化影响的一个重要内容。Zhang 等（2001）的公式就降雨量的减少对流域出流的影响做出了一些解释。这种情况会引起许多城镇的供水受限。一般情况下，年降雨量变化 10%会引起河川径流变化约 24%。真正的挑战是如何将"气候变化的变异性"与水文记录中固有的变异性加以区分；如需了解为解决类似问题所需的相关数据，请参见 Mandelbrot 和 Wallis（1969）的有趣观点。

对于许多人来说，气候变化不是"可用水量减少"就是"洪水泛滥"。De Jong（2015）研究了这种变化对山区水文的影响，得出的结论是："需要科学家、利益相关者和决策者之间的互动，包括当地利益相关者的知识和历史证据。"如何从"气候变化"走到"森林危机"充满着挑战性与困难。

1.3.4　新的观测技术

微处理器设备的使用带来了实地数据收集的爆炸式增长。传感器的发展也正在为科学家提供越来越多的观测数据。LiDAR（Light detection and Ranging，光探测和测距）技术带来了前所未有的地形描绘能力。遥感技术的发展让人们可以直接观测蒸散、温度和其他变量。样地观测与遥感技术的结合帮助科学家以前所未有的方式观测径流。未来所面临的挑战将是如何使用这些工具来综合森林水文学，并帮助水文学家从较小尺度的观测上升到大尺度，然后以令人信服的方式验证结果。

尽管新技术具有巨大的潜力，但通用的方法仍是使用配对流域实验来"测试"这些新技术。因此，这些技术本身不可能取代高质量的实地试验和观测方法。

1.3.5　集成度更高的建模

令人兴奋的是，如果人们对植物-水-大气之间的关系、流域中水分运移的物理机制，以及大气中水蒸气的运动有足够的认识，并且拥有足够强大计算能力的计算机，那么"集成建模"将完全足以解决森林水文学的任何问题。这个概念已存在了几十年，但距离成熟似乎还很遥远。迈向这一目标的例子之一是在森林生长/植物生理模型（例如，3PG 模型）中加入水文模块（Feikema et al.，2010）。同样，可以在 GIS 安装包中加入空间分布水文学模块，从而进行更为准确的预测。还可以将流域的蒸散与气候模型相关联，解答蒸散是否是当地森林所流失的水分这一存在已久的问题。

迄今为止，在这个方向上还没有取得明显的成功。这反映了这种大型集成模型参数化的复杂性。通常可通过将大多数参数设置为可能的值，然后优化一个或两个参数值"率定"模型。这个过程十分必要，但实际上它并不是基于物理机制的"确定性建模"。直接观测参数，并将其用于可靠的"集成"模型来模拟水文过程，似乎仍与以往一样遥不可及。

1.3.6　严格的假设检验

实验科学常常通过假设检验来形成理论，但在森林水文学中通过统计方法来检验假设很困难。不断增长的实地知识、对观测方法的关注，以及同位素分析等定量技术的使用，使这门学科在这方面更加严格。可以将此理解为森林水文学从"发展中的科学"向"成熟的科学"转变的一个标志。

1.4　森林水文学的未来

尽管森林水文学家很热爱自己的学科，但令人惊讶的是，他们很少预测学科的未来。通过搜索引擎检索到的一篇相关评论（McDonnell and Tanaka，2001）还是在 2001 年发布的。其他很少讨论的主题包括生态系统服务功能的量化和成本计算、对于通过"总体理论"（over-arching theories）消除"流域特殊性"（idiosyncrasies of yet another catchment）的需求以及"小尺度理解"和"大尺度建模"的发展。

迄今为止，大多数森林水文研究一直在关注小流域。但对水的需求将使针对大流域的研究变得更加重要。因此，森林管理者将更加关注森林和产水量的联合管理。这将促使在大型供水流域的管理评价中引入效率"基准"。为了有效管理森林，必须满足这些要求。这将对人们现有的流域认知水平提出挑战，也给森林管理政策提出了难题。流域管理中的供水需求也可能与生物群落保护和其他管理需求发生冲突，从而带来在多目标之间寻求最优化的新挑战。正如 Barten 等（2012）所说，这可以激发相关领域的巨大热情。

森林水文学家也正在研究较大的流域，在区域、国家或全球尺度上展开研究。小尺度研究所隐含的假设始终是蒸散是"流域水分损失"，即水蒸气进入一个巨大的全球水库，并且无法检测到给定流域对其他地方降水的贡献。迄今为止，还没有"工具"可以对此进行检验。集成建模虽然十分困难，但它确实能与实地观测（帮助获取输入数据与模型参数）一起促进此类问题的解决。因此，从特定流域蒸发的水很有可能落在地球上可预测的顺风位置。可以使用这项技术检验古老的"降雨与耕作同行"或"树木带来雨水"的理论或"多斯定律"。

最后，流域森林在气候变化等新背景下的命运，是我们迟早要面对的问题。使用精密的配对流域研究网络进行模型率定和误差估计是有效的研究方法之一。因此，尽管森林水文学在满足社会需求方面已经取得了很大进步，但鉴于人类社会对地球资源所施加的压力，我们距离"完全了解"还有很长的路要走。

参 考 文 献

Andreassian, V. (2004) Water and forests: from historical controversy to scientific debate. *Journal of Hydrology* 291, 1–27.

Aubertin, G.M. (1971) *Nature and Extent of Macropores in Forest Soils and Their Influence on Subsurface Water Movement.* USDA Forest Research Paper NE-192. USDA Forest Service, Northeastern Forest Experiment Station, Upper Darby, Pennsylvania.

Barten, P.K., Ashton, M.S., Boyce, J.K. and Brooks, R.T. (2012) *Review of the Massachusetts DWSP Watershed Forestry Program.* DWSP Science and Technical Advisory Committee, Massachusetts Division of Water Supply Protection, Department of Conservation and Recreation, Boston, Massachusetts.

Bates, C.G. and Henry, A.J. (1921) Streamflow at Wagon Wheel Gap, Colorado. *Monthly Weather Review* 49, 637–650.

Bates, C.G. and Henry, A.J. (1928) Second phase of streamflow experiment at Wagon Wheel Gap, Colorado. *Monthly Weather Review* 56, 79–85.

Benyon, R.G., Theiveyanathan, S. and Doody, T.M. (2006) Impacts of tree plantations on groundwater in south-eastern

Australia. *Australian Journal of Botany* 54, 181–192.

Biswas, A.K. (1970) *History of Hydrology*. North-Holland Publishing Company, Amsterdam/London.

Bren, L. (2012) Hydrologic impact of fire on the Croppers Creek paired catchment experiment. In: Webb, A.A., Bonell, M., Bren, L., Lane, P.J.N., McGuire, D., Neary, D.J., Neary, D.G., Nettles, J., Scott, D.F., Stednick, J. and Wang, Y. (eds) *Revisiting Experimental Catchment Studies in Forest Hydrology (Proceedings of a Workshop held during the XXV IUGG General Assembly in Melbourne, June–July 2011)*. IAHS Publication No. 353. International Association of Hydrological Sciences, Wallingford, UK, pp. 154–168.

Bren, L.J. (2014) *Forest Hydrology and Catchment Management: An Australian Perspective*. Springer, Dordrecht, the Netherlands.

Bren, L.J. and Lane, P.N.J. (2014) Optimal development of calibration equations for paired catchment projects. *Journal of Hydrology* 519, 720–731.

Bren, L.J. and McGuire, D. (2012) Paired catchment experiments and forestry politics in Australia. In: Webb, A.A., Bonell, M., Bren, L., Lane, P.J.N., McGuire, D., Neary, D.J., Nettles, J., Scott, D.F., Stednick, J. and Wang, Y. (eds) *Revisiting Experimental Catchment Studies in Forest Hydrology (Proceedings of a Workshop held during the XXV IUGG General Assembly in Melbourne, June–July 2011)*. IAHS Publication No. 353. International Association of Hydrological Sciences, Wallingford, UK, pp. 106–116.

Bren, L.J., Farrell, P.W. and Leitch, C.J. (1987) Use of weighted integral variables to determine the relation between rainfall intensity and storm flow and peak flow generation. *Water Resources Research* 23, 1320–1326.

Bren, L.J., Lane, P.N.J. and Hepworth, G. (2010) Longer term water use of native eucalyptus forest after logging and regeneration; the Coranderrk Experiment. *Journal of Hydrology* 384, 52–64.

Brooks, J.R., Barnard, H.R., Coulombe, R. and McDonald, J.J. (2010) Ecohydrologic separation of water between trees and streams in a Mediterranean climate. *Nature Geoscience* 2009, 100–104, doi: 10.1038/NGEO0722 (accessed 18 March 2016).

Brown, A.E., Zhang, L., McMahon, T.A., Western, A.W. and Vertessy, R.A. (2005) A review of paired catchment studies for determining changes in water yield resulting from alterations in vegetation. *Journal of Hydrology* 310, 28–61.

Brown, J.A.H. (1972) Hydrologic effects of a bushfire in south eastern New South Wales. *Journal of Hydrology* 15, 72–96.

Buckingham, E. (1907) *Studies on the Movement of Soil Moisture*. USDA Bureau of Soils Bulletin 38. United States Department of Agriculture, Washington, DC.

Budyko, M.I. (1982) *The Earth's Climate: Past and Future*. Academic Press, New York.

Burns, D.A. (2002) Stormflow-hydrograph separation based on isotopes: the thrill is gone – what's next? *Hydrologic Processes* 16, 1515–1517.

Cayley, A. (1859) On contours and slope lines. *Philosophical Magazine Series 4* 18(120), 264–268.

Dausse, M. (1842) De la pluie et de l'influence des forets sur la course d'eau. *Annales des Ponts et Chaussees* Mars–Avril, 14–209.

De Jong, C. (2015) Challenges for mountain hydrology in the third millennium. *Frontiers in Environmental Science* 3, 38, doi: 10.3389/fenvs.2015.00038 (accessed 18 March 2016).

Donohue, R.J., Roderick M.L. and McVicar, T.R. (2012) Roots, storms and soil pores: incorporating key ecohydrological processes into Budyko's hydrological model. *Journal of Hydrology* 436, 35–50.

Feikema, P.M., Morris, J.D., Beverly, C.R., Collopy, J.J., Baker, T.G. and Lane, P.N.J. (2010) Validation of plantation transpiration in south-eastern Australia estimated using the 3PG+ forest growth model. *Forest Ecology and*

Management 260, 663–678.

Fisher, J.B., de Biase, T.A., Qi, Y., Xu, M. and Goldstein, A.H. (2005) Evapotranspiration models compared on a Sierra Nevada forest ecosystem. *Environmental Modelling and Software* 20, 783–796.

Hegg, C., McArdell, B.W. and Badoux, A. (2006) One hundred years of mountain hydrology in Switzerland by the WSL. *Hydrological Processes* 20, 371–376.

Hewlett, J.D. and Nutter, W.L. (1969) *An Outline of Forest Hydrology*. University of Georgia, Athens, Georgia.

Hewlett, J.D. and Pienaar, L. (1973) Design and analysis of the catchment experiment. In: White, E.H. (ed.) *Proceedings of a Symposium on the Use of Small Watersheds in Determining Effects of Forest Land Use on Water Quality, May 22–23, 1973*. University of Kentucky, Lexington, Kentucky, pp. 88–106.

Hewlett, J.D., Lull, H.W. and Reinhart K.G. (1969) In defense of experimental watersheds. *Water Resources Research* 5, 306–315.

Hewlett, J.D., Fortson, J.C. and Cunningham, G.B. (1977) The effect of rainfall intensity on stormflow and peak discharge from forest land. *Water Resources Research* 13, 259–265.

Hewlett, J.D., Fortson, J.C. and Cunningham, G.B. (1984) Additional tests on the effect of rainfall intensity on storm flow and peak discharge from wild-land basins. *Water Resources Research* 20, 985–989.

Hibbert, A.R. and Cunningham, G.B. (1967) Streamflow data processing opportunities and application. In: Sopper, W.E. and Lull, H.W. (eds) *Forest Hydrology: Proceedings of a National Science Foundation Advanced Science Seminar held at the Pennsylvania State University, University Park, Pennsylvania, August 29–September 10, 1965*. Pergamon Press, Oxford, pp. 725–736.

Hibbert, A.R. and Troendle, C.A. (1988) Streamflow generation by variable source area. In: Swank, W. and Crossley, D.A. (eds) *Forest Hydrology and Ecology at Coweeta*. Springer, New York, pp. 111–127.

Howard, A.J., Bonell, M., Gilmour, D. and Cassells, D. (2010) Is rainfall intensity significant in the rainfall-runoff process within tropical rainforests of northeast Queensland? The Hewlett regression analyses revisited. *Hydrological Processes* 24, 2520–2537.

Horton, R. (1945) Erosional development of streams and their drainage basins; hydrophysical approach to quantitative morphology. *Geological Society of America Bulletin* 56, 275–380.

Hubbart, J.A. (2011) Origins of quantitative hydrology: Pierre Perrault, Edme Mariotte, and Edmund Halley. *Journal of the American Water Resources Association* 13(6), 15–17.

Loague, K.M. and Freeze, A.R. (1985) A comparison of rainfall-runoff modelling techniques on small upland catchments. *Water Resources Research* 21, 229–248.

Mandelbrot, B.B. and Wallis, J.R. (1969) Some long-run properties of geophysical records. *Water Resources Research* 5, 321–340.

Marsh, G.P. (1864) *Man and Nature: Or, Physical Geography as Modified by Human Action*. Belknap Press of Harvard University, Cambridge, Massachusetts, 1965 reprint with introduction by David Lowenthal.

McCulloch, J.S.G. and Robinson, M. (1993) History of forest hydrology. *Journal of Hydrology* 150, 189–216.

McDonnell, J.J. (2003) Where does water go when it rains? Moving beyond the variable source area concept of rainfall–runoff response. *Hydrologic Processes* 17, 1869–1875.

McDonnell, J.J. (2014) The two water worlds hypothesis; ecohydrological separation of water between streams and trees. *WIREs Water* 1, 323–329.

McDonnell, J.J. and Tanaka, T. (2001) On the future of forest hydrology and biogeochemistry. *Hydrologic Processes* 15, 2053–2055.

Mildrexler, D.J., Zhao, M. and Running, S.W. (2011) A global comparison between station air temperature and MODIS land temperature reveals the cooling role of forests. *Journal of Geophysical Research* 116(G3), G03025.

Morel-Seytoux, H.J. (1973) Two-phase flows in porous media. *Advances in Hydroscience* 9, 119–202.

Nyman, P., Sheridan, G.J., Smith, H.G. and Lane, P.N.J. (2011) Evidence of debris flow occurrence after wildfire in upland catchments of south-east Australia. *Geomorphology* 125, 383–401.

Orr, H.K. (1973) *The Black Hills (South Dakota) Flood of June 1972: Impacts and Implications*. General Technical Report RM-GTR-2. USDA Forest Service, Rocky Mountain Forest and Range Experiment Station, Fort Collins, Colorado.

Pearce, A.J., Stewart, M.K. and Sklash, M.G. (1986) Storm runoff generation in humid headwater catchments: 1. Where does the water come from? *Water Resources Research* 22, 1263–1272.

Philip, J.R. (1974) Fifty years progress in soil physics. *Geoderma* 12, 265–280.

Popper, K. (2005) *The Logic of Scientific Discovery*. Routledge, London/New York.

Scott, R.L. (2010) Using watershed water balance to evaluate the accuracy of eddy covariance evaporation measurements for three semiarid ecosystems. *Agricultural and Forest Meteorology* 150, 219–225.

Sklash, M.G. and Farvolden, R.N. (1979) The role of groundwater in storm runoff. *Developments in Water Science* 12, 45–65.

Smith, H.G., Sheridan, G.J., Lane, P.N., Nyman, P. and Haydon, S. (2011) Wildfire effects on water quality in forest catchments: a review with implications for water supply. *Journal of Hydrology* 396, 170–192.

Stohlgren, T., Jarnevich, C. and Kumar, S. (2007) Forest legacies, climate change, altered disturbance regimes, invasive species and water. *Unasylva* 58(229), 44–49.

Troch, P.A., Paniconi, C. and van Loon, E.E. (2003) Hillslope-storage Boussinesq model for subsurface flow and variable source areas along complex hillslopes: 1. Formulation and characteristic response. *Water Resources Research* 39, 1316, doi: 10.1029/2002WR001728 (accessed 18 March 2016).

Waichler, S.R. and Wemple, B.C. (2005) Simulation of water balance and forest treatment effects at the H.J. Andrews Experimental Forest. *Hydrological Processes* 19, 3177–3199.

Watson, F.G., Vertessy, R.A., Grayson, R.B. and Pierce, L.L. (1998) Towards parsimony in large scale hydrological modelling – Australian and Californian experience with the Macaque model. *EOS Transactions* 79(45), F260–F261.

Watson, F.G., Vertessy, R., McMahon, T., Rhodes, B. and Watson, I. (2001) Improved methods to assess water yield changes from paired-catchment studies; application to the Maroondah catchments. *Forest Ecology and Management* 143, 189–204.

Whittaker, E.T. and Robinson, G. (1924) *The Calculus of Observations*. Blackie, London.

Van Haveren, B. (1988) Notes: A re-evaluation of the Wagon Wheel Gap forest watershed experiment. *Forest Science* 34, 208–214.

Zhang, L., Dawes, W.R. and Walker, G.R. (2001) Repose of mean annual evapotranspiration to vegetation changes at catchment scale. *Water Resources Research* 37, 701–708.

Zon, R. (1912) *Forests and Water in the Light of Scientific Investigation*. US Government Printing Office, Washington, DC, Senate Document No. 469, 62nd Congress, reprinted in 1927 with a revised bibliography.

2 森林径流过程

T. M. 威廉姆斯（T. M. Williams）[*]

2.1 引　言

如第 1 章所述，森林水文学的一个关键问题是研究森林管理活动如何改变来自受管理森林的径流量、排水时间和水质。水文学研究及解释的一个难题在于水文学调查研究所采用的语言和定义缺乏准确性。排水、径流、流量均表示从森林中流出的水，三者之间无实质上的区别。在本章中，"流量"用于表示流域出水口用观测装置测得的流速或水量（或在无观测流域某一点预测得到）。"径流"用于表示在整个流域范围内输送到河流的水，包括流向河道的所有地表径流或地下径流。同样，"流域"是指向特定地点排水的所有区域。"山坡"是指向一段河流排水的土壤和地下地质材料。单位宽度为（x，z）的山坡横截面（通常在进行绘图和模型开发时使用）称为"山体断面"。在本章中，笔者尽量采用径流过程更为精确的定义（尽管大部分定义并未得到普遍认可）。

本章探讨了当前对森林观察人员提出的两个简单问题的理解：
①降雨时水会流向何处（McDonnell，2003）？
②河流中的水从哪里来（Pearce et al.，1986）？

了解径流过程的最基本目的是根据降雨量和前期土壤湿润度指数进行流量预测（图 2.1）。图 2.1 所示的简单线性模型"流量＝(降雨量−截流量)×湿润度指数"体现了这一目标，但其将森林流域视为一个均匀的黑箱。黑箱法可以很好地处理面积较小且均匀的流域上的超渗产流问题（Horton，1933）。这种方法利用 Green 和 Ampt（1911）或 Richards（1931）的渗流方程，根据土壤物理参数确定超渗函数（Horton，1940；Akan，1992）。基于这些假设条件，可实现流量过程线分割（例如，图 1.2），将由地下水构成的基流与因超渗而产生的以地表径流作为来源的暴雨径流分开。在本章中，"暴雨径流"一词用于表示图 1.2 中"分割方法"所定义的水文过程线的上部。

---

[*] 克莱姆森大学，美国南卡罗来纳州乔治城。通讯作者邮箱：tmwllms@clemson.edu

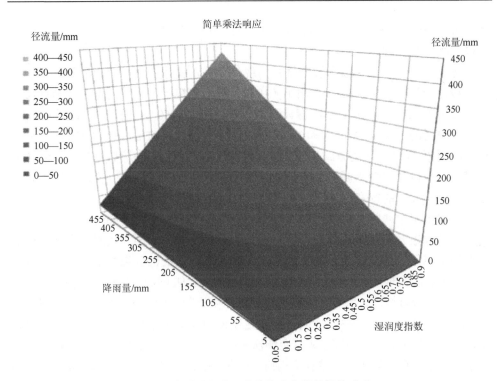

图 2.1 流量对于降雨和湿润度指数的简化响应

湿润度指数从极度干燥条件下为 0 到饱和条件下为 1 不等。该平面的方程式为：径流量 = (0.95×降雨量−5)×湿润度指数。

在未受扰动的温带森林中很少发生超渗产流现象（Bonell, 1993）。因此，在利用超渗假设条件模拟森林流量方面所作的研究工作很少，需要对产流水源区域进行率定（Betson, 1964）。在森林环境中，仅在"特殊情况"下才会发生超渗地表径流。这些通常都发生在冠层有限的半干旱流域，由于临时形成的不透水表面大大减少了渗透（Puigdefabregas et al., 1998）。当原本透水的森林地面因伐木、其他土地管理活动（Rab, 1994; Rivenbark and Jackson, 2004; Lang et al., 2015）或火灾（DeBano, 2000）而受到扰动时，超渗地表径流也会变得很重要。

Hursh 和 Brater（1941）认识到，森林流域产生的水文过程线含有暴雨径流，但森林的径流主要为地下径流。"地下暴雨径流"已成为森林水文学的专业词汇。Hewlett 和 Hibbert（1963）在美国南部阿巴拉契亚山脉（Appalachians）的考维塔水文实验室进行的早期坡面实验验证了在两次降雨之间入渗水的饱和水分运动和不饱和水分运动均具有重要作用。

该研究表明，上坡区域的产流并未直接贡献到暴雨径流。通过这项工作，他们提出了广泛使用的"变水源区"这一概念（Hewlett and Hibbert, 1967）。法国

（Cappus，1960）和日本（Tsukamoto，1961）的学者也提出了类似的概念，但这些概念较少被引用。

尽管"变水源区"概念被广泛视为现代森林水文学的基础，但并不一定能够定义特定的径流产生机制。Hewlett（1982）重点研究了间歇性河道和季节性河道的扩张现象。Ambroise（2004）翻译引用了Cappus（1960）的研究，论证了Cappus对变水源区的定义与Dunne等（1975）通过蓄满产流机制（Dunne and Black，1970a，1970b）定义变水源区的方式相似。扩大蓄满产流的范围，在流域尺度上绘制区域径流图，提供了"变水源区"的具体示例。在许多出版物中，"变水源区"指的是河流及其周围的饱和区域。

森林土壤中通常具有"优先流"（preferential flowpath）（Bundt et al.，2001）。动物活动或根系死亡产生的孔洞通常被称为"大孔隙"，会导致原状森林土壤的竖向导水率比过筛土样得到的竖向导水率大很多。在大部分森林土壤中均发现具有竖向大孔隙流现象（Beven and Germann，1982）。Hewlett（1982）在美国的实验针对横向流或顺坡流、大孔隙流在暴雨径流产生机制中所起的重要性提出了质疑。Hewlett 和 Hibbert（1963）证明基质流足以说明河道扩张和暴雨径流现象。尽管Beasley（1976）清楚地论证了阿肯色州沃希托山脉（Oucichta Mountains）山坡底部的水流主要来自于较大的土壤孔隙出口，但他（Hewlett，1982）仍继续反驳Aubertin（1971）关于水在土壤饱和前无法进入土壤大孔隙的论断。

在新西兰的迈麦（Maimai）研究流域也存在类似的冲突。Mosley（1979）得出结论，认为土壤孔隙（大孔隙）是输送地下暴雨径流的主要径流机制。Sklash和Farholven（1979）认为，河岸地区的降雨导致地下水位迅速上升，并增加了进入河流的地下径流。这一过程称为"地下水起垄"。Pearce等（1986）利用^{18}O示踪，表明从大孔隙中流出的水是"旧"水，类似于降雨开始前的河流中的水和土壤基质中的水。他们认为，暴雨径流可能与大孔隙流没有关系。McDonnell（1990）的研究表明，竖向水流迅速填充土壤与基岩界面附近的大孔隙时，"新"水和"旧"水会快速交换。McGlynn等（2002）讨论了随着更多研究证实降雨量、大孔隙流和基岩表面地形之间复杂的相互作用，相关概念是如何在变化的。Graham等（2010）进一步阐明了这些流域的水流情况，表明了基岩地形在控制这些土壤孔隙形成方面发挥的作用。全球有许多其他研究发现土壤大孔隙中存在下坡流。Weiler 和 McDonnell（2007）对大孔隙流研究进行回顾，提议将"大孔隙流"一词限定为土壤优势通道中的水分垂直运动。

他们建议使用"土管"（soil pipe）一词来表示水在下坡方向流动经过的大孔隙。本章通篇使用该术语。

森林山坡水文学研究中常涉及管流，有些学者将此机制称为"地下暴雨径流"。但是，这种叫法忽略了地下径流的作用。Sidle等（2001）发现基岩裂隙与土管具有相互作用。Anderson 等（2007）发现风化破碎基岩中的水流是库斯湾附近俄勒冈州海岸山脉地下暴雨径流的重要来源。Gabrielli 等（2012）还发现，位于俄勒冈州的 H. J. 安德鲁斯（H. J. Andrews）实验林 10 号流域尽管与主要水源来自土管的新西兰迈麦流域非常相似，但其基岩裂隙中发生了地下暴雨径流。Buttle 和 McDonald（2002）发现，在安大略省的薄冰川土壤上，在基岩与土壤界面发生了地下暴雨径流，主要形式为薄薄的一层饱和流。

碳酸盐含水层中的水流是地下水水文学的一个重要内容，但尚未在森林水文学中得到广泛研究。关于碳酸盐含水层的大多数研究都着重于水文地质学、地貌学和污染物运移等方面（Kaçaroğlu，1999；Ford and Williams，2007；Williams，2008）。碳酸盐水文学研究中最显著的地貌特征是喀斯特地形，其具有封闭洼地、干谷，以及渗失河或伏流。在土层较浅的地区，表层岩溶带（是指碳酸盐岩上部含有大量通道的强风化区域）构成主要的上部含水层物质，并与下面更深的区域连通，而下面的区域管道数量更少但直径更大，容易形成较大的泉眼。在没有大量钻探和水位监测的情况下无法确定流径或水源区，这阻碍了对山坡或小流域的研究（Jiang et al.，2008）。表层岩溶产生了类似快速竖向输送通道的大孔隙，并能够形成类似于土管的顺坡流。

Bishop 等（2011）描述了他们在瑞典中部发现的一个现象，其与蓄满产流有些相似，只不过水流完全发生在土壤剖面内。在密实耕土上具有浅层土壤的低梯度流域上，地下径流是由稀薄的上层矿质土壤和厚厚的森林地表沉积物输送的。他们将这种情况称为"导水反馈"（transmissivity-feedback）。

导水系数是饱和导水率与含水层厚度的乘积，因此其单位不太一样，因长度单位不同导水系数单位有异，如 m^2/s。该术语说明，进入河流的流量取决于河流长度和导水系数之积。对于大部分含水层而言，导水系数可视为常数，因为在降水过程中含水层厚度和导水率均不会发生明显变化。但是，对于他们所述的位于瑞典的流域而言，随着地下水位上升到地表附近，含水层的厚度会大大增加。而且，由于存在高导水性的表面有机层，因此平均导水率也会增加。导水系数的增加使得进入河流的地下暴雨径流大大增加（Seibert et al.，2011）。

2.2 非线性、连通性和阈值

研究人员观察到上述过程的同时，还发现径流和流量不会按照课本中所绘制的平滑、线性的水文过程线对降雨作出响应。在农田观察到的超渗现象表明，即使是均匀的农田也存在空间异质性。因此，Betson（1964）提出了径流的局部源区。在农田中，下暴雨时很容易出现超渗区域。在地表水上升到超过微地形屏障并与出口连通之前，这些区域不会贡献产流。在加拿大西北地区具有裸露岩石、湿地和湖泊的流域中，类似的地表连通现象也很明显（Phillips et al.，2011）。在具有明显地表径流的流域很容易看到因流道连通而达到产流阈值的情况（Darboux et al.，2002）。Ambroise（2004）提出，产流区域在空间和时间上都是可变的。他以蓄满产流为例，认为在某些阈值（降雨强度或雨量、地下水位）达到能够与河流连通的程度之前，区域可能存在水源区（饱和区），但并未真正产流（比如在封闭洼地中）。在加拿大西北地区耶洛奈夫（Yellowknife）附近（62°N），Spencer 和 Woo（2003）发现，在湿润条件下变成季节性河流的一条水道中，存在间歇性饱和流。

与温带地区的水流相反，该河流首先在上游源头形成，然后逐渐从山谷向下流向出口。他们将这一特征称为"注满和溢出"（fill and spill），并指出上游段必须先饱和，"注满"，然后坡面漫流才能继续沿山谷向下流动并"溢出"。

可以看出，流道连通性有助于达到地表径流阈值（Jencso and McGlynn, 2011）。同时还发现，流道连通性在地下暴雨径流过程中也发挥着重要作用。Ali 等（2013）对大量描述径流阈值的研究进行了回顾。从北极永冻层到温暖的温带地区、年降雨量从小于 350 mm 到大于 2500 mm 等条件下均可以达到阈值。尽管学者已广泛观察到这种达到产流阈值的现象，但还尚未对其进行实验检测。Ali 等（2013）在拟用于其他目的的研究中也发现了阈值现象。然而，很少有人将阈值检测与连通性研究相结合。Tromp-van Meerveld 和 McDonnell（2006a，2006b）使用佐治亚州帕诺拉山（Panola Mountain）流域的长期坡面流记录研究了土管的连通性和产流控制要素。他们发现，若要将控制土管连通性的基岩洼地注满，则要达到 55 mm 的雨量阈值。Uchida 等（2005）将佐治亚州的数据与日本的流域和山坡研究相结合，发现在管流开始之前需要达到一个降水阈值，并且管流与大于该阈值的总暴雨流量呈线性关系。

McGuire 和 McDonnell（2010）研究了俄勒冈州 H. J. 安德鲁斯流域的水龄和流道，发现坡面产流的雨量阈值为 30 mm。Detty 和 McGuire（2010a，2010b）研究了新罕布什尔州哈伯德布鲁克（Hubbard Brook）流域的流量。在该流域，径流机制主要为蓄满产流。他们将土壤湿度与有效降雨结合为一种新的阈值指标，发现当该指标低于约 316 mm 时，降雨与径流没有关系，但高于该值时，该指标与径流之间显示了较强的线性关系（按图 1.2 所示 Hewlett 分割的洪峰流量和暴雨径流）。他们还发现，径流系数与平均归一化地下水位之间也存在类似的关系，指数为 0.48（0 表示某一点处的最深地下水位，而 1 表示最浅地下水位）。

McDonnell（2013）认为，所有径流过程都可以用一些反映气候、植被和地质状况的通用控制概念来解释。他根据"注满和溢出"这一假设条件，提出所有径流过程都是通过注满流域中某类储水层而发生的。他默契地接受了 Aubertin（1971）的论点，即在大孔隙、土管、裂隙中流动的所有水势（净水头）都必须大于大气压。他假设，径流过程都是通过是否达到一定的水位（哪怕是暂时性的）来驱动和控制的。

流域内的连通性是由土壤表层、缓慢透水层顶层或地下水位等因素的空间分布特征所决定的。根据这一观点可以说，超渗仅仅是上层滞水面处在土壤表面时的极限状态，而基流则是河流与饱和带相交时的另一种极限状态。

2.3 过程分布

图 2.2 展示了上文总结的径流过程，其中添加了笔者对于森林流域连通性的阈值理论的个人想法。图中，储水层用单独的方框表示，水流以带有编号的箭头表示。在本次讨论中，假定森林流域未受扰动，具有完整的林冠覆被，并且所有水流均为液态水。关于雪与森林的相互作用，将在后续章节中探讨。

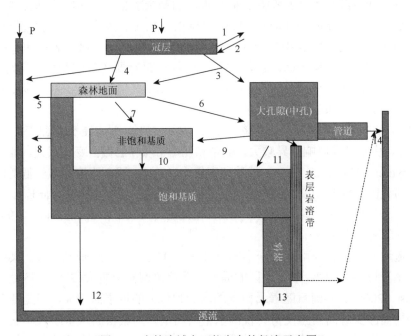

图 2.2　森林流域中可能存在的径流示意图

进入的雨水（P）按照以带有编号的箭头表示的水流，通过流域储水层分布：1. 截留蒸发；2. 冠层凝结；3. 茎流；4. 穿透雨；5. 通过森林地面直接迁移到溪流；6. 从森林地面迁移至土壤大孔隙；7. 从森林地面向非饱和土壤迁移；8. 地下水起垄；9. 从大孔隙迁移至非饱和基质；10. 从非饱和基质到饱和基质；11. 从大孔隙迁移至饱和基质或表层岩溶；12. 基流；13. 来自碳酸盐岩源泉的水流；14. 从土管流向溪流。

2.3.1　截留

冠层截留是森林与降水的首次相互作用。冠层的水流可沿四个方向产生：截留蒸发（图 2.2 箭头 1）、冠层凝结（图 2.2 箭头 2）、茎流（图 2.2 箭头 3）和穿透雨（图 2.2 箭头 4）。这些水流的相对大小可能会影响产流阈值。蒸发和凝结是截留水与大气的交换，主要受降雨期间和降雨后的空气湿度控制。截留蒸发可以采用目前流行的 Gash 模型（Gash，1979；Gash et al.，1995）或 Rutter 模型（Rutter et al.，1971）建模。当冠层在两次降雨之间干透时（Gash 模型中假设的条件），蒸发量最大，而且暴雨间隔适当、冠层粗糙、湍流度高等因素可增强蒸发。在欧洲西部地区，截留产生的最大蒸发损失可能接近开阔地降水的 30%。在大气饱和、风速低和外露叶面积最大的条件下，凝结度最大。在温暖的温带、亚热带和热带海洋性气候中可能存在这类条件。最极端的情况会出现在热带山地多雾林中，这种环境中的由风驱动的雾水截留可能导致降雨增加，比开阔地降雨高 20%（Bruijnzeel et al.，2011）。

穿透雨和茎流是图 2.2 箭头 1 和 2 水流的剩余水流。许多因素都会导致各个水流的变化（Crockford and Richardson，2000）。树种、大小、密度和冠层粗糙度都存在着相互作用。叶面积指数（LAI）和冠层持水能力（树冠表面积）等综合性指标属于较好的衡量指标，而茎干面积则不是。最重要的气候变量包括降雨（雨量、强度和持续时间）、降雨时的风速和风向，以及气温和湿度。茎流也受到外露茎的叶角、分叉角和风的影响。

通常，针叶树的截留率（占总降雨量的 18%—25%）要比硬木的截留率（10%—15%）高。由于气候影响差异较大，热带和亚热带森林的截留变化很大。亚马孙雨林（Lloyd and Marques，1988）的截留率最小（9%），降雨强度通常较低的波多黎各山区的截留率最大（39%）（Scatena，1990）。在 Crockford 和 Richardson（2000）提到的大部分研究中，茎流占 1%—4%，但是 Crockford 和 Richardson（1990）测得辐射松的茎流为 8.9%。

茎流通常仅占总降雨量的一小部分（1%—4%）。但一些研究发现，某些森林类型的茎流可高达 20%。干旱地区的灌木的茎流比例甚至更大（27%—45%）（Levia and Frost，2003）。茎流量随着暴雨量的增加和风力的增强而增加，但是随着降雨强度增加而减少。高雨强使得树枝滴水量增加，因为截留的水量超过了它可以沿着分枝和树干向下流动的流量。对于树种差异而言，与树干连接的分枝的角度是很重要的一项因素。分枝角度陡峭的相思树属（*Acacia*）的茎流量特别大；绢毛相思（*Acacia holoserica*）的茎流比例为 16%（Langkamp et al.，1982），大叶相思（*Acacia auriculiformis*）的茎流比例为 6.2%—7.9%（Bruijnzeel and Wiersum，1987），无脉相思（*Acacia aneura*）的茎流比例为 16%（Pressland，1973）。

穿透雨占雨水的 60%—90%，其形态与冠层空隙和分枝面积相关。河流表面的穿透雨和直接降水（在含有许多湖泊的冰川景观中可能变得很明显）构成暴雨径流最稳定的部分，这仅取决于冠层截留量的较小阈值。大部分穿透雨将迁移至森林地面，因为水不太可能直接注入土壤大孔隙中。茎流更有可能直接流入树桩附近的大孔隙。对于干湿季节分明的地区，较大的茎流量和大孔隙直接补给水量可能会很重要。在此类地区，优先流可以完全绕过干燥土壤基质，从而在湿润阶段的早期产生坡面径流。冠层截留量通常处在一个较小的阈值（可能是 0—10 mm），具体取决于蒸发损失发生率。

2.3.2 森林地面水流

森林地面是枯枝落叶积累、细根活动、土壤动物和微生物活动的中心。枯枝落叶层和上部几厘米的矿质土壤可以视为是覆盖山坡或流域的一层生物垫层。森林地面最重要的方面是其高孔隙率和导水率。Torres 等（1998）需要采用"不合理的"降雨模拟强度（大于 5700 mm/h）才能使位于俄勒冈州的森林土壤产生积水。该值几乎是有记录的最大实测降雨强度的三倍（1.23 in/min 或 1874.52* mm/h；Engelbrecht and Brancato，1959）。水会从森林地面向非饱和土壤迁移（图 2.2 箭头 7），此过程遵循针对非饱和流的理查德方程（Richards equation）。

水从森林地面迁移至土壤大孔隙（图 2.2 箭头 6）的机理尚不清晰。在新西兰（McDonnell et al.，1991）和日本（Terajima and Moriizumi，2013）受降雨主导的温带森林中，在厄瓜多尔的热带森林中（Goller et al.，2005；Crespo et al.，2012），以及在纽约夏季的洪峰流量（Brown et al.，1999）中，均已观察到森林地面内存在快速的下坡输水。这样的快速输水可以在森林地面内产生可以自由流入到大孔隙中的短距离水流。Luxmoore（1981）创造了"中孔"一词来表示在田纳西州东部的森林流域发现的尺寸小于 0.1 mm（Luxmoore et al.，1990）的可排水孔隙。这种孔隙中可产生流速为 3.4×10^{-4} m/s（1.2 m/h）的垂直流（Wilson and Luxmoore，1988）。此类小孔可能与森林地面连通，从而使水迁移到更大的孔隙中。Sidle 等（2001）提出，随着湿度增加而自然形成的各种大小的孔隙会在山坡底部产生管流。无论为哪种机制，大多数森林生态系统都普遍存在快速的垂直优先流。

饱和地面径流是水通过森林地面直接迁移到溪流（图 2.2 箭头 5）的一种形式。Brown 等（1999）发现，纽约一条河流中的大部分水均溶解有有机碳，这表明水在森林地面内部而非上方流动。只有当整个土壤剖面都饱和时，水才能横向输送很远的距离。在河流与山坡被相对平坦的河岸地带分开的任何地方，这个过程都可能发生。此类区域的范围取决于山坡坡度、上坡面积、山坡导水率、总体水平衡情况以及河岸带内植被的蒸发速率和蒸腾速率（Burt et al.，2002）。由于地形对这种机制而言很重要，因此有学者采用 TOPMODEL（Beven and Kirkby，1979）对其进行了建模，并将土壤深度和导水率纳入基本地形指数计算中（Frankenberger et al.，

---

* 原书此处计算有误，中文版进行了修正。

1999；Walter et al.，2002；Lyon et al.，2004）。

Bishop 等（2011）将渗透性较差的黏土之上、较厚有机层内的流动称为"导水反馈"，并视为地下径流的一种形式。但是，如果考虑到地表的矿质土壤，则可将这种径流称为饱和地面径流。在佛蒙特州（Kendall et al.，1999）和安大略省（Montieth et al.，2006），在耕土上具有丰富有机物的流域发现了类似的径流。Skaggs 等（2011）发现，在包含森林枯枝落叶层的上层 90 cm 土壤中所观察到的导水率，比类似的农田的导水率大三个数量级；在这些区域的农田观察到的导水率与文献发表的该土系的相关数据接近。Skaggs 等（2006）还发现，伐木并未改变导水率，但是伐木后的台床整地使观察到的导水率降低到文献发表的数值，并引起显著的坡面漫流。Detty 和 McGuire（2010a，2010b）发现了明显的"曲棍型"（hocky stick）（关于阈值响应类型，请参见 Ali et al.，2013）阈值响应，其阈值较高，为 316 mm。Epps 等（2013）发现了类似的"曲棍型"响应，对美国东南部下游海岸平原的低梯度（坡度为 0.001）流域上的暴雨径流进行了解释，其土壤与 Skaggs 等（2006）研究的土壤相似。在这些流域上，"曲棍头"（恒定的降雨-径流比）反映了河岸带内产生的暴雨径流，而"手柄"（降雨-径流比急剧增加）则反映了整个流域的连通性随着雨量的增加而不断增强。河岸带响应可能是由于河流和河流附近的饱和区域上的穿透雨引起的。并且，只要河流中存在基流，就会发生河岸带响应，且阈值相对较小。要发生流域响应，则需注满很大一段流域上的非饱和基质。这需要有效降雨或者前期土壤含水量超额 100—300 mm。"曲棍手柄"的坡度取决于流域内饱和区域或近饱和区域的空间分布。由于浅层地下水位相对容易观测，因此对于这些流域，能够轻松地检测 McDonnell（2013，图 5）所示的"注满和溢出"分割面。

2.3.3 非饱和基质和饱和基质

对于从非饱和基质到饱和基质（图 2.2 箭头 10）的水流的研究由来已久，采用理查德方程建模效果良好。同样，从饱和含水层到溪流（图 2.2 箭头 12）的水流是基质地下径流，可以采用达西（Darcy）公式进行模拟。这是在两次暴雨之间提供径流的主要路径。只要河道底部在含水层地下水位以下或测压位势以下（如果含水层是半封闭的），就会发生这种情况。在计算方面，可以通过同位素和溶解矿物质在暴雨水文过程线中将这种径流分割出来。由于每种技术都有局限性，因此这三种技术常常不能得到一致的结果（Klaus and McDonnell，2013）。

除基流外，在引言中所述的地质条件下，地下水也可能是暴雨径流的重要组成部分。在含有下伏碳酸盐岩的林区中，含水层溶蚀会形成较大的通道（图 2.2 箭头 13）。碳酸盐岩产生的较大泉眼减弱了暴雨径流，其中表层岩溶中形成的地下水位在两次降雨之间保留蓄水。源自碳酸盐含水层的较小水流可能通过与其他物理过程的联系而产生暴雨径流响应。源自表层岩溶带的水流可能表现出与土管或更深的碳酸盐体系相似的情况。但是，难以确定水源区和流径，给这方面的研究带来了困难。

Jayatilaka 和 Gillham（1996）认为地下水因起垄（图 2.2 箭头 8）而汇入暴雨径流是一种普遍存在的机制。McDonnell 和 Buttle（1998）不认同这种观点，认为地下水起垄这种现象仅限于特定的地质条件。

可排水孔隙率和导水率使得土壤质地仅限于细砂或较粗砂能够输送大量暴雨径流。在细砂中，毛管边缘仅伸出地下水位以上约 1 m。因此，因起垄而引起的水头增加不能超过 1 m。这种水头变化最多只会使基流增加一倍，除非基流河的深度小于 1 m。要输送大量暴雨径流，该过程似乎就需要从水流底部连通到半封闭含水层。该含水层还必须与形成上层滞水面的上部斜坡上的某一点具有相对良好的连接。在这种情况下，半封闭含水层上的静水压头可能会随着上层滞水面的形成而增加几米。在 Katsura 等（2014）所述的研究中可能已经出现过这种机制。近河起垄会使得暴雨径流量较小，阈值将类似于近河饱和地面径流，可能仅在同位素或溶质特征上有所不同。如果存在半封闭含水层情况，则可能产生较大的暴雨径流，阈值可能会类似于管流。

2.3.4 大孔隙和土管

McDonnell（1990）的研究表明，大孔隙和非饱和基质水的交互作用（图 2.2 箭头 9）可以解决"旧水问题"。他发现，从土管流出的水会迅速与土壤和基岩边界附近的基质水混合。大孔隙内的水具有与基质水相似的同位素和化学特征，不同于雨水或穿透雨。在许多森林景观中，大孔隙中的水快速迁移到饱和基质（图 2.2 箭头 11）是很常见的（Beven and Germann，1982；Weiler and McDonnell，2007）。在降雨较大时产生的快速垂向流可能会使地下水位上升，从而使土壤自下而上达到饱和，而不是通过浸润而使土壤自上而下达到饱和。这种连通可以解释为什么阈值现象通常同样可以用土壤湿润度指数或地下水位进行较好的解释（Detty and McGuire，2010b）。尽管基质渗透性可能会限制水流（图 2.2 箭头 9），但通过饱和基质，从大孔隙向非饱和基质的迁移量可能会很大。

除非地下水能够在破碎岩石、表层岩溶或基岩与土壤界面处的强风化带等高导层中移动，否则垂直大孔隙流（图 2.2 箭头 11）会导致上层滞水面的上升。大孔隙中的水平（下坡）流（Weiler and McDonnell，2007，将其称为"土管"）可以继续沿坡向下流向溪流（图 2.2 箭头 14）、河岸带或出现在沿坡某处的地表。由于基质流中的导水率降低而返回地面的水或从土管返回地面的水被称为"回归流"。在河岸带，回归流可能会使饱和河岸带的尺寸增大或形成通往河流的短暂通道。同样，在斜坡上，回归流将渗透回土壤或形成季节性河流。除了会妨碍水从小块土地向山坡外推以外，渗入的回归流几乎没有影响。在河岸带，回归流可能会增加山坡边缘土壤饱和的可能性。Hewlett（1982）提出，季节性出现的通道所增加的河流长度是"变水源区"的重要组成部分。

土管在景观地貌发展中也起着重要作用。Jones（2010）坚称，"土管"一词只能配合较旧的地貌解释使用，表示被水流改变了的土壤孔隙。这与 Beven 和 Germann（1982）的观点类似，他们将土管定义为直径大于 4 cm 的孔隙。Uchida 等（2001）探讨了与暴雨径流和浅层滑坡的产生有关的管流，其将水平大孔隙称为土管时主要强调的是长度而不是直径。该研究发现，在陡坡上的大直径土管中，湿润度和暴雨量越大，则管流越大。他们发现，土管通常会使山坡含水量减小，并减少滑坡的可能性。但是，较大的挟沙土管如果坍塌或堵塞，可能会增加滑坡的可能性。Fujimoto 等（2008）检测了斜坡会聚度，并确定土管更集中在河源凹陷处，其次是会聚性斜坡，然后是较平坦的斜坡。水流集中在凹陷处增加了在这些位置出现高流量和土管侵蚀的可能性。

Sidle 等（2001）总结了关于日本日立太田（Hitachi Ohta）实验流域土壤大孔隙、频率、直径、长度、迂曲度和方向的各种研究。其中，相对较短（10—50 cm）的大孔隙随着湿度的增加而形成土管系统。有机质厚层（枯枝落叶、被风吹落的枯枝落叶、腐烂的原木和树根）和连接孔隙的基岩裂隙促进了土管系统的形成。雨量达到 40 mm 和 110 mm 后，会产生两个阈值响应。他们得出结论，认为单个流域的情况取决于随土壤湿度变化而形成的大孔隙/土管连接。在马来西亚，Negishi 等（2007）发现在较大的土管（直径 2.5—7.5 cm）中存在类似的阈值情况。尽管深管水流更多，但最浅的土管处于活跃状态时，它们的流量会增加一个数量级。径流控制似乎与 McGlynn 等（2002）所述的新西兰的径流控制相似。其中，快速垂向流使得在土壤风化层表面形成了一个饱和层。随着饱和层变厚，会激活更多的土管。

尽管许多研究人员对在暴雨径流的形成中发挥重要作用的大直径土管进行了描述，但对"土管"的定义似乎并未达成共识。然而，在其他位置，孔隙较小的流道对暴雨径流的形成而言也是同样重要的。由于生物活性导致所有林区的土壤孔隙大小不一，因此对于森林水文学而言，似乎无需将"土管"的定义限制为仅仅是大小受水流影响而改变的孔隙。相反，在大多数森林流域中，水、溶质和沉积物主要是在土壤大孔隙中运动，它们很可能是影响景观侵蚀和地貌构造的主要因素。在许多非森林环境中，受水侵蚀的大直径土管也是景观侵蚀和地貌构造的一个要素（Jones，1994）。"土管"可以表示一系列生物和物理因素造成的大孔隙，它们可以相互作用，也可以与基岩裂隙或多孔夹杂物相互作用，形成能够将径流快速输送至暴雨径流所涉及的河流中的顺坡流道。"土管"也可以表示受水侵蚀的较大（>4 cm）开口。这些开口可能向上坡延伸数十米至数百米，也存在着塑造地表景观的物理侵蚀或化学侵蚀。

2.4 小　　结

"所有径流过程都一样吗？" McDonnell（2013）将研究人员现已发现的许多过程归结为一套适用于地球上许多森林流域的原理。以下将对这些思想进行详述。

"注满和溢出"（Spencer and Woo，2003；Tromp-van Meerveld and McDonnell，2006b）是对 Hewlett（1982）简单"水桶储存"模型的一种三维阐述。蓄水桶（图 2.3）表示流域上的所有蓄水，满桶表示流域完全饱和。从水桶伸出的每条管道表示可能发生的径流过程，其大小与该过程可能形成的暴雨径流水文过程线大致上成比例。管道的位置大致表示发生该过程所需要的蓄水阈值量。

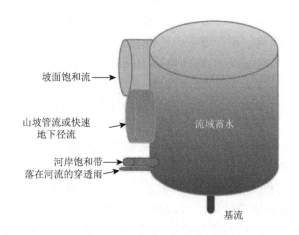

图 2.3　流域蓄水桶模型

Hewlet）（1982）将流域比作蓄水桶，这也可以视为"注满和溢出"阈值的无量纲表达形式。

任何一条常流河都具有与永久饱和含水层相交的通道，从而产生基流。基流取决于河道相对于该含水层中地下水位的高度。含水层流入量和流出量的平衡与含水层总蓄水量相关，决定了能够向河流提供水流的承压含水层的地下水位埋深或测压水头。

对于浅冲积含水层，水位可能会每周或每月随降雨而变化；对于较大的深冲积层、多孔岩石、或较大的碳酸盐含水层，则可能会每年或数十年才发生变化。

当降雨量超过冠层截留能力后，会出现穿透雨并流向河流。随着流域蓄水量的增大，河流也会扩展，形成间歇性和季节性的河道。在三维空间上，通过诸如 TOPMODEL 中使用的地形指数，能够相对较好地模拟这种水流通道的扩展变化。

来自饱和河岸带的产流阈值可能接近河流上的穿透雨阈值。地下水起垄过程会使水量与地下水位上升速率成比例地增加。只要土壤表面在毛管边缘内，在河岸土壤完全饱和之前，该过程就会增加暴雨径流。笔者认为，主要在森林地面中移动的饱和坡面漫流是在河流附近的土壤饱和后立即开始的。这一来源产生的径流大致与降雨成正比。Wickel 等（2008）发现，即使在降雨量超过 2000 mm 的热带亚马孙流域也是这样。

在大多数研究的流域中，土管或（针对在土壤与基岩界面处具有高导层的流域）快速地下径流是主要的地下暴雨径流机制。大多数研究的流域都相当小并且地形陡峭，土壤处于相对而言很难渗透的基岩上。在降雨超过由基岩与土壤表层性质所决定的某一个阈值之后，土管会产生坡面径流。大孔隙流在基岩凹陷处产生上层滞水面。当上层滞水面越过界面等高线上的障碍物时，便开始形成管流。"注满和溢出"理论认为，在陡坡上，阈值会降低且会更快发生溢流。在陡峭流域上阈值为 20—30 mm，而在缓坡上阈值为 50—60 mm。

在河岸带以外的地区发生饱和地面径流的阈值较高。这种机制在以前的冰川地区很普遍。在那里，森林土壤稀薄，处于密实耕地或基岩上。在中等程度的坡度上，在森林水流大于该层导水系数的位置会形成明显的地表径流（称为回归流）。

此类水流可能会重新渗入河流或形成季节性河流。要发生这一过程，需要大量斜坡蓄水。在新罕布什尔州，需要有超过 300 mm 的积水才能发生这一过程。在森林地面/有机土壤层较厚的缓坡上，此类水流会保留在地表有机质中，可能不会形成明显的地表径流。目前尚未有人报告这种过程的特定阈值，而阈值与融雪或大雨有关。在低梯度流域（总起伏高度小于 10 m），当树木处于休眠期时，整个流域均可发现饱和土壤[见本书第 7 章和第 14 章的桑蒂（Santee）流域]。在此类流域中，在潮湿的休眠期，暴雨量即使只有 20 mm，也可能产生暴雨径流；而在干旱的生长季节后期，暴雨量即使达到 100 mm，也有可能不产生暴雨径流。

除了评估森林管理活动外，森林水文学研究还发现了降雨（或降雪；见本书第 4 章和第 9 章）形成产流的多种不同方式。与所有自然过程一样，每个答案都又带来两个新问题。自从我们首次了解到各个地方森林流域的降雨产流机制并不相同，至今已数十年，我们开始逐渐掌握一些可以让我们真正地理解森林径流过程的方法和原理。

参 考 文 献

Akan, A.O. (1992) Horton infiltration equation revisited. *Journal of Irrigation and Drainage Engineering* 18, 828–830.

Ali, G., Oswald, C.J., Spence, C., Cammeraat, E.L.K., McGuire, K.J., Meixner, T. and Reaney, S.M. (2013) Towards a unified threshold-based hydrological theory: necessary components and recurring challenges. *Hydrological Processes* 27, 313–318.

Ambroise, B. (2004) Variable 'active' versus 'contributing' areas or periods: a necessary distinction. *Hydrological Processes* 18, 1149–1155.

Anderson, S.P., Dietrich, W.E., Torres, R., Montgomery, D.R. and Loague, K. (1997) Subsurface flow paths in a steep, unchanneled catchment. *Water Resources Research* 33, 2637–2653.

Aubertin, G.M. (1971) *Nature and Extent of Macropores in Forest Soils and Their Influence on Subsurface Water Movement*. USDA Forest Research Paper NE-192. USDA Forest Service, Northeastern Forest Experiment Station, Upper Darby, Pennsylvania.

Beasley, R.S. (1976) Contribution of subsurface flow from the upper slopes of forested watersheds to channel flow. *Soil Science Society of America Journal* 40, 955–957.

Betson, R.P. (1964) What is watershed runoff? *Journal of Geophysical Research* 69, 1541–1552.

Beven, K. and Germann, P. (1982) Macropores and water flow in soils. *Water Resources Research* 18, 1311–1325.

Beven, K.J. and Kirkby, M.J. (1979) A physically-based, variable contributing area model of basin hydrology. *Hydrological Sciences Bulletin* 24, 43–69.

Bishop, K., Seibert, J., Nyberg, L. and Rodhe, A. (2011) Water storage in a till catchment II: implications of transmissivity feedback for flow paths and turnover times. *Hydrological Processes* 2, 3950–3959.

Bonell, M. (1993) Progress in the understanding of runoff generation in forests. *Journal of Hydrology* 150, 217–275.

Brown, V.A., McDonnell, J.J., Burns, D.A. and Kendall, C. (1999) The role of event water, a rapid shallow flow path component, and catchment size in summer stormflow. *Journal of Hydrology* 217, 179–190.

Bruijnzeel, L.A. and Wiersum, K.F. (1987) Rainfall interception by a young *Acacia auriculiformis* (A. Cunn.) plantation forest in West Java, Indonesia: application of Gash's analytical model. *Hydrological Processes* 1, 309–319.

Bruijnzeel, L.A., Mulligan, M. and Scatena, F.N. (2011) Hydrometeorolgy of tropical montane cloud forests: emerging patterns. *Hydrological Processes* 25, 465–498.

Bundt, M., Widner, F., Pesaro, W., Zeyer, J. and Blaser, P. (2001) Preferential flow path: biological hot spots in soils. *Soil Biology and Biochemistry* 33, 729–738.

Buttle, J.M. and McDonald, D.J. (2002) Coupled vertical and lateral preferential flow on a forested slope. *Water Resources Research* 38, 1060, doi: 10.1029/2001wr000773 (accessed 19 March 2016).

Burt, T.P., Pinay, G., Matheson, F.E., Haycock, N.E., Butturini, A., Clement, J.C., Danielescu, S., Dowrick, D.J., Hefting, M.M., Hillbricht-Ilkowska, A. and Maitre, V. (2002) Water table fluctuations in the riparian zone: comparative results from a pan-European experiment. *Journal of Hydrology* 265, 129–148.

Cappus, P. (1960) Bassin experimental d'Alrance–Étude des lois de l'écoulement–Application au calcul et à la prévision des débits. *La Houille Blanche A*, 493–520.

Crespo, P., Bücker, A., Feyen, J., Vaché, K.B., Frede, H.G. and Beuer, L. (2012) Preliminary evaluation of the runoff processes in a remote cloud forest basin using mixing model analysis and mean transit time. *Hydrological Processes* 26, 3896–3910.

Crockford, R.H. and Richardson, D.P. (1990) Partitioning of rainfall in a eucalypt forest and pine plantation in southeastern Australia: II. Stemflow and factors affecting stemflow in a dry sclerophyll eucalypt forest and a *Pinus radiata* plantation. *Hydrological Processes* 4, 145–155.

Crockford, R.H. and Richardson, D.P. (2000) Partitioning of rainfall into throughfall, stemflow, and interception: effect of forest type, ground cover, and climate. *Hydrological Processes* 14, 2903–2920.

Darboux, F., Davy, P.H., Gascuel-Odoux, C. and Haung C. (2002) Evolution of soil surface roughness and flowpath connectivity in overland flow experiments. *Catena* 46, 135–139.

DeBano, L.F. (2000) The role of fire and soil heating on water repellency in wildland environments: a review. *Journal of Hydrology* 231–232, 195–206.

Detty, J.M. and McGuire, K.J. (2010a) Threshold changes in storm runoff generation at a till-mantled headwater catchment. *Water Resources Research* 46, W07525, doi: 10.1029/2009WR008102 (accessed 19 March 2016).

Detty, J.M. and McGuire, K.J. (2010b) Topographic controls on shallow groundwater dynamics: implications of hydrologic connectivity between hillslopes and riparian zones in a till-mantled catchment. *Hydrological Processes* 24, 2222–2236.

Dunne, T. and Black, R.D. (1970a) An experimental investigation of runoff production in permeable soils. *Water Resources Research* 6, 478–490.

Dunne, T. and Black, R.D. (1970b) Partial area contributions to storm runoff in a small New-England watershed. *Water Resources Research* 6, 1296–1308.

Dunne, T., Moore, T.R. and Taylor, C.H. (1975) Recognition and prediction of runoff-producing zones in humid regions. *Hydrological Sciences Bulletin* 20, 305–327.

Engelbrecht, H.H. and Brancato, G.N. (1959) World record one-minute rainfall at Unionville Maryland. *Monthly Weather Review* 87, 303–306.

Epps, T.H., Hitchcock, D.R., Jayakaran, A.D., Loftis, D.R., Williams, T.M. and Amatya, D.M. (2013) Characterization of storm flow dynamics of headwater streams in the South Carolina lower coastal plain. *Journal of the American Water Resources Association* 49, 76–89.

Ford, D.C. and Williams, P.W. (2007) *Karst Hydrogeology and Geomorphology*. Wiley, Chichester, UK.

Frankenberger, J.R., Brooks, E.S., Walter, M.T., Walter, M.F. and Steenhuis, T.S. (1999) A GIS-based variable source area model. *Hydrological Processes* 13, 804–822.

Fujimoto, M., Ohte, N. and Tani, M. (2008) Effects of hillslope topography on hydrological responses in a weathered granite mountain, Japan: comparison of the runoff response between the valley-head and the side slope. *Hydrological Processes* 22, 2581–2594.

Gabrielli, C.P., McDonnell, J.J. and Jarvis, W.T. (2012) The role of bedrock groundwater in rainfall-runoff response at hillside and catchment scales. *Journal of Hydrology* 450–451, 117–133.

Gash, J.H.C. (1979) An analytical model of rainfall interception by forests. *Quarterly Journal of the Royal Meteorological Society* 105, 43–55.

Gash, J.H.C., Lloyd, C.R. and Lachaud, G. (1995) Estimating sparse forest rainfall interception with an analytical model. *Journal of Hydrology* 48, 89–105.

Goller, R., Wilcke, W., Leng, M.J., Tobscall, H.J., Wagner, K., Valarezo, C. and Zech, W. (2005) Tracing water paths through small catchments under a tropical montane rain forest in South Ecuador by an oxygen isotope approach. *Journal of Hydrology* 308, 67–80.

Graham, C.B., Woods, R.A. and McDonnell, J.J. (2010) Threshold response to rainfall: a field-based forensic approach.

Journal of Hydrology 393, 65–76.

Green, W.H. and Ampt, C.A. (1911) Studies on soil physics, 1. Flow of air and water through soils. *Journal of Agricultural Science* 4, 1–21.

Hewlett, J.D. (1982) *Principles of Forest Hydrology*. University of Georgia Press, Athens, GA.

Hewlett, J.D. and Hibbert, A.R. (1963) Moisture and energy conditions within a sloping soil mass during drainage. *Journal of Geophysical Research* 68, 1081–1087.

Hewlett, J.D. and Hibbert, A.R. (1967) Factors affecting the response of small watersheds to precipitation in humid areas. In: Sopper, W.E. and Lull, H.W. (eds) *Forest Hydrology*. Pergamon Press, New York, pp. 275–291.

Horton, R.E. (1933) The role of infiltration in the hydrologic cycle. *Transactions of the American Geophysical Union* 14, 446–460.

Horton, R.E. (1940) An approach toward a physical interpretation of infiltration capacity. *Soil Science Society of America Journal* 5, 399–417.

Hursh, C.R. and Brater, E.F. (1941) Separating stream hydrographs from small drainage areas into surface and subsurface flow. *Transactions of the American Geophysical Union* 22, 863–871.

Jayatilaka, C.J. and Gillham, R.W. (1996) A deterministic-empirical model of the effect of the capillary fringe on near-stream area runoff 1. Description of the model. *Journal of Hydrology* 184, 299–315.

Jencso, K.G. and McGlynn, B.L. (2011) Hierarchical controls on runoff generation: topographically driven hydrologic connectivity, geology, and vegetation. *Water Resources Research* 47, W11527, doi: 10.1029/2011WR010666 (accessed 19 March 2016).

Jiang, G., Guo, F., Wu, J., Li, H. and Sun, H. (2008) The threshold value of epikarst runoff in forest karst mountain area. *Environmental Geology* 55, 87–93.

Jones, J.A.A. (1994) Soil piping and its hydrogeomorphic function. *Cuaternario y Geomorfologia* 8(3–4), 77–102.

Jones, J.A.A. (2010) Soil piping and catchment response. *Hydrological Processes* 24, 1548–1566.

Kaçaroğlu, F. (1999) Review of groundwater pollution and protection in karst areas. *Water, Air, and Soil Pollution* 113, 337–356.

Katsura, S., Kosugi, K., Yamakawa, Y. and Mizuyama, T. (2014) Field evidence of groundwater ridging in a slope of a granite watershed without the capillary fringe effect. *Journal of Hydrology* 511, 703–718.

Kendall, K.A., Shanley, J.B. and McDonnell, J.J. (1999) A hydrometric and geochemical approach to test the transmissivity feedback hypothesis during snowmelt. *Journal of Hydrology* 219, 188–205.

Klaus, J. and McDonnell, J.J. (2013) Hydrograph separation using stable isotopes: review and evaluation. *Journal of Hydrology* 505, 47–64.

Lang, A.J., Aust, W.M., Bolding, M.C, Barrett, S.M., McGuire, K.J. and Lakel III, W.A. (2015) Streamside management zones compromised by stream crossings, legacy gullies, and over-harvest in the Piedmont. *Journal of the American Water Resources Association* 51, 1153–1164.

Langkamp, P.J., Farnell, G.K. and Dalling, M.J. (1982) Nutrient cycling in a stand of *Acacia holoserica* (A. Cunn. ex G. Don). I. Measurement of precipitation, interception, seasonal acetylene reduction, plant growth and nitrogen requirement. *Australian Journal of Botany* 30, 87–106.

Levia, D.F. and Frost, E.E. (2003) A review and evaluation of stemflow literature in the hydrologic and biogeochemical cycles of forested and agricultural ecosystems. *Journal of Hydrology* 274, 1–29.

Lloyd, C.R. and Marques, A.d.O. (1988) Spatial variability of throughfall and stemflow measurements in Amazonian rainforest. *Agricultural and Forest Meteorology* 42, 63–73.

Luxmoore, R.J. (1981) Micro-, meso-, and macro-porosity of soil. *Soil Science Society of America Journal* 45, 671–672.

Luxmoore, R.J., Jardine, P.M., Wilson, G.V., Jones, J.R. and Zelazny, L.W. (1990) Physical and chemical controls of preferred path flow through a forested hillslope. *Geoderma* 46, 139–154.

Lyon, S.W., Walter, M.T., Gerard-Marchant, P. and Steenhuis, T.S. (2004) Using a topographic index to distribute variable source area runoff predicted with the SCS curve-number equation. *Hydrological Processes* 18, 2757–2771.

McDonnell, J.J. (1990) A rationale for old water discharge through macropores in a steep, humid catchment. *Water Resources Research* 26, 2821–2832.

McDonnell, J.J. (2003) Where does water go when it rains? Moving beyond the variable source area concept of rainfall-runoff response. *Hydrological Processes* 17, 1869–1875.

McDonnell, J.J. (2013) Are all runoff processes the same? *Hydrological Processes* 27, 4103–4111.

McDonnell, J.J. and Buttle, J.M. (1998) Comment on 'A deterministic-empirical model of the effect of the capillary-fringe on near-stream area runoff. 1. Description of the model' in Journal of Hydrology, 184, 299–315. *Journal of Hydrology* 207, 280–285.

McDonnell, J.J., Owens, I.F. and Stewart, M.K. (1991) A case study of shallow flow paths in a steep zero-order basin. *Journal of the American Water Resources Association* 27, 679–685.

McGlynn, B.L., McDonnell, J.J. and Brammer, D.D. (2002) A review of the evolving perceptual model of hillslope flowpaths at the Maimai catchments, New Zealand. *Journal of Hydrology* 257, 1–26.

McGuire, K.J. and McDonnell, J.J. (2010) Hydrological connectivity of hillslopes and streams: characteristic time scales and nonlinearities. *Water Resources Research* 46, W10543, doi: 10.1029/2010WR009341 (accessed 19 March 2016).

Montieth, S.S., Buttle, J.M., Hazlett, P.W., Beall, F.D., Senkin, R.G. and Jefferies, D.S. (2006) Paired basin hydrologic response in harvested and undisturbed hardwood forests during snowmelt in central Ontario: streamflow, groundwater and flowpath behavior. *Hydrological Processes* 20, 1095–1116.

Mosley, M.P. (1979) Streamflow generation in a forested watershed, New Zealand. *Water Resources Research* 15, 795–806.

Negishi, J.N., Nogushi, S., Sidle, R.C., Ziegler, A.D. and Nik, A R. (2007) Stormflow generation involving pipe flow in a zero-order basin of Peninsular Malaysia. *Hydrological Processes* 21, 789–806.

Pearce, A.J., Stewart, M.K. and Sklash, M.G. (1986) Storm runoff generation in humid headwater catchments. I. Where does the water come from? *Water Resources Research* 22, 1263–1272.

Phillips, R.W., Spence, C. and Pomeroy, J.W. (2011) Connectivity and runoff dynamics in heterogeneous basins. *Hydrological Processes* 25, 3061–3975.

Pressland, A.J. (1973) Rainfall partitioning by an arid woodland (*Acacia anuera* F. Muell.) in south-western Queensland. *Australian Journal of Botany* 21, 235–245.

Puigdefabregas, J., del Barrio, G., Boer, M.M., Gutiérrez, L. and Solé, A. (1998) Differential response of hillslope and channel elements to rainfall events in a semi-arid area. *Geomorphology* 23, 337–351.

Rab, M.A. (1994) Changes in physical properties of soil with logging of *Eucalyptus regnans* forest in southeastern Australia. *Forest Ecology and Management* 70, 215–229.

Richards, L.A. (1931) Capillary conduction of liquids in porous mediums. *Physics* 1, 318–333.

Rivenbark, B.L. and Jackson, C.R. (2004) Concentrated flow breakthroughs moving through silvicultural streamside management zones: southeastern Piedmont, USA. *Journal of the American Water Resources Association* 40, 1043–1052.

Rutter, A.J., Kershaw, K.A., Robins, P.C. and Morton, A.J. (1971) A predictive model of rainfall interception in forests. I.

Derivation of the model from observations in a plantation of Corsican pine. *Agricultural Meteorology* 9, 367–384.

Scatena, F.N. (1990) Watershed scale rainfall interception on two forested watersheds in the Luquillo Mountains of Puerto Rico. *Journal of Hydrology* 113, 89–102.

Seibert, J., Bishop, K., Nyberg, L. and Rodhe, A. (2011) Water storage in a till catchment. I: Distributed modeling and relationship to runoff. *Hydrological Processes* 25, 3937–3949.

Sidle, R.C., Noguchi, S., Tsuboyama, Y. and Laursen, K. (2001) A conceptual model of preferential flow systems in forested hillslopes: evidence of self-organization. *Hydrological Processes* 15, 1675–1692.

Skaggs, R.W., Amatya, D.M., Chescheir, G.M. and Blanton, C.D. (2006) *Soil Property Changes during Loblolly Pine Production*. ASABE Paper No. 068206. American Society of Agricultural and Biological Engineers, St Joseph, Michigan.

Skaggs, R.W., Chescheir, G.M., Fernandez, G.P., Amatya, D.M. and Diggs, J. (2011) Effects of land use on soil properties and hydrology of drained coastal plain watersheds. *Transactions of the ASABE* 54, 1357–1365.

Sklash, M.G. and Farvolden, R.N. (1979) The role of groundwater in storm runoff. *Journal of Hydrology* 43, 45–65.

Spencer, C. and Woo, M. (2003) Hydrology of the sub-arctic Canadian shield: soil filled valleys. *Journal of Hydrology* 279, 151–166.

Terajima, T. and Moriizumi, M. (2013) Temporal and spatial changes in dissolved organic carbon concentration and fluorescence intensity of fulvic acid like materials in mountainous headwater catchments. *Journal of Hydrology* 479, 1–12.

Torres, R., Dietrich, W.E., Montgomery, D.R., Anderson, S.P. and Loague, K. (1998) Unsaturated zone response of a steep, unchanneled catchment. *Water Resources Research* 34, 1865–1878.

Tromp-van Meerveld, H.J. and McDonnell, J.J. (2006a) Threshold relations in subsurface stormflow: 1. A 147-storm analysis of the Panola hillslope. *Water Resources Research* 42, W02410, doi: 10.1029/2004wr003778 (accessed 19 March 2016).

Tromp-van Meerveld, H.J. and McDonnell, J.J. (2006b) Threshold relations in subsurface stormflow: 2. The fill and spill hypothesis. *Water Resources Research* 42, W02411, doi: 10.1029/2004WR003800 (accessed 19 March 2016).

Tsukamoto, Y. (1961) An experiment on sub-surface flow. *Journal of the Japanese Forestry Society* 43, 62–67 (in Japanese with an English abstract).

Uchida, T., Kosugi, K. and Mizuyana, T. (2001) Effects of pipeflow on hydrological process and its relation to landslide: a review of pipeflow studies in forested headwater catchments. *Hydrological Processes* 15, 2151–2174.

Uchida, T., Tromp-van Meerveld, I. and McDonnell, J.J. (2005) The role of lateral pipe flow in hillslope runoff response: an intercomparison of nonlinear hillslope response. *Journal of Hydrology* 311, 117–133.

Walter, M.T., Steenhuis, T.S., Mehta, V.K., Thongs, D., Zion, M. and Schneiderman, E. (2002) Refined conceptualization of TOPMODEL for shallow subsurface flows. *Hydrological Processes* 16, 2041–2046.

Weiler, M. and McDonnell, J.J. (2007) Conceptualizing lateral preferential flow and flow networks and simulating the effects on gauged and ungauged hillslopes. *Water Resources Research* 43, W03403, doi: 10.1029/2006WR004867 (accessed 19 March 2016).

Wickel, A.J., van der Giesen, N.C. and Sá, T.D.d.A. (2008) Stormflow generation in two headwater catchments in eastern Amazonia, Brazil. *Hydrological Processes* 22, 3285–3293.

Williams, P.W. (2008) The role of the epikarst in karst and cave hydrogeology: a review. *International Journal of Speleology* 37, 1–10.

Wilson, G.V. and Luxmoore, R.J. (1988) Infiltration, macroporosity, and mesoporosity distributions on two forested watersheds. *Soil Science Society of America Journal* 52, 329–335.

3 森林蒸散在不同尺度上的监测与模拟

G. Sun[1*], J.-C. 多梅克（J.-C. Domec）[2,3],
D. M. 阿玛蒂亚（D. M. Amatya）[4]

3.1 引 言

与传统的工程水文学相比，森林水文学在研究植被通过蒸散调节径流的作用方面具有相对较长的历史（Hewlett, 1982; Swank and Crossley, 1988; Andreassian, 2004; Brown et al., 2005; Amatya et al., 2011, 2015, 2016; Sun et al., 2011b; Vose et al., 2011）。据估计, 陆地表面吸收的太阳能中有一半以上用于水分蒸发（Trenberth et al., 2009）。蒸散（ET），即土壤总蒸发量（E）、冠层和枯枝落叶截留量（I）以及植物蒸腾量（T）的总和，对于理解森林中的能量、水和生物地球化学循环而言至关重要（Baldocchi et al., 2001; Levia et al., 2011）。

林地的能量、水和碳的长期平衡之间的联系（图3.1）可以按以下相互关联的公式进行概念阐述（Sun et al., 2010, 2011a），其中蒸散起着关键作用。

水量平衡：

$$P = ET + Q \tag{3.1}$$

能量平衡：

$$R_n = L_E + H = ET \times L + H \tag{3.2}$$

碳平衡：

$$NEP = GPP - R_e - L_C = ET \times WUE - R_e - L_C \tag{3.3}$$

式中，P 是降水量，mm; Q 是径流量，mm; R_n 是净辐射，W/m²; L_E 是潜热, W/m²，表示通过 ET 蒸发水量所消耗的能量，其中假设有一个恒定的转换因子, 称为水的汽化潜热（$L = 539 \text{ cal/g H}_2\text{O} = 2256 \text{ kJ/kg H}_2\text{O}$）; H 是加热冠层附近空气

---

1 美国农业部林务局，美国北卡罗来纳州罗利; 2 北卡罗来纳州立大学，美国北卡罗来纳州罗利; 3 波尔多农业科学院，UMR1391/ISPA/INRA，法国格拉迪尼昂; 4 美国农业部林务局，美国南卡罗来纳州考代斯维拉

* 通讯作者邮箱: gesun@fs.fed.us

所消耗的显热。净生态系统生产力（NEP，g C/m²）是指生态系统总生产力（即植物的光合作用）产生的碳积累与生态系统呼吸和河川径流横向输出所产生的碳损失（分别为 R_e，g C/m² 和 L_C，g C/m²）之间的差值。总初级生产力（GPP，g C/m²）和 R_e 的大小都比 NEP 和 L_C 大得多，并且所有这四个变量均受土壤水分和水文状况的影响。在许多情况下，ET 能够解释所有生态系统中 GPP 的大部分季节性变化（Law et al., 2002; Sun et al., 2011b）。

GPP/ET 之比称为水分利用效率（WUE），是衡量水碳耦合关系的一项重要指标（Law et al., 2002; Gao et al., 2014; Frank et al., 2015）。

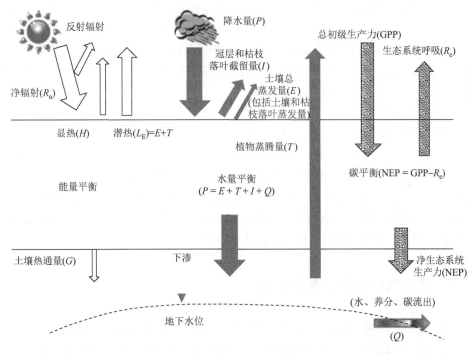

图 3.1　美国北卡罗来纳州下游海岸平原森林生态系统中的能量、水和碳循环之间的关系
净辐射（R_n）为总入射辐射减去反射短波辐射，再加上地表吸收辐射减去反射长波辐射的结果。

3.1.1　了解生态系统过程

ET 是将气象学、水文学和生态系统科学联系起来的关键变量（Baldocchi et al., 2000; Oishi et al., 2010; Sun et al., 2011b）。植物蒸腾量（T）是与生态系统生产力（Rosenzweig, 1968）和碳固存（Aber and Federer, 1992）直接相关的一项关键变量。这一点很容易理解，因为在植物发生光合作用时，二氧化碳是通过与发生水分损失、蒸腾相同的叶片气孔摄入的（Canny, 1998）。但是，尽管 E

和 T 均受大气蒸发需求所驱动，但 T 同时也受到气孔调节因素的控制。

ET 是许多生态系统模型中将水文学和生物过程联系起来的唯一变量（Aber and Federer，1992）。ET 也与生态系统生产力和生态系统净 CO_2 交换高度相关，因为光合作用和生态系统呼吸均受土壤水分的控制（Law et al.，2002；Jackson et al.，2005；Huang et al.，2015）。

3.1.2 建立水量平衡

ET 是水量平衡的重要组成部分。在世界范围内，年均 ET 约为 600 mm（Jung et al.，2010；Zeng et al.，2014），或降水的 60%—70%（Oki and Kanae，2006；Teuling et al.，2009）。在美国，超过 70%的年降水量以 ET 的形式返回大气（Sanford and Selnick，2013）。在干旱年份，美国南部湿润地区森林的 ET 可能会超过降水量（Sun et al.，2002，2010）。

在森林生长季节，ET 超过降水量的情况也并不少见。植被通过 ET 影响流域水文过程和水量平衡（Zhang et al.，2001；Oudin et al.，2008；Ukkola and Prentice，2013；Jayakaran et al.，2014）。土地利用的变化（例如，生物能源作物的种植）可以极大地改变植被覆盖率和生物量，从而影响蒸散速率和水量平衡（King et al.，2013；Albaugh et al.，2014；Amatya et al.，2015；Christopher et al.，2015），并且会同时影响到水量（Ford et al.，2007；Palmroth et al.，2010；Amatya et al.，2015）和水质（例如，总输沙量）（Boggs et al.，2015）。

3.1.3 了解气候变化、变异和反馈

ET 过程与能量分配、水量平衡和气候系统密切相关（Betts，2000；Bonan，2008）。ET 与地表能量平衡紧密相关，因此影响植被-气候的反馈关系（Bonan，2008；Cheng et al.，2011）。ET 的变化直接影响区域尺度的径流、土壤蓄水以及局部降水和温度（Liu，2011）。植树造林的降温或升温效应，是由于种植树木或改变地表反照率使得 ET 增加而造成的（Peng et al.，2014）。ET 或许可以视为自然界的"空调"。

反过来，全球气候变化通过 ET 直接影响当地水资源（Sun et al.，2000，2008）。气温升高通常意味着饱和水汽压差和蒸发需求量或潜在蒸散的增加，会导致 ET 产生的水分损失增加，从而使地下水补给和土壤湿度减少，造成生态系统和人类可利用的水资源量减少。无论降水量如何变化，发生更多升温效应的地区，都会遭受更严重的水文干旱（Mann and Gleick，2015）。

3.1.4 区域生态系统生物多样性建模

长期以来，ET一直被生物气候学家视为反映有效环境能量和生态系统生产力的指标。

因此，ET现已被用于解释动植物物种丰富度和生物多样性的巨大区域差异。例如，脊椎动物物种丰富度的变化性可以通过单个变量——潜在蒸散（PET）的单调递增函数进行统计学解释（Currie，1991）。相比之下，区域树木丰富度与实际ET密切相关（Currie，1991；Hawkins et al.，2003）。

3.2 蒸散过程

森林生态系统通常由多种植物构成（具有不均匀的空间分布以及随时间和空间变化的小气候），其内部会发生许多生态水文相互作用，因此森林ET过程具有其内在的复杂性（Canny，1998）。生理过程（例如，气孔控制）和物理过程（例如，水势控制）均会影响从根部、木质部和叶子等植物器官到林地和景观（或流域）尺度的水分运移。由于冠层郁闭的森林中土壤蒸发量很小（McCarthyetal，1992；Domecetal et al.，2012b），因此本章重点介绍控制冠层和枯枝落叶截留量（I）和植物蒸腾量（T）的过程，以及量化ET的这两个主要组成部分的方法。

3.2.1 冠层和枯枝落叶截留

森林中冠层和枯枝落叶截留量（I）有可能成为ET和水量平衡的重要组成部分，这取决于叶面积指数（LAI）和冠层持水能力，以及枯枝落叶量与其持水能力（Gash，1979；Deguchi et al.，2006）等森林结构特征。此外，暴雨频率以及干湿循环周期也会影响冠层和枯枝落叶截留量。尽管截留量可能占降水量的20%—50%，但大多数水文模型并未明确模拟这一过程（Gerrits et al.，2007）。

Horton（1919）最早进行的研究表明，不同物种之间的截留率差异很大，云杉-冷杉-铁杉森林类型的截留率最高，其次是松树，然后是硬木。

根据Helvey（1974）报告，赤松（*Pinus resinosa*）的年冠层截留率为17%，西黄松（*Pinus ponderosa*）为16%，东部白松为19%，云杉-冷杉-铁杉林为28%。硬木和针叶林之间冠层截留量的差异部分解释了所观察到的流量差异（Swank and Miner，1968）。美国东南部落叶林夏季截留率为8%—33%，平均为17%。冬季截留率为5%—22%，平均为12%（Helvey and Patric，1965）。在美国东南部，湿地的年冠层截留率为18%，硬木和长叶松（*Pinus palustris*）人工林的年截留率为20%，而以松树为主的森林年冠层截留率为 23%（Bryant et al., 2005）。火炬松（*Pinus taeda*）人工林的间伐使得胸高断面积和叶面积减小，从而导致冠层截留量减少（McCarthy et al., 1992）。未间伐的火炬松林和间伐后的火炬松林的截留率分别在 10%—35% 和 5%—25% 变化（Gavazzi et al., 2015）。热带和亚热带地区的森林可以截留 6%—42% 的降水（Bryant et al., 2005）。据报告，在美国，东部森林的年枯枝落叶截留率变化约为 2%—5%，通常小于 50 mm/a（Helvey and Patric, 1965）。但是，在其他森林生态系统中，枯枝落叶截留率也有可能高于冠层截留率（Gerrits et al., 2007）。

3.2.2 蒸腾

植物蒸腾量（T）表示通过树叶气孔产生的水分损失。树叶气孔是在树叶一侧或两侧发现的微孔（Canny, 1998）。由于蒸腾是植物通过光合作用吸收二氧化碳、维持叶组织膨胀度和植物养分吸收以及土壤蒸发的必然结果，因此蒸腾与土壤蒸发一同反映了生态系统的水分损失，对于净生态系统生产力而言是"必要之恶"。

一项全球综合研究表明，植物蒸腾占 ET 总量的 61%±15%，使约 39%±10% 的降水返回大气，在全球水循环中发挥了重要作用（Schlesinger and Jasechko, 2014）。

热带雨林的 T/ET 比最高（70%±14%），草原、灌木丛和沙漠最低（51%±15%）。蒸腾是全球水文循环中蒸散的主要组成部分，而蒸散高度依赖于气孔导度等生物物理参数（Jasechko et al., 2013）。因此，二氧化碳浓度增加、土地利用与生态系统变化、空气污染、气候变暖等因素所导致的蒸腾变化，可能对水资源产生重大影响（Schlesinger and Jasechko, 2014）。二氧化碳浓度上升，可能会使植物叶片气孔导度降低，提高 WUE；但是，随着二氧化碳浓度的上升，气候变暖，不仅植物生长季节延长，蒸发需求量变大，叶面积还会增大，都会引起蒸腾上升（Frank et al., 2015）。

碳通量和水通量通过气孔活动联系在一起：一方面，水蒸气伴随着氧气一同离开气孔；另一方面，二氧化碳流入气孔并通过光合作用被吸收，产生碳水化合物（Crétaz and Barten, 2007）。蒸腾是一个活跃的水分迁移过程，只有当水沿着土壤—根—茎—枝—叶—气孔流动路径连续流动时才会发生（Kumagai, 2011）。但是，不同树种和树龄之间的蒸腾速率差异很大（彩图 2）。例如，树干直径为 50 cm 的北美红栎（*Quercus rubra*）的平均蒸腾量为 30 kg H_2O/d。但是在相同的气候下，美国东南部地区的北美阿巴拉契亚山脉南部，甜桦（*Betula lenta*）的蒸腾量可高达 110 kg H_2O/d（Vose et al., 2011）。现有针对全球 67 种树种的 52 项整树水分利用研究表明，平均高度为 21 m 的树木的最大日水分利用率在 10—200 kg/d（Wullschleger et al.，1998）。

蒸腾速率受微气候特征、大气 CO_2 浓度、土壤水势、林分特征（如叶面积、物种组成、树木密度）和植物组织的水力输送特性等多种生物物理因素控制（Domec et al.，2009，2010，2012a）。由于自然更新、气候变化和/或植树造林等类活动，森林的物种组成会随时间和空间变化。

此外，森林生态系统的结构在包括叶片（即叶片生物量）和茎干（即边材面积）在内的地面特征（Domec et al.，2012a；Komatsu and Kume，2015）以及地下特征（即根系生物量）方面会随着时间发生变化。关于土壤水分与根系之间的水流通道以及深层根系在干旱条件下的吸水机制，目前还知之甚少（Meinzer et al.，2004；Warren et al.，2007）。

与农田不同，森林具有多个冠层，而下层植被是森林的重要组成部分，会截留并蒸发大量水分。例如，一个具有 17 年历史的松树人工林，超过 20% 的 ET 来自下层植被（Domec et al.，2012b）。在潮湿的沿海平原，采伐后不久长出的下层植被的叶面积指数（LAI）很大，在种植的松树苗占据林下叶层之前，可能会主导水量平衡达 4—5 年的时间（Sampson et al.，2011）。

3.2.3 根系水力再分配：土壤-根系处的水分交换

植物可以通过植物根部抽出深层土壤中的水分，并将其储存在较干燥的上部土壤层中，以供浅根使用，从而减轻水分胁迫。这种双向（向上和向下）过程称为"水力再分配"（HR）（Burgess et al.，1998）。在所有缺水的植被环境中，水力再分配过程都会经常发生（Meinzer et al.，2004；Neumann and Cardon，2012）。水力再分配是一个被动的过程，取决于土壤吸入压头（土壤水势）和土柱内的根系分布。根系水力再分配相当于一个大的积水容器，提高了整株植物的水分输送效率，缓解了季节性缺水，以应对水分胁迫，能占到整个林地水分利用的 20%—40%（Domec et al.，2010）。即使当水力再分配仅代表相对少量的生态系统水分利用（例如，小于 0.5 mm/d），仅占干旱期总 ET 的一小部分（例如，5%—10%）时，水力再分配对上部土壤水分的部分补给，对于减缓土壤水分含量的下降，尤其是维持表层土湿而言，也是非常重要的（Warren et al.，2007）。

土壤水分的运移维持了根系的吸水能力，并使根系功能持续到干旱期（Domec et al.，2004），对于森林生态系统生产力有着重要影响（Domec et al.，2010）。

3.2.4 总蒸散

生态系统或流域景观的总 ET 主要受区域能量和水分供给所控制（Douglass，

1983；Zhang et al.，2001)，但也受场地施肥（二氧化碳效应和氮沉降）(Tian，H. Q.，et al.，2012；Frank et al.，2015)、树木遗传改良、树种变更（Swank and Douglass，1974)、人工排水（Amatya et al.，2000）和灌溉（Amatya et al.，2011）等其他人为管理因素的影响。在林地发育过程中，能量与水分条件也各不相同，导致总ET及其组分构成发生巨大的季节性变化（Sun et al.，2010）。

由于冠层截留和蒸腾减少，通常在人工采伐或自然灾害（如飓风、物种入侵、火灾、风雪、暴雨）等干扰因素将冠层去除后不久，森林流域ET便会减小（Sun et al.，2010；Tian，S. Y.，et al.，2012；Jayakaran et al.，2014；Boggs et al.，2015）。但是，在种植（人工造林/植被修复）之后和自然再生之后，ET通常又会增加（Sun et al.，2010；Jayakaran et al.，2014）。图3.2和图3.3展示了在经过采伐的流域进行种植后（Amatya et al.，2000；Amatya and Skaggs，2001，2011；Tian，S. Y.，et al.，2012）和受飓风明显影响的流域自然再生后（Jayakaran et al.，2014），年ET增加的示例。ET的年际变化是这两个地方的降水变化引起的，这与其他人员的研究是一致的（Sun et al.，2002，2010；Ukkola and Prentice，2013）。

在非均匀地形上，森林ET也会随时间和空间发生巨大变化。

例如，由于具有更多的太阳辐射，因此向阳一侧或/和山区流域山脊附近的林地ET更高（Douglass，1983；Emanuel et al.，2010）。森林间伐使得森林生物量减少，从而减少了剩余树木的冠层截留和蒸腾（Boggs et al.，2015），但总ET不一定会减少（Sun et al.，2015）。

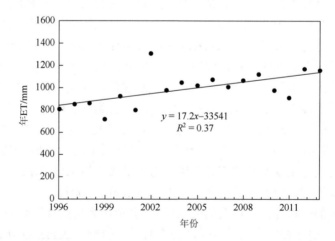

图3.2 森林生态系统年蒸散（ET）（由实验流域的实测降水量与实测径流之差计算得到）

在美国北卡罗来纳州沿海的卡特雷特县（Carteret County），1995年进行树木/森林采伐并在1997年栽种火炬松后，ET率逐渐增加。

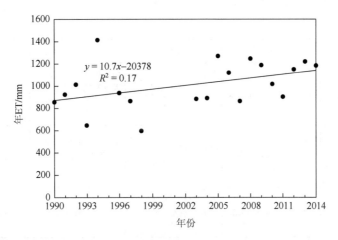

图3.3 美国南卡罗来纳州沿海地区桑蒂实验林在受1989年"雨果"飓风影响后的年蒸散（ET）恢复过程（由实测年降水量与年径流量之差计算得到）

3.3 直接测定蒸散

目前已采用手持叶室法、遥感等各种方法，在从叶片到流域乃至全球尺度的多个时间和空间尺度上，对森林 ET 过程进行了量化（表 3.1）。其中气孔计法被用于衡量环境对叶片上的气体（二氧化碳和水）交换的影响（Olbrich，1991）。

表 3.1 不同尺度上估算蒸散（ET）的主要方法对比

尺度	方法	优势	劣势	来源
直接基于现场测定	气孔计和比色杯	可观测叶片尺度生理过程	由于边界层的不确定性以及叶龄、辐射和湿度的变化等，很难进行升尺度扩展	Olbrich（1991）
	称重式蒸渗仪和热平衡/散热液流计	可观测一整棵树的水分利用率，在单株植物尺度上准确地进行常规无监督观测	成本高，大尺度观测的误差取决于样本容量和样本间的差异性	Granier（1987）
	涡度相关法	可持续观测通量，提供具有高时间分辨率的数据	仪器成本高，需要做数据差补，存在能量不平衡问题	Baldocchi 等（2001）
	波文比	农作物和天然植被均适用	依靠几个假设条件，误差与低梯度相关	Irmak 等（2014）
	流域水量平衡法	容易观测	只有长期平均值具有可靠性	Ukkola 和 Prentice（2013）

续表

尺度	方法	优势	劣势	来源
遥感	中分辨率成像光谱仪	提供高分辨率的空间数据、连续数据和时态数据	由于稀疏冠层观测误差带来的不确定性；数据主要在晴空条件下测得	Kalma 等（2008）
针对 ET 单独进行数学建模，或对整个水文循环进行数学建模	理论模型（例如，Penman-Monteith 模型）	经过广泛测试，应用范围广，成本低	需要率定参数，难以应用于数据缺乏的地区	McMahon 等（2013）
同位素	稳定同位素 H 和 O	基于过程了解 ET 的水源，蒸发和蒸腾作用分开	成本高，升尺度困难	Good 等（2015）

其他观测蒸腾的方法包括：通风室法（Denmead et al., 1993）、基于叶片尺度生理特征和三维树结构参数化的复杂模型法（Kumagai et al., 2014）、基于散热和热传输理论的液流通量密度法等（Granier et al., 1996; Granier, 1987）。

液流通量密度法的优点是不受地貌异质性的限制（Granier, 1987）。液流通量密度法观测单株植物或树木的水分利用率，从而回答有关树种和整个林地的水分利用问题。森林水分损失的组成部分可以通过观测总 ET 和树液流量之差来确定，借以了解植物的水分利用对气候变化和林地发育的响应（Domec et al., 2012a）。液流观测能够较好地量化植物的水分利用和植物对环境条件的生理响应（Domec et al., 2009）。

相比之下，涡度相关技术通过计算垂直涡流速度与林冠上方特定水汽含量的波动之间的协方差来观测森林 ET（Baldocchi and Ryu, 2011）。

该方法旨在了解植被与大气之间边界层的气体交换，回答景观尺度上的相关问题（如通量足迹）（Baldocchi et al., 1988）。该方法依赖于多个假设条件，例如，观测是在均匀表面上进行广泛的提取。

自 20 世纪 90 年代以来，全球通过 FLUXNET 计划（有超过 500 个站点）(https://fluxnet.ornl.gov/) 广泛参与了通量观测，这已成为推动 ET 科学发展的一项重要推动力量（Baldocchi et al., 2001）。

通过 NEBFLUX 计划（Irmak, 2010），波文比方法被用于量化各种土壤（耕地）、作物和灌溉管理（喷灌、地下滴灌、漫灌等）条件下农田的 ET, 其准确性与涡度相关法类似（Irmak et al., 2014）。该方法利用在冠层上方测得的气温和湿度梯度、净辐射和土壤热通量，根据显热与潜热之比估算 ET。

波文比方法的提取要求比涡度相关法所需风浪区尺寸要求要少。

除微气象法以外，稳定同位素也被用作示踪剂，确定生态系统中的水分来源并定量评估水、能量和同位素平衡之间的关系。例如，利用树木年轮 ^{13}C 确定 WUE 和土壤水分胁迫的变化（McNulty and Swank，1995），利用树木年轮 ^{18}O 帮助确定 WUE 的变化是否是由于光合速率或气孔导度变化引起的。植被通过蒸腾作用影响水量/能量平衡和同位素平衡。近来，Good 等（2015）利用陆地径流和蒸散的 D/H 同位素比（这与陆地水文分区无关）证实，全球蒸散的蒸发部分估计占 56%—74%（百分位占第 25—75 位），中位数为 65%，平均值为 64%。此外，在美国和墨西哥进行的横跨生态系统梯度的研究证实了存在生态水文分离的现象，即植物蒸腾通量、地下水和河川径流的水通量，分别来自不同的相互分割的地下供水源（Evaristo et al.，2015）。

20 世纪 80 年代之后，随着人们对景观尺度上水分利用的空间变化越来越感兴趣，卫星遥感数据开始被用于区域 ET 的估算（Kalma et al.，2008）。MODIS（中分辨率成像光谱仪）（Mu et al.，2011）等遥感 ET 产品提供了分辨率为 1 km 的时空连续 ET 估算值，有助于了解区域水文及其环境影响因素。但是，在模拟有效表面反射率和有效空气动力交换阻力、稀疏冠层和云层条件等方面存在的不确定性，使得遥感方法的可靠性降低（Shuttleworth，2012）。将能量平衡模型与从热红外图像中获取的遥感地表温度联系起来，可得到有关地表水分和植被生长状态的信息（Anderson et al.，2012）。区域性大气-陆地交换逆模型（ALEXI）和相关的通量分解模型（DisALEXI）等模型都是基于"双源能量平衡"（TSEB）模型对地表过程的表达（Kustas and Norman，1996）。近来，这些建模系统已在北卡罗来纳州下游海岸平原进行应用，有望绘制出包含天然湿地森林、林龄不一的排水松林和农田的混合土地利用景观的高分辨率 ET（例如，分辨率为 30 m 的逐日 ET）（另请参阅本书第 9 章）。

多年尺度上的流域 ET 通常可以利用简单的水量平衡来估算，即实测降水量与径流量之差，假设流域蓄水量的变化可以忽略不计（Wilson et al.，2001；Sun et al.，2005；Amatya and Skaggs，2011；Ukkola and Prentice，2013）。除了降水和潜在蒸散之外，流域尺度的 ET 还取决于其土地利用或植被覆盖面积（Amatya et al.，2015）。Ukkola 和 Prentice（2013）利用 1961—1999 年 109 个流域的观测数据进行分析，结果表明降水对 ET 的趋势性和动态变化具有最显著的影响，其次是植被过程。

将多种 ET 方法进行对比的一些研究发现，每种方法都有其自身的局限性（Wilson et al.，2001；Ford et al.，2007；Domec et al.，2012b）。涡度相关法可连续观测通量，提供具有高时间分辨率的时间序列数据，但成本昂贵的观测仪器、广泛存在的数据插补和校正问题，均限制了数据的可用性。另外，由于无法确保能量平衡的闭合，涡度相关法可能会低估 ET 达 30%（Wilson et al.，2002）。涡度相关技术也表现出在雨天会低估 ET 的问题，因为声速仪和红外气体分析仪必须在干燥状态下才能正常运行（Wilson et al.，2001）。

3.4 蒸散间接估算

3.4.1 基于潜在蒸散的方法

直接在站点及更大尺度上观测 ET 需要专门的人员培训和高昂的成本，因此数学模型被广泛用于估算 ET（McMahon et al., 2013）。ET 模型可以大致分为两类：生物物理（理论）模型和经验模型。前一类模型是指根据土壤-植物-大气连续体（SPAC）中能量和水传输的物理和生理原理开发的模型。许多理论模型都是从著名的 Penman（1948）模型和后来的 Penman-Monteith 模型（Monteith, 1965）发展而来。Penman-Monteith 模型根据可用能量、水汽压差、气温和压力以及空气阻力和冠层阻抗估算 ET，是目前最常用的基于过程的 ET 模型。相比之下，ET 经验模型是利用观测得到的 ET 与土地覆盖类型、植物特征的生物物理变量（如叶面积指数、土壤湿度和大气条件）之间的经验关系而开发的模型。ET 经验模型并非旨在说明蒸发过程，但可以根据有限的环境信息给出合理的估计。

在实践中，通常很难对基于过程的 ET 模型进行参数化，从而估算实际 ET。为了简化计算，在 20 世纪 40 年代引入了潜在蒸散（PET）的概念。对于任何生态系统而言，PET 均表示土壤水分不受限制时的潜在最大水分损失量。然后，可以通过限制冠层导度和土壤水分，将假设的 PET 缩减以得到实际 ET，并建立起实际 ET 与蒸发皿观测蒸发的相关关系（Grismer et al., 2002）。这种 PET 模型通常被嵌入到可以模拟土壤水分动态的水文模型中，而土壤水分是土壤蒸发和蒸腾作用的主要控制因素（Sun et al., 1998; Tian, S. Y., et al., 2012）。McMahon 等（2013）对估算开阔水域、景观、流域、深湖、浅湖、农田水坝、被植被覆盖的湖泊、灌溉区和裸露土壤的实际 ET 的概念性 PET 模型和技术进行了全面综述。

现有的 PET 模型可分为五类（Lu et al., 2005）：①水量平衡模型；②质量转移模型；③组合模型；④辐射模型；⑤基于温度的模型。考虑到输入数据的可获得性和区域气候特征，目前大约有 50 种模型可用于估算 PET。由于模型的假设条件和输入数据要求不同，或者模型通常是针对特定气候区域而开发的，因此不同模型给出的值并不一致。

已有大量研究表明，不同的 PET 方法可能会产生明显不同的结果（Amatya et al., 1995; Lu et al., 2005; McMahon et al., 2013），因此建议采用以草地为参考的标准 PET 方法（Allen et al., 2005），即 ET_o，来获得不同环境下可比较的结果。有关 ET_o 计算程序的详细信息，请参见 Allen 等（1994）的研究。目前有一项计算机程序可供公众使用（http://www.agr.kuleuven.ac.be/lbh/lsw/iware/downloads/elearning/software/EtoCalculator.pdf）。计算出 ET_o 之后，可以通过用蒸渗仪或其他方法测得的 ET 乘以该作物的作物系数（K_c）来估算特定生态系统类型的实际 ET（Allen et al.，2005；Irmak，2010）。

K_c 方法在灌溉农业中对于物候条件一致的各种农田都适用。但是，对于森林而言，考虑到森林物种组成的变化性大、叶片生物量的季节动态变化，以及树龄和密度对树木生物量和水传输特性（冠层导度、边材面积）的影响，此方法可能会出现一些问题。此外，参考 ET 的概念可能会具有误导性，因为在潮湿气候中实际森林 ET 通常会超过 ET_o（Sun et al.，2010）。在水文模型中随意使用 ET_o 作为最大潜在 ET 可能会导致实际 ET 被低估（Amatya and Harrison，2016）。最近的一项研究表明，任何森林类型的 K_c 变化都很大。纬度、降水和 LAI 是 K_c 的最佳预测要素（Liu et al.，2015）。森林生态系统的 K_c 值通常比其他生态系统类型的 K_c 值大（图 3.4）。

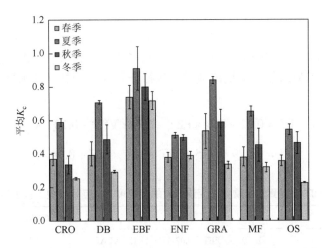

图 3.4　根据全球农田（CRO）、落叶阔叶林（DB）、常绿阔叶林（EBF）、常绿针叶林（ENF）、草地（GRA）、混交林（MF）和疏林灌木（OS）涡度通量观测得出的季节性平均作物系数（K_c）对比

K_c 按实测 ET 除以标准 FAO-56 方法得出的 ET_o 进行估算，误差条形图表示标准差。

3.4.2　蒸散经验模型

ET 经验模型是通过在生态系统尺度上直接观测 ET 而得出的。最佳的经验模型可能是使用平均气候条件的一阶近似模型。以下模型是根据采用多种方法从 13 个站点收集的数据得出的（Sun et al.，2011a）。该模型根据 LAI、ET_o（单位：mm/

月）和降水量（P，单位：mm/月）估算每月的 ET[公式（3.4）]，式中，ET_o 是指上述的联合国粮食及农业组织（FAO）参考 ET。

其他形式的 ET 模型使用 Hamon 的潜在 ET（PET）代替需要利用更多数据的 FAO 参考 ET 方法（Sun et al.，2011b）[公式（3.5）]。

$$ET = 11.94 + 4.76 \times LAI + ET_o(0.032 \times LAI + 0.0026 \times P + 0.15) \quad (3.4)$$

$$ET = 0.174 \times P + 0.502 \times PET + 5.31 \times LAI + 0.0222 \times PET \times LAI \quad (3.5)$$

Fang 等（2015）采用类似的概念和 250 FLUXNET 综合数据集开发了两个月尺度 ET 模型[公式（3.6）和（3.7）]。这两个模型需要输入不同的变量[公式（3.6）]。式中，PET 是指通过 Hamon 的方法计算得出的月尺度 PET，mm；VPD 是指可以根据相对空气湿度估算得出的饱和水汽压差，hPa；R^2 是决定系数；RMSE 是均方根误差。由于很难获得区域尺度上的净辐射数据（R_n），因此开发了另一个利用更常有的数据的模型[公式（3.7）]。

Fang 等（2015）还利用全球涡流通量数据开发了一系列针对特定生态系统的月尺度 ET 经验模型（表 3.2）。通过将水量平衡方程与气候和土地覆被回归方程相结合，开发了一个年尺度 ET 经验模型，用来估算整个美国本土的平均年 ET（Sanford and Selnick，2013）。气候变量包括多年平均日最高气温和日最低气温，以及多年平均年降水量。土地覆被类型包括开发地、森林、灌木地、草地、农用土地和沼泽。

$$ET = 0.42 + 0.74 \times PET - 2.73 \times VPD + 0.10 \times R_n \quad (3.6)$$

$$ET = -4.79 + 0.75 \times PET + 3.92 \times LAI + 0.04 \times P \quad (3.7)$$

表 3.2 利用三个广泛观测的生物物理变量开发的月尺度 ET 经验模型（按土地覆被类型分类）

土地覆被类型	模型	RMSE	R^2	n
灌木	$ET = -3.11 + 0.39 \times PET + 0.09 \times P + 11.127 \times LAI$	12.5	0.80	193
农田	$ET = -8.15 + 0.86 \times PET + 0.01 \times P + 9.54 \times LAI$	20.9	0.70	653
草地	$ET = -1.36 + 0.70 \times PET + 0.04 \times P + 6.56 \times LAI$	16.8	0.66	803
落叶林	$ET = -14.82 + 0.98 \times PET + 2.72 \times LAI$	23.7	0.74	754
常绿针叶林	$ET = 0.10 + 0.64 \times PET + 0.04 \times P + 3.53 \times LAI$	17.8	0.68	1382
常绿阔叶林	$ET = 1.11 + 0.74 \times PET + 1.85 \times LAI$	16.8	0.76	233
混交林	$ET = -8.763 + 0.95 \times PET$	13.1	0.79	259
稀树草原	$ET = -5.66 + 0.18 \times PET + 0.10 \times P + 44.63 \times LAI$	11.1	0.68	36

ET 为蒸散，mm/月；P 为降水量，mm/月；PET 为通过 Hamon 方法估算得到的潜在 ET，mm/月；LAI 为叶面积指数；RMSE 为均方根误差；R^2 为决定系数；n 为样本量。

某一地区的长期平均 ET 主要受水分供给（如降水）和大气蒸发需求（如 PET）影响。Budyko 框架对这一关系进行了较好的阐述（Budyko et al.，1962；Zhang et al.，2001；Zhou et al.，2015）。例如，Zhang 等（2001）采用相同的概念分析了全球 250 多个流域的水量平衡数据，并提出了一个简单的双参数 ET 模型。该模型易于评估植被变化对流域蒸发蒸腾的长期平均影响：

$$\mathrm{ET} = P \times \frac{1 + w(\mathrm{PET}/P)}{1 + w(\mathrm{PET}/P) + (P/\mathrm{PET})} \tag{3.8}$$

式中，w 是植被系数，用于反映不同植物蒸腾用水差异性。PET 可以通过 Priestley-Taylor 模型（1972）估算。P 是指年降水量。当使用 Priestley-Taylor 模型（1972）估算 PET 时，森林和草地的 w 的最佳拟合值分别为 2.0 和 0.5（Zhang et al.，2001）。

Sun 等（2005）提出，当采用 Hamon PET 方法将 Budyko 模型应用于美国东南部湿润地区时，w 值可高达 2.8。这与针对大西洋海岸平原受管理的松树林进行的研究一致（Amatya et al.，2002）。Kumagai 等（本书第 6 章）修改了上述公式，得到适用于热带森林的 ET 模型。

Zeng 等（2014）通过将 299 个大流域的遥感数据和气候数据相结合，开发了一个年尺度 ET 模型用于估算全球 ET[公式（3.9）]。式中，ET 为流域的年均蒸散，mm/a，P、T 和 NDVI 分别为年降水量（单位：mm）、年均温度（单位：℃）以及归一化植被指数。同样，在日本，有学者根据 43 个流域的水量平衡数据集，仅利用年均温度这一个变量便建立了一个经验 ET 模型（Komatsu et al.，2008）。

$$\mathrm{ET} = 0.4(\pm 0.02) \times P + 10.62(\pm 0.39) \times T + 9.63(\pm 2.27) \times \mathrm{NDVI} + 31.58(\pm 7.89)(R^2 = 0.85) \tag{3.9}$$

3.5 未来发展方向

3.5.1 对气候变化的响应

气候变化是 21 世纪对森林生态系统的最大环境威胁（Vose et al.，2012）。气候变暖以及降水形式、降水量、降水时间分布的变化，预计会直接或间接改变 ET 过程，从而对森林生态系统的结构和功能产生一系列影响。但是，由于作为树木蒸腾和土壤蒸发的关键环境控制因素的降水具有不确定性且难以预测，因此我们无法预测局地尺度的 ET 变化。

3.5.2 缺水环境中蒸散的管理

在人类世，从农业灌溉到生物能源开发、再到城市生活用水的所有用水者之间对水资源的竞争日益加剧，准确量化流域水量平衡（包括乔木和灌木的水分利用）变得越来越重要（Sun et al.，2008）。我们需要更好的模拟模型来可靠地说明森林 ET 在调节大流域径流和其他生态系统服务（如碳通量）中的作用。土地资源管理者长期以来一直在问一个问题：在一个不断城市化的世界中，对高地水源林区进行管理从而满足未来的供水需求是否可行（Douglass，1983）？我们知道森林覆盖率、ET 和产水量之间的许多基本关系，但如何将这些知识应用于管理中仍然是一项挑战（Vose and Klepzig，2014）。目前已利用计算机模拟模型研究了森林在通过影响局部能量平衡、ET 和降水形式来调节局部和区域气候（例如，城市热岛或冷却效应）方面所起到的作用（Liu，2011），但这些区域气候模型还需进一步参数化、验证和细化，以提高其预测的准确性。

3.5.3　随时随地观测蒸散

虽然在过去的二十年里，在"随时随地"（everywhere all the time）观测 ET 方面取得了很大的进展（Baldocchi et al.，2001；Baldocchi and Ryu，2011），但 ET 研究仍被视为"不精确"的科学（Shuttleworth，2012）。还需针对样地、流域、区域和全球尺度之间的尺度转换问题进行研究，以将各种方法和数据整合起来（Amatya et al.，2014）。

近年来，遥感技术和雷达技术得到了飞速发展，增强了我们准确量化农田用水和灌溉计划的能力。但是，在森林水文监测和水资源管理中很少用到遥感技术。实际上，很少有研究检测基于遥感的 ET 产品在森林地区的准确性。而在地面上观测森林 ET，对遥感模型进行率定，成本十分高昂。而且，云层覆盖与多层树冠的复杂多变，通常会减弱遥感技术的使用效果。例如，在估算森林的 LAI 方面，叶片的聚类特征与光饱和现象等问题通常比较棘手。尽管将来通过无人机获得的具有高时空分辨率的图像可能会在精确农业和灌溉计划中发挥作用，但该类方法在估算森林 ET 方面的有效性还需进行大量研究（Amatya et al.，2014）。将野外水文观测、高分辨率遥感模型，以及基于能量平衡的地面模型相结合，是目前实现估算大尺度流域 ET 的最佳方法（Wang et al.，2015）。

3.5.4　新一代生态水文模型

由于在构建基于物理过程的水文模型时难以对各种 ET 组分的时空分布分别进行验证，在叶片、单株、样地和景观尺度上进行野外 ET 观测是参数化这些水文模型时必不可少的基础数据（Sun et al.，2011b）。水文模型中所谓的"异参同效性"（equifinality）很常见，部分原因是缺乏对 ET 过程的了解或缺少用于模型验证的 ET 数据。为开发更为可靠的预测模型，我们需更好地理解 ET 和其他生态水文过程的相互作用和反馈机制（Evaristo et al.，2015），包括基于 Penman-Monteith 模型的 ET 模型中使用的冠层阻抗因子。还需要开展更多关于不同生态系统中物种、密度、林龄和管理措施（如受管理的林地与天然林的比较、施肥或间伐与否等）如何影响森林 ET 的研究。

Budyko 框架被广泛用于解释土地覆被变化（Zhou et al.，2015）和气候变化（Creed et al.，2014）下 ET 的平均空间分布形态。但是，该模型需要扩展到更细的时间尺度，例如，日尺度或季节尺度，以充分获取 ET 随时间的动态变化规律（Zhang et al.，2008；Wang et al.，2011）。要在机理上充分了解大气-植被-土壤过程，需要建立新一代的生态水文模型，将二氧化碳对 ET 过程的影响考虑进来，并在模型中耦合土壤水分分配、水力分配、光合作用、冠层导度和树木生长等物理和生物过程（Cheng et al.，2014）。

此类模型可以为区域地面模型和气候模型提供更有用的信息，以量化森林覆盖变化对区域和全球气候系统的反馈作用。ET 过程过于简化的模型设计可能会在计算旱季水量平衡和相关热通量时引起误差，进而在土壤水分和气候之间可能产生的反馈作用方面造成模型误差（Bonetti et al.，2015）。

参 考 文 献

Aber, J.D. and Federer, C.A. (1992) A generalized, lumped-parameter model of photosynthesis, evapotranspiration and net primary production in temperate and boreal forest ecosystems. *Oecologia* 92, 463–474.

Albaugh, J.M., Domec, J.C., Maier, C.A., Sucre, E.B., Leggett, Z.H. and King, J.S. (2014) Gas exchange and stand-level estimates of water use and gross primary productivity in an experimental pine and switchgrass intercrop forestry system on the Lower Coastal Plain of North Carolina, USA. *Agriculture and Forest Meteorology* 192, 27–40.

Allen, R.G., Smith, M., Perrier, A. and Pereira, L.S. (1994) An update for the definition of reference evapotranspiration. *ICID Bulletin* 43, 1–34.

Allen, R.G., Pereira, L.S., Smith, M., Raes, D. and Wright, J.L. (2005) FAO-56 dual crop coefficient method for estimating evaporation from soil and application extensions. *Journal of Irrigation and Drainage Engineering - ASCE* 131, 2–13.

Amatya, D.M. and Harrison, C.A. (2016) Grass and forest potential evapotranspiration comparison using five methods in the Atlantic coastal plain. *ASCE Journal of Hydraulic Engineering* (in press).

Amatya, D.M. and Skaggs, R.W. (2001) Hydrologic modeling of a drained pine plantation on poorly drained soils. *Forest Science* 47, 103–114.

Amatya, D.M. and Skaggs, R.W. (2011) Long-term hydrology and water quality of a drained pine plantation in North Carolina. *Transactions of the ASABE* 54, 2087–2098.

Amatya, D.M., Skaggs, R.W. and Gregory, J.D. (1995) Comparison of methods for estimating Reference-ET. *Journal of Irrigation and Drainage Engineering - ASCE* 121, 427–435.

Amatya, D.M., Gregory, J.D. and Skaggs, R.W. (2000) Effects of controlled drainage on storm event hydrology in a loblolly pine plantation. *Journal of the American Water Resources Association* 36, 175–190.

Amatya, D.M., Chescheir, G.M., Skaggs, R.W., Fernandez, G.P. and Gilliam, J.W. (2002) A watershed analysis & treatment evaluation routine spreadsheet (WATERS). In: *Total Maximum Daily Load (TMDL) Environmental Regulations: Proceedings of the March 11 – 13, 2002 Conference (Fort Worth, Texas, USA)*. American Society of Agricultural and Biological Engineers, St Joseph, Michigan, pp. 490–495.

Amatya, D.M., Douglas-Mankin, K.R., Williams, T.M., Skaggs, R.W. and Nettles, J.E. (2011) Advances in forest hydrology: challenges and opportunities. *Transactions of the ASABE* 54, 2049–2056.

Amatya, D., Sun, G. and Gowda, P. (2014) Evapotranspiration: challenges in measurement and modeling. *Eos, Transactions of the AGU* 95(28), 256.

Amatya, D.M., Sun, G., Rossi, C.G., Ssegane, H.S., Nettles, J.E. and Panda, S. (2015) Forests, land use change, and water. In: Zolin, C.A. and Rodrigues, R.d.a.R. (eds) *Impact of Climate Change on Water Resources in Agriculture*. CRC Press/Taylor & Francis, Boca Raton, Florida, pp. 116–153.

Amatya, D.M., Tian, S., Dai, Z., Sun, G. and Trettin, C. (2016) Long-term potential evapotranspiration and actual evapotranspiration of two different forests on the Atlantic coastal plain. *Transactions of the ASABE* (in press).

Anderson, M.C., Allen, R.G., Morse, A. and Kustas, W.P. (2012) Use of Landsat thermal imagery in monitoring evapotranspiration and managing water resources. *Remote Sensing of Environment* 122, 50–65.

Andreassian, V. (2004) Waters and forests: from historical controversy to scientific debate. *Journal of Hydrology* 291, 1–27.

Baldocchi, D.D. and Ryu, Y. (2011) A synthesis of forest evaporation fluxes – from days to years as measured with eddy covariance. *Ecological Studies: Analysis and Synthesis* 216, 101–116.

Baldocchi, D.D., Hincks, B.B. and Meyers, T.P. (1988) Measuring biosphere–atmosphere exchanges of biologically related gases with micrometeorological methods. *Ecology* 69, 1331–1340.

Baldocchi, D., Kelliher, F.M., Black, T.A. and Jarvis, P. (2000) Climate and vegetation controls on boreal zone energy exchange. *Global Change Biology* 6, 69–83.

Baldocchi, D., Falge, E., Gu, L.H., Olson, R., Hollinger, D., Running, S., Anthoni, P., Bernhofer, C., Davis, K., Evans, R., *et al.* (2001) FLUXNET: a new tool to study the temporal and spatial variability of ecosystem-scale carbon dioxide, water vapor, and energy flux densities. *Bulletin of the American Meteorological Society* 82, 2415–2434.

Betts, R.A. (2000) Offset of the potential carbon sink from boreal forestation by decreases in surface albedo. *Nature* 408, 187–190.

Boggs, J., Sun, G. and McNulty, S.G. (2015) Effects of timber harvest on water quantity and quality in small watersheds in the piedmont of North Carolina. *Journal of Forestry* 114, 27–40.

Bonan, G.B. (2008) Forests and climate change: forcings, feedbacks, and the climate benefits of forests. *Science* 320, 1444–1449.

Bonetti, S., Manoli, G., Domec, J.C., Putti, M., Marani, M. and Katul, G.G. (2015) The influence of water table depth and the free atmospheric state on convective rainfall predisposition. *Water Resources Research* 51, 2283–2297.

Brown, A.E., Zhang, L., McMahon, T.A., Western, A.W. and Vertessy, R.A. (2005) A review of paired catchment studies for determining changes in water yield resulting from alterations in vegetation. *Journal of Hydrology* 310, 28–61.

Bryant, M.L., Bhat, S. and Jacobs, J.M. (2005) Measurements and modeling of throughfall variability for five forest communities in the southeastern US. *Journal of Hydrology* 312, 95–108.

Budyko, M.I., Yefimova, N.A., Aubenok, L.I. and Strokina, L.A. (1962) The heat-balance of the surface of the Earth. *Soviet Geography: Review and Translation* 3, 3–16.

Burgess, S.S.O., Adams, M.A., Turner, N.C. and Ong, C.K. (1998) The redistribution of soil water by tree root systems.

Oecologia 115, 306–311.

Canny, M.J. (1998) Transporting water in plants. *American Scientist* 86, 152–159.

Cheng, L., Xu, Z.X., Wang, D.B. and Cai, X.M. (2011) Assessing interannual variability of evapotranspiration at the catchment scale using satellite-based evapotranspiration data sets. *Water Resources Research* 47, W09509, doi: 10.1029/2011WR010636 (accessed 20 March 2016).

Cheng, L., Zhang, L., Wang, Y.P., Yu, Q., Eamus, D. and O'Grady, A. (2014) Impacts of elevated CO_2, climate change and their interactions on water budgets in four different catchments in Australia. *Journal of Hydrology* 519, 1350–1361.

Christopher, S.F., Schoenholtz, S.H. and Nettles, J.E. (2015) Water quantity implications of regional-scale switchgrass production in the southeastern US. *Biomass and Bioenergy* 83, 50–59.

Creed, I.F., Spargo, A.T., Jones, J.A., Buttle, J.M., Adams, M.B., Beall, F.D., Booth, E.G., Campbell, J.L., Clow, D., Elder, K., *et al.* (2014) Changing forest water yields in response to climate warming: results from long-term experimental watershed sites across North America. *Global Change Biology* 20, 3191–3208.

Crétaz, A.L.d.l. and Barten, P.K. (2007) *Land Use Effects on Streamflow and Water Quality in the Northeastern United States*. CRC Press/Taylor & Francis, Boca Raton, Florida.

Currie, D.J. (1991) Energy and large-scale patterns of animal-species and plant-species richness. *American Naturalist* 137, 27–49.

Deguchi, A., Hattori, S., Park, H.T. (2006) The influence of seasonal changes in canopy structure on interception loss: application of the revised Gash model. *Journal of Hydrology* 318, 80–102.

Denmead, O.T., Dunin, F.X., Wong, S.C. and Greenwood, E.A.N. (1993) Measuring water use efficiency of Eucalypt trees with chambers and micrometeorological techniques. *Journal of Hydrology* 150, 649–664.

Domec, J.C., Warren, J.M., Meinzer, F.C., Brooks, J.R. and Coulombe, R. (2004) Native root xylem embolism and stomatal closure in stands of Douglas-fir and ponderosa pine: mitigation by hydraulic redistribution. *Oecologia* 141, 7–16.

Domec, J.C., Noormets, A., King, J.S., Sun, G., McNulty, S.G., Gavazzi, M.J., Boggs, J.L. and Treasure, E.A. (2009) Decoupling the influence of leaf and root hydraulic conductances on stomatal conductance and its sensitivity to vapour pressure deficit as soil dries in a drained loblolly pine plantation. *Plant and Cell Environment* 32, 980–991.

Domec, J.C., King, J.S., Noormets, A., Treasure, E., Gavazzi, M.J., Sun, G. and McNulty, S.G. (2010) Hydraulic redistribution of soil water by roots affects whole-stand evapotranspiration and net ecosystem carbon exchange. *New Phytologist* 187, 171–183.

Domec, J.C., Lachenbruch, B., Pruyn, M.L. and Spicer, R. (2012a) Effects of age-related increases in sapwood area, leaf area, and xylem conductivity on height-related hydraulic costs in two contrasting coniferous species. *Annals of Forest Science* 69, 17–27.

Domec, J.C., Sun, G., Noormets, A., Gavazzi, M.J., Treasure, E.A., Cohen, E., Swenson, J.J., McNulty, S.G. and King, J.S. (2012b) A comparison of three methods to estimate evapotranspiration in two contrasting lob lolly pine plantations: age-related changes in water use and drought sensitivity of evapotranspiration components. *Forest Science* 58, 497–512.

Douglass, J.E. (1983) The potential for water yield augmentation from forest management in the eastern-United-States. *Water Resources Bulletin* 19, 351–358.

Emanuel, R.E., Epstein, H.E., McGlynn, B.L., Welsch, D.L., Muth, D.J. and D'Odorico, P. (2010) Spatial and temporal controls on watershed ecohydrology in the northern Rocky Mountains. *Water Resources Research* 46, W11553, doi: 10.1029/2009WR008890 (accessed 20 March 2016).

Evaristo, J., Jasechko, S. and McDonnell, J.J. (2015) Global separation of plant transpiration from groundwater and streamflow. *Nature* 525, 91–94.

Fang, Y., Sun, G., Caldwell, P., McNulty, S.G., Noormets, A., Domec, J.-C., King, J., Zhang, Z., Zhang, X., Lin, G., et al. (2015) Monthly land cover-specific evapotranspiration models derived from global eddy flux measurements and remote sensing data. *Ecohydrology*, doi: 10.1002/eco.1629 (accessed 20 March 2016).

Ford, C.R., Hubbard, R.M., Kloeppel, B.D. and Vose, J.M. (2007) A comparison of sap flux-based evapotranspiration estimates with catchment-scale water balance. *Agricultural and Forest Meteorology* 145, 176–185.

Frank, D.C., Poulter, B., Saurer, M., Esper, J., Huntingford, C., Helle, G., Treydte, K., Zimmermann, N.E., Schleser, G.H., Ahlstrom, A., et al. (2015) Water-use efficiency and transpiration across European forests during the Anthropocene. *Nature Climate Change* 5, 579.

Gao, Y., Zhu, X.J., Yu, G.R., He, N.P., Wang, Q.F. and Tian, J. (2014) Water use efficiency threshold for terrestrial ecosystem carbon sequestration in China under afforestation. *Agricultural and Forest Meteorology* 195, 32–37.

Gash, J.H.C. (1979) Analytical model of rainfall interception by forests. *Quarterly Journal of the Royal Meteorological Society* 105, 43–55.

Gavazzi, M.G., Sun, G., McNulty, S.G. and Treasure, E.A. (2015) Canopy rainfall interception measured over 10 years in a coastal plain loblolly pine (*Pinus taeda* L.) plantation. *Transactions of the ASABE* (in press).

Gerrits, A.M.J., Savenije, H.H.G., Hoffmann, L. and Pfister, L. (2007) New technique to measure forest floor interception – an application in a beech forest in Luxembourg. *Hydrology and Earth System Sciences* 11, 695–701.

Good, S.P., Noone, D., Kurita, N., Benetti, M. and Bowen, G.J. (2015) D/H isotope ratios in the global hydrologic cycle. *Geophysical Research Letters* 42, 5042–5050.

Granier, A. (1987) Evaluation of transpiration in a Douglas-fir stand by means of sap flow measurements. *Tree Physiology* 3, 309–320.

Granier, A., Huc, R. and Barigah, S.T. (1996) Transpiration of natural rain forest and its dependence on climatic factors. *Agricultural and Forest Meteorology* 78, 19–29.

Grismer, M.E., Orang, M., Snyder, R. and Matyac, R. (2002) Pan evaporation to reference evapotranspiration conversion methods. *Journal of Irrigation and Drainage Engineering-ASCE* 128, 180–184.

Hawkins, B.A., Field, R., Cornell, H.V., Currie, D.J., Guegan, J.F., Kaufman, D.M., Kerr, J.T., Mittelbach, G.G., Oberdorff, T., O'Brien, E.M., et al. (2003) Energy, water, and broad-scale geographic patterns of species richness. *Ecology* 84, 3105–3117.

Helvey, J.D. (1974) Summary of rainfall interception by certain conifers on North America. In: *Proceedings of the 3rd International Seminar for Hydrology Professors*. NSFASS, West Lafayette, Indiana, pp. 103–113.

Helvey, J.D. and Patric, J.H. (1965) Canopy and litter interception of rainfall by hardwoods of eastern united states. *Water Resources Research* 1, 193–206.

Hewlett, J.D. (1982) *Principles of Forest Hydrology*. University of Georgia Press, Athens, Georgia.

Horton, R.E. (1919) Rainfall interception. *Monthly Weather Review* 47, 16.

Huang, M.T., Piao, S.L., Sun, Y., Ciais, P., Cheng, L., Mao, J.F., Poulter, B., Shi, X.Y., Zeng, Z.Z. and Wang, Y.P. (2015) Change in terrestrial ecosystem water-use efficiency over the last three decades. *Global Change Biology* 21, 2366–2378.

Irmak, S. (2010) Nebraska Water and Energy Flux Measurement, Modeling, and Research Network (NEBFLUX). *Transactions of the ASABE* 53, 1097–1115.

Irmak, S., Skaggs, K.E. and Chatterjee, S. (2014) A review of the Bowen ratio surface energy balance method for quantifying evapotranspiration and other energy fluxes. *Transactions of the ASABE* 57, 1657–1674.

Jackson, R.B., Jobbagy, E.G., Avissar, R., Roy, S.B., Barrett, D.J., Cook, C.W., Farley, K.A., le Maitre, D.C., McCarl, B.A. and Murray, B.C. (2005) Trading water for carbon with biological sequestration. *Science* 310, 1944–1947.

Jasechko, S., Sharp, Z.D., Gibson, J.J., Birks, S.J., Yi, Y. and Fawcett, P.J. (2013) Terrestrial water fluxes dominated by transpiration. *Nature* 496, 347–350.

Jayakaran, A.D., Williams, T.M., Ssegane, H., Amatya, D.M., Song, B. and Trettin, C.C. (2014) Hurricane impacts on a pair of coastal forested watersheds: implications of selective hurricane damage to forest structure and streamflow dynamics. *Hydrology and Earth System Sciences* 18, 1151–1164.

Jung, M., Reichstein, M., Ciais, P., Seneviratne, S.I., Sheffield, J., Goulden, M.L., Bonan, G., Cescatti, A., Chen, J.Q., de Jeu, R., et al. (2010) Recent decline in the global land evapotranspiration trend due to limited moisture supply. *Nature* 467, 951–954.

Kalma, J.D., McVicar, T.R. and McCabe, M.F. (2008) Estimating land surface evaporation: a review of methods using remotely sensed surface temperature data. *Surveys in Geophysics* 29, 421–469.

King, J.S., Ceulemans, R., Albaugh, J.M., Dillen, S.Y., Domec, J.C., Fichot, R., Fischer, M., Leggett, Z., Sucre, E., Trnka, M. and Zenone, T. (2013) The challenge of lignocellulosic bioenergy in a water-limited world. *Bioscience* 63, 102–117.

Komatsu, H. and Kume, T. (2015) Changes in the sapwood area of Japanese cedar and cypress plantations after thinning. *Journal of Forest Research* 20, 43–51.

Komatsu, H., Maita, E. and Otsuki, K. (2008) A model to estimate annual forest evapotranspiration in Japan from mean annual temperature. *Journal of Hydrology* 348, 330–340.

Kumagai, T. (2011) Transpiration in forest ecosystems. In: Levia, D.F., Carlyle-Moses, D. and Tanaka, T. (eds) *Forest Hydrology and Biogeochemistry: Synthesis of Past Research and Future Directions*. Springer, New York, pp. 389–406.

Kumagai, T., Tateishi, M., Miyazawa, Y., Kobayashi, M., Yoshifuji, N., Komatsu, H. and Shimizu, T. (2014) Estimation of annual forest evapotranspiration from a coniferous plantation watershed in Japan (1): Water use components in Japanese cedar stands. *Journal of Hydrology* 508, 66–76.

Kustas, W.P. and Norman, J.M. (1996) Use of remote sensing for evapotranspiration monitoring over land surfaces. *Hydrological Sciences Journal* 41, 495–516.

Law, B.E., Falge, E., Gu, L., Baldocchi, D.D., Bakwin, P., Berbigier, P., Davis, K., Dolman, A.J., Falk, M., Fuentes, J.D., et al. (2002) Environmental controls over carbon dioxide and water vapor exchange of terrestrial vegetation. *Agricultural and Forest Meteorology* 113, 97–120.

Levia, D.F., Carlyle-Moses, D. and Tanaka, T. (2011) *Forest Hydrology and Biogeochemistry: Synthesis of Past Research and Future Directions*. Springer, New York.

Liu, C., Sun, G., McNulty, S.G. and Kang, S. (2015) An improved evapotranspiration model for an apple orchard in northwestern China. *Transactions of the ASABE* 58, 1253–1264.

Liu, Y.Q. (2011) A numerical study on hydrological impacts of forest restoration in the southern United States. *Ecohydrology* 4, 299–314.

Lu, J.B., Sun, G., McNulty, S.G. and Amatya, D.M. (2005) A comparison of six potential evapotranspiration methods for regional use in the southeastern United States. *Journal of the American Water Resources Association* 41, 621–633.

Mann, M.E. and Gleick, P.H. (2015) Climate change and California drought in the 21st century. *Proceedings of the National Academy of Sciences USA* 112, 3858–3859.

McCarthy, E.J., Flewelling, J.W. and Skaggs, R.W. (1992) Hydrologic model for drained forest watershed. *Journal of Irrigation and Drainage Engineering-ASCE* 118, 242–255.

McMahon, T.A., Peel, M.C., Lowe, L., Srikanthan, R. and McVicar, T.R. (2013) Estimating actual, potential, reference crop and pan evaporation using standard meteorological data: a pragmatic synthesis. *Hydrology and Earth System Sciences* 17, 1331–1363.

McNulty, S.G. and Swank, W.T. (1995) Wood $\delta_{13}C$ as a measure of annual basal area growth and soil-water stress in a *Pinus strobus* forest. *Ecology* 76, 1581–1586.

Meinzer, F.C., James, S.A. and Goldstein, G. (2004) Dynamics of transpiration, sap flow and use of stored water in tropical forest canopy trees. *Tree Physiology* 24, 901–909.

Monteith, J.L. (1965) Evaporation and the environment. *Symposium of the Society of Experimental Biology* 19, 205–234.

Mu, Q.Z., Zhao, M.S. and Running, S.W. (2011) Improvements to a MODIS global terrestrial evapotranspiration algorithm. *Remote Sensing of Environment* 115, 1781–1800.

Neumann, R.B. and Cardon, Z.G. (2012) The magnitude of hydraulic redistribution by plant roots: a review and synthesis of empirical and modeling studies. *New Phytologist* 194, 337–352.

Oishi, A.C., Oren, R., Novick, K.A., Palmroth, S. and Katul, G.G. (2010) Interannual invariability of forest evapotranspiration and its consequence to water flow downstream. *Ecosystems* 13, 421–436.

Oki, T. and Kanae, S. (2006) Global hydrological cycles and world water resources. *Science* 313, 1068–1072.

Olbrich, B.W. (1991) The verification of the heat pulse velocity technique for estimating sap flow in *Eucalyptus grandis*. *Canadian Journal of Forest Research* 21, 836–841.

Oudin, L., Andreassian, V., Lerat, J. and Michel, C. (2008) Has land cover a significant impact on mean annual streamflow? An international assessment using 1508 catchments. *Journal of Hydrology* 357, 303–316.

Palmroth, S., Katul, G.G., Hui, D.F., McCarthy, H.R., Jackson, R.B. and Oren, R. (2010) Estimation of long-term basin scale evapotranspiration from streamflow time series. *Water Resources Research* 46, W10512, doi: 10.1029/2009WR008838 (accessed 20 March 2016).

Peng, S.S., Piao, S.L., Zeng, Z.Z., Ciais, P., Zhou, L.M., Li, L.Z.X., Myneni, R.B., Yin, Y. and Zeng, H. (2014) Afforestation in China cools local land surface temperature. *Proceedings of the National Academy of Sciences USA* 111, 2915–2919.

Penman, H.L. (1948) Natural evaporation from open water, bare soil and grass. *Proceedings of the Royal Society of London Series – A, Mathematical and Physical Sciences* 193, 120–145.

Priestley, C.H.B. and Taylor, R.J. (1972) On the assessment of surface heat-flux and evaporation using large-scale parameters. *Monthly Weather Review* 100, 81–92.

Rosenzweig, M.L. (1968) Net primary productivity of terrestrial communities – prediction from climatological data. *American Naturalist* 102, 67–74.

Sampson, D.A., Amatya, D.M., Lawson, C.D.B. and Skaggs, R.W. (2011) Leaf area index (LAI) of loblolly pine and emergent vegetation following a harvest. *Transactions of the ASABE* 54, 2057–2066.

Sanford, W.E. and Selnick, D.L. (2013) Estimation of evapotranspiration across the conterminous united states using a regression with climate and land-cover data. *Journal of the American Water Resources Association* 49, 217–230.

Schlesinger, W.H. and Jasechko, S. (2014) Transpiration in the global water cycle. *Agricultural and Forest Meteorology* 189, 115–117.

Shuttleworth, W.J. (2012) *Terrestrial Hydrometeorology*. Wiley, Hoboken, New Jersey.

Sun, G., Riekerk, H. and Comerford, N.B. (1998) Modeling the forest hydrology of wetland-upland ecosystems in Florida.

Journal of the American Water Resources Association 34, 827–841.

Sun, G., Amatya, D.M., McNulty, S.G., Skaggs, R.W. and Hughes, J.H. (2000) Climate change impacts on the hydrology and productivity of a pine plantation. *Journal of the American Water Resources Association* 36, 367–374.

Sun, G., McNulty, S.G., Amatya, D.M., Skaggs, R.W., Swift, L.W., Shepard, J.P. and Riekerk, H. (2002) A comparison of the watershed hydrology of coastal forested wetlands and the mountainous uplands in the southern US. *Journal of Hydrology* 263, 92–104.

Sun, G., McNulty, S.G., Lu, J., Amatya, D.M., Liang, Y. and Kolka, R.K. (2005) Regional annual water yield from forest lands and its response to potential deforestation across the southeastern United States. *Journal of Hydrology* 308, 258–268.

Sun, G., McNulty, S.G., Moore-Myers, J.A. and Cohen, E.C. (2008) Impacts of multiple stresses on water demand and supply across the southeastern United States. *Journal of the American Water Resources Association* 44, 1441–1457.

Sun, G., Noormets, A., Gavazzi, M.J., McNulty, S.G., Chen, J., Domec, J.C., King, J.S., Amatya, D.M. and Skaggs, R.W. (2010) Energy and water balance of two contrasting loblolly pine plantations on the lower coastal plain of North Carolina, USA. *Forest Ecology and Management* 259, 1299–1310.

Sun, G., Alstad, K., Chen, J.Q., Chen, S.P., Ford, C.R., Lin, G.H., Liu, C.F., Lu, N., McNulty, S.G., Miao, H.X., *et al.* (2011a) A general predictive model for estimating monthly ecosystem evapotranspiration. *Ecohydrology* 4, 245–255.

Sun, G., Caldwell, P., Noormets, A., McNulty, S.G., Cohen, E., Moore Myers, J., Domec, J.-C., Treasure, E., Mu, Q., Xiao, J., *et al.* (2011b) Upscaling key ecosystem functions across the conterminous United States by a water-centric ecosystem model. *Journal of Geophysical Research – Biogeosciences* 116, G00J05.

Sun, X.C., Onda, Y., Kato, H., Gomi, T. and Komatsu, H. (2015) Effect of strip thinning on rainfall interception in a Japanese cypress plantation. *Journal of Hydrology* 525, 607–618.

Swank, W.T. and Crossley, D.A. (eds) (1988) *Forest Hydrology and Ecology at Coweeta*. Ecological Studies Vol. 66. Springer, New York.

Swank, W.T. and Douglass, J.E. (1974) Streamflow greatly reduced by converting deciduous hardwood stands to pine. *Science* 185, 857–859.

Swank, W.T. and Miner, N.H. (1968) Conversion of hardwood-covered watersheds to white pine reduces water yield. *Water Resources Research* 4, 947–954.

Teuling, A.J., Hirschi, M., Ohmura, A., Wild, M., Reichstein, M., Ciais, P., Buchmann, N., Ammann, C., Montagnani, L., Richardson, A.D., *et al.* (2009) A regional perspective on trends in continental evaporation. *Geophysical Research Letters* 36, L02404, doi: 10.1029/2008GL036584 (accessed 20 March 2016).

Tian, H.Q., Chen, G.S., Zhang, C., Liu, M.L., Sun, G., Chappelka, A., Ren, W., Xu, X.F., Lu, C.Q., Pan, S.F., *et al.* (2012) Century-scale responses of ecosystem carbon storage and flux to multiple environmental changes in the southern United States. *Ecosystems* 15, 674–694.

Tian, S.Y., Youssef, M.A., Skaggs, R.W., Amatya, D.M. and Chescheir, G.M. (2012) Modeling water, carbon and nitrogen dynamics for two drained pine plantations under intensive management practices. *Forest Ecology and Management* 264, 20–36.

Trenberth, K.E., Fasullo, J.T. and Kiehl, J. (2009) Earth's global energy budget. *Bulletin of the American Meteorological Society* 90, 311–323, doi: 10.1175/2008BAMS2634.1 (accessed 20 March 2016).

Ukkola, A.M. and Prentice, I.C. (2013) A worldwide analysis of trends in water-balance evapotranspiration. *Hydrology and Earth System Sciences* 17, 4177–4187.

Vose, J.M. and Klepzig, K.D. (eds) (2014) *Climate Change Adaptation and Mitigation Management Options: A Guide for*

Natural Resource Managers in Southern Forest Ecosystems. CRC Press, Boca Raton, Florida.

Vose, J.M., Sun, G., Ford, C.R., Bredemeier, M., Otsuki, K., Wei, X.H., Zhang, Z.Q. and Zhang, L. (2011) Forest ecohydrological research in the 21st century: what are the critical needs? *Ecohydrology* 4, 146–158.

Vose, J.M., Peterson, D. and Patel-Weynand, T. (eds) (2012) *Effects of Climatic Variability and Change on Forest Ecosystems: A Comprehensive Science Synthesis for the US Forest Sector*. US Forest Service, Pacific Northwest Research Station, Portland, Oregon.

Wang, Q.J., Pagano, T.C., Zhou, S.L., Hapuarachchi, H.A.P., Zhang, L. and Robertson, D.E. (2011) Monthly versus daily water balance models in simulating monthly runoff. *Journal of Hydrology* 404, 166–175.

Wang, S., Pan, M., Mu, Q., Shi, X., Mao, J., Brümmer, C., Jassal, R.S., Krishnan, P., Li, J. and Black, T.A. (2015) Comparing evapotranspiration from eddy covariance measurements, water budgets, remote sensing, and land surface models over Canada. *Journal of Hydrometeorolgy* 16, 1540–1560.

Warren, J.M., Meinzer, F.C., Brooks, J.R., Domec, J.C. and Coulombe, R. (2007) Hydraulic redistribution of soil water in two old-growth coniferous forests: quantifying patterns and controls. *New Phytologist* 173, 753–765.

Wilson, K.B., Hanson, P.J., Mulholland, P.J., Baldocchi, D.D. and Wullschleger, S.D. (2001) A comparison of methods for determining forest evapotranspiration and its components: sap-flow, soil water budget, eddy covariance and catchment water balance. *Agricultural and Forest Meteorology* 106, 153–168.

Wilson, K., Goldstein, A., Falge, E., Aubinet, M., Baldocchi, D., Berbigier, P., Bernhofer, C., Ceulemans, R., Dolman, H., Field, C., *et al.* (2002) Energy balance closure at FLUXNET sites. *Agricultural and Forest Meteorology* 113, 223–243.

Wullschleger, S.D., Meinzer, F.C. and Vertessy, R.A. (1998) A review of whole-plant water use studies in trees. *Tree Physiology* 18, 499–512.

Zeng, Z.Z., Wang, T., Zhou, F., Ciais, P., Mao, J.F., Shi, X.Y. and Piao, S.L. (2014) A worldwide analysis of spatiotemporal changes in water balance-based evapotranspiration from 1982 to 2009. *Journal of Geophysical Research – Atmosphere* 119, 1186–1202.

Zhang, L., Dawes, W.R. and Walker, G.R. (2001) Response of mean annual evapotranspiration to vegetation changes at catchment scale. *Water Resources Research* 37, 701–708.

Zhang, L., Potter, N., Hickel, K., Zhang, Y.Q. and Shao, Q.X. (2008) Water balance modeling over variable time scales based on the Budyko framework – model development and testing. *Journal of Hydrology* 360, 117–131.

Zhou, G., Wei, X., Chen, X., Zhou, P., Liu, X., Xiao, Y., Sun, G., Scott, D.F., Zhou, S., Han, L. and Su, Y. (2015) Global pattern for the effect of climate and land cover on water yield. *Nature Communications* 6, 5918.

4 山区和雪源流域森林水文

W. J. 埃利奥特（W. J. Elliot）[1*]，M. 多布雷（M. Dobre）[2]，
A. 斯里瓦斯塔瓦（A. Srivastava）[2]，K. J. 埃尔德（K. J. Elder）[3]，
T. E. 林克（T. E. Link）[2]，E. S. 布鲁克斯（E. S. Brooks）[2]

4.1 引　言

　　本章介绍陡峭流域的积融雪过程和水文过程。其他章节中描述的许多水文原理也适用于陡峭的高海拔地区。但是，地表径流、浅层侧向流和基流之间的复杂关系仍然需要针对积融雪过程和陡峭流域进行专门的讨论。本章介绍的原理通常适用于海拔较低并与灌丛或农田重叠的森林生态系统，以及海拔较高的亚高山生态系统。

　　高海拔森林在世界上许多地方通常都被视为"水塔"。在美洲、欧洲、非洲、亚洲和澳大利亚，大城市地区和灌溉工程都依赖高海拔森林产生的径流来满足其供水需求（Viviroli and Weingartner，2004）。这些区域不仅提供了地表水以保持河流流动，补充湖泊和水库蓄水，而且通常还是地下水补给的重要来源，这些宝贵的地下水资源通过钻井或钻孔被开发利用。据估计，全球有超过十亿人的水源来自于积雪覆盖的地区或冰川（Bales et al.，2006）。

　　在旱季降水少的地区，高海拔森林中的积雪发挥着更重要的作用（Viviroli and Weingartner，2004）。在这些流域中，高海拔山区的积雪与融雪成为水文循环的主要组成部分，可补给地下水，并在整个干旱季节提供低水流量。在大陆性气候中，对流风暴也有助于冬季发生积雪过程，但是高海拔地区由于地形的影响，通常在夏季会出现更多降水。本章介绍了降水如何以侧向流和基流的方式而不是地表径流的方式缓慢地流过森林流域。在非森林流域或发生野火后的流域，地表径流更为常见。

　　在大多数高海拔森林中，主要的水文过程为：冬季积雪和融雪，与低海拔地区相比夏季增多的降水，春季缓慢融雪产生的浅层地下径流，以及深层渗流产生的足以持续旱季的连续基流。

---

　　1 美国农业部林务局，美国爱达荷州莫斯科；2 爱达荷大学，美国爱达荷州莫斯科；3 美国农业部林务局，美国科罗拉多州柯林斯堡

　　* 通讯作者邮箱：welliot@fs.fed.us

第 1 章和第 2 章介绍了部分上述过程。本章重点介绍北美洲西部山区和亚高山温带针叶林中观察到的水文过程，其中主要包括美国大陆西部的爱达荷州、俄勒冈州、华盛顿州、北加利福尼亚州、蒙大拿州以及加拿大不列颠哥伦比亚省南部。

这些地区的主要气候特征是西海岸的海洋性气候和内陆地区的大陆性气候。在海洋性气候和大陆性气候之间有一个过渡带，在发生暴雨期间或在某些季节可能会形成海洋性气候，而在其他时期可能会形成大陆性气候，这取决于当时的控制性气团（Hubbart et al.，2007）。两种气候类型下流域的主要区别在于冬季的降水量和降水形式。

海洋性气候分布在太平洋沿岸，以来自太平洋的相对温暖的潮湿海洋气团为主。在地中海沿岸的国家也存在这种类型的气候。在冬季受海洋气团或其他水体强烈影响的其他地区中也存在，不过程度相对较小（Peel et al.，2007）。再往东，水文状况以全年的大陆对流风暴为主。大陆性气候不受海洋影响，其特点是温度差异大，冬季较冷，夏季较热。尽管我们这里主要指的是北美的水文过程，但本章所述的原理也适用于全球其他气候相似的受积雪影响的陡峭森林地区。

4.2 积雪过程

森林流域的主要积融雪过程发生在大气、冠层或地面。在大气中，雪晶在云层中形成。当雪晶落下时，在到达冠层或地面之前，可能会融化并变成降雨，也有可能保持雪晶状态，或者变成两者的混合物。上层大气和下层大气的温度对该过程具有影响。冠层可以截留降雪，之后积雪会掉落、融化或升华。积雪在地面上会堆积或融化。融化速率取决于来自太阳的短波辐射的能量输入、来自云层或冠层的长波辐射、来自暖空气的对流能或来自潮湿空气的潜热能。

积雪很大程度上取决于降雪量、风速和风向以及冠层对积雪的截留，而融雪主要由太阳辐射驱动（Gelfan et al.，2004）。冠层结构（树的高度、冠层密度和树间距）会影响遮阴程度，从而影响到达森林地面的入射短波辐射量。在茂密的森林中，短波辐射量的减少可能被来自冠层的长波辐射量的增加所抵消（Pomeroy et al.，2009；Lundquist et al.，2013）。在密度较小的森林中，入射全波太阳辐射会受到林窗大小和太阳角度的影响，从而形成"热点"（hotspots）或"冷洞"（cold holes）（Lawler and Link，2011）。在这些情况下，林窗内积雪的融化速率可能比疏林地区和密集冠层区域更快，也可能更慢，这取决于植被、地形和微气候条件（Berry and Rothwell，1992）。

可采用改变冠层的方法增加径流流量。但是，对于所有高海拔森林来说，积雪和融雪对管理活动的响应都不尽相同。冠层、积雪截留、融雪速率和径流之间相互作用的变化取决于海拔和控制性气团（海洋气团或大陆气团）。这种分类很复杂，因为给定的位置可能会在一年中表现出其中一类特征，而在另一年则表现出另一类特征，或者在一年之内表现出多种特征。

4.2.1 海洋性气候

在海洋性气候中，积雪形态取决于森林皆伐规模和森林类型（Lundquist et al., 2013）。相比阔叶林，针叶林能够截留更多的雪，针叶林树种之间的差异并不显著。Storck 等（2002）发现，花旗松（*Pseudotsuga menziesii*）的林冠覆盖层可以截留多达 60%的降雪，其中大部分雪通过融化形成水滴和大量释放而被迅速清除。在海洋性气候中可能会发生升华，但升华造成的雪损失量很小（Storck et al., 2002；DeWalle and Rango，2008）。

在海洋性气候中，积雪具有动态性，在整个冬季，积雪和融雪会频繁发生。在这些地区，雪上雨（rain-on-snow，ROS）事件较为典型，并且通常在仲冬期间发生，此时来自海洋的暖雨直接落在浅层积雪上。这些 ROS 事件可能会产生大量径流（这取决于积雪状况和长期降雨量），径流洪峰流量大，强度高，主要由降雨驱动，但融雪会增加径流，而且通常存在饱和土壤的情况（请参阅 4.4 节）。

在高海拔海洋性气候区，典型冬季条件下，雪在整个寒冷的冬季积聚，在春季开始时因净辐射以及气温和湿度的逐渐升高而缓慢融化，从而产生长时间的小水流。海上气流有时会在冰雪覆盖的地区流动，带来更温暖的降雨，增加湿度。这些气团包含的能量有温暖能量（显热），也有潮湿能量（潜热）。发生这种情况时，大气的显热能（暖空气使积雪变暖）和潜热能（空气中的水凝结到雪上，使积雪变暖）的对流传递会使积雪迅速融化。如果土壤饱和，则会出现高强度的径流峰值（Harr，1986；Marks et al.，1998）。在这些地区，去除林冠覆盖层会导致林窗内的风速增加，进而增加积雪表面的湍流能量交换，从而加快显热和潜热传递引起的融雪速度。一些研究表明，在某些情况下，ROS 事件引起的融雪仍主要是由净辐射驱动的。但是，在发生 ROS 事件期间，显热通量和潜热通量在快速融雪中起主要作用（Marks et al.，1998）。

在 ROS 事件中，降雨仍然是洪峰流量快速增加的主要原因。但是，在少数情况下，积雪融化产生的水会在暴雨来临前几天使土壤饱和，并在降雨之外，使径流的水量额外增加多达 30%（Harr，1986）。

但最极端的洪水事件通常还是由降雨所主导（Marchi et al.，2010），因为融雪速率很少超过每小时几厘米，而暴雨事件在一小时内降水量即可超过 25 mm。

根据初始条件（例如，先前融化和固结情况、深度、前期降雨情况），积雪可以具有自然蓄水能力，并且能够储存一些或大多数的少量降水。在此类情况下，通常可以看到冬季降雨后径流会延迟几天。多数大型 ROS 事件是长时间降雨的结果，在这段时间内，连续几天的降雨使积雪变暖，并使积雪和土壤均达到饱和状态。当再出现雨天时，雪会迅速融化并流出（请参阅 4.4 节），从而产生大量径流（Marks et al.，1998）。大部分 ROS 事件都发生在瞬态降雪区（每个冬季发生多次积雪和融雪），而温度通常刚好高于冰点（Berris and Harr，1987；Jefferson，2011）。

4.2.2 大陆性气候

在大陆性气候与海洋性气候下，森林中雪与植被之间的相互作用可能截然不同。例如，大陆性气候下，以雪的形式发生的降水通常比海洋性气候下多，并且温度连续多天低于 0℃ 的冬季更长。加拿大北方森林的研究表明，在长达 1 个月的时间内，冠层可以截留多达 60% 的降雪（Pomeroy and Schmidt，1993；Hedstrom and Pomeroy，1998）。冠层的积雪截留量也取决于温度。温度接近 0℃ 时，雪更有黏着力，容易附着在针叶和树枝上，但是随着降雪量的增加，截留效率会降低（Hedstrom and Pomeroy，1998）。郁闭针叶树冠层的升华损失很大，升华量达年降雪量的 30%—50%（Lundberg and Halldin，2001）。

另外，在此类寒冷的森林中，风在清除冠层积雪方面起着重要作用。

尽管地形及林窗的大小和数量对于积雪而言很重要，但融雪主要由占融雪总能量很大比例的净有效辐射能驱动。融雪的辐射通量是入射的短波辐射（直接辐射和漫射辐射）通量加上长波辐射（漫射辐射）通量。此外，冠层和树干的长波辐射也很重要（Lundquist et al.，2013）。这些成分到达雪面的比例取决于许多因素，例如，海拔、坡向、纬度、日长、云量和太阳角度。

在晴空条件下，入射短波辐射被冠层截获，进一步以长波辐射的形式在冠层下方传输。新降雪的短波辐射反射率（或反照率）较高（0.8—0.9），因此，相比反照率约为 0.15 的森林，能够反射更大比例的入射短波辐射（Mannnin and Stenberg，2009）。在冬季晴空条件下，冠层内截留的积雪对北方森林的冠层反照率影响很小（Pomeroy and Dion，1996）。在瑞士的一个亚高山林地，此类结果却是不同的。笔者发现，在该林地中，随着积雪的截留，冠层反照率增加（Stähli et al.，2009）；但是，这种增加对冠层下方积雪的融化没有影响。大气中的颗粒会积聚在雪上，从而减少反照率并增加融化速率（Warren and Wiscombe，1980）。

4.2.3 进行森林管理，提高产水量

在气候温和的高海拔森林中，以雪的形式出现的水在整个冬季均储存在森林

中，在农业与其他用水需求较高的春季和夏季缓慢释放出来（Mote et al., 2005）。在落基山脉（Rocky Mountains），夏季70%—80%的径流来自高海拔高山林区和亚高山林区的融雪（Troendle, 1983）。

在过去的几个世纪中，需水量随着人口的增加而大大增加，这要求用水管理者设法增加市民和农民的下游可用水量。我们可以改变冠层，从而增加河川径流量。最近的一些研究表明，径流量增加带来的经济利益足以抵消山区流域的间伐成本（Podolak et al., 2015）。

针对改变冠层以增加林区产水量，目前已进行了广泛的研究（Troendle, 1983; Troendle et al., 2001）。清除部分或全部植被对径流具有双重影响。首先，清除植被可以减少树木蒸散损失。其次，在没有森林覆盖的情况下，所有降雪都会到达地面，这从用水管理的角度来看，是一种比较理想的状态。但是，如果没有冠层进行遮蔽，积雪会在季节初期植被蒸腾之前就融化，并作为径流向下流动，注满储水层，但积雪层中没有太多积雪。相反，在具有郁闭冠层的茂密森林中，冠层截留的雪量大，使得地面积雪层的厚度减小，从而减少了有可能进入土壤的水量。但是，这些茂密森林中的树木可为积雪遮阴，从而减慢融雪过程。因此，土地和用水管理者考虑通过皆伐和间伐来改变冠层，以便冬季有足够的雪在流域积聚，积雪会随着温度的升高而缓慢融化，产生持续时间长、洪峰流量低的水文过程线。

各种研究得到的结果通常表明，要使产水量增加，森林覆盖率至少要减小20%（Stednick, 1996）。这也意味着，导致冠层减少不到20%的森林活动不太可能对所管理的森林的径流产生显著影响（Podolak et al., 2015）。许多研究着重于确定森林间伐间隙的最佳大小，从而增加积雪量，同时也提供足够的遮蔽以防止积雪较早融化。这些研究的结果参差不齐，但有一个共识，即在没有大风的情况下，间隙为 $2H$ 到 $5H$ 的空地上积雪最多，这里的 H 是指周围树木的高度（Golding and Swanson, 1978; Varhola et al., 2010）。

同样，实地观测和理论工作均表明，在间隙为 $1H$ 和 $2H$ 的空地上，融雪速率比疏林地和完全覆盖的森林要低（Lawler and Link, 2011）。但是，诸如地形（即海拔和坡向）和逐年天气变化（以雪的形式发生的降水量、温度和太阳辐射）之类的自然因素往往会掩盖森林管理对积雪和融雪速率的影响。

控制森林中的积雪和融雪的物理过程已得到较充分的研究，但逐年天气变化使预测工作充满挑战。目前我们在将相关知识转化为计算机模型方面取得了相当大的进展，这些模型能够帮助我们更好地了解雪域地区的森林水文过程，并改善径流预测精度（本书第9章；Flerchinger et al., 1994; Flerchinger, 2000; Gelfan et al., 2004; Elliot et al., 2010; Srivastava et al., 2015）。

4.3 森林与雪崩

雪崩是与陡坡上积雪有关的最受关注的问题之一。在地球表面上，大多数环境条件下，雪晶的大气形式极不稳定。地面上积雪的速率和过程受到温度、水汽压和其他复杂因素驱动而不断发生变化。一些过程会促进变化中的积雪发生凝聚和黏合，而另一些过程则会导致积雪层相对变薄弱，无黏结性。在大多数山地环境中，在积雪季节会形成复杂的积雪层，其中一个剖面上可能包含多个牢固层和薄弱层。积雪层的特性在时间和空间上都有很大差异。这种自然的时空变化使得雪崩发生的可能性变大，也增大了预测雪崩的难度。

多雪地区的景观与受地形、天气、气候、生态和土地利用因素共同驱动的雪崩有着复杂的关系。森林既可能改善也可能加剧雪崩问题，而雪崩反过来也可能会影响森林。

大约五个世纪前，在欧洲首次发现并记录了这类复杂的相互作用，当时人们观察到当地森林砍伐后，雪崩对城镇的破坏加剧了。促进雪崩活动的地形因素通常也与北美丰富的矿藏有关，许多严重的雪崩悲剧的发生都与美国西部和加拿大的采矿活动有关（Armstrong，1977）。这些灾难性事件有许多都发生在森林流域。在这些森林流域，矿工自己进行的伐木活动是造成相关死亡事故的重要原因。

4.3.1 雪崩特征剖析

雪崩发生的条件是：存在能够滑动的大雪堆、有利于雪崩的地形、具有打破平衡的触发因素，以及能够驱动雪堆运动的重力。尽管坡向和粗糙度也起着重要作用，但主要的地形因素是坡度。能够发生雪崩的积雪堆通常需要有黏性层覆盖着薄弱层（板状雪崩），或具有能够向坡下解离的弱基质（松雪雪崩）。当重力引起的应力超过积雪堆内部的抗剪强度时，就会发生雪崩（Perla，1971）。触发因素可能是应力增加或强度降低。应力增加可能是由降水、风荷载、滑雪者、炸药等载荷事件引起的。强度降低可能是由于相对微妙的积雪变质过程（例如，晶面化）或更为剧烈的天气扰动（温度变化或液态水运动）引起的。无论哪种情况，当应力超过积雪堆的抗剪能力时，都会发生破裂。积雪堆局部破裂会增加对周围颗粒和地层的压力。如果破裂扩展到很大的区域，则会导致雪崩。

雪崩路径具有起始区、轨迹区和跳动区（图4.1）。起始区是积雪区域以及通常发生破裂的位置（图4.1，区域1）。

图 4.1 美国科罗拉多州 Loveland Pass 附近的典型雪崩路径

路径 A 完全位于林木线上方。路径 B 与林木线相交，碎屑沉积在谷底。两条路径均具有起始区（1）、轨迹区（2）和跳动区（3），在此图中用黑线大致标出。各区之间的过渡以及路径本身的边缘和范围，随各个事件的大小和季节而变化。在极端事件中，整个路径 A 都可能是路径 B 起始区的一部分。在较小的事件中，仅路径 B 的起始区就可能包含路径 A 中所示的起始区、轨迹区和跳动区。请注意路径 B 跳动区（3）右上方愈合区的植被生长和恢复。高频区就在该愈合区的左侧，没有较大的木本植被。若发生高强度低频事件，则该愈合区可能会消失。

轨迹是路径的一部分，来自起始区的雪主要在轨迹区运移，尽管其中通常还会夹带其他物质（图 4.1，区域 2）。跳动区是雪崩减速并停止之处，有雪崩碎屑沉积（图 4.1，区域 3）。在界限清楚的大路径中，各区显而易见，尤其是当各区位于林区时（图 4.1，路径 B）。在小路径或位于林木线上方的路径中，不同区域的轮廓可能不太明显（图 4.1，路径 A）。起始区通常位于林木线上方，背风坡的风荷载会增高积雪沉积厚度。

起始区位于林木线上方时，雪崩轨迹与林木线相交，并途经界限明确的路径和无大型林木植被的跳动区。完全位于林木线下方的路径通常具有明显的起始区、轨迹区和跳动区，这些区域是根据随时间推移而形成的森林边缘或雪崩沟壑来划分确定的。积雪堆的性质、地形和植被都可能影响雪崩路径的形态和范围。从海洋性气候、大陆性气候到北极气候等各种降雪气候下，雪崩路径会表现出许多变化。下文将详细说明雪崩对树木和植被的影响。有关雪崩现象的更多详细信息，请参见 McClung 和 Schaerer（2006）的文献。

在海洋性气候中，雪崩过程往往分为两步。第一步是形成能够引发滑坡的足够厚度的积雪堆。随后通常会发生降雨事件（降雨事件可能是融雪事件的延续），直到积雪充分饱和。即如同板状雪崩一样，积雪堆的应力因降雨而变薄弱，无法抵抗湿重降雪的内部应力（Conway and Raymond, 1989）。这种雪崩通常发生在因频繁滑坡而形成的滑槽中。

4.3.2 雪崩对森林的影响

雪崩路径生态学已在全球雪崩高发地区得到了广泛研究（Walsh et al., 1994）。从森林学的角度来看，雪崩会产生深远的影响。雪崩会阻碍森林在雪崩路径上形成成熟的乔木，在极端事件中还会破坏成熟的森林，也会影响路径内的物种组成。实际上，林木线下方的雪崩路径由于受到了森林的影响，可以根据位于雪崩路径以内、边缘沿线和路径周围的树木特征来加以研究。可以采用包括树木年代学在内的多种方法，来重现雪崩事件发生的频率、强度和影响（Burrows and Burrows, 1976；Elder et al., 2014）。

高频区指的是在雪崩路径中容易反复发生雪崩并导致树木消失或基本消失的地段。高频区难以形成乔木，这部分路径通常被草本植被、小型木本植被所覆盖，或者根本没有植被。高频区和路径边界之间的边缘由森林裁切线（无树木地区与成熟林之间的边界线）确定。在较大的路径、大型雪崩事件发生频率较低的路径、或者具有在某些时候能够控制流量的复杂地形特征的路径中，通常会有一个愈合区。若某一区域出现了很好地适应了雪崩干扰的树种，或者出现了再生的幼龄树，则可以识别为愈合区。

极端事件能够在轨迹区或跳动区偏离原有的路径，在极少数情况下，甚至可能对起始区或轨迹区的森林产生重大破坏。

这些极端事件破坏了成熟的树木，改变了路径的边界。由于是极端事件，因此较为罕见，并且扩展的路径边界通常会很快被再生林占据，并成为愈合区。恢复过程可能较为缓慢，因为一旦成熟林遭到破坏，强度较小的雪崩可能更容易通过先前的路径。尽管森林可能因雪崩而遭到大范围的破坏，但是成熟林也减缓了雪崩，为森林整体恢复提供了有效、广泛的保护。因此，雪崩可能会对森林产生深远的影响，但是森林也会影响雪崩。

4.3.3 森林对雪崩的影响

森林对雪崩的影响既有被动过程，也有主动过程。被动过程包括森林对积雪分布的影响（4.2节），这可能会形成一个雪崩的起始区，并影响积雪的能量平衡。树木可以充当坡上积雪的锚点，但也可能会形成发生雪崩的局部薄弱点。冠层所截留的降雪量可以高达60%（Storck et al., 2002），实际发生的截留量取决于树种和天气，这部分降雪最终会升华、融化、滴落或者掉落。由升华及固着效应而引起的雪量损失解释了为什么茂密的森林中很少发生雪崩，也就是说，要么没有足够的降雪累积起来，要么累积的雪量被树干所固定住。

如 4.2 节所述，森林还对积雪的局部能量平衡具有深远影响。在冠层下的积雪堆表面，入射短波辐射减小，长波辐射增加，并且随着风力受到抑制，湍流运动减弱。以积雪表面作为上边界层，以积雪下方的地面作为下边界层，两者之间的能量平衡过程共同驱动了积雪堆内的积雪变质作用。这种变质作用最终会改变积雪的结构，形成不同的牢固层和薄弱层，从而决定了雪崩的发生与否。

在草木丛生的坡面和无森林的坡面之间，积雪变质作用和由此形成的地层结构通常有很大差异。

雪崩运动的轨迹、运动中积雪的糙度或摩擦力、雪崩中夹带的树木，以及跳动区中发生的各种过程均受到森林的影响。对雪崩而言，树木是最大的摩擦或阻碍因素，其次是地形特征。雪崩流经树木时会消耗动能并改变速度。较小的树木可能会因积雪流动而弯曲、折断或被掩埋，对雪崩的影响会降低；而坡下的大树则可能会使雪崩彻底停止。对于跳动区边缘的大树，可能会频繁经历较小的雪崩事件，这类雪崩无法对树木造成重大的破坏，但规模更大的雪崩事件（重现期更长）可能会对已确立的边界造成周期性的破坏（Schlappy et al., 2014）。雪崩路径沿途（包括跳动区）夹带的木本物质继续移动，可能会大大增加雪崩的破坏力。

4.3.4 雪崩和水文循环

雪崩是一个将大量积雪从一个位置移动到另一个位置的过程，其对于水文过程的影响主要体现在两个方面。第一个水文影响是，积雪从一种能量平衡机制转换到另一种。对于高山起始区的积雪，入射太阳辐射值高，逸出长波辐射损失大，温度通常较低，风相对较大。当雪移动到谷底时，由于大气透射率降低，山谷侧壁遮阴增加，入射太阳辐射和长波反射会减小。相比高山地区，温度更高，风速通常较小。总的来说，雪在谷底或跳动区环境中融化速率更快。

第二个水文影响是，积雪的结构和分布发生变化。

起始区的积雪通常相对较浅，积雪分布在较大的区域。除了风积地貌外，积雪的密度通常也较低。雪崩通常使这种密度低、厚度浅而分布广泛的积雪转变成表面积较小的高密度深积雪。

雪崩的水文效应取决于起始区和沉积区之间积雪性质的相对变化，以及两个位置之间能量平衡的相对差异。在低海拔地区，雪通常融化得更早更快，但是谷底的雪崩沉积物往往会持续到融雪季节。的确，这些沉积物通常比周围积雪的持续时间要长数周，甚至数月。Martinec 和 de Quervain（1971）在瑞士阿尔卑斯山（Alps）观察到了一次雪崩对流量的影响。与非雪崩条件下的模拟结果相比，雪崩增加了前期的流量而减少了后期的流量。但其他研究人员也观察到不同的结果（Sosedov and Seversky，1965）。雪崩对径流的影响各不相同，需要针对特定的区域路径或事件进行调查。

雪崩引起的积雪移动也改变了本会在起始区就融化的积雪的水文循环路径。流域上游的融雪在到达河道之前经历了多个坡面过程，包括地表径流、渗透、地下径流，以及可能发生的蒸散损失（4.4 节）。谷底雪崩沉积物的融雪会从较短或更直接的路径流向河道。由于运移路径、滞留时间以及暴露于土壤、植被和地质的程度不同，来自两个不同地点的融雪的生物地球化学特征可能会迥然不同（Sánchez-Murillo et al.，2015）。

雪崩可能会由于溪流阻塞而改变径流。水流可能会淤塞，然后出现灾难性的泄放，导致下游最初断流，然后出现洪水。洪水响应过程可能会使下游植被和河道形态发生改变，对生态系统和基础设施产生重大影响。最后，雪崩可能会影响覆冰的湖泊表面，导致柱塞效应，迅速冲出的湖水会给下游地区带来洪水威胁（Williams et al.，1992）。

4.4　陡峭流域的水文过程

高海拔陡峭流域包括山区和亚高山地区，对于其中包含和没有包含森林的两种流域而言，土壤水运移与基流过程可能会比较相似，但是植被的水文效应却会截然不同。第 2 章已经详细地介绍了森林水文过程，本章将基于这些基本原理，侧重于论述积融雪主导流域的森林水文过程，尤其是在地形陡峭的小流域或山坡上常见的水文过程。图 4.2 是本节所述主要水文过程的示意图。

与海拔较低的流域相比，高地森林流域的特点是坡陡、土层浅、没有洪泛平原、降水量大、蒸散小。因此，溪流会对暴雨迅速做出响应。降水或融雪产生的水通常沿着坡面漫流、地下径流和基流的路径通过山坡进入河流（图 4.2）。对于所有这些路径，随着坡度的增加，流速也增加。在不同的路径上，产流量、洪峰流量和径流的时间分布对于融雪和降水的响应均有所不同。各径流路径都受到气候、植被、地形、土壤特征和地质之间的复杂相互作用的影响。

由于在森林土壤中，存在大孔隙、腐烂树根形成的土管、纵向与横向的树木根系、动物洞穴，以及较大的土壤裂隙等，因此森林土壤为水流沿大孔隙方向的快速流动提供了较高渗透性的通道，进一步促进了地下径流过程（Aubertin, 1971）。

4.4.1　雨源水文系统与雪源水文系统的异同

在陡峭的山区，随着海拔的升高，通常降水量会增加而温度会降低。气团和地表温度会直接影响降水的形式，包括降雨、雨夹雪、降雪等。高海拔或高纬度的流域水文过程主要由降雪和融雪事件驱动，而在中海拔或中纬度地区，流域水文过程主要由降雨或者 ROS 事件主导。许多低海拔地区的径流响应过程则主要受到降水不足的限制。降雪主导或降雨主导的水文过程均受到降水季节变化的影响，并且通常都与植被具有高度交互性。在水源以融雪为主的地区，河川径流的水量来源通常产生于春末或夏初。在融雪控制下，通常有大量的水会渗入土壤下面的基岩中（Wilson and Guan，2004）。

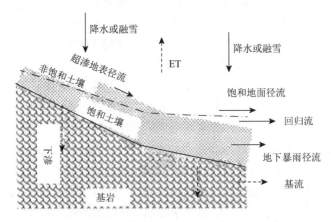

图 4.2　陡峭凹形森林山坡上的水文路径

在降雨或 ROS 主导的流域中，洪峰流量与季节性的天气类型有关。在这些流域中，洪峰可能出现在任何时候，例如，在夏季可能因强降雨而出现洪峰。

4.4.2　入渗过程和径流过程

了解积雪和融雪的水文响应过程对于评估水资源及确定沉积物和养分的来源至关重要。在未受扰动的陡峭流域中，很少有超渗地表径流（Bachmair and Weiler，2011）。由于存在覆盖地面的有机枯枝落叶层，而枯枝落叶和土壤的渗透性较强，因此，入渗容量大，通常超过了降雨强度（Elliot，2013）。水流会优先垂直向下流动到土壤中，而非在地面流动。但是，在某些情况下，降水或融雪速率也有可能会超过入渗容量，引发超渗地表径流等（图 4.2；Luce，1995）。这种情况更有可能在土壤压实的森林道路和伐木路径上发生（Elliot，2013），也有可能在冻土上发生。在森林野火过后，由于枯枝落叶的损失和拒水性作用（本书第 13 章；Elliot et al.，2010），地表土壤入渗容量也会减小。在陡峭的流域中，黏土含量高的土壤很少见，但只要地被植物不受扰动，很少会有地表径流发生

（Conroy et al.，2006）。包含较多岩石或岩石露头较多的土壤也更可能产生地表径流（Arnau-Rosalén et al.，2008；Brooks et al.，2016；Robichaud et al.，2016）。在以具有强雷暴或季风性降雨的大陆性气候为主的地区，超渗地表径流也很常见。

除超渗产流外，可能导致地表径流的另一个过程是"蓄满产流"（Luce，1995年）。当雨季较长，在土层较浅或地势较低的地区（通常是在山脚附近），土壤可能会变得饱和而产生地表径流。在陡峭山丘的底部，坡面开始变平，地下径流可能会被重新导向地面（图4.2）。

在这些饱和条件下，土壤可能无法吸收所有降水或融雪。即使融雪速率或降雨强度低于土壤的饱和导水率，也会产生地表径流（Luce，1995）。在某些情况下，土壤可能会变得足够饱和，以至于土壤中的水会渗出地表形成"回归流"（图4.2）。这种渗流出现的位置有时会形成一连串的泉水。

基流通常是入渗到森林土壤下方裂隙基岩中的水和/或积聚在土壤与基岩界面顶部的水的回流。回流形成上层滞水面，缓慢排至最近的水道或渗入地下。这些水可能需要几天到几年的时间才会汇集到森林的溪流。这种回流的速率取决于入渗水量和地质条件（Sánchez-Murillo et al.，2014；Brooks et al.，2016）。

由于在陡峭的森林中很少有超渗地表径流，所以地下暴雨径流、饱和地面径流、回归流和基流是主要的产流机制（Brooks et al.，2004；Srivastava et al.，2013）。它们的相对贡献取决于场地条件，包括土壤性质、基岩渗透性、地形和土壤含水量等。

4.4.3　土壤持水量

在陡峭森林水文中，重要的土壤性质包括土壤厚度、基岩渗透率、可排水孔隙度（饱和条件下的土壤含水量与田间持水量之差）、地形、降水或融雪时的土壤水分状况（前期影响雨量）和植物根系深度。这些坡面特性的空间分布特征直接影响到土壤的蓄水能力、蒸散的供水条件，以及土壤内部和土壤下方的水的垂直和横向运动，从而决定了产流过程。

土壤质地与土壤厚度相互作用，影响陡峭森林坡地的水文响应过程。质地较粗的土壤入渗率和导水率较高，但持水性可能不如质地较细的土壤（Teepe et al.，2003）。在许多陡峭的流域中，岩石含量较高的土壤保水性不如岩石较少的土壤（van Wesemael et al.，2000）。

土壤厚度和其他影响土壤含水量的土壤属性被认为是决定地下径流占径流量的比例与土壤水下渗进入基岩和被植物吸收利用等过程的关键因素。地形对于土壤厚度和质地的空间变化有着显著影响（van Wesemael et al.，2000）。无论是在山坡还是流域尺度上，较浅的土壤在高地陡坡上更为常见，而较深的土壤在平缓的低地上较为常见。采用水量平衡方法，可以对比斜坡地形上较浅和较深土壤的主要水文过程。为理解土壤深度的影响，我们可以假定浅层土壤和深层土壤均排水良好，分布在低渗透性基岩上，并且降水量一致。在持水量较小的土壤中，土壤含水量更快达到饱和状态，因此会有更多的地下暴雨径流和基岩渗流，并且由于可供浅根植被提取的水（田间持水量和凋萎系数之差）较少，季节性蒸散损失也较小（van Wesemael et al., 2000）。根据天气的不同，浅层土壤在雨季更可能变得饱和，从而产生饱和地面径流。相比之下，在蓄水容量大的土壤中，土壤完全饱和的可能性较小，更有可能保持更多的入渗水，因此地下暴雨径流和基岩渗流减少。在较深的土壤上，蒸散更大，因为有更多的土壤水可供深根植被提取利用。图 4.3 对比了位于美国内华达州太浩湖盆地（Lake Tahoe Basin）的两个流域（土壤厚度不同）累积观测到的山坡水文响应和模拟的山坡水文响应（Brooks et al., 2016）。在具有浅层土壤的布莱克伍德河（Blackwood Creek）流域，五月和六月，除基流以外，水流的主要构成部分是地下暴雨径流（图 4.3a）。

在具有深层土壤的将军河（General Creek）流域中，融雪之后几乎没有地下暴雨径流，而径流的主要构成部分是基流（图 4.3b）。

4.4.4 基岩渗透性

通过对比高渗透性与低渗透性基岩的流域水文响应，我们可以了解基岩渗透性对地下暴雨径流和基岩渗流的重要性。在渗透性强的基岩之上，重力会驱使水更快地从土壤层输送到基岩，因此土壤中产生的地下暴雨径流较少，基岩渗流较多（图 4.2）。季节性蒸散会减少，因为土壤保留的供植物在生长季节后期利用的水分较少。相较之下，覆盖在渗透性较低的基岩上的土壤向基岩的深层渗流较少，因而在土层中保留的水分较多。这可能导致季节性蒸散较大，因为土壤的深层渗透率较低，增加了植物在生长季节的可利用水分。

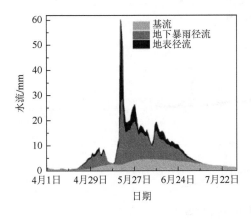
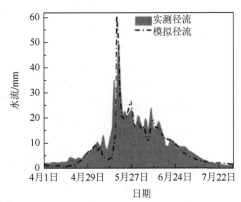

(a)

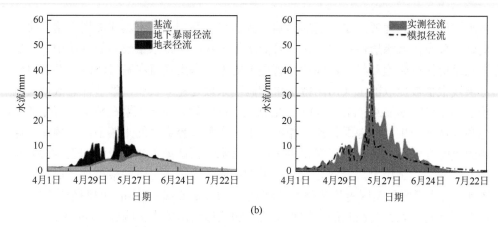

图 4.3 位于太浩湖盆地的两个流域的模拟和实测水文响应过程（Brooks et al., 2016）

(a) 2005 年布莱克伍德河流域（土层较浅）；(b) 2005 年将军河流域（土层较深）

4.4.5 地形

山坡地形在山区水文过程中起重要作用。根据坡长和陡度的变化，大多数山坡可以被分为凸坡、凹坡或平坡（图 4.4）。山坡剖面内的不同断面会显著影响沿山坡的土壤饱和度和流动特性。图 4.2 所示为理想的凹坡构造，其顶部为陡坡，底部为缓坡。图 4.2 假定山坡上土壤排水良好，土壤厚度均匀，基岩渗透率低。图中显示了地下暴雨径流和饱和地面径流（或回归流）进入河道的路径。在下暴雨之前，来自非承压含水层的基流会限定溪流附近的地下水位。下暴雨期间或之后，谷底的直接降水和以地下暴雨径流的形式朝谷底向下流动的水，会抬高地下水位，增加土壤含水量。

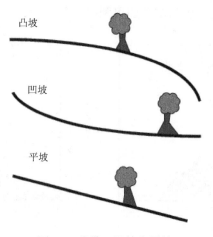

图 4.4 凸坡、凹坡和平坡

对于中小强度降水或融雪事件,即使在山底,土壤也不大可能变得饱和。因此,饱和地面径流很少见,而流向溪流的径流则以地下暴雨径流为主。但是,在高强度降水或融雪事件中,更多的土壤剖面会变得饱和。在这种情况下,饱和地面径流和回归流很可能成为径流的主要形式。土壤厚度会影响谷底附近的土壤饱和度以及各种径流成分的相对贡献。相较于凹坡,凸坡和平坡更难产生饱和地面径流或回归流,除非地质条件将地下流转移到地面。

在景观尺度上,土壤深度并不均匀,在高地沼泽通常较深,而在高地山脊较浅;凹坡下部的土壤较深,而凸坡肩部土壤则较浅。地质条件可能会进一步影响土壤深度,当侧向水流被流出地表或当地表径流渗入土壤剖面时,会形成很多潜在的渗流点(McDonnell et al.,2007)。

4.4.6 土壤水分初始状况

大多数产流机制都取决于降水或融雪事件发生时的土壤含水量,这被称为"初始土壤含水量"。通常初始土壤含水量越高,径流对降水或融雪事件的响应越快、越强烈。在一个事件发生后、下一个事件发生前的几天内,土壤蒸发、植物蒸腾、地下暴雨径流和基岩渗流等连续过程会逐渐降低土壤含水量。因此,产流机制不仅取决于降水期间的土壤水分状况,还取决于该地的水文地质情况。

土壤水分状况与气候状况(降水、温度、太阳辐射等)和天气的季节变化都密切相关。在水源以雪为主的高海拔流域,冬季的低温通常会导致积雪。在此期间,土壤含水量通常较低,因为前一个生长季节发生的蒸散已经耗尽了土壤水分,并且在冬季降水开始之前,温度降至了冰点以下。在第二年春天,温度逐渐升高,通常会导致融雪,从而增加土壤含水量,随后激活图 4.2 所示的径流路径。在这当中,积雪上的早春降雨或湿土上的晚春降雨通常会发挥一定的作用。在夏季或旱季,蒸散会降低土壤含水量,尤其是在美国西部和欧洲南部典型的夏季干旱气候中。土壤含水量变化是一个高度动态的过程,不仅受气候条件控制,而且还受土壤特性(排水孔隙率、厚度、质地)、植被(物种、树龄、根深)、地质(基岩渗透率、土壤深度)和地形(van Wesemael et al.,2000)的影响。

上文所述的复杂相互作用使得我们难以完全了解高海拔陡峭地区的水文过程并解释在类似流域上观察到的不同水文响应。近几十年来,研究人员一直致力于研究小流域的详细水文过程。因而,针对这些流域水文响应变化的原因,出现了一些新的理论,例如,土壤和植被性质空间变化的重要性、微气候、融雪动力学,以及地表水与地下水的相互作用(Bachmair and Weiler,2011)等。当前对山区水文过程的研究在很大程度上依赖于复杂计算机模型的开发和应用。这些模型可以帮助我们理解本节所述的水文相互作用(本书第 9 章;Kirchner,2006;Elliot et al.,2010)。

4.5 气候变化对流域过程可能产生的影响

降雪过程、雪崩的发生和陡坡水文状况,都取决于天气类型。但是,气候虽然是本章所述知识的基础,但它并不是恒定不变的(Milly et al.,2008)。即使本文给出的原理具有有效性,但流域对气候变化的响应已经在发生,尤其是降雪过程。在 20 世纪,随着气温升高(Folland et al.,2001),山区积雪减少,特别是在海拔 1800 m 以下的山区,对水资源构成了威胁(Mote,2003;Mote,2005;Milly et al.,2008)。温度升高不仅会导致积雪减少,还会影响春季融雪的时间和融雪量。

根据对世界各地未来气候的预测,温度会持续升高,降水量有可能增加也有可能减少(Stocker et al.,2013)。降水强度的增加是一个研究较少的变化,但可能会对陡峭森林的水文过程产生重大影响。这种现象有时被称为"降水强化"(intensification)。

降水强化现象通常是指雨强峰值的增大、降水天数的减少、发生降水时降水量的增加、两次降水之间间隔时间的延长(Bayley et al.,2010)。降水强度增加可能会导致地表径流和侧向流增加,深层渗流和基流减少。

根据未来气候情景预测的温度升高情况,可以预测积雪覆盖区域的面积和分布将发生重大变化(Beniston et al.,2003;Zierl and Bugmann,2005;Manninen and Stenberg,2009)。尽管高海拔山区也会发生与温度升高相关的变化,但对气候变化最敏感的积雪地区将会是位于雨雪过渡区范围内的低(中)海拔山区。据估计,在美国西部,到 21 世纪中叶,降水从降雪向降雨的转变会导致冬季雪源径流地区减少 30%(Klos et al.,2014)。这些预测的情况可能会对海洋性气候中的水循环产生巨大影响,并且可能会增加极端洪水事件的频次和强度。溪流将会出现更大的早春径流,夏季径流则可能会减少。在某些地区,可能会有更多的溪流在旱季结束前就完全变干(Rauscher et al.,2008)。关于积雪减少的另一个问题是反照率的减少,这使得气候变化模型中的能量平衡分析变得复杂(Manninen and Stenberg,2009)。由于景观尺度上的反照率随着积雪的减少而降低,因此地球大气层中的能量将增加,可能会导致温度进一步升高。

积雪减少对洪峰流量的影响并不完全清晰,可能与气候有关。在某些地区,洪峰流量通常与落在正在融化的积雪上的降雨有关,积雪减少可能导致洪峰流量降低。在其他地区,饱和土壤上的初冬和晚冬强降雨,而非降雪,可能会导致洪水增大。

降雨强化会导致极端流量增多,一方面,洪峰可能会延长;另一方面,极端枯水的持续时间也可能会延长。土壤饱和的天数可能会减少,从而减少夏末的地下水补给量和基流量。

温度升高还会使植被在生长季节提前开始蒸腾,并有可能导致生长季节早期出现土壤缺水。在较干燥的森林中,这可能会改变植物群落,喜旱的物种会逐渐取代喜湿的物种(Rehfeldt et al., 2006)。土壤水分较早流失,也会导致发生野火的风险增大(Schumacher and Bugmann, 2006; Westerling et al., 2006)。这种现象现在已经很明显,北半球和南半球森林火灾的频率和强度均增加了(Jolly et al., 2015)。野火通常会导致洪峰流量增大,来自火烧森林流域的输沙量也会增大(本书第 13 章; Elliot et al., 2010)。

4.6 小　　结

山地森林在各个大洲都是主要的水源地。在以雪源径流为主的林地,积雪和融雪是水文循环的重要因素,温度、辐射以及雨雪之间的相互作用是控制产流的主要因素。地表径流和地下径流过程将水从饱和的山坡输送至较深的地下水储水层或溪流,形成持续时间较长而洪峰流量较小的水文过程线。洪水由强降雨或快速融雪所驱动,土壤饱和时发生的 ROS 事件也会促进洪水的形成。未来的气候变化可能会通过改变降水和减少积雪来影响洪水特征,但是气候变化对径流的影响无法一概而论,具体取决于海拔、气团来源,以及气候、地形、土壤和植被之间的复杂相互作用。水文模型将继续发挥重要作用,帮助我们更好地理解这些因素之间的相互作用。

参 考 文 献

Armstrong, B. (1977) *Avalanche Hazard in Ouray County, Colorado, 1877–1976*. Institute of Arctic and Alpine Research Occasional Paper No. 24. University of Colorado, Boulder, Colorado.

Arnau-Rosalén, E., Calvo-Cases, A., Boix-Fayos, C., Lavee, H. and Sarah, P. (2008) Analysis of soil surface component patterns affecting runoff generation. An example of method applied to Mediterranean hillslopes in Alicante (Spain). *Geomorphology* 101, 595–606.

Aubertin, G.M. (1971) *Nature and Extent of Macropores in Forest Soils and Their Influence on Subsurface Water Movement*. USDA Forest Research Paper NE-192. USDA Forest Service, Northeastern Forest Experiment Station, Upper Darby, Pennsylvania.

Bachmair, S. and Weiler, M. (2011) New dimensions of hillslope hydrology. In: Levia, D.F., Carlyle-Moses, D. and Tanaka, T. (eds) *Forest Hydrology and Biogeochemistry: Synthesis of Past Research and Future Directions*. Ecological Studies Vol. 216. Springer, Heidelberg, Germany, pp. 455–481.

Bales, R.C., Molotch, N.P., Painter, T.H., Dettinger, M.D., Rice, R. and Dozier, J. (2006) Mountain hydrology of the western United States. *Water Resources Research* 42(8), 1–13.

Bayley, T., Elliot, W., Nearing, M.A., Guertin, D.P., Johnson, T., Goodrich, D. and Flanagan, D. (2010) Modeling erosion under future climates with the WEPP model. In: Hydrology and Sedimentation for a Changing Future: Existing and Emerging Issues; Proceedings of the 2nd Joint Federal Interagency Conference, 27 June–1 July, Las Vegas, Nevada. Available at: http://acwi.gov/sos/pubs/2ndJFIC/Contents/2B_Elliot_3_25_10_paper.pdf (accessed 1 April 2016).

Beniston, M., Keller, F., Koffi, B. and Goyette, S. (2003) Estimates of snow accumulation and volume in the Swiss Alps under changing climate conditions. *Theoretical and Applied Climatology* 76, 125–140.

Berris, S.N. and Harr, R.D. (1987) Comparative snow accumulation and melt during rainfall in forested and clear-cut plots in the Western Cascades of Oregon. *Water Resources Research* 23, 135–142.

Berry, G.J. and Rothwell, R.L. (1992) Snow ablation in small forest openings in southwest Alberta. *Canadian Journal of Forest Research* 22, 1326–1331.

Brooks, E.S., Boll, J. and McDaniel, P.A. (2004) A hillslope-scale experiment to measure lateral saturated hydraulic conductivity. *Water Resources Research* 40, W04208, doi: 10.1029/2003WR002858 (accessed 20 March 2016).

Brooks, E.S., Dobre, M., Elliot, W.J., Boll, J. and Wu, J.Q. (2016) Assessing the sources and transport of fine sediment in response to management practices in the Tahoe Basin using the WEPP Model. *Journal of Hydrology* 533, 389–402.

Burrows, C. and Burrows, V. (1976) *Procedures for the Study of Snow Avalanche Chronology using Growth Layers of Woody Plants*. Institute of Arctic and Alpine Research Occasional Paper No. 54. University of Colorado, Boulder, Colorado.

Conroy, W.J., Hotchkiss, R.H. and Elliot, W.J. (2006) A coupled upland-erosion and instream hydrodynamic-sediment transport model for evaluating sediment transport in forested watersheds. *Transactions of the ASABE* 49, 1713–1722.

Conway, H. and Raymond, C.F. (1989) *Prediction of Snow Avalanches in Maritime Climates*. WA-RD 203.2 Technical Report. Washington Department of Transport, Olympia, Washington.

DeWalle, D.R. and Rango, A. (2008) *Principles of Snow Hydrology*. Cambridge University Press, New York.

Elder, L., Elder, D., McCorkel, N., Markey, E., Starr, B., McClain, D. and Elder, K. (2014) Field observations and mapping of an avalanche event in Second Creek, Berthoud Pass, Colorado. In: ISSW 2014: Proceedings of the 19th International Snow Science Workshop, Banff, Alberta, Canada, pp. 232–238. Available at: http://arc.lib.montana.edu/snow-science/item.php?id=2169 (accessed 1 April 2016).

Elliot, W.J. (2013) Erosion processes and prediction with WEPP technology in forests in the Northwestern US. *Transactions of the ASABE* 52, 563–579.

Elliot, W.J., Miller, I.S. and Audin, L. (eds) (2010) *Cumulative Watershed Effects of Fuel Management in the Western United States*. General Technical Report RMRS-GTR-231. USDA Forest Service, Rocky Mountain Research Station, Fort Collins, Colorado.

Flerchinger, G.N. (2000) *The Simultaneous Heat and Water (SHAW) Model: User's Manual*. Technical Report NWRC 2000-10. USDA Agricultural Research Service, Northwest Watershed Research Center, Boise, Idaho. Available at: http://www.ars.usda.gov/SP2UserFiles/Place/20520000/ShawUsersManual.pdf (accessed 20 March 2016).

Flerchinger, G.N., Cooley, K.R. and Deng, Y. (1994) Impacts of spatially and temporally varying snowmelt on subsurface flow in a mountainous watershed: 1. Snowmelt simulation. *Hydrological Sciences Journal* 39, 507–520.

Folland, C.K., Karl, T.R., Christy, J.R., Clarke, R.A., Gruza, G.V., Jouzel, J., Mann, M.E., Oerlemans, J., Salinger, M.J. and Wang, S.-W. (2001) Observed climate variability and change. In: Houghton, J.T., Ding, Y., Griggs, D.J., Noguer, M., van der Linden, P.J., Dai, X., Maskell, K. and Johnson, C.A. (eds) *Climate Change 2001: The Scientific Basis. Contribution of Working Group I to the Third Assessment Report of the Intergovernmental Panel on Climate Change*.

Cambridge University Press, Cambridge, pp. 99–181.

Gelfan, A.N., Pomeroy, J.W. and Kuchment, L.S. (2004) Modeling forest cover influences on snow accumulation, sublimation and melt. *Journal of Hydrometeorology* 5, 785–803.

Golding, D.L. and Swanson, R.H. (1978) Snow accumulation and melt in small forest openings in Alberta. *Canadian Journal of Forest Research* 8, 380–388.

Harr, R.D. (1986) Effects of clearcutting on rain-on-snow runoff in western Oregon: a new look at old studies. *Water Resources Research* 22, 1095–1100.

Hedstrom, N.R. and Pomeroy, J.W. (1998) Measurements and modelling of snow interception in the boreal forest. *Hydrological Processes* 12, 1611–1625.

Hubbart, J.A., Link, T.E., Gravelle, J.A. and Elliot, W.J. (2007) Timber harvest impacts on water yield in the continental/maritime hydroclimate region of the US. *Journal of Forestry* 53, 169–180.

Jefferson, A.J. (2011) Seasonal versus transient snow and the elevation dependence of climate sensitivity in maritime mountainous regions. *Geophysical Research Letters* 38, 16402, doi: 10.1029/2011GL048346 (accessed 20 March 2016).

Jolly, M.W., Cochrane, M.A., Freeborn, P.H., Holden, Z.A., Brown, T.J., Williamson, G.J. and Bowman, D.M.J.S. (2015) Climate-induced variations in global wildfire danger from 1979 to 2013. *Nature Communications* 6, 7537.

Kirchner, J.W. (2006) Getting the right answers for the right reasons: linking measurements, analyses, and models to advance the science of hydrology. *Water Resources Research* 42, W03S04, doi: 10.1029/2005WR004362 (accessed 20 March 2016).

Klos, P.Z., Link, T.E. and Abatzoglou, T.J. (2014) Extent of the rain-on-snow transition zone in the western US under historic and projected climate. *Geophysical Research Letters* 41, 4560–4568.

Lawler, R.R. and Link, T.E. (2011) Quantification of incoming all-wave radiation in discontinuous forest canopies with application to snowmelt prediction. *Hydrological Processes* 25, 3322–3331.

Luce, C.H. (1995) Forests and wetlands. In: Ward, A.D. and Elliot, W.J. (eds) *Environmental Hydrology*. CRC/Lewis Publishers, Boca Raton, Florida, pp. 253–284.

Lundberg, A. and Halldin, S. (2001) Snow interception evaporation. Review of measurement techniques, processes, and models. *Theoretical and Applied Climatology* 70, 117–133.

Lundquist, J.D., Dickerson-Lange, S.E., Lutz, J.A. and Cristea, N.C. (2013) Lower forest density enhances snow retention in regions with warmer winters: a global framework developed from plot-scale observations and modeling. *Water Resources Research* 49, 6356–6370.

Manninen, T. and Stenberg, P. (2009) Simulation of the effect of snow covered forest floor on the total forest albedo. *Agricultural and Forest Meteorology* 149, 303–319.

Marchi, L. Borga, M., Preciso, E. and Gaume, E. (2010) Characterisation of selected extreme flash floods in Europe and implications for flood risk management. *Journal of Hydrology* 394, 118–133.

Marks, D., Kimball, J., Tingey, D. and Link, T. (1998) The sensitivity of snowmelt processes to climate conditions and forest cover during rain-on-snow: a case study of the 1996 Pacific Northwest flood. *Hydrological Processes* 12, 1569–1587.

Martinec, J. and de Quervain, M. (1971) The effect of snow displacement by avalanches on snow melt and runoff. In: *Proceedings of the Snow and Ice Symposium, Moscow, Russia, August 1971*. IAHS–AISH Publication No. 104. International Association of Hydrological Science, Wallingford, UK, pp. 364–377.

McClung, D. and Schaerer, P.A. (2006) *The Avalanche Handbook*, 3rd edn. The Mountaineers Books, Seattle, Washington.

McDonnell, J.J., Sivapalan, M., Vaché, K., Dunn, S., Grant, G., Haggerty, R., Hinz, C., Hooper, R., Kirchner, J., Roderick, M.L., et al. (2007) Moving beyond heterogeneity and process complexity: a new vision for watershed hydrology. *Water Resources Research* 43, W07301, doi: 10.1029/2006WR005467 (accessed 20 March 2016).

Milly, P.C.D., Betancourt, J., Falkenmark, M., Hirsch, R.M., Kundzewicz, Z.W., Lettenmaier, D.P. and Stouffer, R.J. (2008) Stationarity is dead: whither water management? *Science* 319, 573–574.

Mote, P.W. (2003) Trends in snow water equivalent in the Pacific Northwest and their climatic causes. *Geophysical Research Letters* 30, 1601.

Mote, P.W., Hamlet, A.F., Clark, M.P. and Lettenmaier, D.P. (2005) Declining mountain snow pack in western North America. *Bulletin of the American Meteorological Society* 86, 39–49.

Peel, M.C., Finlayson, B.L. and McMahon, T.A. (2007) Updated world map of the Koppen–Geiger climate classification. *Hydrology and Earth System Sciences* 11, 1633–1644.

Perla, R.I. (1971) The slab avalanche. PhD dissertation, University of Utah, Salt Lake City, Utah.

Podolak, K., Edelson, D., Kruse, S., Aylward, B., Zimring, M. and Wobbrock, N. (2015) Estimating the water supply benefits from forest restoration in the Northern Sierra Nevada. A report by The Nature Conservancy and Ecosystem Economics, San Francisco, California. Available at: http://www.nature.org/ourinitiatives/regions/northamerica/unitedstates/california/forest-restoration-northern-sierras.pdf (accessed 1 September 2015).

Pomeroy, J.W. and Dion, K. (1996) Winter radiation extinction and reflection in a boreal pine canopy: measurements and modelling. *Hydrological Processes* 10, 1591–1608.

Pomeroy, J.W. and Schmidt, R.A. (1993) The use of fractal geometry in modeling intercepted snow accumulation and sublimation. In: Proceedings of the 50th Eastern Snow Conference, Quebec City, 1993. Available at: http://www.usask.ca/hydrology/papers/Pomeroy_Schmidt_1993.pdf (accessed 1 April 2016).

Pomeroy, J.W., Marks, D., Link, T., Ellis, C., Hardy, J., Rowlands, A. and Granger, R. (2009) The impact of coniferous forest temperatures on incoming longwave radiation to melting snow. *Hydrological Processes* 23, 2513–2525.

Rauscher, S.A., Pal, J.S., Diffenbaugh, N.S. and Benedetti, M.M. (2008) Future changes in snowmelt-driven runoff timing over the western US. *Geophysical Research Letters* 35, L16703, doi: 10.1029/2008GL034424 (accessed 20 March 2016).

Rehfeldt, G.E., Crookston, N.L., Warwell, M.V. and Evans, J.S. (2006) Empirical analyses of plant–climate relationships for the Western United States. *International Journal of Plant Sciences* 167, 1123–1150.

Robichaud, P.R., Elliot, W.J., Lewis, S.A. and Miller, M.E. (2016) Validation of a probabilistic post-fire erosion model. *International Journal of Wildland Fire* 25, 337–350.

Sánchez-Murillo, R., Brooks, E.S., Elliot, W.J., Gazel, E. and Boll, J. (2014) Baseflow recession analysis in the inland Pacific Northwest of the United States. *Hydrogeology Journal* 23, 287–303.

Sánchez-Murillo, R., Brooks, E.S., Elliot, W.J. and Boll, J. (2015) Isotope hydrology and baseflow geochemistry in natural and human-altered watersheds in the Inland Pacific Northwest, USA. *Isotopes in Environmental and Health Studies* 51, 231–254.

Schlappy, R., Eckert, N., Jomelli, V., Stoffel, M., Grancher, D., Brunstein, D., Naaim, M. and Deschatres, M. (2014) Validation of extreme snow avalanches and related return periods derived from a statistical-dynamical model using tree-ring techniques. *Cold Regions Science and Technology* 99, 12–26.

Schumacher, S. and Bugmann, H. (2006) The relative importance of climatic effects, wildfires and management for future forest landscape dynamics in the Swiss Alps. *Global Change Biology* 12, 1435–1450.

Sosedov, I. and Seversky, I. (1965) On the hydrological role of snow avalanches in the northern slope of the Zailiysky

Alatua. In: *Proceedings of the International Symposium on the Scientific Aspects of Snow and Ice Avalanches, 5 – 10 April 1965, Davos, Switzerland*. IAHS–AISH Publication No. 69. International Association of Hydrological Science, Wallingford, UK, pp. 78–85.

Srivastava, A., Dobre, M., Wu, J.Q., Elliot, W.J., Bruner, E.A. Dun, S., Brooks, E.S. and Miller, I.S. (2013) Modifying WEPP to improve streamflow simulation in a Pacific Northwest watershed. *Transactions of the ASABE* 56, 603–611.

Srivastava, A., Wu, J.Q., Elliot, W.J. and Brooks, E.S. (2015) Enhancements to the water erosion prediction project (WEPP) for modeling large snow-dominated mountainous forest watersheds. In: Proceedings of the 2015 EWRI Watershed Management Conference, 4–7 August 2015, Reston, Virginia. Available at: http://ascelibrary.org/doi/abs/10.1061/9780784479322.019 (accessed 1 April 2016).

Stähli, M., Jonas, T. and Gustafson, D (2009) The role of snow interception in winter-time radiation processes of a coniferous sub-alpine forest. *Hydrological Processes* 23, 2498–2512.

Stednick, J. D. (1996) Monitoring the effects of timber harvest on annual water yield. *Journal of Hydrology* 176, 79–95.

Stocker, T.F., Qin, D., Plattner, G.-K., Tignor, M.M.B., Allen, S.K., Boschung, J., Nauels, A., Xia, Y., Bex, V. and Midgley, P.M. (eds) (2013) *Climate Change 2013: The Physical Science Basis. Contribution of Working Group I to the Fifth Assessment Report of the Intergovernmental Panel on Climate Change*. Cambridge University Press, Cambridge.

Storck, P., Lettenmaier, D. P. and Bolton, S. M. (2002) Measurement of snow interception and canopy effects on snow accumulation and melt in a mountainous maritime climate, Oregon, United States. *Water Resources Research* 38, 1223.

Teepe, R., Dilling, H. and Beese, F. (2003) Estimating water retention curves of forest soils from soil texture and bulk density. *Journal of Plant Nutrition and Soil Science* 166, 111–119.

Troendle, C.A. (1983) The potential for water yield augmentation from forest management in the Rocky Mountain Region. *Water Resources Bulletin* 19, 359–373.

Troendle, C.A., Wilcox, M.S., Bevenger, G.S. and Porth, L.S. (2001) The Coon Creek water yield augmentation project: implementation of timber harvesting technology to increase streamflow. *Forest Ecology and Management* 143, 179–187.

van Wesemael, B., Mulligan, M. and Poesen, J. (2000) Spatial patterns of soil water balance on intensively cultivated hillslopes in a semi-arid environment: the impact of rock fragments and soil thickness. *Hydrological Processes* 14, 1811–1828.

Varhola, A., Coops, N.C., Weiler, M. and Moore, R.D. (2010) Forest canopy effects on snow accumulation and ablation: an integrative review of empirical results. *Journal of Hydrology* 392, 219–233.

Viviroli, D. and Weingartner, R. (2004) The hydrological significance of mountains: from regional to global scale. *Hydrology and Earth System Sciences Discussions, European Geosciences Union* 8, 1017–1030.

Walsh, S., Butler, D., Allen, T. and Malanson, G. (1994) Influence of snow patterns and snow avalanches on the alpine treeline ecotone. *Journal of Vegetation Science* 5, 657–672.

Warren, S.G. and Wiscombe, W.J. (1980) A model for the spectral albedo of snow. II: Snow containing atmospheric aerosols. *Journal of Atmospheric Science* 37, 2734–2745.

Westerling, A.L., Hidalgo, H.G., Cayan, D.R. and Swetnam, T.W. (2006) Warming and earlier spring increase western US forest wildfire activity. *Science* 313, 940–943.

Williams, M., Elder, K., Soiseth, C. and Kattelmann, R. (1992) Aquatic ecology as a function of avalanche runout into an alpine lake. In: *Proceedings of the 1992 International Snow Science Workshop, Breckenridge, Colorado, USA*, pp.

47–56. Available at: http://arc.lib.montana.edu/snow-science/item.php?id=1234 (accessed 1 April 2016).

Wilson, J.L. and Guan, H. (2004) Mountain-block hydrology and mountain-front recharge. In: Hogan, J.F., Phillips, F.M. and Scanlon, B.R. (eds) *Groundwater Recharge in a Desert Environment: The Southwestern United States*. Water Science and Applications Series. Vol. 9. American Geophysical Union, Washington, DC, pp. 113–137.

Zierl, B. and Bugmann, H. (2005) Global change impacts on hydrological processes in Alpine catchments. *Water Resources Research* 41, W02028, doi: 10.1029/2004WR003447 (accessed 20 March 2016).

5 欧洲视角的森林水文学

C. 德容（C. de Jong）[*]

5.1 引 言

有关欧洲森林水文学的研究高度分散且不统一。部分原因是因为欧洲由 45 个左右不同的国家（地区）组成，其中 28 个国家是欧盟的成员国（截至 2016 年），有 24 种官方语言。欧洲从南部的地中海（包括西班牙、意大利和希腊）延伸到北部的斯堪的纳维亚半岛（包括冰岛），从西部的爱尔兰延伸至东部的乌克兰和欧陆俄罗斯。现代欧洲以欧盟为中心。1993 年，欧盟从欧洲共同体演变而来，是一个为应对第二次世界大战战后的世界秩序、为保障和平而缔造的政治经济实体。欧盟介于联邦与邦联之间，拥有自己的议会、法院和中央银行。欧盟政策具有强制性，在欧盟、国家、地区和地方层面予以实施。尽管欧陆俄罗斯覆盖了欧洲地面面积的大约三分之一，但它不属于欧盟，而遵守其自身的法律和法规。挪威、冰岛、列支敦士登和瑞士（欧洲境内可用于进行对比的理想岛屿）也是如此。尽管欧洲有着多样化的气候和水文类型，长期研究却都集中在一个非常狭窄的温带/高山地带。

本章涉及十个不同欧洲国家的案例研究。

在欧盟项目的资助下，有关森林水文学的文献不断细化，出版了大量研究报告。尽管在森林的水质、水量以及极端水文事件的适应和缓解方面，均有相应的欧盟法规，但目前没有书籍、报告或专著章节，来概述欧洲森林水文学最新的发展和观点。因此，本章尝试根据欧盟和非欧盟的研究案例来进行一些总结。

与美国、澳大利亚和日本的研究相比，欧洲关于森林水文的定量化研究较少（Schleppi，2011）。这可能是由于欧洲采用小尺度所有权结构（P.Schleppi，Birmensdorf, Switzerland, personal communication, 2015），缺乏大片的公有土地（L.Bren, Melbourne, Australia, personal communication, 2015），因而很难在流域尺度上进行实验。Andréassian（2004a）也观察到，20 世纪实验流域的空前发展主要发生在美国，与这一假设相符。

欧洲现已出现不少著名的森林水文学家，可以说森林水文学仍然是一个活跃的

---

[*] 斯特拉斯堡大学，法国斯特拉斯堡。通讯作者邮箱：carmen.dejong@live-cnrs.unistra.fr

领域。但是，与森林生物学家相比，森林水文学家人数有限，特别是在高山、干旱和北极地区工作的森林水文学家。配对流域方法始于欧洲的瑞士斯派尔博哥本（Sperbelgraben）和若盆哥本（Rappengraben）地区，然后扩展到美国（参见本书第 1 章）。后来，在英国威尔士的普林利蒙（Plynlimon）流域也采用了这一方法（Blackie and Robinson，2007）。以往的工作集中在洪水方面，但近来已转向干旱与低流量，以及水质和饮用水保护方面。

欧洲实验森林水文学最古老的一个例子是瑞士的斯派尔博哥本和若盆哥本地区。19 世纪 60 年代和 70 年代因大规模森林采伐和罕见的强降雨而发生了大面积洪水，因此 1902 年将它们作为配对流域（森林覆盖率分别为将近 100%和 66%）进行观测（Keller，1988）。早在 1907 年，世界上第一个森林蒸渗仪站建立于德国埃伯斯瓦尔德（Eberswalde）德拉琴科普夫山（Drachenkopf Mountain），用于研究山上幼树的水量平衡（Müller and Bolte，2009）。后来，在 1948 年，森林遭到大量砍伐后，开始在德国的哈茨山脉（Harz Mountains）进行观测（Hermann and Schumann，2009）。

瑞士的早期研究表明，对于持续时间短但集中的降雨事件，森林可以大大地减少洪峰流量（最多减少 50%）。但是对于强度不断增加的降雨事件，森林和非森林流域之间的差异则完全消除了（图 5.1；Hegg，2006；Schleppi，2011）。这一对比受到流域大小、形态、土壤和地形等参数的限制。Schleppi（2011）发现，在两个流域中，流域大小和植被类型对低流量频率的影响大于对洪峰流量的影响，而且干旱期间森林的水分输送量通常少于其他植被。同样，在德国现已完全绿化的拉格布姆克（Lange Bramke）流域（哈茨）进行的研究表明，森林无法抵御灾难性洪水，只能部分减轻较小规模洪水的影响。

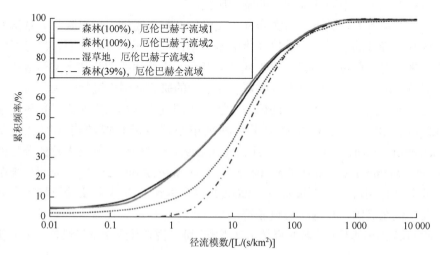

图 5.1 厄伦巴赫（Erlenbach）的森林和非森林流域及其周围三个小型实验流域的流量历时曲线

数据来自 Patrick Schleppi。

整个欧洲正在以不同的速度进行森林流域的防洪规划和实施，这与相关国家的政治历史和国家现状有关。众所周知，洪水风险受到流域的自然特征、城市化和基础设施发展过程中人为改变的特征（Ristić et al.，2011），以及气候变化等因素的影响。未来，除气候变化引起的更剧烈的水文变异以外，我们还将面临人类活动造成的强烈影响，例如，汇流加速或径流路径变化等（de Jong，2015）。

欧洲东部地区的防洪实例包括塞尔维亚耶拉尼斯卡（Jelanisca）流域。塞尔维亚正在制定恢复森林和进行保护性土地利用的计划。阔叶林面积将增加2.4%，达到40%以上。将建立森林保护带和淤泥过滤带，并恢复非灌溉土地。主要目的是减少洪峰，防止水土流失。

砍伐森林造成的产水量增加和植树造林造成的产水量减少，以及产水量相应的时间分布特征的变化，是当今欧洲森林管理中面临的主要矛盾（Flörke et al.，2011）。部分或完全清除林木植被会加快排水速度，增加雨季洪水和旱季干旱的风险，这一点是公认的（Flörke et al.，2011）。采伐森林或造林的面积越大，对年水量平衡的影响越大，总差异可达700 mm。但是，与采伐森林相比，植树造林实验具有局限性，这可能是由于需要持续观测的时间较长（Schleppi，2011）。另外，采伐实验也具有局限性，原因在于无法将森林与其他类型的土地利用进行比较。

Keller（1988）在其关于欧洲长期水文研究经验的文献中指出，即使经过了近90年的调查研究，也并不是所有的科学问题都得到了解决，特别是森林地区的特大洪水问题。欧洲的研究通常表明，发生森林火灾或爆发虫灾后，森林遭到采伐的流域的产水量和洪峰流量均会增加（Schleppi，2011）。然而，在瑞士和瑞典进行的其他实验研究表明，森林在减少洪峰流量方面的作用在比例上低于对低流量的影响。发生极端事件时，森林土壤持水会迅速排出。因此，前期土壤含水量相较于植被类型而言可能发挥着更重要的作用，尤其是在高山流域（Hegg，2006；Schleppi，2011）。实际上，暴雨的径流系数随着暴雨发生前的地下水位增加而增大。对瑞士三个小流域进行的对比研究表明，森林覆盖率与洪峰流量之间并没有直接关系（Burch et al.，1996；Schleppi，2011）。

欧洲与美国一样，从20世纪80年代开始，森林水文学的研究从关注水量转变为关注水质（Schleppi，2011）。出于一些显而易见的原因，欧洲有关森林和水质的文献更为丰富。主要问题包括土壤侵蚀后悬移质浓度的升高、洪水、污染物和酸沉降等。森林可能因在冠层和蒸发过程中促进污染物的滞留，从而增加污染物浓度并降低水质（Schleppi，2011）。森林的深层根系可能有助于抵消这种影响。在欧洲东部地区，人们已经认识到森林单一物种栽培（如云杉）对水质的负面影响。根据《欧盟水框架指令》（WFD），目前正在采取措施改善水体生物群落（Meesenburg et al.，2005）。

近几十年，欧洲的森林水文学跨学科交叉程度加大，形成多个跨学科的林学系，例如，森林、地质与水文科学系、森林与环境科学系、森林生态与水文科学系。欧洲森林研究所（EFI）（http://www.efi.int/portal/contact_us/，2016年4月23日访问）总部位于芬兰，设有地中海、欧洲中部地区、大西洋欧洲、欧洲中东部地区、欧洲东南部地区和欧洲北部地区区域办事处。但是，欧洲的实验森林水文学研究仍处于美国之后。McCulloch 和 Robinson（1993）认为，这可能是由于美国在环境研究方面投入了更多的财政资源，对世界范围内的流域研究做出了一些显著的贡献。这也可能是由于实验森林水文学研究在美国或澳大利亚的地位较高。因此，近几十年来，欧洲越来越重视理论和建模工作，对森林水文学采用了更加细分和专业化的方法，而不是全流域尺度的研究方法。

尽管森林很重要，但欧洲并没有共同的森林政策。自1990年以来，通过植树造林和撂荒，欧洲的森林覆盖面积增加了 1700 万 hm^2。尽管人口在增长，但农村和山区[尤其是阿尔卑斯山和比利牛斯山脉（Pyrenees）]的土地撂荒却增多了（彩图3）。这是由于城市地区吸引了大量人口，人口密度不断增加。撂荒会对水文产生重大影响（García-Ruiz and Lana-Renault，2011）。

在欧盟国家，撂荒土地通常仍属于私有财产，使得森林和水资源管理变得复杂。但是，与此同时，森林破碎化、城市地区不断扩张、气候变化和生物多样性丧失给森林带来越来越大的压力（SOER，2015）。尽管人们为制止生物多样性丧失做出了努力，但是经评估，80%的森林栖息地仍然处于不利的保护状态，最严重的情况发生在北方森林带。在欧洲，指定进行土壤、水和其他生态系统服务功能保护的林区，欧洲北部地区占12%，欧洲中西部地区占18%，欧洲中东部地区占25%，欧洲西南部地区占42%，欧洲东南部地区占10%，欧盟其他地区占20%。

由于水资源短缺问题加剧，人们开始关注森林在提供饮用水方面的问题。经过近年来的努力，欧洲有20%以上的森林着力进行水资源和土壤保护，主要是在山区。"欧盟森林战略"强调了欧洲森林在提供土壤和水资源保护等生态系统服务功能方面的重要性。要在可持续发展范围内保护和维护森林及其功能，就需要在欧洲森林资源的管理上采取一致的政策方法。在欧洲层面上进行监测对于建立森林信息库而言至关重要。目前的森林数据和信息是在国家层面进行采集的，但是这些信息不易获得，而且在不同国家之间几乎没有可比性。"欧盟森林战略"提倡对森林信息进行协调，并建议使用国家森林调查和监测系统（SOER，2015），如法国-瑞士 Interreg IV 2008 "BoisduJura"（"来自侏罗山脉的木材"）和 "La foret ignore la frontier"（"森林无关边界问题"）中所概述的一样。

本章总结了欧洲关于洪水和干旱的不同森林水文学假设、土地用途变化的影响、重要欧洲政策和国家法规的影响、旨在提高水量和改善水质的水敏性森林管理，以及与气候和人为变化相关的未来挑战。

5.2 洪水与森林的保护作用

近来，人们对欧洲森林在防止大洪水方面所起的作用提出了质疑。

尽管森林重建和植树造林可以为缓解小洪水的影响做出重要贡献，但仍无法防止灾难性洪水事件造成的破坏（Calder et al.，2007；Kubatzsch，2007；Hall et al.，2014）。因此，森林植被在流量调节上的作用常常被高估，而森林砍伐的影响仅在微观层面上较为明显，尤其是在持续时间短而强度低的降雨事件中（Flörke et al.，2011）。

随着降雨持续时间或强度增加，以及沿流域流动的距离变大，其他因素的影响开始超过森林砍伐的影响（Hamilton，2008）。因此，对于瑞士阿尔卑斯山的中尺度流域（10—500 km^2，$n = 37$），未发现森林覆盖率与年均洪水流量之间存在明显的相关性（Aschwanden and Spreafico，1995），原因在于坡度、土壤特性、海拔高度、降水和积融雪的动态变化等其他因素在这一关系中也起到了作用（Allewell and Bebi，2011）。全球森林资源评估（Hamilton，2008）的结果证实了这一点，该评估认为自然过程（而不是上游流域的土地管理）在宏观尺度上是造成洪水的原因。其结论是："尽管存在很多充分的理由对流域开展植树造林活动（例如，减少土壤流失、防止沉积物进入溪流、维持农业生产、保护野生动植物栖息地），但减少洪水风险……并不是其中之一。"此外，"为防止或减少洪水而进行的植树造林仅在几百公顷的局地尺度上有效"。

森林植被的作用在不同时间尺度上也具有变化性，且与森林的结构有关。从19世纪中叶开始，法国实施了一项旨在减少洪水的植树造林计划（Mather et al.，1993）。但是，目前没有太多证据可以证明其有效性（Humbert and Najar，1992）。在英格兰北部如今森林茂密的科尔本（Coalburn）流域已进行了长达45年的长期模拟，结果表明，植树造林后，与原始的高地草原植被相比，成熟林的发育使得每年的径流量减少了大约250—300 mm（Birkinshaw et al.，2014）。经观测，与进行耕地相比，植树使用年径流量减少了大约350 mm。

长期结果表明，树木较小的流域与树木较高大的流域相比，在一般降水事件下产生的洪峰流量更大（Birkinshaw et al.，2014）。但是，结果也表明，降水越大，这种差异就越小。也就是说，洪水流量较大时，这两种不同的情况存在着趋同性。模拟结果还表明，对于大规模泄洪事件，与较高大的树木相比，植被树木较小时出现给定流量的频次大约会增大50%。未来面临的挑战包括如何考虑参数不确定性对模拟结果的影响，以及需要进行更多的长期分析。

在 WaReLa（Water Retention by Land-use，不同土地用途下的保水，2003—2006 年）项目框架内，研究了保水措施在减少或暂时延缓德国小型森林流域内洪水的有效性（Schüler，2006）。只要洪水没有超过森林的蓄水容量，便能够取得积极的效果。同时，必须确定道路和沟渠等可加快泄洪的线性结构。随着道路密度从 20 m/hm² 增加到 50 m/hm²，径流量大大增加。尽管如此，莱茵兰-普法尔茨州森林管理局所建议的道路密度在 16.7—62.5 m/hm²，这仍然具有很大的变化空间。

WaReLa 发布了一系列建议，包括：

①由于道路走向具有显著的水文意义，因此林道应顺坡设置（Schüler，2006）。

②降低土壤渗透性的伐木路径应尽可能地短。

③为尽可能长时间地延缓泄洪，保水管理须着重于将水保持在溪流和河谷等足够大的保水区。

④水道、河床和河岸结构以及山谷中的植被应尽可能保持自然状态。

该项目表明，如果一个较大流域中的所有小流域都进行保水管理，则可降低发生灾害性洪水的风险。最后，该项目开发了一套决策支持系统，其中包括针对洪水预防措施的经济影响和生态效率的评估工具。

Andréassian（2004b）指出，目前仍需要进行流域尺度上的研究，以增进我们关于森林对水文影响的理解。他提出了七个未来的研究问题，其中包括：①流域大小变化的影响；②改善模型；③创建森林评价指标；④考虑渐变过程；⑤评估长期影响；⑥区分林分与森林土壤的影响；⑦流域数量变化的影响。

在森林水文学中，一项挑战是如何确定降水强度和流量重现期的一种阈值，超过该阈值之后，森林植被不再能够有效地减少洪水。在欧洲的文献中，该阈值的定义仍不明确。Bathurst（2014）指出，森林并不能防洪，且似乎也不会影响大洪水的洪量。他观察到，降雨在一定强度（或频率）以上时，对于表面积大于 1500 km² 的流域，森林流域和非森林流域的洪峰流量几乎没有差异。

对于洪水事件，两者的总体趋势朝绝对收敛或相对收敛（取决于土壤水分初始状况）的方向发展，实测数据和模型研究均证明了这一点。这两个响应收敛时所处的事件水平大约是 10 年重现期的降雨（图 5.2）。根据频率配对方法，森林可以降低给定洪峰出现的频率；对于大洪水而言，这一影响可能比小洪水更大。反之亦然，森林遭到砍伐后，给定洪水强度的频率确实会增加。在本讨论中，重要的是要考虑到雨源与雪源两种产流机制所产生的差异。位于瑞士的实验场地的结果表明，森林中的融雪排水持续时间缩短了，森林地区的水分流失少于草地。

尽管有森林植被覆盖的坡面通常入渗率较高，且峰值对短期降雨强度并不敏感（Hewlett et al.，1984），但降水事件，特别是强降雨事件，可能会导致渗透性差的地方（例如，浅层土壤、质地细密的土壤、饱和土壤、岩石露头和压实路面）出现霍顿坡面漫流。

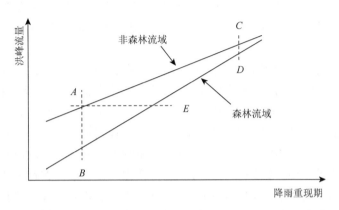

图 5.2　随着降雨重现期不断增加，森林流域和非森林流域的洪峰流量收敛

A 和 B 分别表示非森林流域和森林流域中流量与降雨的关系。对于降雨量小但频繁的降雨事件，非森林流域的洪峰流量较大（AB 线）。为使森林流域达到相同的洪峰流量，就必须发生重现期较大的降雨事件（AE 线）。对于降雨量大但不经常发生的降雨事件，两者的响应趋向于收敛（CD 线），即同一降雨事件在两个流域产生相同的洪峰流量（Bathurst，2014）

Schüler（2006）建议，防洪措施不应仅限于林业管理理念，还应纳入土地管理和基础设施规划之中，还需要与水资源、农业（种植业）等领域开展合作。因此，森林的管理应与其他政策相结合。

5.3　干旱与森林的相互作用

干旱会严重影响森林生产力，降低树木活力及长势，并且是导致森林衰退、树木死亡以及全球范围内森林生态系统植被发生变化的重要诱因（WSL Pfynwald 灌溉试验，2015）（http://www.wsl.ch/fe/walddynamik/projekte/irrigationpfynwald/index_EN，2016 年 4 月 23 日访问）。此外，一些研究表明，在未来气候变化背景下，森林地区的径流系数可能变低，并且在干旱胁迫增大时，这可能会导致供水不足（Allewell and Bebi，2011）。

第 7 框架计划下的欧盟干旱项目，例如，促进欧洲干旱研究和科学-政策对接项目（Fostering European Drought Research and Science-Policy Interfacing）等，主要关注地中海地区干旱对森林生态系统的影响（Andreu et al.，2015）。通常人们对于干旱对森林影响的关注要少于农业，因为民众对这方面的了解较少（Domingo et al.，2015）。然而，对干旱时空格局的分析应视为森林管理的一项重要因素。最重要的是，气候干旱对森林野火具有统计学上的显著影响（Stagge et al.，

2015)。欧洲森林火灾信息系统（EFFIS）中记录了根据每月燃烧面积估算的野火严重程度。在地中海地区，野火主要在夏末发生，夏末也是发生大火的高峰时期。而欧洲中部温带地区则在春季和夏末出现两个不同的火灾高峰。在偏远的北部地区，没有明显的高峰，但是在地面没有积雪时，也有可能出现同样的情况。

如今，高山森林也难逃干旱之灾。模拟结果表明，即使相对较小的气候变化也可能因干旱而对森林生态系统服务功能产生巨大的负面影响（Beniston and Stoffel，2013）。目前正在瑞士瓦莱州（Wallis）内高山干谷的普芬瓦尔德（Pfynwald）进行一项关于干旱及其对高山森林影响的长期灌溉试验（2003—2022 年）（WSL Pfynwald 灌溉试验，2015）。这项大规模的干旱野外试验调查了幼龄林和成熟林中的水分胁迫情况。初步结果表明，与灌溉树地相比，非灌溉树地的生长期缩短了 2—5 周。在每个灌溉样地内选定的一些子样地上停止进行灌溉，模拟生态系统对干旱条件的响应和适应能力。与气候变暖导致的蒸发增加相对应的是，随着夏季热浪频率的增加，林地的供水条件将发生变化。同时，气候变化背景下降水强度的增大会导致地表径流增加，这可能会进一步加剧树地的干旱胁迫。

瓦莱州的一些高山森林甚至在夏季干旱期间也进行了灌溉，这是考虑到邻近森林在 2011 年曾发生野火后所采取的一项预防措施。

5.4 与森林相关的欧盟管理政策

5.4.1 欧洲森林政策的演变

欧盟有关森林的政策和措施包括：《欧盟水框架指令》、《欧共体关于保护自然栖息地和野生动植物的 82/43 指令》、欧盟生物多样性行动计划、《农村发展条例》、共同农业政策（CAP）、欧盟森林行动计划（FAP）、Natura 2000，以及生物质能行动计划（BAP）。影响森林的欧盟及区域政策包括共同农业政策和环境、能源、工业、贸易、研究等方面政策。在森林保护方面，这些政策往往缺乏协调性（European Parliament，2011）。1998 年的"欧盟森林战略"促成了非约束性的 2006 年欧盟森林行动计划的实施。除欧盟外，国际自然保护联盟（IUCN）等组织可通过项目集资直接获得政策制定权，并通过自己的水利工程提供专业服务（Flörke et al.，2011 年）。欧盟水短缺和干旱政策（European Commission，2012）本应该对森林水文学的发展产生实质性影响，但至今仍缺乏相关信息（European Commission，2013a）。

欧洲农业农村发展基金（EAFRD）法规（http://eur-lex.europa.eu/legal-content/EN/TXT/? uri=UR-ISERV：l60032，2016 年 4 月 23 日访问）是实施"欧盟森林

战略"和《欧盟森林行动计划（2007—2011年）》的主要依据。其40项措施中有8项是针对森林的。所有这些都有助于实现欧盟的生物多样性、水和气候变化等优先目标。但是，2011年仍然有大量支出结余（预算已减少，且只有不到15%的预算支出），特别是森林环境和Natura 2000措施方面的预算分配。这表明，人们对于与水循环和气候变化密切相关的森林管理的重要性仍缺乏认识。确实，欧洲和中东只有很少的国家设立了专门的水利和森林部门。这些国家包括罗马尼亚、波斯尼亚和黑塞哥维那以及土耳其。

《CAP农村发展计划》（例如，第2章改善环境和农村地区）支持的许多措施与森林保护和恢复措施直接相关，包括为自愿保护水资源和水质而采取的森林环境服务付费措施。这些主要是中短期（针对未来25年）措施（Flörke et al.，2011）。

2010年制定了《欧盟森林保护及森林信息绿皮书：为森林应对气候变化做好准备》（European Commission，2010）。其中强调，森林能够调节淡水供给，在蓄水、净水和将水转移到地表水体和地下含水层的过程中发挥着重要作用。森林土壤被认为能够"缓冲大量来水过程，减少洪水"。例如，比利时阿登高地森林地区的水是布鲁塞尔和法兰德斯的主要供水来源。在德国，用于提取优质饮用水的"Wasserschutzgebiete"（水源保护区），三分之二都有森林覆盖。在西班牙，上游河流流域的森林由于具有改善水质的能力而受到特殊保护。

2011年，欧洲议会发布了一份关于欧盟委员会森林保护绿皮书的报告（European Parliament，2011），敦促欧盟委员会制定并监测与土壤持水能力等与森林的保护性功能有关的指标。为实现"EU2020"战略（http://ec.europa.eu/europe2020/index_en.htm，2016年4月23日访问）有关国家森林行动计划的目标，欧洲议会要求各成员国制定森林战略，其中包括对河岸进行造林、收集雨水、并形成研究结果，以选择最能适应干旱条件的传统植物和树种。应在森林和水利项目取得成功的基础上，最终确定生态系统服务功能的付费机制。

2013年，针对森林和与森林有关的行业发布了新的"欧盟森林战略"（European Commission，2013b），以应对过去15年不断增长的森林需"求和对"森林的威胁。其目的是保护森林和生物多样性免受暴雨、火灾、水资源短缺所产生的跨国性影响。

欧盟委员会认识到，与森林有关的政策不断增多，形成了复杂而碎片化的森林政策环境（European Commission，2013b）。由于关系到许多不同的目标，有关森林政策的不同主张之间的竞争也日益激烈。如Pülzl等（2014）所述：

"除了森林能产生生物量之外，我们也重视森林的其他生态系统服务功能，例如，供水、环保、娱乐等，为此需要在区域层面上进行不同森林服务功能之间的权衡取舍。我们希望在减少资源利用的同时，又要制定加强资源利用的战略，这会不可避免地带来各种限制和挑战。"

根据欧盟委员会（2013b）的规定，执行基于可持续森林管理原则的森林管理计划(FMP)是保障森林能够提供多种商品和服务的重要手段。FMP是欧盟2020年生物多样性战略和欧盟农村发展基金的核心。成员国应通过将可持续林业实践纳入《欧盟水框架指令》下的《河流流域管理计划措施方案》和《农村发展计划》中，来维持和加强森林覆盖，确保土壤保护、水质和水量监管。

2015 年，欧洲议会发布的 2013 年"欧盟森林战略"（European Commission，2013b）制定了一项新决议（European Parliament，2015）。面对新的挑战，欧洲议会提出：

> "欧盟需要制定一项新的综合战略，来应对森林火灾、气候变化、自然灾害或外来入侵物种等跨境挑战，同时还需要加强以森林为基础的产业并提高木材、软木或纺织纤维等原材料的有效利用率。"

人们认识到可持续森林管理对应对气候变化、维持生物多样性和促进欧洲 2020 年战略目标都有积极影响。

新的"欧盟森林战略"被视为是"针对不断增长的森林需求以及过去 15 年政府作出的影响森林的重大社会和政治变革，所做出的一种亟需的响应"（http://www.europarl.europa. eu/pdfs/news/expert/infopress/20150424IPR45 802/20150424IPR45802_en.pdf，2016 年 4 月 23 日访问）。

欧洲议会议员遵循"成员国管理，欧盟协调"的口号，支持欧盟委员会与欧盟成员国、地方当局和森林所有者密切合作，制定一套宏伟、客观的可持续森林管理标准。该决议指出，欧盟必须努力更好地协调其林业相关政策，但不应使林业仅仅成为欧盟政策问题。但是，欧盟水资源短缺和干旱政策（European Commission，2012）等其他高度相关的政策尚未明确应对森林问题。同时，欧洲气候变化适应平台已着眼于未来 25 年，制定了"水敏性森林管理（Water Sensitive Forest Management）适应性方案"（Climate-Adapt，2015）。

欧洲最近建立的与森林有关的政治平台是欧洲森林保护部长级会议于 2007 年通过的《森林与水决议》（Flörke et al.，2011）。该决议包括四个部分：①与水有关的森林可持续管理；②协调森林与水的政策；③森林、水和气候变化；④与水有关的森林服务功能的经济评估。

5.4.2 政策对森林水文学的影响

令人惊讶的是，迄今为止，欧洲关于政策对森林水文学影响的报告很少（Meesenburg et al.，2005）。Müller（2012）说明了新准则对建立稳定的松木-山毛榉混合林所产生的积极的水文生态影响，还介绍了德国林业在东北低地针对森林结构采取的以自然为导向的方法。在冬半年，山毛榉树上的树干茎流能够产生更多深层土壤渗流。在夏半年，茎流量增加，这与更多直径较大的树木增加了表层土壤湿度有关。由于年降水量在 600 mm 以下，且砂土的蓄水量很小，水资源可利用量受到限制，并且未来有可能更频繁地发生干旱。几十年来，地下水位一直在下降。

通过有针对性的森林树种转换来应对这一趋势，对于德国东北部的林业来说是一个挑战（Friedmann and Müller，2010）。此外，改善区域水量平衡也可能会产生积极的附带影响，例如，保护"森林沼泽"（湿地）。同样，植树造林有助于改善城市群附近的饮用水和地下水质量。

欧洲的相关政策具有不同的水文水资源目标，这些目标并不完全相符，由此可能会产生不同的森林水文影响。例如，《欧盟水框架指令》的目的是使水体处于良好的生态状况，主要致力于消除水污染。而《欧盟洪水指令》则着重于通过流域尺度的森林管理来预防洪水。因此，Pülzl 等（2014）提出：

> 《欧盟水框架指令》中并未清楚认识到森林可能提供的与水有关的生态系统服务功能，并且忽略了水资源保护管理与林业之间复杂的相互作用。虽然以木材生产为导向的林业被视为是达到良好生态水文状况（尤其是当地水体）的阻碍因素，但人们尚未认识到森林和森林管理在维系水生态方面的潜在好处。

European Forest Institute（2009）甚至建议制定《欧盟森林框架指令》，通过欧盟法规加强与森林相关方面的协调，同时考虑其他政策的实施问题。2013 年，欧洲森林研究所与 EFI 合作启动了 MOUNTFOR（维护和加强山区森林多功能性）项目（http://www.efi.int/portal/about_efi/structure/project_centres/mountfor/，2016 年 4 月 23 日访问）。该项目是少数几个评估森林管理和土地利用变化对山区水文过程和水资源量/质潜在影响的高山项目之一。同时，景观区划在森林管理中变得越来越重要。在荷兰就是这样。荷兰的水资源管理计划已纳入空间规划中，在相关研讨会中对景观区域进行了重新设计，例如，纳入了水安全问题（Pülzl et al.，2014）。

在欧盟第 6EU-FP 计划项目 FLOODsite 的框架内，德国萨克森州东北部厄尔士山脉（Ore Mountains）的案例研究评估了《欧盟洪水指令》对林地管理的影响，进而评估了水资源动态（Wahren and Feger，2011）。自 2002 年易北河（River Elbe）遭遇灾难性洪水以来，萨克森州制定了一项新的水利法规，其中包含对洪水发源地的土地管理规定。这项法规要求保护和改善水土保持。如有可能，土壤应保持松软并绿化，同时采取补偿措施应对土壤减少或流失。由于该地区曾有采矿业，因此森林覆盖率仅为 20%。从传统上讲，这些流域提供的饮用水源自"土壤蓄水池"，因其在森林下的径流较小而闻名。土地利用的规划涉及多种竞争性目标，如防洪、可盈利的食品/木材生产、供水和水资源保护等。在面对不确定的未来时，这些不同的目标会造成决策上的冲突（Wahren and Feger，2011）。

案例研究的作者调查了不同尺度和不同造林情景下土地利用对产流的影

响（Wahren and Feger，2011）。尽管造林和"近自然"造林将使较小的洪水事件[即重现期（RI）为 25 年的洪水事件]下保水率提高多达 20%，但对于极端事件（RI＞100 年），这些影响可以忽略不计。因此，土地利用方式对洪水形成的影响随着降雨强度的增加而减小，大部分情况下土地利用对优化防洪的好处并不明显。非结构性洪水风险管理措施针对不同事件规模而发挥的定量作用仍存在争议。作者对目前的模型提出了质疑，认为必须将社会经济方法与最新的水文模型相结合，并且通过综合建模方法反映未来土地利用变化、人口结构变化和气候变化的所有竞争性要求。他们提请注意以下事实：欧盟对土地利用变化的补贴主要通过共同农业政策提供，其次是结构政策和凝聚政策。他们认为，只要《欧盟洪水指令》没有明确的补贴政策，防洪充其量不过是一项附加利益，而非目标（Wahren and Feger，2011）。

欧盟委员会认识到，森林在地中海国家尤为重要，因为森林能够平衡水循环。因此，欧盟委员会认为在造林之前应先进行科学研究，确定最合适的雨水集水区。欧盟委员会确认，占欧盟森林总面积三分之一的高山森林对于土壤保护和调节供水而言至关重要。但是，欧盟委员会担心，森林破碎化和森林消亡会降低森林调节径流的能力，从而可能影响到洪水和水质。

Manser（2013）对于气候变化背景下科学家在森林政策制定中发挥的作用提出了质疑。他假定，气候变化的发展速度快于森林的自然适应能力，这会对森林政策构成严峻挑战。他认为未来的挑战包括：①了解林地对气候变化的响应；②气候变化对森林产品和服务的影响；③适应性策略和提高森林适应能力所涉及的利益和风险；④当气候变化策略需要短期决策时，克服较长的研究时间尺度问题；⑤如何为从业者优化模型和工具。关于欧洲中部，所确定的最大挑战是树木对长历时干旱和反复干旱的响应（Psidova et al.，2013）。他们的研究确定了干旱胁迫对欧洲山毛榉的影响，并得出结论：相较于已经在干旱气候下长大的低海拔地区树木，高海拔地区的树木对水分缺乏的抵抗力更弱。

5.5 新出现的问题

5.5.1 饮用水和地下水保护

欧盟将新的重点放在了森林提供饮用水的功能上（SOER，2015），主要是解决水质问题。由于土地利用的变化，地下水污染成为一项新的挑战。在德国哈茨山脉，根据林业的倡议，成立了新的自发性饮用水保护协会（Rüping et al.，2012）。

理想情况下，护林人和农民应与水资源管理者密切合作，让对当地情况更加熟悉的当地利益相关者承担起更多的责任，以得到最佳解决方案。主要目的是控制作为周边国家的水塔的西哈茨山脉饮用水水源中的悬移质浓度（www.umwelt.niedersachsen.de/aktuelles/pressemitteilungen/knapp-14-millionen-euro-fuer-neu-gegruendete-trinkwasserschutzko-operation-westharz-111447.html）。这块面积达29 000 hm^{2}的流域大体上被森林覆盖。哈茨水厂的专家未来将向森林和农业利益相关者提供建议，利益相关者们将由省级办事处协同进行水管理、海岸防护和自然保护。

奥地利出现一种新的趋势，即对水资源管理实行经济刺激，例如，针对人口聚集区（例如，维也纳）周围森林的水源保护进行转移支付。欧洲东南部地区的拟议行动计划包括：避免在饮用水保护区内进行皆伐，确保森林覆盖连续性和森林生态系统稳定性，并限制与造林有关的道路建设（CC-Ware，2014）。但主要的挑战在于，欧洲东南部大多数国家的饮用水保护立法不统一，通常没有妥善地执行，而且实施过程可能会导致混淆。未来，需改善适用法律框架，其中应结合饮用水供应、生态系统服务、土地利用和气候变化的特定相关主题。

Schüler 等（2011）认为，预测森林管理和环境变化对地下水质的影响是我们当今面临的最严峻的挑战之一，"在受到全球变暖或空气污染影响而不断变化的环境中，森林管理可能会削弱森林对地下水的保护功能"。此外，森林与水之间的相互作用以及林业对地下水质和径流的影响仍处于科学的灰色地带。

预计未来森林野火的发生频率和时间将随干旱模式而改变，并大大改变森林水文过程的时空格局。

5.5.2 水资源短缺

由于地中海地区特别容易缺水，因此，未来可能需要进行适应性森林管理，通过人工调节森林结构和密度来使森林适应水资源条件（González-Sanchis et al.，2015）。迄今为止，森林管理与干旱之间的联系尚不明确。这种方法能够优化阿勒颇松林在正常和未来全球变化条件下的水文循环。目的是减少截留量和植物蒸腾量（绿水），增加径流水量和/或渗流量（蓝水）。

5.5.3 滑雪道和山地度假区的径流

目前森林流域中使洪水加快和洪峰流量增加的径流路径仅仅考虑了林道、森林采伐区和伐木路径。在模拟模型中，并未考虑到通向人工造雪蓄水池的新道路、不断扩建入渗容量大大减少的滑雪场，以及滑雪道（彩图4）。

在美国，Wemple 等（2007）辨别出四项与滑雪场开发相关的因素。这些因素可能会影响流域过程，并且与传统森林管理的影响有所不同。

首先，修建滑雪道形成的森林空地沿重力流径定向，提高了水、溶质和颗粒物有效地向下坡流动的可能性。其次，修建滑雪道形成的森林空地会长期存在，相对而言是一种森林景观的永久性变化。再次，在传统的森林管理中不存在与滑雪场开发有关的某些活动，特别是人工造雪。最后，相比传统的森林管理做法，滑雪场形成的不透水面和排水基础设施范围更为广泛。

他们指出，很少有科学文献专门讨论山区度假胜地开发的影响。美国和欧洲均为这种情况。

在奥地利帕斯农（Paznaun）山谷，2005年和2015年在含有滑雪道的流域的林木线内及上方发生了灾难性洪水和泥石流，这被认为与土壤渗透率和植被覆盖率损失以及形成的洪水路径有关。在欧洲，有关该主题的研究很少，大多数集中在奥地利。Pötzelsberger 和 Hasenauer（2015）发现，在萨尔茨堡（Salzburg）附近主要由挪威云杉覆盖的 $10\ km^2$ 斯奇米坦（Schmittental）高山流域，滑雪道使径流大幅增加。从1890年到1965年，这片区域从稀疏森林发展为茂密森林。但自20世纪70年代以来，滑雪道已逐渐将其分割开来。目前，该流域的森林覆盖率为 71%（$520\ hm^2$），草地覆盖率为 28%（$200\ hm^2$），其中约 14%（$100\ hm^2$ 或 77 km 长）被用作滑雪坡。平均径流系数较高，为 0.74，主要归因于密实的土壤，但也归因于滑雪坡。滑雪坡由于渗透减少而使地表径流增加，特别是在对滑雪道进行修整和去除表土改建滑雪道时（Hagen，2003）。

滑雪道上产生的径流占降雨量的 18.4%。此外，每年大约有 500 000 m^3 的水被引入水系，以便为滑雪场进行人工造雪。水主要是从下游的采尔湖（Zeller Lake）引入。剩余水量可能会使春季滑雪道的融雪径流的峰值增加 20%—25%（Pötzelsberger and Hasenauer，2015）。在塞尔维亚东部，由于森林砍伐以及滑雪道和道路的地表径流增加，滑雪场的修建使得祖布斯卡河（Zubska River）上游源头更为频繁地发生极端事件（Ristić et al.，2012）。在欧洲阿尔卑斯山，森林地区的滑雪道范围已大大增加，并且仍在不断增加。因此，森林地区的冬季度假胜地应被视为一项新的水文挑战。

5.5.4 气候变化

应对气候变化是森林水文学所面临的一项严峻挑战，尤其包括温度和二氧化碳浓度升高，以及积雪持续时间缩短的相关影响（Schleppi，2011），还涉及风折枝和害虫等（Andreu et al.，2015）。

近来，Frank 等（2015）的研究表明，尽管林木气孔开度降低了，但根据计算，在 20 世纪，欧洲森林蒸腾量增加了 5%。因此，尽管成本问题可能会限制较大尺度试验的进行，但仍应进行流域尺度和样地尺度的试验。理想情况下，应进行全球尺度的试验。根据 Schleppi（2011）的研究，将样地尺度的试验和长期试验结合起来并揭示因果关系是一项较大的挑战。他提出了按流量比例采样的方案，以减少通量观测误差，最重要的是保持流域尺度上的长期监测试验。分析表明，未来还须解决新的问题，采取新的适应方法。

Zimmermann 等（2006）得出结论，认为有关树种组成、森林开发和分布范围的未决问题对森林实践和研究都构成了重大挑战。如今的变化速度太快，以至于研究人员只能部分依靠现有的知识。由于不可能通过实验方式研究整个生态系统，也没有足够的时间来研究整个生态系统，因此，从业人员和研究人员之间必然要进行良好的合作。预计未来会发生巨大的变化，但未来的气候变化以及特有森林的响应方式都面临不确定性。目前尚无单一的解决方案，但重要的是要保持较高的树种多样性。

5.6 适应性和水敏性森林管理

在欧洲项目 ClimWat-Adapt（气候适应——模拟水情景及行业影响，2010—2011 年）的框架内，对水敏性森林管理等适应措施进行了评估。水敏性森林管理是一类与绿色基础设施有关的技术措施（Flörke et al., 2011）。对森林的主要气候威胁包括：①水少（水短缺和干旱）；②水多（洪水、海平面上升和海岸侵蚀）；③水质和生物多样性恶化（Flörke et al., 2011）。

该项目发现，在当前及未来的低流量条件下，森林管理措施可以增加森林的产水量、调节径流量并减少干旱胁迫。为支持森林水量调节作用而采取的一些措施包括：①降低林地蓄积密度；②缩短采伐周期；③种植阔叶树种；④通过秧苗而非萌芽进行再生。据发现，植树造林（特别是在水道附近植树造林）有助于调节径流量，维持水质和干旱程度。关于洪水，森林缓冲带通常没有使洪水大幅减少。即便有洪水减少的情况，也只是在很小的局部尺度上。Flörke 等（2011）指出，对林地进行数字化分类有助于进行分析、咨询和制定适应性建议。但是，在旨在实现水敏性森林管理的策略中，利益相关者强调了林地数字化分类带来的局限性，并表示需要改进这一措施。

为改善树木水量平衡而调整森林管理规则很难付诸实施。利益相关者指出了其潜在的局限性，包括不希望出现的附带后果和该策略的成本。即使在气候变化影响不那么明显的情况下，植树造林也被认为具有很高的价值和效益（Flörke et al., 2011）。根据 ClimWatAdapt 中有关欧洲森林水文学的文献综述，越来越多的研究对于"更多森林意味着水量更多、水质更好"这一流行的观点提出了质疑。因此，明确和正确应用森林管理措施，从而减少用水量，被视为是解决水资源短缺问题的一个重要方面。

EFI 的 Silvistrat 项目（欧洲森林管理气候变化应对策略）在 2000—2003 年制定了适应性管理策略，以实现全球气候变化下欧洲森林的可持续森林管理。该项目对旨在减少干旱影响和气候变化其他不利影响的 AFM 策略进行了分析，并建议用更耐旱抗霜的树种替代易受干旱和晚春霜冻影响的树种。

在欧洲中部地区，斯洛伐克和匈牙利的森林最容易发生干旱（Hlasny et al., 2014）。针对干旱风险增加采取的适应性措施包括为丰富本地基因库和提高林地耐旱性而进行的人工再生。重点放在风险管理和扰动监测系统上。

适应性策略的一个问题在于可用的补贴有限。德国 2008 年《关于在农业、林业和食品产业中进行积极的气候保护以及农业和林业适应气候变化的报告》（Federal Ministry of Food, Agriculture and Consumer Protection, 2008）中包括了为维护易受干旱威胁的农业和森林景观保水性提供资金。有人建议联邦政府采取此类激励措施（Flörke et al., 2011）。

德国林业的目标是建立稳定的混合林，采取以自然为本的森林结构方法。在这种情况下，森林演替的水文功能在区域水量平衡、供水和配水等领域发挥了重要作用（Müller, 2012）。

在瑞典，人们已经认识到，树木和森林将在调节不同景观和气候下的水文循环方面发挥越来越重要的作用，但到目前为止，"将水管理纳入日常森林管理在瑞典仍是一种较新的做法"（Samuelson et al., 2015）。瑞典制定了恢复和（或）养护森林和树木的社会策略，以便实施水量调节和用水管理等。其中一个主要目标是"开展双边和多边活动，建立具有弹性的景观"。另外还开发了供森林规划人员使用的水资源管理工具箱。除水资源管理外，森林政策和管理策略已开始考虑与气候变化适应性策略相结合。

5.7 挑战与未来研究需求

我们很难根据文献中关于森林水文学的一般信息将欧洲的未来研究需求与全球其他大洲的需求联系在一起。

关于北方森林，Lindroth 和 Crill（2011）注意到，针对不同生态系统的水文和生物地球化学方面的研究相对较少，但他们并未说明这是否专门针对欧洲。因预计北方森林高纬度地区将出现最强烈的气候变化，他们建议未来的研究应考虑水文、能量和生化过程之间的联系。此外，他们预计在从冬季到春季以及从秋季到冬季的季节过渡时期，气候变化将产生最显著的影响。生长季节将受冻土融化的影响。积雪持续时间短，则生长季节延长；积雪持续时间长，则生长季节缩短。

Lindroth 和 Crill（2011）预测，温度和降水的变化会导致火灾频率和强度发生变化，并对干旱频率/洪灾溃水产生影响。北方森林相当容易受到气候变暖的影响，这主要是由于雪季时地表反照率低，这抵消了碳固存引起的气候负作用力（Bonan，2008；Allewell and Bebi，2011）。后者可推断为高山森林的冬季状况，尽管到目前为止尚缺乏科学证据（Allewell and Bebi，2011）。

关于温带森林，Ohte 和 Tokuchi（2011）担心关于河流生物地球化学过程的研究太少，未来需评估尺度效应对不同气候条件下区域内山坡和河流生物地球化学过程的作用。他们建议从夏季降水量和排水量较大的地点收集更多数据。此外，建议对以前发布的文献，以及传统数据库和基于项目的数据库进行更广泛的调查。

有几个欧洲框架项目已应对了或正在应对森林水文学方面的问题，例如，生态系统试验和对气候变化的适应性和脆弱性，特别是干旱和大坝蓄水达到峰值对河岸林产生的影响。

"森林水文假说"指出，森林会提升基流（图 5.3）。但是，Allewell 和 Bebi（2011）在两项针对高山流域的研究中得出结论，认为与草地相比，森林的地表径流通常较小，这是由于腐殖质层的渗透率高，树木蒸散较草地更大。

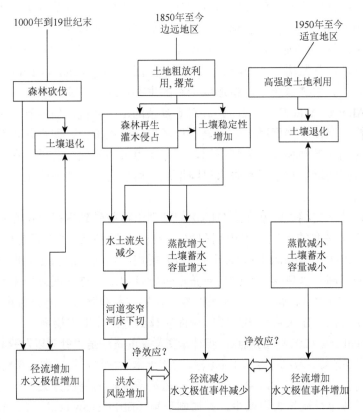

图 5.3　欧洲阿尔卑斯山森林与水相互作用的假设（"森林水文假说"），适用于欧洲其他地区（Allewell and Bebi，2011）

因此，森林能够防止发生水文极端事件，特别是在融雪的关键时期。在早春云杉林已经在蒸腾而草地仍处于积雪覆盖状态时，及冬季森林中发生有效降水截留和/或暖冬期间蒸腾发生之时，他们针对阿尔卑斯山山区森林与草地的蒸散之间的最大相对差异进行了模拟研究。

高山森林水量平衡的难题仍有待解决。针对瑞士阿尔卑斯山，Allewell 和 Bebi（2011）得出结论，乌塞伦河谷（Urseren Valley）森林在同一气候分区内完整再生，也只会对水文过程线产生很小的影响，因为与林木线以上的无森林区域相比，再生区域相对较小。对乌塞伦河谷罗伊斯河（Reuss）流域进行的长期观测（自 1904 年以来的径流数据）表明，与过去 60 年的长期平均值相比，过去 10 年（尤其是夏季月份）的径流减少了大约 30%（BAFU，2007）。

但是，目前尚不清楚这些径流变化在多大程度上是由于灌木侵占（1959—2004 年灌木面积增加了 30%）、土壤退化、气候变化或水道和管理措施的变化所致。

根据 Allewell 和 Bebi（2011）的研究，阿尔卑斯山的天然林生长和再生非常不均匀，有些地区将来可能会有基本完整的森林再生，而其他地区则受到自然和社会经济因素的限制。在瑞士阿尔卑斯山，典型的模式是随着人口迁移到城市，边远地区土地撂荒，森林再生。阿尔卑斯山畜牧草地的荒弃使得泉水、山洪和河流的流量降低，蒸散增加（Dumas，2011；Van den Bergh et al.，2014）。据推测，在欧洲许多山区生态系统中，将形成全新的生态系统动态变化特征，而乡村景观将消失（Allewell and Bebi，2011）。对于复杂的山区环境，假定森林再生会使径流和水文极端事件的强度减小。但是，作者提出一点警告，即森林覆盖对径流的影响会因为场地条件和森林类型不同，而存在很大的变化。此外，在未来气候变化下，昆虫扰动增加与干旱和野火风险增加，可能会在某些地区阻碍森林地区未来的再生长。

虽然森林水文相关因素在森林的保护管理中日益受到重视，但在农业、土地和森林等方面采取的土地利用规划和政策措施很难适应这些空间变化（Allewell and Bebi，2011）。Allewell 和 Bebi（2011）提出，当代高山森林治理应包括适应当地情况的措施，以免撂荒或方便对荒地进行管理。森林管理应去中心化，以满足对食品、生物燃料、木材和灾害保护等森林生态系统服务功能日益增长的需求，但要避免私有化，建议将权限从联邦层面转移到地区或地方层面。

根据 Bathurst（2014）的观点，森林水文学家的责任是"针对以及森林覆盖发生大规模变化的流域，为水资源、河流工程、河岸土木工程等项目提供定量化的信息"。

如果将洪水视为重大风险，则容易将植树造林视为解决方案；但是，众所周知，这会导致年径流量大幅减少，并加剧干旱（Birkinshaw et al.，2014）。未来我们将面临一项艰巨的挑战，即如何将应对干旱和洪水的两种相互冲突的森林水文管理方法融合起来。

5.8 致　　谢

感谢纽卡斯尔的詹姆斯·巴瑟斯特（James Bathurst）、埃伯斯瓦尔德的尤尔根·马勒（Jürgen Müller）、戈斯拉尔的弗里德哈德·诺尔（Friedhard Knolle）和比尔门施托夫的帕特里克·施莱皮（Patrick Schleppi）。

参 考 文 献

Allewell, C. and Bebi, P. (2011) Forest development in the European alps and potential consequences on hydrological regime. In: Bredemeier, M., Cohen, S., Godbold, D.L., Lode, E., Pichler, V. and Schleppi, P. (eds) *Forest Management and the Water Cycle: An Ecosystem-Based Approach*. Ecological Studies Vol. 212. Springer, New York, pp. 111–126.

Andréassian, V. (2004a) Couvert forestier et comportement hydrologique des bassins versants. *La Huille Blanche* 2, 31–35.

Andréassian, V. (2004b) Waters and forests: from historical controversy to scientific debate. *Journal of Hydrology* 291, 1–27.

Andreu, J., Solera, A., Paredes-Arquiola, J., Haro-Monteagudo, D. and van Lanen, H. (eds) (2015) *Drought: Research and Science-Policy Interfacing. Proceedings of the International Conference on Drought: Research and Science-Policy Interfacing, Valencia, Spain, 10-13 March, 2015*. Taylor & Francis, London.

Aschwanden, H. and Spreafico, M. (1995) Hochwasserabflusse – Analyse langer Messreihen. In: *Hydrologischer Atlas der Schweiz*. Bundesland fur Umwelt, Bern, Table 5.6.

BAFU (2007) *Hydrologisches Jahrbuch der Schweiz 2005*. Umwelt-Wissen, Vol. 0713. Bundesamt für Umwelt, Bern.

Bathurst, J.C. (2014) Comment on 'A paradigm shift in understanding and quantifying the effects of forest harvesting on floods in snow environments' by K.C. Green and Y. Alila. *Water Resources Research* 50, 2756–2758.

Beniston, M. and Stoffel, M. (2013) Assessing the impacts of climatic change on mountain water resources. *Science of the Total Environment* 493, 1129–1137.

Birkinshaw, S.J., Bathurst, J.C. and Robinson, M. (2014) 45 years of non-stationary hydrology over a forest plantation growth cycle, Coalburn catchment, Northern England. *Journal of Hydrology* 519, 559–573.

Blackie, J.R. and Robinson, M. (2007) Development of catchment research, with particular attention to Plynlimon and its forerunner, the East African catchments. *Hydrology and Earth System Sciences* 11, 26–42.

Bonan, G.B. (2008) Forests and climate change: forcings, feedbacks, and the climate benefits of forests. *Science* 320, 1444–1449.

Burch, H., Forester, F. and Schleppi, P. (1996) Zum Einfluss des waldes auf die Hydrologie der Flysch-Einzugsgebiete des Alptals (On the influence of forest on hydrology in the Flysch catchments of the Alptal). *Schweizer Zeitschrift für Forstwesen* 147, 925–938.

Calder, I., Hofer, T., Vermont, S. and Warren, P. (2007) Towards a new understanding of forests and water. *Unasylva* 229, 58.

CC-Ware (2014) *Towards an Action Plan for the SEE-Region. Guidance for Water Resources under Climate Change*. ETC/SEE Project, Federal Ministry of Agriculture, Forestry, Environment and Water Management (BMLFUW),

Forestry Department, Vienna.

Climate-Adapt (2015) Water Sensitive Forest Management. European Climate Adaptation Platform. Available at: http://climate-adapt.eea.europa.eu/viewmeasure?ace_measure_id=626 (accessed 28 March 2016).

De Jong, C. (2015) Challenges for mountain hydrology in the third millennium. *Frontiers in Environmental Sciences* 3, 38, doi: 10.3389/fenvs.2015.00038 (accessed 28 March 2016).

Domingo, C., Pons, X., Cristobal, J., Ninyerola, M. and Wardlow, B. (2015) Integration of climate time series and MODIS data as an analysis tool for forest drought detection. In: Andreu, J., Solera, A., Paredes-Arquiola, J., Haro-Monteagudo, D. and van Lanen, H. (eds) *Drought: Research and Science–Policy Interfacing. Proceedings of the International Conference on Drought: Research and Science–Policy Interfacing, Valencia, Spain, 10–13 March, 2015*. Taylor & Francis, London, pp. 97–104.

Dumas, D. (2011) The impact of forests on the evolution of water resources in the mid-altitude Alps from the middle of the 19th century (Chartreuse Massif, France). *Journal of Alpine Research* 99(4), 2–14.

European Commission (2010) Green Paper on Forest Protection and Information in the EU: Preparing Forests for Climate Change. SEC(2010)163 final. Available at: http://eur-lex.europa.eu/LexUriServ/LexUriServ.do?uri=COM:2010:0066:FIN:EN:PDF (accessed 28 March 2016).

European Commission (2012) Water Scarcity & Droughts in the European Union, EU Action on Water Scarcity and Drought, Water Scarcity and Droughts – Policy Review. Available at: http://ec.europa.eu/environment/water/quantity/eu_action.htm (accessed 28 March 2016).

European Commission (2013a) Report on the Review of the European Water Scarcity and Droughts Policy. Available at: http://ec.europa.eu/environment/water/quantity/pdf/COM-2012-672final-EN.pdf (accessed 28 March 2016).

European Commission (2013b) A New EU Forest Strategy: For Forests and the Forest-Based Sector. COM(2013)659 final. Available at: http://eur-lex.europa.eu/legal-content/EN/TXT/?uri=CELEX: 52013DC0659 (accessed 28 March 2016).

European Forest Institute (2009) Interaction between Water and Forest – Challenge to Water Policies and Forest Management. Available at: http://www.agriculture-xprt.com/news/interaction-between-water-and-forest-challenge-to-water-policies-and-forest-management-43088 (accessed 28 March 2016).

European Parliament (2011) Report on the Commission Green Paper on Forest Protection and Information in the EU: Preparing Forests for Climate Change (2010/2106(INI)). Committee on the Environment, Public Health and Food Safety, Rapporteur: Kriton Arsenis. Available at: http://www.europarl.europa.eu/sides/getDoc.do?pubRef=-//EP//TEXT+REPORT+A7-2011-0113+0+DOC+XML+V0//EN (accessed 28 March 2016).

European Parliament (2015) A new EU Forest Strategy: for forests and the forest-based sector. Available at: http://www.europarl.europa.eu/sides/getDoc.do?type=TA&reference=P8-TA-2015-0109&language=EN&ring=A8-2015-0126,http://www.europarl.europa.eu/oeil/popups/summary. do?id=1387355&t=d&l=en (accessed 23 April 2016).

Federal Ministry of Food, Agriculture and Consumer Protection (2008) Report on Active Climate Protection in the Agriculture, Forestry and Food Industries and on Adaptation of Agriculture and Forestry to Climate Change. Germany, September 2008. Available at: http://www.bmel.de/SharedDocs/Downloads/EN/Agriculture/ ClimateReport2008.pdf?__blob=publicationFile (accessed 23 April 2016).

Flörke, M., Wimmer, F., Laaser, C., Vidaurre, R., Tröltzsch, J., Dworak, T., Stein, U., Marinova, N., Jaspers, F., Ludwig, F., *et al.* (2011) Assessment of adaptation measures: Factsheets. Annex 11 to the Final Report for the project Climate Adaptation – modelling water scenarios and sectoral impacts (ClimWatAdapt), CESR, 173. Available at: http://climwatadapt.eu/sites/default/files/Annex11_ClimWatAdapt_Factsheets. pdf (accessed 29 March 2016).

Frank, D.C., Poulter, B., Saurer, M., Esper, J., Huntingford, C., Helle, G., Treydte, K., Zimmermann, N.E., Schleser, G.H.,

Ahlström, A., et al. (2015) Water-use efficiency and transpiration across European forests during the Anthropocene. *Nature Climate Change* 5, 579–583.

Friedmann, G. and Müller, J. (2010) Auswirkungen des Waldumbaus im Waldgebiet der Schorfheide auf die Entwicklung der Grundwasserhöhen und den Zustand der Waldmoore. *Naturschutz und Landschaftspflege in Brandenburg* 19, 158–166.

García-Ruiz, J.M. and Lana-Renault, N. (2011) Hydrological and erosive consequences of farmland abandonment in Europe, with special reference to the Mediterranean region – a review. *Agriculture, Ecosystems & Environment* 140, 317–338.

González-Sanchis, M., Del Campo, A.D., Molina, A.J. and Fernandes, T.J.G. (2015) Modeling adaptive forest management of a semi-arid Mediterranean Aleppo pine plantation. *Ecological Modelling* 308, 34–44.

Hagen, K. (2003) *Wildbacheinzugsgebiet Schmittenbach (Salzburg), Analyse des Niederschlags-und Abflussgeschehens 1977–1998*. BFW Report No. 129. Bundesforschungszentrum für Wald, Vienna, pp. 5–106.

Hall, J., Arheimer, B., Borga, M., Brázdil, R., Claps, P., Kiss, A., Kjeldsen, T.R., Kriaučiūnienė, Z.W., Kundzewicz, M., Lang, M.C., et al. (2014) Understanding flood regime changes in Europe: a stateof-the-art assessment. *Hydrology and Earth System Sciences* 18, 2735–2772.

Hamilton, F.C. (2008) *Forests and Water. A Thematic Study Prepared in the Framework of the Global Forest Resources Assessment 2005*. FAO Forestry Paper No. 155. Food and Agriculture Organization of the United Nations, Rome.

Hegg, C. (2006) Waldwirkung auf Hochwasser (Forest impacts on floods). *LWF Wissen (Bayerisches Landesamt für Wald und Forstwirtschaft)* 55, 29–33.

Hermann, A. and Schumann, S. (2009) Investigations of the runoff formation process as a mechanism for monitoring the basin turnover in the Lange Bramke catchment, Upper Harz Mountains. *Hochwasser* 53, 64–79.

Hewlett, J.D., Fortson, J.C. and Cunningham, G.B. (1984) Additional tests on the effect of rainfall intensity on storm flow and peak flow from wild-land basins. *Water Resources Research* 20, 985–989.

Hlásny, T., Matyas, C., Seidl, R., Kulla, L., Merganic˘ova K., Trombik, J., Dobor, L., Barcza, Z. and Konôpka, B. (2014) Climate change increases the drought risk in Central European forests: what are the options for adaptation? *Lesnicky Casopis Forestry Journal* 60, 5–18.

Humbert, N. and Najjar, G. (1992) *Influence de la forêt sur le cycle de l'eau en domaine tempéré: une analyse de la littérature francophone*. Université Louis Pasteur, Centre d'Études et de Recherches Éco-Géographiques, Strasbourg, France.

Keller, H.M. (1988) European experiences in long-term forest hydrology research. In: Swank, W.T. and Crossley, D.A. (eds) *Forest Hydrology and Ecology at Coweeta*. Ecological Studies Vol. 66. Springer, New York, pp. 407–414.

Kubatzsch, A. (2007) *Waldwirkung und Hochwasser. Ein Leitfaden für Landnutzer und Entscheidungsträger*. Arbeitsgruppe Wald und Hochwasser, Initiative Weißeritz-Regio, Bärenfels, Germany.

Lindroth, A. and Crill, P. (2011) Hydrology and biogeochemistry of boreal forests. In: Levia, D.F., Carlyle-Moses, D. and Tanaka, T. (eds) *Forest Hydrology and Biogeochemistry: Synthesis of Past Research and Future Directions*. Ecological Studies Vol. 216. Springer, New York, pp. 321–339.

Manser, R. (2013) Forest policy in a changing climate – what are we expecting from scientists? In: Wohlgemuth, T. and Priewasser, K. (eds) *ClimTree 2013, Proceedings of the International Conference on Climate Change and Tree Responses in Central European Forests, Zurich, Switzerland, 1–5 September 2013*. Swiss Federal Research Institute WSL, Birmensdorf, Switzerland, p. 18 (abstract).

Mather, A.S., Fairbairn, J. and Needle, C.L. (1998) The course and drivers of the forest transition: the case of France.

Journal of Rural Studies 15, 65–90.

McCulloch, J.S.G. and Robinson, M. (1993) History of forest hydrology. *Journal of Hydrology* 150, 189–216.

Meesenburg, H., Jansen, M., Döring, C., Besse, F., Rüping, U., Möhring, B., Hentschel, S., Meiwes, K.J. and Spellmann, H. (2005) Konzept zur Beurteilung der Auswirkungen forstlicher Maßnahmen auf den Gewässerzustand nach den Anforderungen der EG-Wasserrahmenrichtlinie. In: *Wasservorsorge in bewaldeten Einzugsgebieten Heft 62*. Berichte Freiburger Forstliche Forschung, Freiburg, Germany, pp. 171–180.

Müller, J. (2012) Auswirkungen von waldstrukturellen Veränderungen auf die hydroökologischen Bedingungen in den Beständen im Zuge des Waldumbaus. In: Grünewald, U., Bens, O., Fischer, H., Hüttl, R.F., Kaiser, K. and Knierim, A. (eds) *Anpassungsmaßnahmen an den Landschafts- und Klimawandel*. Schweizerbart, Stuttgart, Germany, pp. 280–291.

Müller, J. and Bolte, A. (2009) The use of lysimeters in forest hydrology research in north-east Germany. *Landbauforschung Volkenrode* 59, 1–10.

Ohte, N. and Tokuchi, N. (2011) Hydrology and biogeochemistry of temperate forests. In: Levia, D.F., Carlyle-Moses, D. and Tanaka, T. (eds) *Forest Hydrology and Biogeochemistry: Synthesis of Past Research and Future Directions*. Ecological Studies Vol. 216. Springer, New York, pp. 261–283.

Pötzelsberger, E. and Hasenauer, H. (2015) Forest – water dynamics within a mountainous catchment in Austria. *Natural Hazards* 77, 625–644.

Psidova, E., Ditmarova, L., Jamnicka, G., Kurjak, D., Majerova, J., Czajkowski, T. and Bolte, A. (2013) Photosynthetic response of beech seedlings of different origin to water deficit. *Photosynthetica* 53, 187–194.

Pülzl, H., Hogl, K., Kleinschmit, D., Wydra, D., Arts, B., Mayer, P., Palahí, M., Winkel, G. and Wolfslehner, B. (eds) (2014) *European Forest Governance: Issues at Stake and the Way Forward. What Science Can Tell Us*. European Forest Institute, Joensuu, Finland.

Ristić, R., Radić, B., Vasiljević, N. and Nikić, Z. (2011) Land use change for flood protection – a prospective study for the restoration of the river Jelašnica watershed. *Bulletin of the Faculty of Forestry* 103, 115–130.

Ristić, R., Kasanin-Grubin, M., Radić, B., Nikić, Z. and Vasiljević, N. (2012) Land degradation at the Stara Planina Ski Resort. *Environmental Management* 49, 580–592.

Rüping, U., Gutsche, C. and Möhring, B. (2012) *SILVAQUA-Auswirkungen forstlicher Bewirtschaftungsmaßnahmen auf den Zustand von Gewässern in bewaldeten Einzugsgebieten am Beispiel der Oker im Nordharz*. Beiträge aus der Nordwestdeutschen Forstlichen Versuchsanstalt Band 9. Nordwestdeutsche Forstliche Versuchsanstalt, Universitätsverlag Göttingen, Göttingen, Germany, pp. 189–204.

Samuelson, L., Bengtsson, K., Celander, T., Johansson, O., Jägrud, L., Malmer, A., Mattsson, E., Schaaf, N., Svending, O. and Tengberg, A. (2015) *Water, Forests, People – Building Resilient Landscapes*. SIWI Report No. 36. Stockholm International Water Institute, Stockholm.

Schleppi, P. (2011) Forested water catchments in a changing environment. In: Bredemeier, M., Cohen, S., Godbold, D.L., Lode, E., Pichler, V. and Schleppi, P. (eds) *Forest Management and the Water Cycle: An Ecosystem-Based Approach*. Ecological Studies Vol. 212. Springer, New York, pp. 89–110.

SOER (2015) The European environment – state and outlook 2015/European briefings/Forests. Available at: http://www.eea.europa.eu/soer-2015/europe/forests (accessed 29 March 2016).

Schüler, G. (2006) Identification of flood-generating forest areas and forestry measures for water retention. *Forest, Snow and Landscape Research* 80, 99–114.

Schüler, G., Pfister, L., Vohland, M., Seeling, S. and Hil, J. (2011) Large scale approaches to forest and water interactions.

In: Bredemeier, M., Cohen, S., Godbold, D., Lode, E., Pichler, V. and Schleppi, P. (eds) *Forest Management and the Water Cycle: An Ecosystem-Based Approach*. Ecological Studies Vol. 212. Springer, New York, pp. 435–452.

Stagge, J.H., Dias, S., Rego, F.C. and Tallaksen, L.M. (2015) Integration of climate time series and MODIS data as an analysis tool for forest drought detection. In: Haro-Monteagudo, D., Momblanch-Benavent, M., Andreu-Alvarez, J., Solera – Solera, A., Parades-Arquiola, J., and Van Lanen, H. (eds) *International Conference on Drought: Research and Science-Policy Interfacing, 10 – 13 March 2015, Valencia (Spain)*. Technical Report No. 23. Universidad Politecnica de Valencia (UPVLC), Valencia, Spain and Wageningen University (WU), Wageningen, the Netherlands, pp. 51–53.

Van den Bergh, T., Hiltbrunner, E. and Körner, C. (2014) Land abandonment increases evapotranspiration in mountain grassland. In: Prasanna, H.G., Nettles, J. and Devendra, A.M. (eds) *Evapotranspiration: Challenges in Measurement and Modeling from Leaf to the Landscape Scale and Beyond, Conference Proceedings, 7 – 10 April 2014, Raleigh, North Carolina*. American Society of Agricultural and Biological Engineers, St Joseph, Michigan, p. 84 (abstract 1887374).

Wahren, A. and Feger, K.H. (2011) Model-based assessment of forest land management on water dynamics at various hydrological scales – a case study. In: Bredemeier, M., Cohen, S., Godbold, D.L., Lode, E., Pichler, V. and Schleppi, P. (eds) *Forest Management and the Water Cycle: An Ecosystem-Based Approach*. Ecological Studies Vol. 212. Springer, New York, pp. 453–468.

Wemple, B., Shanley, J., Denner, J., Ross, D. and Mills, K. (2007) Hydrology and water quality in two mountain basins of the northeastern US: assessing baseline conditions and effects of ski area development. *Hydrological Processes* 21, 1639–1650.

Zimmermann, N.E., Bollinger, J., Gehrig-Fasel, J., Guisan, A., Kienast, F., Lischke, H., Rickebusch, S. and Wohlgemuth, T. (2006) Wo wachsen die Baume in 100 Jahren? *Forum für Wissen* 2006, 63–73.

6 热带森林的水文特征

T. 熊谷（T. Kumagai）[1*]，H. 金守（H. Kanamori1），
N. A. 查普尔（N. A. Chappell）[2]

6.1 引　　言

可以想象，热带森林地区通常入射辐射能较高、常年气温较高、生态系统丰富、水资源充足，足够支持较高的初级生产力以及活跃的水循环。实际上，热带森林在全球碳平衡中起着重要作用（Beer et al.，2010；Pan et al.，2011），是全球水通量的主要来源之一，因此对全球和区域气候都具有深远的影响（Avissar and Werth，2005；Spracklen et al.，2012；Poveda et al.，2014）。

尽管不同地区可以分为多种气候和森林类型（Walsh，1996；Tanakaa et al.，2008），但根据降水量的季节性变化，也可将热带森林地区粗略分为两类：①"雨林气候"下的热带常绿雨林；②"季风气候"下的热带季节性森林（Kumagai et al.，2009）。热带常绿雨林仅存在于水资源充足的地区（Kumagai et al.，2005；Kumagai and Porporato，2012b），而热带季节性森林则必须面对季节性干旱（Vourlitis et al.，2008；Miyazawa et al.，2014；Kumagai et al.，2015）。因此，由于这些热带森林在所处的生态系统达到了一种微妙的水量平衡状态，任何一个地区的水文变化都可能对生态格局和生态过程产生重大影响（Malhi et al.，2009；Phillips et al.，2009；Kumagai and Porporato，2012a），进而又会影响到对大气的反馈（Meir et al.，2006；Bonan，2008；Kummagai et al.，2013；van der Ent et al.，2014）。我们应该注意：最新证据表明，区域气候的显著变化将首先出现在热带地区，使得热带森林生态系统在未来变得尤为脆弱（Mora et al.，2013）。

人类一直在改变热带森林的土地植被，主要用于生产粮食和开采能源，促进热带国家的发展。结果，这种改变（即土地利用的变化）与气候变化结合在一起，预计会影响区域水文气候以及当地淡水资源（Bruijnzeel，1990；Giambelluca，2002；van der Ent et al.，2010；Wohl et al.，2012；Kumagai et al.，2013）。当前变化与以

---

1 日本名古屋大学；2 英国兰卡斯特大学
* 通讯作者邮箱：tomoomikumagai@gmail.com

往的不同之处在于其较大的变化强度以及全球性的覆盖范围，整个水文气候现在都受到这种变化的影响。在影响当今人类生存的重大环境问题中，人们重点关注热带森林地区土地利用和气候变化可能产生的后果，包括径流量和洪水频率的变化、沃土的流失、养分通量的变化、气候变暖且更加干燥，以及局部范围内水文生态系统服务功能的伴随性变化（Bruijnzeel，2004；Chappell et al.，2004；Krusche et al.，2011；Lawrence and Vandecar，2015）。为解决这些水文问题，我们必须要弄清热带森林中各种水循环过程的机理，并综合考虑其全球性影响，这将有助于在上述复杂问题上取得进展（Bruijnzeel，2004）。

因此，本章旨在，通过回顾热带地区基础文献，利用泛热带水文因子特征图，提供有关热带森林地区降水、蒸散和径流等水文成分的相关知识。然后，提出在瞬息万变的世界背景下研究热带森林水文学的研究需求和策略。

6.2 泛热带气候特征和森林类型

泛热带降水特征图利用 PREC/L 长期降水格点数据集得出（Chen et al.，2002）。赤道周围辐射能较高，导致湿热气流上升。湿热空气汇聚（即低气压系统）后，将在赤道周围形成与热带辐合带相关的降水带。热带辐合带中的上升气流在对流层顶向北或向南移动，并在北回归线和南回归线附近下沉。在两个热带地区附近（所谓的"回归线无风带"），由于热空气和干燥空气的扩散，通常会形成干旱地区和沙漠。气团在赤道周围上升并在回归线附近下降的这种现象被称为哈德利环流。

根据柯本气候分类，热带气候的定义如下：在最凉爽的月份，气温不低于 18℃，此时，年平均降水量大于柯本干旱边界$[P_K = 20 \times (T_Y + x)$，单位：mm]；其中 T_Y 为年平均气温，℃，x 为代表降水模式的指数，例如，夏季干燥而冬季湿润、全年湿润、冬季干燥而夏季湿润，对应的指数分别是 0、7 和 14。这些气候条件可进一步细分为热带雨林气候（Af）、热带季风气候（Am）和热带草原气候（Aw）。雨林气候出现在全年所有 12 个月的平均降水量至少为 60 mm 的地区。热带季风气候和热带草原气候的特征为：在降水量最少的月份，平均降水量均低于 60 mm，但雨林气候最低月降水量大于 $100-0.04x$（年平均降水量，mm），而热带草原气候最低月降水量小于此数值。

Feng 等（2013）提出，降水量最大的地区通常为非季节性降水模式最显著的地区，反之则不然。热带雨林气候（Af）的特点是年降水量较大，并且由于赤道附近稳定的低气压系统，降水季节性波动很小（或可忽略）。该地区可能存在热带常绿林，因为常绿林全年需水量恒定。雨林气候短时高强度降水的特点尤为显著，而且在昼夜差异和季节性差异方面，在数平方公里至数千平方公里尺度上，热带雨林的降水分布均具有很强的空间异质性（Krusche et al.，2011；Kumagai and Kume，2012；Kanamori et al.，2013）。

相比之下，热带季风气候（Am）和热带草原气候（Aw）都具有不同程度的季节性降水特征，这主要是由热带辐合带的季节性波动引起的。应当注意的是，年降水量随降水季节性的增强而减少，但反过来并不成立（Feng et al.，2013）。与热带草原气候相比，热带季风气候的旱季干旱程度较弱，降水量较大。热带季雨林因为具备应对干旱季节缺水的气候适应性，能生长于季风地区，具备的特征包括全落叶或半落叶特征、气孔季节性变化特性等。这就意味着热带季雨林可以从常绿林变为落叶林，以适应当地受到海拔和地形等因素影响所形成的季节性降水特征（Tanaka et al.，2008）。

热带地区也可根据生物和地质历史划分为三个区域（US DOE，2012）：①南美、中美洲和加勒比地区的新热带生态区（NEO）；②撒哈拉以南非洲的非洲热带生态区（AFR）；③印度尼西亚-马来西亚-澳大拉西亚热带生态区（IMA），包括印度、东南亚、中国南部、新几内亚和澳大利亚北部地区。新热带区亚马孙河流域的森林是原始热带森林中最大的一块，占热带地区森林生物量的 40%左右（Saatchi et al.，2011）。南美和中美洲以及加勒比地区森林经常遭受飓风的侵袭（如，Boose et al.，1994，2004；Negrón-Juárez et al.，2010）。非洲热带森林中，刚果流域的森林是第二大热带森林（Pan et al.，2011）。中非森林没有受到热带气旋的影响，但仍会遭受大风暴的袭击，并且受到严重干旱和特定丰水期的影响，尤其是在出现厄尔尼诺和拉尼娜现象时（US DOE，2012）。新热带和非洲热带森林中，主要的植物科属为豆科（Leguminosae），而在东南亚森林中，龙脑香科（Dipterocarpaceae）占据主导地位。龙脑香科树木是全球最有价值的木材种类之一，这大幅增加了印度尼西亚-马来西亚-澳大拉西亚热带森林的伐木压力。实际上，在过去的 50 年中，该地区从婆罗洲岛出口的木材比新热带和非洲热带地区出口的木材总和还要多（Curran et al.，2004）。尽管东南亚热带森林仅占世界热带森林面积的 11%，但它们在热带地区的相对森林砍伐率最高（Canadell et al.，2007；Pan et al.，2011）。1960—1998 年全球热带雨林地区的气候趋势分析表明，东南亚的降水量下降幅度要比亚马孙流域下降幅度更大，而且厄尔尼诺-南方涛动（ENSO）现象是造成东南亚地区干旱的一个特别重要的驱动因素（Malhi and Wright，2004）。

6.3　泛热带蒸散

蒸散，即水蒸气从冠层中逸出的过程，可以简单划分为湿林冠蒸发或冠层截留，以及干林冠蒸发或蒸腾。Kume 等（2011）利用包括雨林和季节性森林在内的 40 种热带森林的数据回顾了热带森林的冠层截留率，即湿林冠蒸发量除以总降水量，并报告说，在热带森林中测得的大多数比率在 10%—20%，平均值为 17%。另一方面，所报告的热带森林蒸腾速率在时间和空间上存在较大差异，为 2.3—4.6 mm/d（Shuttleworth et al., 1984；Roberts et al., 1993；Cienciala et al., 2000；Kumagaietal, 2004）。Bruijnzeel（1990）提出，在潮湿的热带森林，年平均蒸腾量为 1045 mm（变化范围：885—1285 mm）。对应的热带森林年蒸散变化范围约为 1000—1500 mm，大多数情况下年蒸散与年降水量之比在 30%—90%（Kume et al., 2011）。值得注意的是，Kume 等（2011）发现，在热带森林中，当年降水量（P）<2000 mm 时，蒸散随 P 的增加而增加；当 P>2000 mm 时，蒸散达到约 1500 mm 的峰值。

影响热带森林蒸散的因素则更为复杂。热带季风气候（Am）区的树木倾向于通过调节气孔、落叶、在更深的土层实现根系吸水等方式，来应对季节性干旱（Igarashi et al., 2015）。许多原始的热带森林已遭砍伐，并转化为人工林，例如，橡胶树和油棕（Carlson et al., 2012；Fox et al., 2012）。这些人工林的用水量与原始植被相当或更高（Guardiola-Claramonte et al., 2010；Kumagai et al., 2015）。我们应该注意，对于已清除热带森林的土地，其中很大一部分很快恢复为次生植被，就水文特征而言，随着时间的推移越来越类似于原生林（Giambelluca, 2002）。Giambelluca 等（2003）指出，对于已经砍伐过的碎片化森林而言，周边空地的环境条件会增大留存森林的蒸散。受雾和云影响的热带山地云雾林需要特别注意其水文气象条件（Bruijnzeel et al., 2011），由于云雾遮挡，蒸发的水汽较少，造成蒸腾量较小，冠层截留量较大。

尽管归纳蒸散机制较为复杂，我们还是尝试将热带森林与其他地区的蒸散作用进行比较：地面观测（例如，根据流域水量平衡、微气象观测和土壤水分平衡）得出的年蒸散（E），可按年平均温度（T）进行分类，并表示为纬度的函数（图 6.1，改编自 Komatsu et al., 2012）。尽管各纬度上 E 的波动很大（约 500 mm）——这可能是由于海拔、森林类型和林地的局部气候、水文观测方法的差异等因素引起的，但是纬度和 E 之间存在很强的线性关系。在热带辐合带的湿润气候中，P 值较大会使 E 升高。热带森林地区 E 的变化很大，但可以通过 T 值的差异进行解释，T 值的差异可能受到了海拔的影响。

根据年度 P 与 T 之间的这种关系，Komatsu 等（2012）修改了 Zhang 等（2001）的蒸散模型：

$$E = P\frac{1+w(E_0/P)}{1+w(E_0/P)+(P/E_0)} \tag{6.1}$$

其中：

$$E_0 = 0.488T^2 + 27.5T + 412 \quad (6.2)$$

式中，w 为反映植被耗水的系数（取 2.0）。E_0 为潜在蒸散，在 Zhang 等（2001）的文献中通过 Priestley-Taylor 公式（1972）计算，Komatsu 等（2012）进行了修正，以便更为恰当地描述温度效应。通过公式（6.1）和公式（6.2）可将 E 转换为纬度的函数（图 6.1）。这表明在热带雨林和季风气候中，较高的 E 归因于丰沛的年降水量（P）和较高的年均气温（T）。

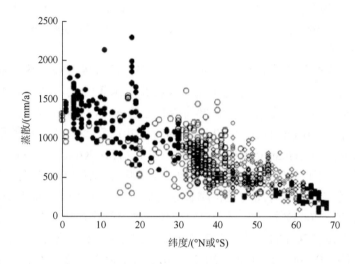

图 6.1 年蒸散为纬度的函数，按年平均温度（T，℃）进行分类（蒸散、纬度和温度数据来源于 Komatsu et al.，2012）

实心圆为 $T>20$；空心圆为 $10<T<20$；空心菱形为 $0<T<10$；实心正方形为 $T<0$。

图 6.2a_1、b_1、c_1 展示了理论[公式（6.1）和公式（6.2）]和观测到的年尺度 P 与 E 之间的关系。与非洲热带区（图 6.2b_1）较为陡峭的关系走势相比，可通过饱和曲线[公式（6.1）]来解释新热带区（图 6.2a_1）和印度尼西亚-马来西亚-澳大拉西亚热带生态区（图 6.2c_1）E 与 P 之间关系曲线较小的斜率。令人惊讶的是，像公式（6.1）这样简单的公式就具备描述泛热带 E 特性的能力，因为图 6.2 不仅包含来自天然季节性森林和雨林的数据，而且还包含次生林和人工林的数据。此外，有趣的是，可利用辐射干燥指数、净辐射、植被类型之间的关系来反映布德科公式中的植被分类（Budyko and Miller，1974）。得出的结论是，热带森林可以生长在年平均净辐射为 110—133 W/m^2 和年平均降水量为 1370—5000 mm 的环境中。我们发现维系热带森林的最低降水极限（1370 mm/a）与各生态区中 P 的最小值具有可比性（图 6.2a_1、b_1、c_1）。

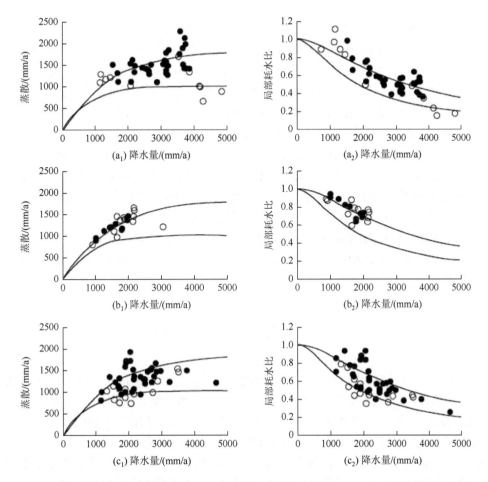

图 6.2 年降水量与年蒸散（a_1）（b_1）（c_1）、局部耗水比（a_2）（b_2）（c_2）之间的关系

局部耗水比定义为蒸散除以降水量。按年平均温度（T，℃）分类：实心圆为 $T>25$；空心圆为 $20<T<25$。实线表示理论关系；每个小图的上包线和下包线分别对应于 $T=30$ 和 $T=15$。（a_1）（a_2）为新热带生态区；（b_1）（b_2）为非洲热带生态区；（c_1）（c_2）为印度尼西亚-马来西亚-澳大拉西亚热带生态区（蒸散和降水数据来源于 Komatsu et al.，2012）。

局部耗水比（local water-use ratio，LEUR）定义为 E 除以 P，代表降水总量当中通过蒸散重新进行循环的比率。图 6.2a_2、b_2、c_2 展示了各热带生态区的局部耗水比数据。所有生态区的 LEUR 数据值均随着 P 增大而显著下降。这表示在 P 较小的区域（主要在非洲热带生态区中），P 通过 E 进行有效地循环，使得植被能够调节自身区域的水资源。在 P 较高的地区（例如，新热带生态区和印度尼西亚-马来西亚-澳大拉西亚热带生态区），还可通过来自周围地形和海洋的潮湿空气供给降水。

通过大气-地表水平衡方法（Oki et al.，1995），利用有关 P 的全球数据和来自 ERA-Interim 格点四维气象数据集的大气水汽散度（Dee et al.，2011），绘制了泛热带 E 和 LEUR 地图。尽管在 P 相对较小的区域中 E 的模拟较为理想，但当 P 较大时，可能会高估此类区域中的 E。尽管如此，仍能很好地反映 E 的空间变化特征。在非洲热带地区，E 相对较小；在印度尼西亚-马来西亚-澳大拉西亚（IMA）热带地区的婆罗洲岛和新几内亚岛，以及新热带地区的亚马孙河上游源头地区，E 则较大。LEUR 值较低的区域倾向于与 P 较大的区域重叠，这与图 $6.2a_2$、b_2、c_2 所示模式一致。婆罗洲岛（IMA 生态区）属于例外情况，尽管该区域 P 较大，但由于每年水汽的辐散、辐合几乎为零，LEUR 值较高（Kumagai et al.，2013）。对此，我们应该注意，考虑到 P 依赖于陆地 E 的程度（即水分循环），应该更多在大陆水分循环的背景下解读全球风型、地形和土地植被的作用（van der Ent et al.，2010）。例如，Poveda 等（2014）研究了经地形、山岳形态和土地植被类型重塑后的"大气河流"对南美热带地区降水模式的影响。

6.4 泛热带径流的形成

图 6.3（改编自 Wohl et al.，2012）所示为流域年径流量与纬度的相关关系（根据河流的入海口确定）。图中显示了通过大气-地表水平衡方法估算的 12 月至 2 月（北半球为冬季）、6 月至 8 月（南半球为冬季）各纬度上的平均径流量。该方法假设在大流域尺度上，深层地下水都会汇入河川径流，流域的蓄水量变化可忽略不计（Oki et al.，1995）。计算得出的 3 个月径流量负值可能归因于动态地下水蓄水的动态变化。然而，很明显，热带各流域的年径流通常比温带各流域的年径流量大得多，这主要是因为湿润的热带地区的降水量较大。此外，由于热带地区干燥气候（BW 和 BS）区域较为广阔，在 0°—23.4°纬度范围内观测到的年径流量变化范围要大得多。

在热带雨林气候（Af）和热带季风气候（Am）的部分热带地区，较大的径流量表明，与其他纬度相比，有更多的降水量穿过流域流向河川。在这些热带流域中，较大的径流量意味着更大的化学物质和颗粒物迁移，并且流域系统会对各种扰动更为敏感（Wohl et al.，2012）。因此，热带森林水文学的研究对于生物地球化学和地貌学的其他学科分支而言也具有重要意义。

全球河流的河道网络中约有 89%包含一级、二级和三级河道（Downing et al.，2012）。这意味着绝大多数径流是在低阶河网中形成的。实验流域通常包括一级到三级河道，是研究雨水通过地表和/或地下通道进入河道网络的具体路径的理想位置。此类水分迁移至河道的路径被称为"径流形成路径"或简称为"径流路径"

（Bonell，2004；Burt and McDonnell，2015）。研究径流路径所选的大多数实验流域都位于温带地区，热带地区则很少（Bonell，2004；Burt and McDonnell，2015）。热带地区十个有十个有长期产流研究的实验流域，分别是：巴西的若斯瓦达克（Reserva Ducke）（#1）、波多黎各的比斯利Ⅱ（Bisley Ⅱ）（#2）、巴拿马的科罗拉多岛和鲁兹托（Barro Colorado & Lutzito）（#3）、巴西的大兰乔和朱闰纳育土（Rancho Grande & Jurena Ultisol）（#4）、厄瓜多尔的圣弗朗西斯科（Rio San Francisco）（#5）、秘鲁的拉昆卡（La Cuenca）（#6）、澳大利亚的南河（South Creek）（#7）、马来西亚的丹浓谷（Danum Valley）（#8）、马来西亚的塔若克山丘和巴若姆坂山丘（Bukit Tarek & Bukit Berembun）（#9）、科特迪瓦的泰森林（Tai Forest）（#10）（有关热带地区上述实验流域以及其他实验地点的文献清单，请参阅Elsenbeer，2001；Bonell，2004；Hugenschmidt et al.，2014；Barthold & Woods，2015）。这些流域径流形成路径的研究历史较长，大多数位于热带森林，因此，调查结果与热带森林环境的相关性最强。

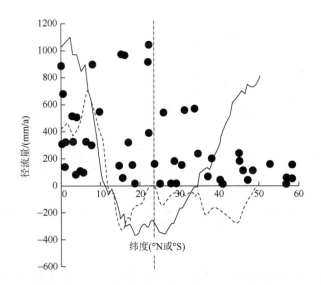

图6.3 单位流域年径流量与河口（圆圈）所处纬度的函数关系

改编自Wohl等的研究（2012）。图中还展示了通过大气-地面地表水量平衡方法计算得出的北半球12月至2月（实线）和南半球6月至8月（虚线）纬度与年径流量之间的关系。垂直虚线表示赤道以南和赤道以北热带地区的纬度（23.4°）。

在上述热带森林环境中观察到的径流形成路径包括：

①超渗地表径流。降水速度大于地表导水率时（相当于"下渗容量"或地表"饱和导水率"）在河道外斜坡上形成的径流。

②直接降水形成的饱和地表径流。如果雨强小于下渗容量，但是孔隙已经饱

和，则无法进一步渗透，雨水就会在地表漫流。

③地下径流。降雨渗入地下时，一部分会从土壤中蒸发掉，或支持植被的蒸腾作用；其余部分将会流向地下河流。大部分水将通过河床和河岸汇入溪流，但是部分水会在到达河道前返回地面（即回归流），并以饱和地表径流的形式在地面流动。不透水地质上覆盖石质土时，地下径流可能会很浅；但透水地质（无论是未固结物质，还是岩石）上覆盖渗透性土壤时，地下径流的深度可能会达到 100 m 以上。

径流成分的定义中的某些歧义是由地表的定义引起的。一些科学家将地表径流定义为在矿物质 A（或 E）表面上流动的水，而其他人则采用如下定义，即通常在覆盖有机层（即 L、H 和/或 O 土层）表面的上方横向流动的水。

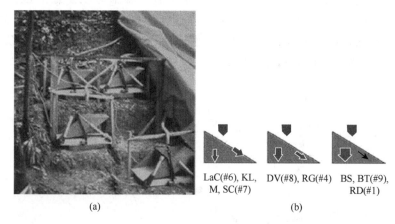

图 6.4　（a）Bonell 和 Gilmour（1978）使用的"通流槽"系统，用来证明在澳大利亚昆士兰州南河实验流域（#7）的有机和矿物土壤中存在浅层横向水流；（b）Elsenbeer（2001）提出的产流机制

实验流域 LaC＝拉昆卡（#6）；KL＝肯安尼莱斯塔瑞（Kiani Lestari）；M＝曼陀林（Mendolong）；SC＝南河（#7）；DV＝丹浓谷（#8）；RG＝大兰乔（#4）；BS＝巴若姆坂山丘；BT＝塔若克山丘（#9）；RD＝若斯瓦达克（#1）（有关详细信息，请参阅 Elsenbeer，2001）。

在热带地区的产流机制研究中，直接观察到因降雨强度超过下渗容量而形成的地表径流非常有限，但泰森林流域就是一个典型例子（Bonell，2004）。在南河（Bonell and Gilmour，1978）和拉昆卡流域（Elsenbeer and Vertessy，2000），均在渗透性饱和土壤上观察到地表径流。有多项研究直接证明暴雨期间在地下形成了横向（下坡）水流。Bonell 和 Gilmour（1978）利用所谓的"通流槽"（throughflow troughs）（图 6.4a）观察到了这些水流，而 Chappell 和 Sherlock（2005）则通过监测示踪物的迁移观察到了此类水流。

更重要的问题不是是否存在特定的产流路径，而是是否存在占比超过总观测径流 50% 的主导路径，特别是在暴雨事件中（在没有通过径流分割方法对流量过程线进行处理的前提下）。研究人员通常只是根据观察到的径流路径来推断主导路径，而不是根据从该路径实测得到的单位流域面积与流量。例如，在 Gilmour 等的研究（1980）中，单位流域面积的横向流实测值只是单位流域面积径流量观测值的一小部分。因此，与较深土层和松散岩层中未测得的流量相比，在该实验点（以及许多其他实验点）测得的近地表流量的重要性被严重高估。如图 6.4c 和表 6.1 所示，Elsenbeer（2001）、Bonell（2004）、Barthold 和 Woods（2015）在综述中提出的推断主导路径并不一致，这充分说明了主导路径在结果上存在模棱两可和曲解。

Bonell、Balek（1993）和 Bonell（2004）特别指出，另一个值得关注的问题是大多数研究仅针对土壤表层（即 A 和 B 土壤层）中的径流路径。越来越多的人意识到，在某些热带地区，可能会在非固结地质物质上形成土壤，这类地质物质具有渗透性，并且在这些地层中产流路径的深度更大。热带地区较深的多孔介质上形成的实验流域示例包括：巴西若斯瓦达克流域附近的卡拉多湖（Lake Calado）小流域（Lesack，1993）；新加坡的弗尔斯丛林（Jungle Falls）流域（Chappell and Sherlock，2005；Rahardjoetal et al.，2010）；武吉知马流域（Noguchi et al.，2005）和马来西亚的巴若姆坂山丘流域（Chappell et al.，2004）；柬埔寨的奥汤姆Ⅱ（O ThomⅡ）流域（Shimizu et al.，2007）。同样，热带地区的其他子流域也可能位于岩石含水层或具有裂隙的岩石上，这些系统会形成很深的径流路径。哥斯达黎加拉塞尔瓦（La Selva）附近的 Arboleda 流域（Genereux et al.，2005）中就存在这种路径。

表 6.1 Bonell（2004）编制的表 14.1 中的推断主导性产流路径

主导路径	实验流域
主导垂直路径	若斯瓦达克（#1），塔若克山丘（#9），迪莫纳牧场（Fazenda Dimona），姆盖拉（Mgera）
主导横向路径（超渗地表径流）	泰森林（#10）
主导横向路径（饱和地表径流）	南河（#7），科罗拉多岛（#3），拉昆卡（#6），马部瑞（Maburae）
主导横向路径（壤中流）	丹浓谷（巴鲁河）（#8），大兰乔（#4），比利斯Ⅱ（#2），道门（Dodmane），卡尼克（Kannike），义弗（Ife），艾克若斯（ECEREX）
主导横向路径（土壤-基岩界面处的地下暴雨径流）	帕拉河口（Kuala Belalong）

有关实验流域和径流路径定义的更多详细信息，请参阅 Bonell，2004。

为使研究人员意识到可能存在此类深度更大的产流路径及其作用，Chappell 等（2007）开发了径流路径的感知模型，其中，Ⅲ型系统穿过未固结地质物质的径流路径占主导地位，Ⅳ型系统穿过岩石含水层或裂隙的径流路径占主导地位（图 6.5）。实验流域如果没有穿过地质层（坚硬岩石或未固结物质材料）的主导径流路径，将会被归入Ⅱ型系统（存在 B 土层，例如，Chappell et al.，1998）或Ⅰ型系统（在陡峭、不透水山坡上形成石质土）。在以后的研究中，我们需要重点关注现有实验流域中可能存在的深度更大的径流路径上。依靠更完整的观测证据，包括从水文观测和示踪研究中获得的相关信息（Barthold 和 Woods 的建议，2015），研究人员可能更易于开发适用于所有热带森林环境的主导产流路径的统一数值模型。

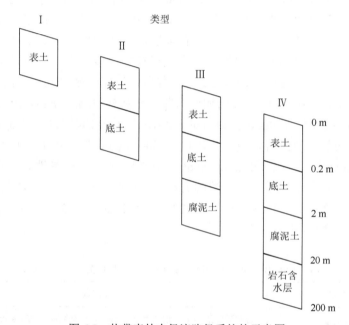

图 6.5　热带森林中径流路径系统的示意图

根据其中存在的多达四种的地层[土壤层或表土（A）；土壤层或底土（B）；未固结地质物质；坚硬岩石]进行分类，名称为Ⅰ型至Ⅳ型。图中给出了对数刻度的深度示例（改编自 Chappell 等的研究，2007；US DOE，2012）。

6.5　研究需求

根据政府间气候变化专门委员会（IPCC）A1B（平衡所有来源）方案的预测，未来一个世纪，大气中温室气体的预计增幅将导致热带地区的地表温度显著提高；东南亚、亚马孙和西非，大约会升高 3—5℃（IPCC，2007）。此外，A1B 方案预测降水模式将随之改变：西非降水普遍增加，东南亚降水季节性增强（即，雨季降水更多，旱季降水更少），而亚马孙南部和东部降水将普遍减少。还会出现更为剧烈的变化，例如，1997—1998 年发生了 20 世纪最强的厄尔尼诺现象，造成了东南亚的婆罗洲岛上最为严重的干旱(据统计,1998年的干旱可能每360年一遇)。在所研究的婆罗洲西部的森林地带,干旱时期的树木死亡率为6.37%/a,而干旱前(1993—1997年)的树木死亡率为0.89%/a(Nakagawa et al.,2000)。全球变暖可能会造成太平洋区域气候的变化,从而改变厄尔尼诺-南方涛动现象的未来活动(Timmermann et al.,1999)。虽然目前尚不清楚全球变暖将如何影响厄尔尼诺-南方涛动,但ENSO事件的频率或幅度可能会明显增加(Collins et al.,2010)。

此外,就土地植被的变化而言,热带地区是非常活跃的区域。Hansen 等(2013)使用2000—2012年的地球观测卫星数据进行调查研究,结果表明热带地区是唯一一个森林损失速率($2101\ km^2/a$)呈大幅上升趋势的区域,热带雨林的丧失占全球森林丧失总数的32%。热带森林之中,南美热带干燥林的损失速率最高。Hansen 等(2013)还证实,巴西热带森林损失速率已从2003—2004年的$40\ 000\ km^2$下降至2010—2011年的$20\ 000\ km^2$,而印度尼西亚的森林损失速率从2000—2001年的$8000\ km^2$急剧增加至2010—2011年的$20\ 000\ km^2$,这表明亚洲热带森林损失速率的提高"抵消"了亚马孙热带森林损失速率的减缓。

在潮湿的热带地区,森林砍伐和土地利用变化仍在持续,加上降水充沛,再与气候变化、土地植被的急剧变化相结合,必将改变当地的水文过程,增大淡水资源压力,造成土壤流失。热带森林的蒸散通常大于草原的蒸散,因此,从森林到草地的土地植被变化过程将会减少蒸散并增加径流,在某些情况下,会提高洪水频率(Bruijnzeel,2001,2004)。由于林业活动形成的紧实土壤上易形成局部超渗地表径流,这会加速水土流失(Bruijnzeel,2004;Sidle et al.,2006;Sidle and Ziegler,2012)。气候变化会改变降水机制,进而加剧土壤退化(Peña-Arancibia et al.,2010;Wohl et al.,2012)。我们应注意,次生植被可能会很快表现出与原生林相似的水文特性,如蒸散和地表入渗等过程(Giambelluca,2002;Bruijnzeel,2004)。

从全球视角来看,应再次强调热带森林是全球水通量的主要来源,因此蒸散速率的变化可能会严重影响全球和区域气候,进而可能影响对大气的反馈(Bonan,2008)。现已有许多针对热带地区的水文气候研究表明:森林采伐对局部和全球气候的影响在海洋性气候背景下要比大陆性气候背景下更为明显(van der Molen et al.,2006);与蒸腾作用相比,湿冠层蒸发使得雨水提前实现再循环(van der Ent et al.,2014);在海洋性气候的大陆,海面温度的变化对季节降水特征的影响大于土地植被变化产生的影响(Bruijnzeel,2004)。此外,大规模热带森林砍伐和选择性伐木活动不仅可能导致局部气候变暖和变干燥,而且由于温度升高,影响降水量,所产生的遥相关效应会给其他地区的农业带来相当大的风险。(Lawrence and Vandecar,2015)。

研究未来热带地区水文影响的第一步是,根据收集和整理各地监测站网得到的长期数据，了解当前基本的热带水文循环，以及地表与地下、植被与大气之间的水文相互作用。Wohl 等（2012）指出，与温带地区相比，许多热带国家基于实地的水文测验研究较少，而且更糟糕的是，此类研究正在减少。我们应注意，由于缺乏针对整个热带地区的长期统一观测资料，无法验证水文气候模型，因此无法通过模型的输出来推断未来的热带森林水文学特征。必须参照可靠的观测资料来建立相关模型，并且观察结果应作为模型输入。如本章所述，除了在组织构建热带地区的地面水文观测网络付出更多努力外，遥感技术以及全球尺度的气候和地理信息数据库还可用作最具前景的有效工具，以弥补缺乏热带地区实地观测站点不足的缺陷。

6.6 致　　谢

本章内容得到了日本文部科学省科学研究基金（#15H02645，#25281005）及其批准项目"气候变化风险信息计划"的部分支持。我们由衷地感谢 L. A. 布鲁因泽尔（Bruijnzeel）和编辑们对原稿提出的建设性意见。

参 考 文 献

Avissar, R. and Werth, D. (2005) Global teleconnections resulting from tropical deforestation. *Journal of Hydrometeorology* 6, 134–145.

Barthold, F.K. and Woods R.A. (2015) Stormflow generation: a meta-analysis of field evidence from small, forested catchments. *Water Resources Research* 51, 3730–3753.

Beer, C., Reichstein, M., Tomelleri, E., Ciais, P., Jung, M., Carvalhais, N., Röenbeck, C., Arain, M.A., Baldocchi, D., Gordon, B., *et al.* (2010) Terrestrial gross carbon dioxide uptake: global distribution and covariation with climate. *Science* 329, 834–838.

Bonan, G.B. (2008) Forests and climate change: forcing, feedbacks, and the climate benefits of forests. *Science* 320, 1444–1449.

Bonell, M. (2004) Runoff generation in tropical forests. In: Bonell, M. and Bruijnzeel, L.A. (eds) *Forests, Water and People in the Humid Tropics: Past, Present and Future Hydrological Research for Integrated Land and Water Management*. UNESCO International Hydrology Series. Cambridge University Press, Cambridge, pp. 314–406.

Bonell, M. and Balek, J. (1993) Recent scientific developments and research needs in hydrological processes of the humid tropics. In: Bonell, M., Hufschmidt, M.M. and Gladwell, J.S. (eds) *Hydrology and Water Management in the Humid Tropics*. Cambridge University Press, Cambridge, pp. 167–260.

Bonell, M. and Gilmour, D.A. (1978) The development of overland flow in a tropical rainforest catchment. *Journal of Hydrology* 39, 365–382.

Boose, E.R., Foster, D.R. and Fluet, M. (1994) Hurricane impacts to tropical and temperate forest landscapes. *Ecological Monographs* 64, 369–400.

Boose, E.R., Serrano, M.I. and Foster, D.R. (2004) Landscape and regional impacts of hurricanes in Puerto Rico. *Ecological Monographs* 74, 335–352.

Bruijnzeel, L.A. (1990) *Hydrology of Moist Tropical Forests and Effects of Conversion: A State of Knowledge Review*. International Hydrological Programme, UNESCO, Paris.

Bruijnzeel, L.A. (2001) Forest hydrology. In: Evans, J. (ed.) *The Forests Handbook, Volume 1: An Overview of Forest Science*. Blackwell, Oxford, pp. 301–343.

Bruijnzeel, L.A. (2004) Hydrological functions of tropical forests: not seeing the soil for the trees? *Agriculture, Ecosystems & Environment* 104, 185–228.

Bruijnzeel, L.A., Mulligan, M. and Scatena, F.N. (2011) Hydrometeorology of tropical montane cloud forests: emerging patterns. *Hydrological Processes* 25, 465–498.

Budyko, M.I. and Miller, D.H. (1974) *Climate and Life*. Academic Press, New York.

Burt, T.P. and McDonnell, J.J. (2015) Whither field hydrology? The need for discovery science and outrageous hydrological hypotheses. *Water Resources Research* 51, 5919–5928.

Canadell, J.G., Le Quere, C., Raupach, M.R., Field, C.B., Buitenhuis, E.T., Ciais, P., Conway, T.J., Gillett, N.P., Houghton, R.A. and Marland, G. (2007) Contributions to accelerating atmospheric CO_2 growth from economic activity, carbon intensity, and efficiency of natural sinks. *Proceedings of the National Academy of Sciences USA* 104, 18866–18870.

Carlson, K.M., Curran, L.M., Ratnasari, D., Pittman, A.M., Soares-Filho, B.S., Asner, G.P., Trigg, S.N., Gaveau, D.A., Lawrence, D. and Rodrigues, H.O. (2012) Committed carbon emissions, deforestation, and community land conversion from oil palm plantation expansion in West Kalimantan, Indonesia. *Proceedings of the National Academy of Sciences USA* 109, 7559–7564.

Chappell, N.A. and Sherlock, M.D. (2005) Contrasting flow pathways within tropical forest slopes of Ultisol soil. *Earth Surface Processes and Landforms* 30, 735–753.

Chappell, N.A., Franks, S.W. and Larenus, J. (1998) Multi-scale permeability estimation in a tropical catchment. *Hydrological Processes* 12, 1507–1523.

Chappell, N.A., Tych, W., Yusop, Z., Rahim, N.A. and Kasran, B. (2004) Spatially-significant effects of selective tropical forestry on water, nutrient and sediment flows: a modelling-supported review. In: Bonell, M. and Bruijnzeel, L.A. (eds) *Forests, Water and People in the Humid Tropics: Past, Present and Future Hydrological Research for Integrated Land and Water Management*. UNESCO International Hydrology Series. Cambridge University Press, Cambridge, pp. 513–532.

Chappell, N.A., Sherlock, M., Bidin, K., Macdonald, R., Najman, Y. and Davies, G. (2007) Runoff processes in Southeast Asia: role of soil, regolith and rock type. In: Sawada, H., Araki, M., Chappell, N.A., LaFrankie, J.V. and Shimizu, A. (eds) *Forest Environments in the Mekong River Basin*. Springer, Tokyo, pp. 3–23.

Chen, M., Xie, P., Janowiak, J.E. and Arkin, P.A. (2002) Global land precipitation: a 50-yr monthly analysis based on gauge observations. *Journal of Hydrometeorology* 3, 249–266.

Cienciala, E., Kucera, J. and Malmer, A. (2000) Tree sap flow and stand transpiration of two *Acacia mangium* plantations in Sabah, Borneo. *Journal of Hydrology* 236, 109–120.

Collins, M., An, S.-I., Cai, W., Ganachaud, A., Guilyardi, E., Jin, F.-F., Jochum, M., Lengaigne, M., Power, S., Timmermann, A., *et al.* (2010) The impact of global warming on the tropical Pacific Ocean and El Niño. *Nature Geoscience* 3, 391–397.

Curran, L.M., Trigg, S.N., McDonald, A.K., Astiani, D., Hardiono, Y.M., Siregar, P., Caniago, I. and Kasischke, E. (2004) Lowland forest loss in protected areas of Indonesian Borneo. *Science* 303, 1000–1003.

Dee, D.P., Uppala, S.M., Simmons, A.J., Berrisford, P., Poli, P., Kobayashi, S., Andrae, U., Balmaseda, M.A., Balsamo, G., Bauer, P., *et al.* (2011) The ERA-Interim reanalysis: configuration and performance of the data assimilation system.

Quarterly Journal of the Royal Meteorological Society 137, 553–597.

Downing, J.A., Cole, J.J., Duarte, C.M., Middelburg, J.J., Melack, J.M., Prairie, Y.T., Kortelainen, P., Striegl, R.G., McDowell, W.H. and Tranvik, L.J. (2012) Global abundance and size distribution of streams and rivers. *Inland Waters* 2, 229–236.

Elsenbeer, H. (2001) Hydrologic flowpaths in tropical soilscapes – a review. *Hydrological Processes* 15, 1751–1759.

Elsenbeer, H. and Vertessy, R.A. (2000) Stormflow generation and flowpath characteristics in an Amazonian rainforest catchment. *Hydrological Processes* 14, 2367–2381.

Feng, X., Porporato, A. and Rodriguez-Iturbe, I. (2013) Changes in rainfall seasonality in the tropics. *Nature Climate Change* 3, 811–815.

Fox, J., Vogler, J.B., Sen, O.L., Giambelluca, T.W. and Ziegler, A.D. (2012) Simulating land-cover change in montane mainland Southeast Asia. *Environmental Management* 49, 968–979.

Genereux, D.P., Jordan, M.T. and Carbonell, D. (2005) A paired-watershed budget study to quantify interbasin groundwater flow in a lowland rainforest, Costa Rica. *Water Resources Research* 41, W04011, doi: 10.1029/2004WR003635 (accessed 30 March 2016).

Giambelluca, T.W. (2002) Hydrology of altered tropical forest. *Hydrological Processes* 16, 1665–1669.

Giambelluca, T.W., Ziegler, A.D., Nullet, M.A., Truong, D.M. and Tran, L.T. (2003) Transpiration in a small tropical forest patch. *Agricultural and Forest Meteorology* 117, 1–22.

Gilmour, D.A., Bonell, M. and Sinclair, D.F. (1980) *An Investigation of Storm Drainage Processes in a Tropical Rainforest Catchment*. Technical Paper No. 56. Australian Water Resources Council, Canberra.

Guardiola-Claramonte, M., Troch, P.A., Ziegler, A.D., Giambelluca, T.W., Durcik, M., Vogler, J.B. and Nullet, M.A. (2010) Hydrologic effects of the expansion of rubber (*Hevea brasiliensis*) in a tropical catchment. *Ecohydrology* 3, 306–314.

Hansen, M.C., Potapov, P.V., Moore, R., Hancher, M., Turubanova, S.A., Tyukavina, A., Thau, D., Stehman, S.V., Goetz, S.J., Loveland, T.R., et al. (2013) High-resolution global maps of 21st-century forest cover change. *Science* 342, 850–853.

Hugenschmidt, C., Ingwersen, J., Sangchan, W., Sukvanachaikul, Y., Duffner, A., Uhlenbrook, S. and Streck, T. (2014) A three-component hydrograph separation based on geochemical tracers in a tropical mountainous headwater catchment in northern Thailand. *Hydrology and Earth System Science* 18, 525–537.

Igarashi, Y., Kumagai, T., Yoshifuji, N., Sato, T., Tanaka, N., Tanaka, K., Suzuki, M. and Tantasirin, C. (2015) Environmental control of canopy stomatal conductance in a tropical deciduous forest in northern Thailand. *Agricultural and Forest Meteorology* 202, 1–10.

IPCC (2007) *Climate Change 2007: Impacts, Adaptation and Vulnerability. Contribution of Working Group II to the Fourth Assessment Report of the Intergovernmental Panel on Climate Change*. Cambridge University Press, New York.

Kanamori, H., Yasunari, T. and Kuraji, K. (2013) Modulation of the diurnal cycle of rainfall associated with the MJO observed by a dense hourly rain gauge network at Sarawak, Borneo. *Journal of Climate* 26, 4858–4875.

Komatsu, H., Cho, J., Matsumoto, K. and Otsuki, K. (2012) Simple modeling of the global variation in annual forest evapotranspiration. *Journal of Hydrology* 420, 380–390.

Krusche, A.V., Ballester, M.V.R. and Leite, N.K. (2011) Hydrology and biogeochemistry of terra firme lowland tropical forests. In: Levia, D.F., Carlyle-Moses, D. and Tanaka, T. (eds) *Forest Hydrology and Biogeochemistry: Synthesis of Past Research and Future Directions*. Ecological Studies Vol. 216. Springer, New York, pp. 187–201.

Kumagai, T. and Kume, T. (2012) Influences of diurnal rainfall cycle on CO_2 exchange over Bornean tropical rainforests.

Ecological Modelling 246, 91–98.

Kumagai, T. and Porporato, A. (2012a) Drought-induced mortality of a Bornean tropical rain forest amplified by climate change. *Journal of Geophysical Research – Biogeosciences* 117, G02032, doi: 10.1029/2011JG001835 (accessed 30 March 2016).

Kumagai, T. and Porporato, A. (2012b) Strategies of a Bornean tropical rainforest water use as a function of rainfall regime: isohydric or anisohydric? *Plant, Cell and Environment* 35, 61–71.

Kumagai, T., Saitoh, T.M., Sato, Y., Morooka, T., Manfroi, O.J., Kuraji, K. and Suzuki, M. (2004) Transpiration, canopy conductance and the decoupling coefficient of a lowland mixed dipterocarp forest in Sarawak, Borneo: dry spell effects. *Journal of Hydrology* 287, 237–251.

Kumagai, T., Saitoh, T.M., Sato, Y., Takahashi, H., Manfroi, O.J., Morooka, T., Kuraji, K., Suzuki, M., Yasunari, T. and Komatsu, H. (2005) Annual water balance and seasonality of evapotranspiration in a Bornean tropical rainforest. *Agricultural and Forest Meteorology* 128, 81–92.

Kumagai, T., Yoshifuji, N., Tanaka, N., Suzuki, M. and Kume, T. (2009) Comparison of soil moisture dynamics between a tropical rainforest and a tropical seasonal forest in Southeast Asia: impact of seasonal and year-to-year variations in rainfall. *Water Resources Research* 45, W04413, doi: 10.1029/2008WR007307 (accessed 30 March 2016).

Kumagai, T., Kanamori, H. and Yasunari, T. (2013) Deforestation-induced reduction in rainfall. *Hydrological Processes* 27, 3811–3814.

Kumagai, T., Mudd, R.G., Giambelluca, T.W., Kobayashi, N., Miyazawa, Y., Lim, T.K., Liu, W., Huang, M., Fox, J.M., Ziegler, A.D., et al. (2015) How do rubber (*Hevea brasiliensis*) plantations behave under seasonal water stress in northeastern Thailand and central Cambodia? *Agricultural and Forest Meteorology* 213, 10–22.

Kume, T., Tanaka, N., Kuraji, K., Komatsu, H., Yoshifuji, N., Saitoh, T.M., Suzuki, M. and Kumagai, T. (2011) Ten-year evapotranspiration estimates in a Bornean tropical rainforest. *Agricultural and Forest Meteorology* 151, 1183–1192.

Lawrence, D. and Vandecar, K. (2015) Effects of tropical deforestation on climate and agriculture. *Nature Climate Change* 5, 27–36.

Lesack, L.F.W. (1993) Water balance and hydrologic characteristics of a rain forest catchment in the Central Amazon Basin. *Water Resources Research* 29, 759–773.

Malhi, Y. and Wright, J. (2004) Spatial patterns and recent trends in the climate of tropical rainforest regions. *Philosophical Transactions of the Royal Society B: Biological Sciences* 359, 311–329.

Malhi, Y., Aragao, L.E.O.C., Galbraith, D., Huntingford, C., Fisher, R., Zelazowski, P., Sitch, S., McSweeney, C. and Meir, P. (2009) Exploring the likelihood and mechanism of a climate-change-induced dieback of the Amazon rainforest. *Proceedings of the National Academy of Sciences USA* 106, 20610–20615.

Meir, P., Cox, P.M. and Grace, J. (2006) The influence of terrestrial ecosystems on climate. *Trends in Ecology and Evolution* 21, 254–260.

Miyazawa, Y., Tateishi, M., Komatsu, H., Ma, V., Kajisa, T., Sokh, H., Mizoue, N. and Kumagai, T. (2014) Tropical tree water use under seasonal waterlogging and drought in central Cambodia. *Journal of Hydrology* 515, 81–89.

Mora, C., Frazier, A.G., Longman, R.J., Dacks, R.S., Walton, M.M., Tong, E.J., Sanchez, J.J., Kaiser, L.R., Stender, Y.O., Anderson, J.M., et al. (2013) The projected timing of climate departure from recent variability. *Nature* 502, 183–187.

Nakagawa, M., Tanaka, K., Nakashizuka, T., Ohkubo, T., Kato, T., Maeda, T., Sato, K., Miguchi, H., Nagamasu, H., Ogino, K., et al. (2000) Impact of severe drought associated with the 1997–1998 El Niño in a tropical forest in Sarawak. *Journal of Tropical Ecology* 16, 355–367.

Negrón-Juárez, R.I., Chambers, J.Q., Guimaraes, G., Zeng, H., Raupp, C.F., Marra, D.M., Ribeiro, G.H.P.M., Saatchi, S.S.,

Nelson, B.W. and Higuchi, N. (2010) Widespread Amazon forest tree mortality from a single cross-basin squall line event. *Geophysical Research Letters* 37, L16701, doi: 10.1029/2010GL043733 (accessed 30 March 2016).

Noguchi, S., Abdul Rahim, N. and Tani, M. (2005) Runoff characteristics in a tropical rain forest catchment. *Japan Agricultural Research Quarterly* 39, 215–219.

Oki, T., Musiake, K., Matsuyama, H. and Masuda, K. (1995) Global atmospheric water balance and runoff from large river basins. *Hydrological Processes* 9, 655–678.

Pan, Y., Birdsey, R.A., Fang, J., Houghton, R., Kauppi, P.E., Kurz, W.A., Phillips, O.L., Shvidenko, A., Lewis, S.L., Canadell, J.G., et al. (2011) A large and persistent carbon sink in the world's forests. *Science* 333, 988–993.

Peña-Arancibia, J.L., van Dijk, A.I.J.M., Mulligan, M. and Bruijnzeel, L.A. (2010) The role of climatic and terrain attributes in estimating baseflow recession in tropical catchments. *Hydrology and Earth System Sciences* 14, 2193–2205.

Phillips, O.L., Aragao, L.E.O.C., Lewis, S.L., Fisher, J.B., Lloyd, J., Lopez-Gonzales, G., Malhi, Y., Monteagudo, A., Peacock, J., Quesada, C.A., et al. (2009) Drought sensitivity of the Amazon rainforest. *Science* 323, 1344–1347.

Poveda, G., Jaramillo, L. and Vallejo, L.F. (2014) Seasonal precipitation patterns along pathways of South American low-level jets and aerial rivers. *Water Resources Research* 50, 98–118.

Priestley, C.H.B. and Taylor, R.J. (1972) On the assessment of surface heat flux and evaporation using large-scale parameters. *Monthly Weather Review* 100, 81–92.

Rahardjo, H., Nio, A., Leong, E. and Song, N. (2010) Effects of groundwater table position and soil properties on stability of slope during rainfall. *Journal of Geotechnical and Geoenvironmental Engineering* 136, 1555–1564.

Roberts, J., Cabral, O.M.R., Fisch, G., Molion, L.C.B., Moore, C.J. and Shuttleworth, W.J. (1993) Transpiration from an Amazonian rainforest calculated from stomatal conductance measurements. *Agricultural and Forest Meteorology* 65, 175–196.

Saatchi, S.S., Harris, N.L., Brown, S., Lefsky, M., Mitchard, E.T., Salas, W., Zutta, B.R., Buermann, W., Lewis, S.L., Hagen, S., et al. (2011) Benchmark map of forest carbon stocks in tropical regions across three continents. *Proceedings of the National Academy of Sciences USA* 108, 9899–9904.

Shimizu, A., Kabeya, N., Nobuhiro, T., Kubota, T., Tsuboyama, Y., Ito, E., Sano, M., Chann, S. and Keth, N. (2007) Runoff characteristics and observations on evapotranspiration in forest watersheds, central Cambodia. In: Sawada, H., Araki, M., Chappell, N.A., LaFrankie, J.V. and Shimizu, A. (eds) *Forest Environments in the Mekong River Basin*. Springer, Tokyo, pp. 135–146.

Shuttleworth, W.J., Gash, J.H.C., Lloyd, C.R., Moore, C.J., Roberts, J.M., Marques Filho, A.d.O., Fisch, G., Silva Filho, V.d.P., Ribeiro, M.d.N.G., Molion, L.C.B., et al. (1984) Eddy correlation measurements of energy partition for Amazonian forest. *Quarterly Journal of the Royal Meteorological Society* 110, 1143–1162.

Sidle, R.C. and Ziegler, A.D. (2012) The dilemma of mountain roads. *Nature Geoscience* 5, 437–438.

Sidle, R.C., Ziegler, A.D., Negishi, J.N., Nik, A.R., Siew, R. and Turkelboom, F. (2006) Erosion processes in steep terrain? Truths, myths, and uncertainties related to forest management in Southeast Asia. *Forest Ecology and Management* 224, 199–225.

Spracklen, D.V., Arnold, S.R. and Taylor, C.M. (2012) Observations of increased tropical rainfall preceded by air passage over forests. *Nature* 489, 282–285.

Tanaka, N., Kume, T., Yoshifuji, N., Tanaka, K., Takizawa, H., Shiraki, K., Tantasirin, C., Tangtham, N. and Suzuki, M. (2008) A review of evapotranspiration estimates from tropical forests in Thailand and adjacent regions. *Agricultural and Forest Meteorology* 148, 807–819.

Timmermann, A., Oberhuber, J., Bacher, A., Esch, M., Latif, M. and Roeckner, E. (1999) Increased El Niño frequency in a climate model forced by future greenhouse warming. *Nature* 398, 694–697.

US DOE (2012) *Research Priorities for Tropical Ecosystems Under Climate Change Workshop Report, DOE/SC-0153*. US Department of Energy, Office of Science, Washington, DC.

van der Ent, R.J., Savenije, H.H.G., Schaefli, B. and Steele-Dunne, S.C. (2010) Origin and fate of atmospheric moisture over continents. *Water Resources Research* 46, W09525, doi: 10.1029/2010WR009127 (accessed 30 March 2016).

van der Ent, R.J., Wang-Erlandsson, L., Keys, P.W. and Savenije, H.H.G. (2014) Contrasting roles of interception and transpiration in the hydrological cycle? Part 2: Moisture recycling. *Earth System Dynamics* 5, 471–489.

van der Molen, M.K., Dolman, A.J., Waterloo, M.J. and Bruijnzeel, L.A. (2006) Climate is affected more by maritime than by continental land use change: a multiple scale analysis. *Global and Planetary Change* 54, 128–149.

Vourlitis, G.L., de Souza Nogueira, J., de Almeida Lobo, F., Sendall, K.M., de Paulo, S.R., Antunes Dias, C.A., Pinto Jr, O.B. and de Andrade, N.L.R. (2008) Energy balance and canopy conductance of a tropical semi-deciduous forest of the southern Amazon Basin. *Water Resources Research* 44, W03412, doi: 10.1029/2006WR005526 (accessed 30 March 2016).

Walsh, R.P.D. (1996) Climate. In: Richards, P.W. (ed.) *The Tropical Rain Forest, An Ecological Study*, 2nd edn. Cambridge University Press, Cambridge, pp. 159–205.

Wohl, E., Barros, A., Brunsell, N., Chappell, N.A., Coe, M., Giambelluca, T., Goldsmith, S., Harmon, R., Hendrickx, J.M.H., Juvik, J., *et al.* (2012) The hydrology of the humid tropics. *Nature Climate Change* 2, 655–662.

Zhang, I., Dawes, W.R. and Walker, G.R. (2001) Response of mean annual evapotranspiration to vegetation changes at catchment scale. *Water Resources Research* 37, 701–708.

7 洪泛森林和湿地森林的水文特征

T. M.威廉姆斯（T. M. Williams）[1*]，K. W. 克劳斯（K. W. Krauss）[2]，T. 奥克鲁什科（T. Okruszko）[3]

7.1 引　　言

在本章，我们研究了由于降水、地下水或地面泛流而造成土壤饱和的林区水文状况，包括红树林和其他潮汐林，以及《关于特别是作为水禽栖息地的国际重要湿地公约》（《拉姆萨尔公约》）（Mathews，1993）规定的泥炭地和相关湿地（树木为主）的森林部分。还包括河口潮汐林、沼生森林湿地以及由 Cowardin 等（1985）分类的未成熟树种组成的部分沼生灌木丛。Mitsch 和 Gosselink（2015）概述了湿地的生态学特征，Tiner(2013)特别研究了受到潮汐影响的湿地，而 Trettin 等（1996）以及 Messina 和 Conner（1998）则分别研究了北方和南方的森林湿地。

由于大多数森林树种（某些红树林除外）在连续漫灌的环境下无法再生（Lugo et al.，1988），因而森林湿地的潮湿极限至少需要土壤表层周期性地保持干燥。干燥极限则较为模糊，但通常与土壤饱和度有关，土壤饱和持续一定时间就足以产生可见的土壤特征，并限制无法适应饱和土壤的植物的生长。在美国，湿地干燥极限的定义是各种科学、经济和政治利益相互作用的结果。湿地活动受美国环境保护署管理的《清洁水法案》（Clean Water Act）的约束。实地划定和执行由美国陆军工程兵团（USACE）完成。美国陆军工程兵团划定湿地的准则与植物和土壤的饱和度指标相关（USACE，1987）。美国内政部的美国鱼类及野生动物管理局（USFWS）负责完成全国湿地植被的绘图工作，美国农业部（USDA）的自然资源保护局（NRCS）负责完成全国土壤的绘图工作。由于在划界方面存在诸多实际问题（对植被和/或土壤的损害），美国陆军工兵部队发布了相关的实用方法，将测得的地下水位作为相关指标并与土壤和植被指标联系起来（USACE，2005）。本书使用土壤饱和状态代替特定地点的信息，将湿地定义为：在生长季的连续 14 天中，地下水位埋深处于土表 12 in（30 cm）以内。根据美国自然资源保护局的

---

1 克莱姆森大学，美国南卡罗来纳州乔治城；2 美国地质调查局，美国路易斯安那州拉斐特；3 华沙生命科学大学，波兰格但斯克

* 通讯作者邮箱：tmwllms@clemson.edu

定义，生长季为在有记录的 50%的年份内，土壤温度均高于 28°F（−2.2℃）。

所选择的深度标准是为了反映由于毛细管作用达到土壤饱和时与地下水位的距离（y）。y（单位：cm）是空气进入土壤时所需的土壤水分张力，也可以称为泡点压力。Rawls 等（1982）列出了土壤质地三角形所示 11 种土壤质地类型的 y 的几何平均值，y 的范围为 7.3 cm（砂土）到 36.5 cm（黏土）。Comerford 等（1996）检查了佛罗里达州的高地下水位砂土（Ultic Alaquods-US 系统），发现地下水位在地表 15 cm 以内的区域达到土壤饱和的证据。他们的研究工作表明，高地下水位森林中，土壤基质距土壤表面的距离为 y 时，也会达到饱和状态，该距离与 Rawls 等（1982）发现的数值一致。Rawls 等（1982）提出的 y 的估算方法可能是一种估算地面饱和度的合理方法。

理解土壤、水文和地貌之间的相互作用，对于研究受到块体运动影响的斜坡、侵蚀和泥沙转移、径流形成过程以及沉积过程的人为影响可能至关重要（Sidle and Onda，2004）。Semeniuk V 和 Semeniuk C A（1997）提议将地貌和水文周期的指标纳入到《拉姆萨尔公约》的湿地分类中。在欧洲北部地区，泥炭聚积和淹没深度用于定义泥炭沼泽（mires，泥炭聚积区）、沼泽（marshes，无植被，泥炭聚积较少）和池沼（swamps，无植被，持续淹没深度更大）（Okruszko et al.，2011）。这些术语在美国的用法相反，其中"swamp"几乎专门指代森林湿地，"marsh"是指主要生长草类和草本植物的潮汐淡水和咸水地区，这些地区累积了有机和无机沉积物。在美国，"peatland（泥炭地）"用于指代存在有机质土壤的所有地区，而在欧洲，仅因为农业或林业用途而排水的泥炭沼泽才被称为泥炭地。Brinson（1993）建议根据不同地貌形态的水文特征对湿地进行分类，并区分各种湿地环境中的水源。Tiner（2011）提出了二叉式检索表，用于区分和详细描述 Cowardin 等（1985）提出的基于 Brinson 构想的分类方法。在本章中，我们主要介绍因不同水源而引起土壤饱和的森林湿地。

当基本水量平衡方程中的土壤蓄水能力（ΔSM）最小（土壤水最大）时，或满足 $P-E-T \pm Q_s \pm Q_g \geqslant \Delta SM$ 时，就会出现土壤饱和的情况。式中 P 为降水量，E 为截留蒸发量、开阔水面蒸发量和土壤蒸发量，T 为蒸腾量，Q_s 为地表水径流量，Q_g 为地下径流量。由此形成了三种类型的森林湿地：①雨水补给湿地，其中 $P>E+T+Q_s+Q_g$；②地下水补给湿地，其中 $P+Q_g>E+T+Q_s$；③地表水补给湿地，其中 $P+Q_s>E+T+Q_g$。大多数地表水补给湿地都处于河流环境下，上游水文条件决定了河流水位与洪泛情况。洪水因潮汐作用也会直接淹没森林，或者因潮汐改变淡水河流的水位关系而间接淹没森林。

7.2　降水补给形成的森林湿地

在湿润地区发现了降水补给形成的湿地（$P>E+T+Q_s+Q_g$）。年降水量等于或大于年蒸散（ET），并且要满足湿地条件，P 必须在一年中的相当一部分时间内超过 ET。通常也存在地表和/或地下排水受限的情况。这些湿地的地表水系（如有）通常较浅。许多情况下，这些湿地位于相对年轻的地质层组中，那里尚未形成成熟的水系类型。地下径流也在垂直方向上受到不透水层的限制，在水平方向上，受到斜坡、导水率（k）或这两者共同作用的限制。Brinson（1993）将此类湿地归为矿物或有机湿地，Semeniuk V 和 Semeniuk C A（1997）称它们为潮湿地（dampland），而 Tiner（2011）则称它们为季节性饱和湿地。

7.2.1 北部雨雪地区

面积最大且分布最广的降水补给湿地集中在北半球的沼泽地带。位于柯本气候分类的常湿温暖气候-夏季温暖/夏季凉快（Cf b, c）和常湿冷温气候（Df）区，包括美国的东北和中北部、加拿大的东部和北方大部、欧洲的东北部、芬诺斯坎迪亚（芬兰、挪威、瑞典、丹麦的总称）和欧亚大陆的俄罗斯。在这些区域中，P 倾向于超过 PET，部分年降水量以降雪的形式落下。泥炭藓是整个地区湿地中最为常见的植被类型。常见的树种包括欧亚大陆的松属（*Pinus* spp.）或桦木属（*Betula* spp.）和北美洲的黑云杉（*Picea mariana*）、北美落叶松（*Larix laricina*）和桦木属（*Betula* spp.）。这些地区的大部分泥炭沼泽由泥潭（降水补给）和沼泽（地下水补给）组成，并且存在高位沼泽，在高位沼泽因泥炭聚积过程形成了略微凸起的地貌。

北部泥炭沼泽最重要的水文特征是泥炭分离成地表泥炭层（acrotelm）和下层的黑泥炭层（catotelm）（Ingram，1978）。地表泥炭层为活苔藓和部分分解泥炭构成的地表堆积层，地表堆积层多孔并且具有相对较低的堆积密度和较高的渗透性。下层的黑泥炭层为分解和压实后的泥炭，其垂直和水平导水率（k）均比地表泥炭层小三到五个数量级。Ingram（1983）提出，地表泥炭层的典型 k 为 10^{-1} cm/s，而下层黑泥炭层的典型 k 为 10^{-4} cm/s。Fraser 等（2001）测得的地表泥炭层水平 k 为 10^{-3}—10^{-7} cm/s，在地表附近达到最大值，而最小值出现在下层黑泥炭层顶部。对于下层黑泥炭层，k 为 10^{-6}—10^{-8} cm/s。Devito 等（1996）估算，深度为 10cm 时 k 为 10^{-2} cm/s，深度为 20—30 cm 时 k 为 10^{-3}—10^{-4} cm/s，泥炭深度更大（100cm）时 k 为 10^{-5}—10^{-6} cm/s。Boelter（1969）提出术语的时间早于 Ingram，并发现纤维泥炭（分解程度最低）的 k 为 1.8×10^{-3} cm/s，而对于含极腐烂生物的泥炭（分解程度最高），其 k 为 2×10^{-6} cm/s。Chason 和 Siegel（1986）在明尼苏达州西部的下层黑泥炭层中发现了更高的 k（2.5×10^{-4}—2.6×10^{-2} cm/s）。下层黑泥炭层较低的 k 和地表泥炭层与高地之间变化的连接结构是造成湿地水文和流域过程广泛变化的主要原因。下层黑泥炭层较低的 k 限制了水分向地表泥炭层的横向移动。

高地与泥炭沼泽的连接程度取决于与湿地边缘周围地表泥炭层相接触的高地物质的坡度、厚度和渗透性。

大陆冰川作用在北半球的大部分地区形成了相同的地貌。北部地区为冰河侵蚀区，基岩上有薄薄的沉积物，从基岩开始所有风化层都被侵蚀了。南部地区是冰川沉积区，包含冰碛和鼓丘中较厚的沉积物、广阔平原上的冰水沉积砂和砾石，以及原冰缘湖床中的黏土沉积物。沉积冰碛物和冰水沉积物上零星散布着由冰川消退后逐渐融化的埋藏冰所形成的凹坑。在遍布整个冰川侵蚀地貌的各种洼地、原先为冰川湖的大湿地、鼓丘之间的洼地和许多冰块洼地中都发现了泥炭堆积作用的迹象。冰川湖床和冰块洼地通常都含有在冰后期早期沉积而成的基底黏土层，进一步限制了泥炭与矿质土壤之间的垂直地下水交换过程。

北部冰川侵蚀区的产流过程被融雪径流所主导（Woo and diCenzo，1989）。通常可在加拿大 70°N 以北发现裸露基岩和永久冻土影响水系类型和径流形成过程（Hodgson and Young，2001），在芬兰 63°N 以北（Turunen et al.，2002）和俄罗斯最南端 60°N（Botch，1990）发现无植被"appa"泥炭沼泽（Turunen et al.，2002）。St Amour 等（2005）在加拿大更靠南（61°N）的地区发现，麦肯齐（Mackenzie）河支流中，融雪期间大多数流域均有地表径流汇集，但在融雪季节过后，雨水往往只在有碱沼和湖泊形成水流。在加拿大东部往南至 54°N，也发现了不连续的永久冻土（Smith and Risenborough，2002）。与气候变暖相关的永久冻土解冻现象的最新观察结果（Jorgeson et al.，2006）表明，在未来几十年内这些边界可能会向北移动。

在永久冻土以南，湿地水文过程由周边高地中冰水沉积物或冰碛物的厚度和类型决定（Buttle et al.，2000）。如果冰碛物较薄且不连续，则来自基岩的地表径流会直接形成湿地和水流。如果冰碛物或有机质堆积物连续覆盖基岩或在基岩上形成岛状物，则会形成地下径流，径流通常位于土壤-基岩界面（Peters et al.，1995）。斜坡与湿地之间的水文联系主要伴随着融雪过程发生。夏季降雨会形成暴雨径流，该暴雨径流仅来自于连接至河网的湿地，河网与湿地经由地表泥炭层中的径流或饱和地表径流实现相互贯通。泥炭沼泽中酸沼和碱沼的范围与冰碛物厚度和周边地形相关。在冰碛物较薄的区域，洼地的碱沼界限通常较窄，但酸沼中心较高。冰碛物较厚时，会提高进入边缘以及碱沼部分的地下水比例。地下水的补给还取决于水源区的大小和高地含水层的导水系数（$T = k \times$ 含水层的饱和厚度）。

在冰川沉积区更靠南的位置，湿地类型的分布更为多变。分布最广但普遍较小的湿地与冰块洼地有关。在终碛附近，这些洼地的数量更多，包括完全覆盖植被的泥炭沼泽到开口湖。下层黑泥炭层下面有薄薄的黏土层，这往往会进一步密封洼地，可在高程远大于一般地下水位的泥炭沼泽中形成上层滞水水面。即使在纹理粗糙的冰水沉积平原中也可能形成此类泥炭沼泽。Devito 等（1996）证明，在45°N，两个相似的洼地几乎全都是酸沼，在该区域地表泥炭层与高地潜水含水层几乎没有连接部分，或者全都是碱沼，在该区域较厚的高地潜水含水层中形成了径流，在生长季的大部分时间内该径流会穿过地表泥炭层。Bay（1967）描述了美国明尼苏达州中北部（47°N）马塞尔（Marcell）实验林 S2 和 S3 流域类似的差异。流域 S2 高于区域地下水位，主要为沼泽，而 S3 位于冰水沉积区，在该区域含水层穿过地表泥炭层。关于流域 S2 水文的完整说明，请参阅 Verry 等（2011）的文献以及本书第 14 章。

在以鼓丘为主的流域（44°N），Todd 等（2006）发现泥炭沼泽较少，但鼓丘之间的洼地分布着矿质土湿地，其具备湿地和高地的植被特征[流域出口附近的西方金钟柏（*Thuja occendentalis*）、糖枫（*Acer saccharum*）、杨属（*Populus* spp.）、桦木属（*Betula* spp.）和香蒲属（*Typha* spp.）]。在这些流域中，径流系数表明雨水和融雪径流仅发源于饱和湿地。与"变水源区"的概念相反，低海拔湿地不会产生径流，除非发源于高海拔湿地的季节性河流流入低海拔湿地。

冰缘湖湖床上泥炭沼泽的水文特征展现出了与地貌大小紧密相关的独特问题。针对原先为冰川湖的湿地的水文观测通常借助于放置在一小部分湿地中的流压计，并根据较小湿地的结果外推和解释相关结果。Fraser 等（2001）研究了加拿大安大略省一个面积为 28 km^2 的湿地（45.4°N，75.4°W），并沿两个 500 m 横断面布置了 10 个流压计网络。他们发现区域地下水的补给非常有限，并且仅在干旱季节径流才会从下层黑泥炭层流向地表泥炭层。即使这样，下层黑泥炭层中径流的水头也会下降，无论干旱程度如何，这都将限制潜在径流量。Siegel 和 Glaser（1987）使用 3 个流压计，研究了美国明尼苏达州西部（48.1°N，94.4°W）面积为 32 km^2 的阿加西兹湖（Lake Agassiz）湿地。其中 1 个放置在酸沼中，另外两个放置在碱沼中。结果发现，区域地下水是碱沼区域大部分水流的水源，这使得 pH（酸沼为 4，碱沼为 7）和溶解矿物质（主要是钙、镁、钠）的含量存在巨大差异。Heinselmann（1970）在该地区以东 100 km（48.2°N，93.5°W），面积为 181 km^2 的阿加西兹湖湿地进行研究，发现仅在高地水流流入地表泥炭层的碱沼中存在较高的 pH 和钙镁含量。

7.2.2 南部只降雨的地区

热带泥炭地占世界泥炭土的 11%，而在东南亚则占 57%（Andriesse，1988）。几乎所有的热带泥炭地都在柯本气候分类的热带雨林气候（Af）带和热带季风气候（Am）带中。尽管在水文学方面完成的工作很少，但印度尼西亚的泥炭地区似乎类似于北纬地区的高位沼泽（Wösten et al.，2008）。Wösten 等（2008）还发现 10 年内年均降雨量为 2570 mm，ET 估算值为 1500 mm，并且发现与厄尔尼诺-南方涛动现象相关的降雨量（范围为 1848—3788 cm）存在较大差异。Chimer 和 Ewel（2005）发现林木的生长速率较低，树叶分解和泥炭聚积过程较快，这完全归因于密克罗尼西亚泥炭层内的根系生长率和死亡率，该地区的降雨量为 5050 mm/a。Lähteenoja 等（2009）测得的泥炭堆积速率与亚马孙低地秘鲁地区北部泥炭沼泽的堆积速率相似，该地区平均降雨量为 3100 mm/a。

Wösten 等（2008）描述了暴雨期间快速流过地表泥炭层的径流，但是如果水位下降至 70 cm 处的下层黑泥炭层顶部，则会出现快速沉降现象。在年降雨量低于 2000 mm 的情况下，排干水的泥炭地地区会快速沉降并发生火灾。Lähteenoja 等（2009）发现亚马孙河流域湿地的形成时间要比北部泥炭沼泽更晚（600—3000 年），并表示由于河曲迁移造成的侵蚀现象可能会限制亚马孙低地中泥炭沼泽的存续时间。

在柯本气候分类的常湿温暖气候（Cf）类型中的北美洲（美国东南部）、南美洲（巴西南部、乌拉圭和阿根廷潘帕斯草原）、东南亚（中国东南部和日本南部岛屿）、南非的一小部分以及澳大利亚的东南部（Muller and Grymes, 1998）也可找到以过量降雨为主要饱和源的湿地。对于美国东南部中该种气候类型覆盖的林区，春末至秋季（4 月至 11 月）时会出现 25—150 mm 雨水不足（ET>P）的情况，而冬季至早春（12 月至 3 月）则会出现了雨水过多（ET<P）的情况。季节性雨水盈余在地理分布上存在较大差异，从美国北卡罗来纳州的 430 mm 减少至佛罗里达州中部的 150 mm，向西到路易斯安那州中部则增加至 600 mm（Muller and Grymes, 1998）。

在美国东南部，许多沿海低地平原是由更新世晚期的砂质海岸阶地组成，下方为厚实且质地不平的滞流沉积物，侵蚀发展程度较低，河网密度较低。由此形成的地貌特征为：地表河流之间形成了宽阔的（1 km 或更大）平地。Buol（1973）观察到该地区土壤湿度随着与河流距离的增加而上升的总体趋势。Williams（1998）利用简单达西公式并根据降雨余量和含水层横向导水系数确定了平衡比降，进而预测形成雨水湿地需要距河道多远。Skaggs 等（2005）说明了利用短期地下水位每日数据来率定 DRAINMOD 的方法（Skaggs, 1978），从而确定距沟渠多远时水文将会受到影响。他们发现尽管对于 NRCS 数据库（Skaggs et al., 2011）所述土系相同的农田，其 k 和排水孔隙率（单位潜水面下降释放的水量，也称为单位出水量）可能存在较大差异，但标准农业排水方程同样适用于林区。DRAINMOD 还被用于比较和评估湿地水文的七个不同标准，这些标准定义和区分了北卡罗来纳州沿岸平原中三种土壤类型的湿地（Skaggs et al., 1994）。

7.3　地下径流过多而形成的森林湿地

降雨量得到地下水正流补充的区域（$P+Q_g>E+T+Q_s$）会形成最为常见的

森林湿地。根据 Brinson（1993）分类法，主要包括边坡湿地和流域湿地，也可在河滩湿地中发现地下水补给的情况。Semeniuk V 和 Semeniuk C A（1997）分别根据流域、河道或边坡地貌将它们称为潮湿地（dampland）、槽谷（trough）或季节性浸水边坡（paluslope）。该定义不包括通常被列为地下水依赖型生态系统的所有区域（Bertrand et al.，2012）。地下水依赖型生态系统包括通过从饱和土壤中汲取水分而维持或增强蒸腾作用的所有系统，这一过程与实现土壤饱和的水源无关。与地下水依赖型生态系统清查方法和现场工作指南有关的更多信息，请参阅美国农业部下属机构美国国家森林局（USDA，2012a，2012b）的相关文献。在本节中，我们考虑了通过来自地下水源的补给水来维持土壤饱和的湿地森林。

地下水补给通常出现在河道河槽中下游方向基流流量增加的区域。只要关注点的上坡导水系数（T）超过下坡导水系数，就会出现地下水排水与补注达到水量平衡的情况。由于将 T 定义为导水率和含水层厚度的乘积，因此 T 的降低通常是由于含水层变薄所致。含水层厚度由地表地形和渗透性较低的亚表土层地形上限决定。在潜水含水层被不透水基岩或致密冰碛物包围的区域，潜水面的厚度取决于隔水层的地下地形与地表地形之间的差异。在潜水含水层下方的不透水层为沉积层的区域，潜水含水层的厚度在很大程度上取决于地表地形。

上文关于北方酸沼和碱沼的讨论描述了许多碱沼与邻近边坡的地下水排出量之间的紧密联系。在欧洲北部地区地下水对碱沼的补注区和洪泛区的高地边缘形成了特有植被，即欧洲桤木（*Alnus glutinosa*）林和薹草属（*Carex*）植物（通常被称为 alder carr）。在美国北部，齿叶桤木（*Alnus rugosa*）和薹草属（*Carex*）生长在类似地貌位置，该处同时生长着北美落叶松（*Larix laricina*）、黑槐木（*Fraxinus nigra*）或北美香柏（*Thuja occidentalis*）等树木。在加拿大，"lagg"一词涵盖沼泽与许多泥炭沼泽上高地之间的过渡带。Verry 等（2011）发现该地区的径流包含来自沼泽的径流以及相邻高地的地下暴雨径流。这个狭窄的滞留区产生了大部分径流，并且也是泥炭沼泽补给深层含水层的唯一区域。

Williams（1998）概述了美国东南部的情况，地下和地表地形的相互作用使得地下水在该地区的水量平衡中占有重要作用。在山区和山麓湿地出现地下水补注的现象主要是因为较薄风化层的位置（通常是实际的岩石露头）引起的，而在沿岸平原、洼地或溪流高地边缘中几乎所有边坡的坡脚处都出现了地下水补给的现象。

7.4 降水补给湿地和地下水补给湿地的水文实例

由降水和地下水补给形成的湿地都出现在湿润地带，并且互相极为靠近。两者均受到地形坡度和含水层导水系数的影响，但通常降水补给湿地受到区域气候和当地天气的影响更大。美国南卡罗来纳州北部海岸乔治城附近（33.4°N, 79.2°W）的实例展示了两种湿地各方面的特征，在该区域，雨水是大多数年份中唯一的降水形式。

实例站点全部位于美国大西洋沿岸平原的砂质土上。美国国家海洋和大气管理局（NOAA）在距南卡罗来纳州乔治城气象观测站 4 km 以内的 45 口浅井中，对地下水位高程进行了长达 14 年的观测（图 7.1）。在该实例中研究了其中的四口井。#3、#8 和#11 井位于 Leon 土壤（Aeric Aleaquod）上的宽阔平地。#4、#8 和#11 井原先的滩脊在#2 井的东北方向被截断，#2 井位于 Hobcaw 土壤（典型 Umbraquults）上，这种土壤在河岸阶地上更为常见（Colquhoun，1974）。

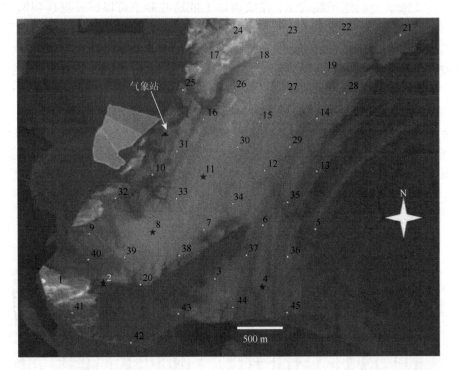

图 7.1　美国南卡罗来纳州乔治城（33.4°N, 79.2°W）附近#2、#4、#8 和#11 井的位置

LiDAR DEM 阴影显示了从海平面附近（黑色）到 10 m（白色）的高程变化。由于采集 LiDAR 时潮汐变化的影响，东侧的潮沟和西侧的温约湾呈现出各种深色阴影。气象站附近的浅色多边形代表现有的疏浚废渣处理场。DEM 为数字高程模型。

#8 井[平均海平面以上（amsl）4.64 m]和#11 井（4.01 m amsl）位于原先的滩脊上，据信大约已有 10 万年的历史，而#4 井（1.81 m amsl）位于"更年轻"的滩脊上，可能有 2 万—4 万年的历史。#2 井（0.59 m amsl）位于小型沙丘层和距离潮汐源 3 km 以上的地表排水沟之间的斜坡上。每口井中的潜水含水层都

被粉质黏土的越流含水层包围,越流含水层位于海平面以下 1.5 m。含水层的横向导水率（k）为 $3.4×10^{-3}$ cm/s（Williams，1981）。由于土地管理（包括计划烧除）的影响,所有地点的植被包括很少的专性水生植物和许多兼性水生植物。#2 和#11 井中的土壤在地表 30 cm 内具有不同的氧化还原指示剂（与土壤饱和度相关的且效果明显的氧化和还原指示剂）,而#4 井中的指示剂则不太明显,#8 井中的土壤在上部 30 cm 内没有氧化还原特征。根据美国的土壤和植被（主要是土壤）系统分类,#2 井和#11 井为湿地,而#8 井不是湿地,#4 井的特征不明显。

图 7.2 展示了 1975 年 7 月—1989 年 9 月每口井每周的地下水位。在每幅图中,–15 cm 处的水平线表示,在该点以上的这些砂土可以假设已达到饱和状态。乔治城每年的生长季（2 月下旬至 11 月）由外框箱图表示。由于读数间隔为每周一次,因此水平线以上的三个连续数据点就表示在生长季达到了可影响植被和土壤的土壤饱和状态。由于数据点难以读取,因此该图表在每一年份也采用"是"或"否"来表示是否满足相关标准。#4 井（图 7.2a）在 14 年中有 7 年满足饱和度标准。#8 井（图 7.2b）的高程更高,并且在 14 年中仅有 5 年符合标准。为免仓促得出结论,#11 井（图 7.2c）选在较高的山脊上,在 14 年中有 12 年满足相关标准。海拔最低的#2 井（图 7.2d）,在 14 年中有 13 年达到了土壤饱和。

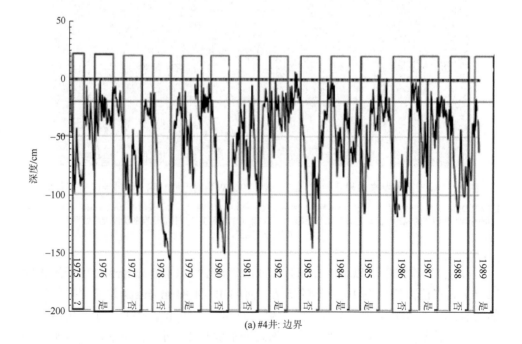

(a) #4井: 边界

7 洪泛森林和湿地森林的水文特征

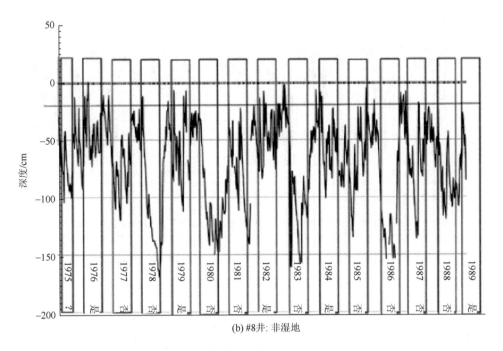

(b) #8井: 非湿地

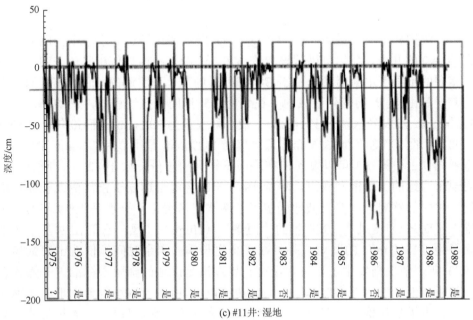

(c) #11井: 湿地

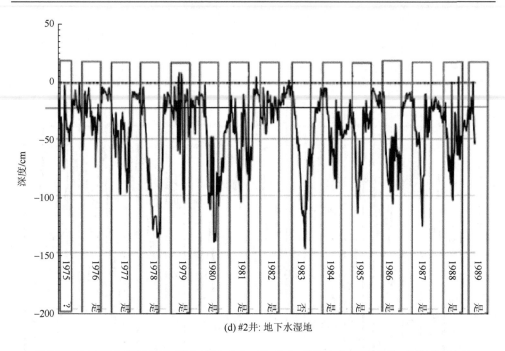

(d) #2井: 地下水湿地

图7.2　1975年7月至1989年7月#4（a）、#8（b）、#11（c）和#2（d）井的地下水位
15 cm深度处的线条表示土壤已饱和时的地下水位。方框部分表示每年的生长季。方框中的"是"或"否"表示该口井当年土壤饱和时间是否超过生长季的5%。

土壤饱和本质上是 P、E、T、Q_s 和 Q_g 发生变化后达到水量平衡的结果。在 $Q_s = 0$ 的井中，我们可以假设 P 在 670 hm^2 的范围内近似相等。在四口井中观察到的不同潜水面活动是由于 E、T 和 Q_g 的变化而引起的，而数年之间产生的差异是由于 P 的变化造成的。在为期 15 年的研究过程中，平均降水量为 1320 mm，最大降水量为 1714 mm，最小降水量为 898 mm，而 50 年（1950—2000 年）的年平均值为 1335 mm，最大值为 1897 mm，最小值为 768 mm（图 7.3）。查看图 7.2 和图 7.3 可以发现，在降雨量较大的年份，如 1982 年，所有井都表现出湿地的土壤饱和状态。尽管 1979 年的降雨量远低于正常值或长期平均值，井中仍然潮湿。乔治城地区遭受了两次飓风袭击，分别是 1979 年的"戴维"（David）飓风和 1989 年的"雨果"（Hugo）飓风，它们在 9 月下旬带来了超过 300 mm 的降雨，并且在整个生长季的剩余时间里使得土壤饱和。1983 年，情况则发生了逆转，没有一口井满足湿地的降雨量标准。干燥的春季和夏初天气使地下水位降低到毛管边缘以下，所有土壤均包含大量的非饱和土壤。由于那年秋天没有出现大型热带气旋，地下水位直到 1984 年初才恢复至正常水平。

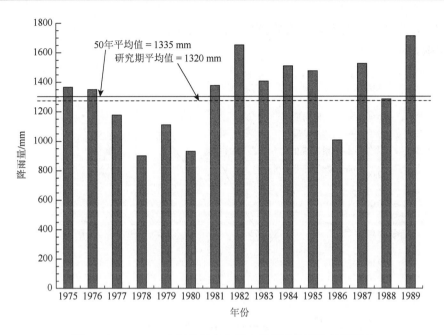

图 7.3　1975—1989 年美国南卡罗来纳州乔治城的年降雨量
图中降雨量在图 7.1 所示的气象站测得（数据来自 SCDNR，2015a）。

由于 3 月的植被快速展叶，4 月的降水量最少且 4 至 7 月 PET 较高，地下水位在大多数年份的早春会快速下降（图 7.4）。ET 的截留和蒸腾部分都与叶面积相关，而叶面积又与胸高断面积相关。在整个研究过程中，没有砍伐这些水井附近的树木，并且在 1986 年清查了水井周围的林木。表 7.1 列出了这些林木的胸高断面积。显然，与其他井相比，#2 井的补给水能够维持更高的截流和蒸腾作用。图 7.5 比较了#11 井和#2 井在 1986 年（干旱年）和 1977 年 10 d 无雨期内各自的情况。年度数据（图 7.5a）表明在 3 月的大部分时间里，#2 井的地下水位保持在 15 cm 以内，而#11 井的地下水位则快速下降。尽管在当年余下时间内地表并未饱和，但是#2 井水位对夏末降雨的响应超过了#11 井。#2 井表现出地下水湿地的属性，这是因为该口井以北的小沙丘（3.5 hm^2）的潜水含水层提供了地下水补给。Roulet（1990）说明了地下水在碱沼水文过程中的作用，即在生长季维持较高的水位，水位的变化与 T 和含水层的蓄水容量成比例。对于#2 井而言，地下含水层的蓄水容量非常小，且储水效果的持续时间不会很长。

在 1977 年的 10 d 中（图 7.5b），#2 井表现出受地下水补给影响的短期地下水水位波动特征，这是蒸腾量很高的地区所有河岸森林所共有的特征。相比之下，#11 井在白天没有表现出地下水补给下降的现象，即使出现很小幅度的下降，也会在夜间反弹。White（1932）提出了一种可以根据这些波动特征确定地下水补给和 ET 的方法。关于该方法的详情，请参阅 Mitsch 和 Gosselink（2015）的相关文献。

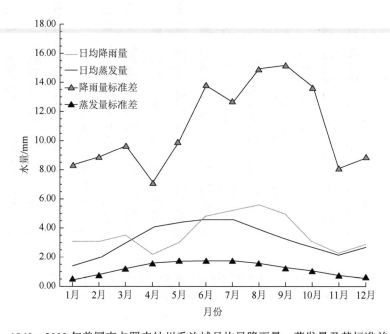

图 7.4 1940—2000 年美国南卡罗来纳州乔治城月均日降雨量、蒸发量及其标准差（SD）

日均潜在蒸散的估值为：距离美国南卡罗来纳州查尔斯顿（32.95°N，80.23°W）最近的 A 级气象站测得的蒸发皿蒸发量的 70%加上标准差。

表 7.1 示例中每口井周围的地面海拔、胸高断面积和地表坡度

水井编号	海拔/m amsl	总干面积/(m²/hm²)	距离井 100 m 处的平均地表坡度（×10⁻⁴）（或以 cm/100 m 为单位的坡度）								
			N	NE	E	SE	S	SW	W	NW	Ave.
4#	1.81	17.6	28	37	28	−20	−8.3	−8.9	1.5	38	12
8#	4.64	9.4	−9.3	−0.8	−19	−0.8	−8.6	−0.07	−22	−12	−20
11#	4.01	15.8	−2.4	7.5	−18	15	−26	−28	−27	1.2	−9.7
2#	0.59	32.4	101	4.1	2.5	25	12	−18	−21	165	56

含水层顶部的海拔高度为−1.5 m amsl，土壤饱和时含水层厚度在 2.09—5.14 m 之间变化。坡度为使用 ArcGIS 10 在 1.5 m×1.5 m DEM 上确定（图 7.1）。地面高程的横截面从每口井的八个方向 100 m 处分别测得。

Loheide 等（2005）指出，White 方法中假定为常数的单位出水量实际上随初始地下水位和水位下降持续时间的变化而变化。Laio 等（2009）通过随机模型检查河岸 ET，发现地下水位响应需要估算地下水位上方非饱和层的变化。每日地下

水位波动表明该处存在地下水补给现象，但缺乏足够的信息来估算地下水补给量或蒸散速率。

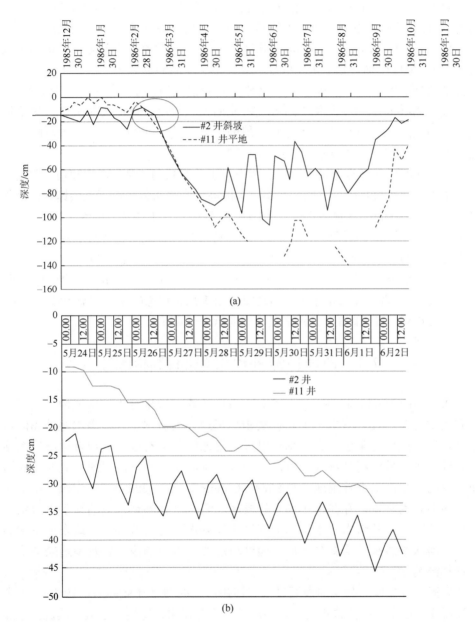

图 7.5 #11 井雨水补给湿地和#2 井地下水补给湿地在 1986 年干旱年（a）和 1977 年春末十个无雨天（b）地下水位的比较

#4、#8 和#11 井的土壤组分相同，并且位于相同的地形地貌上，即位于远离地表水系，宽阔、平坦的原海滩沉积物上。但是，可以预计地下水位较高时透水地表土层（上部 5—10 cm）会出现短程水流输送的现象。可通过 1.5 m×1.5 m LiDAR 数字高程模型观测每口井附近区域的坡度（表 7.1）。由于微观地形的变化范围为 8—15 cm，而在 100 m 范围内针对每一对像素点观测坡度，可得出该方向上 68 个坡度估计值。每口井的平均表面坡度能够清楚说明引起不同地下水位活动的地表特性。#8 井处于中尺度地形高海拔区域，所有方向上均为负坡度，平均坡度为–0.002。#4 井位于边坡上，北面为正坡度，南面为负坡度，平均坡度为 0.0012。#11 井位于一个非常平坦的区域，其东北和东南面的坡度略正，而西面则为负坡度，平均坡度为–0.000 97。

在前面的雨水补给湿地的水文实例中，生长季初期达到土壤饱和最为常见。生长季中后期通常是因为与热带气旋有关的高降水量事件引起了土壤饱和。平均降雨盈余为 380 mm，含水层水平 k 为 $3.4×10^{-3}$ cm/s，在平均负坡度为 9.7 cm/100 m 的平地上，绝大部分时间内连续土壤饱和的持续时间超过生长季的 5%；在正坡度为 12 cm/100 m 的边坡上，有一半时间超过该比值；在负坡度为 20 cm/100 m 的细长土丘上，很少会超过上述比值。在一个正坡度为 56 cm/100 m 且补给侧坡度超过 1%的位置发现了少量地下水补给现象。土壤饱和状态的变化与地形坡度有关，可通过 LiDAR 感应和 GIS 分析来更好地揭示这一规律。

7.5　地表径流补给形成的森林湿地

Brinson（1993）将 $P + Q_s > E + T + Q_g$ 的森林湿地分为河岸湿地、湖滨湿地和潮汐湿地，Tiner（2013）将此类森林湿地分为流水湿地、静水湿地和河口湿地。湖滨湿地通常位于大型湖泊附近，湿地的范围有限。潮汐森林湿地包括热带地区的大量红树林湿地，以及在汇入沿海河段的大型河口或河流的近陆边缘发现的潮汐淡水森林湿地（TFFW）（Conner et al.，2007）。河岸森林湿地在世界各地较为常见，存在于大部分气候区。河岸森林湿地也包括地下水湿生植物通过蒸腾作用从潜水含水层和毛管边缘汲取水分的河滨湿地。地表径流主要通过向河床渗透来补给湖滨湿地，通过河漫滩洪水、潮汐，以及渗透来补给河岸森林湿地。

河流可被视作无分支河段通过节点连接而成的网络（Strahler，1957）。单个河段可通过以下三种方式中的一种与地下水相互作用：①地下水流入溪流并增加流速（盈水河）；②水流从溪流底部流入区域地下水并降低流速（渗失河）；③溪流未与区域地下水系统交汇（Winter，2001）。一种常见的情况是低级河段所在区域的降雨量较高（通常为山区），并且河流流入较干旱的区域。Ivkovic（2009）研究了澳大利亚东南部的纳莫伊（Namoi）流域，在东部上游源头处发现了盈水河，在西部下游发现了流速变化的盈水河/渗失河，在更西边发现了渗失河，在最西侧发现了断开的渗失河。年平均降雨量从东部的 1100 mm 到最西侧水文观测站的 470 mm 不等。在西部河段，河滨湿地的湿生植物利用河床以及潜水层下方非饱和土壤区渗入的水流来完成蒸腾作用。与世界许多地方的河流类似，纳莫伊河发源于降雨量较大的高山或高地，并流经干旱地区。在世界大部分地区，这些山谷中的河岸林已遭到砍伐用于农业耕作。

因漫滩洪泛而引起地表水补给现象一直是许多讨论冲积平原森林的研究和文献中提出的假设。密西西比河下游的大部分冲积平原从森林转变为农业用地，引起了相关人员对该系统可能丧失自然功能的担忧，使得相关人员针对冲积平原森林生态学进行了广泛研究。遗憾的是，研究侧重于树木对洪水的耐受性（实际上为饱和土壤）和基本的生态关系，缺少针对水位高于研究区记录时的水文研究（MacDonald et al., 1979）。Hook（1984）编制了关于美国东南部洪泛区发现的大多数物种耐淹性的清单。这份清单被广泛用于展示简单阶梯状洪泛区横截面的相关图表中。在该洪泛区中，河边种植了耐淹性最强的树种[落羽杉（*Taxodium distichum*）、水紫树（*Nyssa aquatica*）、黑柳（*Salix nigra*）]，下一较高阶梯区域种有耐淹性稍差的树种[水山核桃（*Carya aquatica*）]，在更高阶梯区域种植耐淹性适中的树种[美国红枫（*Acer rubrum*），银白槭（*Acer sacharinum*）]，而高地沿路都种有不具备耐淹性的树种。但是，这些图表过分简化了洪泛区的地貌和水文状况，其适用性不及原始表格。Hupp（2000）采用美国术语更为真实地描述了天然堤岸和斜坡，从而解释了洪泛区地貌的实际变化。

LiDAR 高程数据展示了洪泛区地形真正的复杂性，如彩图 5 所示为美国南卡罗来纳州哥伦比亚附近（33.8°N，80.8°W）康加里河河谷 11 km 河段。在康加里国家公园中，一条中等大小（平均流量为 245 m³/s）的河流上已经留出了一部分南部洪泛区成熟林（USGS，2015）。横截面图（图 7.6a、c）显示，整个洪泛区（天然堤岸至阶地附近的最低点）的平均坡度为 0.000795（图 7.6a），洪泛区的纵向坡度为 0.000329（图 7.6b），水面的平均坡度为 0.000175。水流会反射 LiDAR，从而得到水面而非水面下方土壤表面的高程。但是，对于这么长的河段（25 km），河底坡度将会近似等于水表面。

Hupp（2000）描述的所有特征可参阅关于地形真实复杂性的 LiDAR 示意图（彩图 5）。天然堤岸沿整个河道伸展，比其后面的洪泛区高 50 cm—1 m。洪泛区最显著的特征是过去经过沉积形成曲流沙坝的卷轴状地形。其中许多曲流沙坝是与 U 型河套一同发现的。这种联系在右下角更为明显，图中两处曲流很快就会形成新的 U 型河套。在这两种情况中，狭窄的天然堤岸就可将曲流的外边缘与下游曲流隔离开来。当河水超过满岸水位时，可能会形成河道切断其中一条曲流并形成新的 U 型河套。图中突出显示了三处存在时间较长的 U 型河套，其静水水面高程分别为 28.79 m、28.35 m 和 28.21 m。

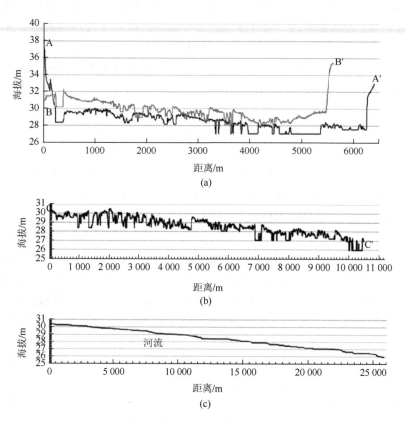

图 7.6　康加里河洪泛区的海拔

彩图 5 上标出了横截面 A-A′，B-B′和 C-C′。图（c）中的"河流"展示了彩图 5 中从上游到下游的水面高程。

Hupp（2000）还发现，洪泛区本身就是一个面积约为 55 km² 的流域，如彩图 5 所示，溪流网络会将当地的暴雨雨水输送到河流中。Hupp 将小溪流过天然堤岸的位置称为决口扇，小溪经过决口扇汇入河流，此时，流量较低，即使水流没有达到岸顶的水位，也可让洪水进入洪泛区。由于从堤岸至陡坡坡脚处的坡度最大，使得大多数暴雨雨水以及河漫滩洪水更易于流向陡坡。同时洪泛区也向下游倾斜，致使沿陡坡流动的水流最终会在更下游的某个点汇入河流，而该点就被称为泥炭沼泽。在彩图 5 中，小溪将高程分别为 28.79 m、28.25 m 和 28.21 m 的一系列 U 型河套（高亮显示）贯通起来，小溪穿过泥炭沼泽（高亮显示）最终汇入高程为 28.21 m 的河流。通常，河流通往泥炭沼泽的出口就是河流曲流进入山谷反面的地方。

在洪泛区，地表水对湿地森林的补给过程要比单一的漫滩洪水复杂得多。冲积河道会根据流量和输沙量进行相应调整（Leopold et al., 1964）。河道宽度、深度和坡度受到洪水的影响，洪水足以使沉积物重新分布，洪水频率则足以产生较大的累积影响，形成洪灾，其复发间隔约为 1.5 年。漫滩水流会降低河流附近的沉积物，逐渐朝着洪泛区的边缘形成斜坡。洪泛区的雨水还会形成暴雨径流，径流会流入存在时间较长的 U 型河套和小溪中，部分径流还会直接汇入河流，使得河水在低于满岸水位的情况下流入洪泛区。在洪泛区边缘附近的低位地形中最有可能生长湿地森林树种，洪水、暴雨径流和高地的地下水补给水也全部集中在这种低洼地形中。洪泛区还包含各种与原有的河道相关的洼地，在洪泛区的许多海拔高度上形成了饱和土壤。漫滩沼泽并非该区域单一的地貌特征，而是整合了众多的凸岸坝沉积、U 型河套和溪流，它们均低于河水水位。

下面介绍受潮汐影响的森林湿地。

针对众多的森林湿地，已有关于其水量平衡的基本组成部分的研究。但潮汐森林湿地在全球范围内的占比很大，实际上以红树林的形式在亚热带和热带纬度地区不成比例地覆盖着海岸线。潮汐淡水森林湿地在某些中纬度地区也很常见，特别是海岸地形与月潮相互作用使潮位变幅扩展至大型河流的区域。红树林在全球范围内的占地面积达到 1370 万—1520 万 hm^2（Spalding et al., 2010；Giri et al., 2011），而保守估计潮汐淡水森林湿地的占地面积仅在美国东南部就达到 20 万 hm^2（Field et al., 1991；Doyle et al., 2007）。对于潮汐森林，每日潮位变化可能会打破地表径流与地下径流的质量平衡，使得传统的水位流量关系曲线难以应用于河滨水量平衡分析。在潮汐的作用力以及重力驱动的水流的作用下形成了河流水位、基流和河川径流的变化，而每日涨潮、季节性河水涨落以及它们之间的相互作用就形成了泛洪现象。这就是说，并不是所有红树林或潮汐淡水森林湿地都与河流相关，因此，在考虑洼地的影响后，地表洪水的预报需要依靠当地高程数据和潮位观测。

潮汐林这一定义通常指与月潮季节性相关并且存在可见地表水的森林。通常不包括堰洲岛或深远内陆地区的森林（其根区存在潮位变化）。其实，人们过去已按照淹没程度对潮汐森林进行了分类；潮间带植被生长在低于淹没阈值的区域。对于高于该阈值的区域，可根据潮汐淹没的高程来定义生长区的各种树种（Watson, 1928；Friess et al., 2012）。

可根据地表水淹没的特征为红树林建立相关的分类系统（Lugo and Snedaker, 1974）：几乎每次涨潮都会淹没的边缘森林和冲刷岛森林，河流水位较高且更靠近河口时潮水淹没时间较长的河岸森林，以及位于内陆洼地的盆地森林，内陆洼地因高降雨量事件被淹没或被最高潮位潮水淹没后仍可蓄水。因淹没位置不同而形成了红树林土壤的不同地貌、地球化学和结构特征（McKee et al., 1988），产生了各种生产力梯度。红树林生态学家积极研究淹没-生产力反馈已达数十年，这是因为根据记录，红树林结构中的许多变化与地表淹没程度相吻合（Smith,

1992)。相比之下，生态学家对潮汐淡水森林湿地的水文认识和研究则相对较新（Rheinhardt and Hershner，1992；Day et al.，2007）。潮汐淡水森林通常只生长在潮间带上部位置，而在潮间带中部至下部的位置则会被沼泽取代。

大多数潮汐森林中可根据水文特征曲线分为三种地表淹没类型。第一类水文过程线（类型 1）展示了地表水泛洪的常规循环，随后是每个潮汐周期的排水，但大潮除外，在大潮期间，下一个洪水周期前地表水几乎没有时间排出（图 7.7a）。平均水位通常高于地表，这使得大多数沿海红树林的洪水期更长，接近一年的50%。局部降雨在潮汐流期间迫使更多的水倒流，甚至在退潮时减缓排水速度，来影响洪水的平衡。从潮间带下部位置过渡到潮间带上部位置时，潮汐变化范围会随着站点相对于海平面地表高程的升高而减小，从而在潮汐脉冲频率变化前首先影响洪水深度（图 7.7a 与图 7.7b 的比较）。通常，类型 1 的水文过程线代表沿河流、三角洲地区内、冲刷岛或沿开阔河口水体边缘生长的许多红树林。潮汐通过排水使水位低于土壤表层时，水文过程线坡度的变化可确定湿地土壤表层的近似位置；水流经过土壤时的排水速度要比在空气中低很多。

第二类水文过程线（类型 2）揭示了具备盆地特征的潮汐森林，高潮或主要降雨事件形成了滞留水，使得地表水上方的潮位发生了变化（图 7.7c）。这种类型的水文过程线也很常见。例如，佛罗里达州南部约有 52%的红树林具有盆地/内陆特征（Twilley et al.，1986）。类似的水文过程线既可表示生长在洼地中的盆地红树林，也可表示生长在潮汐淡水森林湿地的盆地红树林，潮汐淡水森林湿地通常为河堤后面或漫滩沼泽环境中的洼地（Duberstein，2011）。一个退潮周期内，流域地表水的水位会连续几天下降，这是因为较小的潮汐不会使潮水进入潮汐淡水森林，也就无法补给地表水。在该时间范围内，森林蒸散作用的影响较为明显，有助于在大潮周期内排水，使水位低于地表（图 7.7c）。

第三类水文过程线（类型 3）实际上定义了一种不同类型的潮汐林。这种类型的潮汐来自于风潮而不是月潮。这种类型在某些地区极为常见，但很少有文献对其进行描述。Day 等（2007）详细说明了美国路易斯安那州的微潮林（平均半潮水位为 0.32 m）内的潮汐水位变化，微潮林中月潮潮位较小的变化会叠加在风潮上。由于离岸风向内陆吹动水流，水位会上升并超过潮汐森林土壤表面；只有在这时，才能很容易地观察到微潮的潮位变化（图 7.7d）。锋面过境使水流排出潮汐林时，随着水位下降到地表以下，潮位变化会自动消失。这种现象在路易斯安那州三角洲平原或北卡罗来纳州东北部等类似区域更为常见，那里的月潮很小，开阔水体和河口又大又浅，而人为的景观改造或自然结构（例如，堰洲岛）限制了该区域的潮流。

通常，可通过洪水频率、洪水期历时来描述潮汐森林湿地的水文周期、有时也用平均地下水位（Nuttle，1997）。洪水历时则最为常用。例如，在一年的周期内，大多数红树林被淹没的频率远低于其排水的频率（Lewis，2005）。例如，美国佛罗

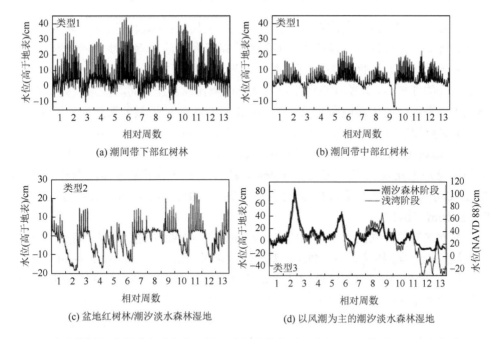

图 7.7　潮汐林的代表性水文过程线，展示了潮汐林类型 1（a）（b）、类型 2（c）和类型 3（d）地表和浅层地下水的水文特征

水文过程线（a）和（b）所示位置为大沼泽地国家公园（美国佛罗里达州）鲨鱼河（Shark River）沿岸的河岸红树林，水文过程线（b）所示位置距水文过程线（a）所示位置内陆约 5.8 km。在同一时间标度下对齐了这两个水文过程线，以便比较洪水水位和频率。水文过程线（c）所示位置为美国佛罗里达州那不勒斯鲁科里湾（Rookery Bay）国家河口研究保护区的盆地红树林，与大西洋沿海主要河流（d）沿岸潮汐淡水森林湿地（TFFW）的水文过程线非常相似（NAVD 88 为 1988 北美高程基准）。根据 Day 等（2007）的文献重新绘制了水文过程线（c），该曲线展示了美国路易斯安那州巴拉塔里亚（Barataria）盆地潮汐林的水文，并与当地河湾阶段进行了比较。所有水文过程线所示位置均为森林内部位置，相对于土壤表面进行绘制（0 点位于 y 轴的左侧）。

里达州坦帕湾的洪水历时为 30%（Lewis，2005），佛罗里达州西南部流域和河岸地区的洪水历时为 29%—53%（Krauss et al.，2006），佛罗里达州冲刷岛地区的洪水历时为 35%（Carlson et al.，1983），牙买加某些地区的洪水历时低于 35%（Chapman，1944）。虽然尚未确定红树林在更长的洪水历时内能够生存多久，但某些红树林树种的淹没耐受阈值更长。例如，部分美洲红树森林的淹没时间高达 71%—96%（Chapman，1944；Carlson et al.，1983）。由于潮汐淡水森林湿地通常与潮间带上部位置有关，因此许多潮汐淡水森林湿地在一年之中被淹没的时间短于 20%（Day et al.，2007；Krauss et al.，2009）。这种测定方法既取决于评估是在降雨量较高还是较低的年份完成，也取决于测定站点的海拔高度（例如，坑洼底部和圆丘顶部）。例如，在降雨量较高的年份，紧邻美国东南部萨凡纳河（Savannah River）潮汐淡水森林湿地的淹没时间占到坑洼底部湿地淹没时间的 55%（Duberstein and Conner，2009）。

因此，按照站点和潮汐森林类型标准化水文周期指标前，需要考虑两项主要标准。首先，需要建立标准高程。对于存在圆丘和坑洼的潮汐淡水森林湿地，或者存在因动物区系挖掘[例如，泥龙虾、异形海姑虾（*Thalassina anomala*）]而形成的土丘的红树林，退潮时通常并未完全排干圆丘或土丘之间海拔最低处的水流，形成了几乎连续的坑洼饱和现象（Day et al.，2007）。使用最低海拔代替圆丘顶部时，水文周期的确定将会发生很大的变化，即潮汐淡水森林湿地中将会高出15—20 cm（Rheinhardt and Hershner，1992；Duberstein et al.，2013），相对于红树林中的泥龙虾土丘要高出 1—2 m（Macnae，1969）。红树林和潮汐淡水森林湿地中，圆丘或动物掘出的土丘占林地地表的 20%—30%（Lindquist et al.，2009；Duberstein，2011）。

其次，需要建立洪水事件的定义。Krauss 等（2009）通过新洪水脉冲的数量来表征潮汐地点，描述了萨凡纳河（美国佐治亚州）和沃卡莫河（Waccamaw River）（美国南卡罗来纳州）沿岸的潮汐淡水森林湿地每年不超过 170 次的独立潮汐泛洪事件。相对于坑洼底部得出了上述测定结果；如果在独立潮汐事件之间或事件期间坑洼没有完全排干水流，则将其视为单一的洪水事件。将重点放在洪水对土壤氧化作用的影响时，采用这种方法非常有效。但是，考虑潜在输沙量时，例如，无论坑洼是否完全排干水流，潮汐脉冲的绝对数量都更为重要。因此，重新分析相同数据并应用不同假设时，对于之前描述的萨凡纳河和沃卡莫河沿岸许多相同的森林，得到的每年独立潮汐泛洪事件将会超过 500 次（Ensign et al.，2014）。

7.6 小　　结

森林湿地遍布世界各地，分布在各种地貌中。可按照引发流入量大于损失量的水源对森林湿地进行分类。降水可能是引起近水平斜坡上相关位置水流盈余的唯一原因。这些部位的土壤养分较低，植物生长缓慢，但由于分解缓慢，有机物可能会积聚在这些部位的表面。在斯堪的纳维亚半岛和美国东南部，为改善树木生长而排干这些部位的水流是很常见的做法。

除了降水之外，由于地下水补给而导致流入量盈余的部位通常位于凹面地貌位置。补注水量和浸水长度通常取决于为该部位补注水流的含水层的储水特性，补注水量的范围从对储水量小的含水层的短期少量补注，到使储水量较大的含水层几乎达到恒定饱和状态所需的水量不等。在潜水含水层下方的不透水层不均匀的区域，由于含水层变薄，可能会在坡面形成森林湿地。最为常见的位置是从山坡到谷底的坡度突变处。在这种地貌位置上的森林湿地为降低农业区的硝酸盐含量提供了重要的生态系统环境。

地表水补注现象主要出现在沿河地区和受潮汐影响的沿海地区。与河流相关的地表水补注可以使湿地森林延伸至 P 远小于 ET 的区域。在此类区域中，河岸森林湿地可能是含水层补水的重要位置。目前人们对于与潮汐作用力相关的森林湿地所知甚少，但这种森林湿地可能是受到气候变化威胁最大的区域。

参 考 文 献

Andriesse, J.P. (1988) *Nature and Management of Tropical Peat Soils*. FAO Soils Bulletin No. 59. Food and Agriculture Organization of the United Nations, Rome.

Bay, R.R. (1967) Ground water and vegetation in two peat bogs in northern Minnesota. *Ecology* 48, 308–310.

Bertrand, G., Goldscheider, N., Gobat, J.M. and Hunkler, D. (2012) Review: From multi-scale conceptualization to a classification system of groundwater dependent ecosystems. *Hydrogeology Journal* 20, 5–25.

Boelter, D.H. (1969) Physical properties of peats as related to degree of decomposition. *Soil Science Society of America Proceedings* 33, 606–609.

Botch, M. (1990) Aapa-mires near Leningrad at the southern limit of their distribution. *Annales Bontanici Fennici* 27, 281–286.

Brinson, M.M. (1993) *A Hydrogeomorphic Classification for Wetlands*. Technical Report WRP-DE-4. US Army Corps of Engineers, Waterways Experiment Station, Vicksburg, Mississippi.

Buol, S.W. (ed.) (1973) *Soils of the Southern United States and Puerto Rico*. Southern Cooperative Series Bulletin No. 174. Agricultural Experiment Stations of the Southern United States and Puerto Rico Land Grant Universities, Fort Worth, Texas.

Buttle, J.M., Creed, I.F. and Pomeroy, J.W. (2000) Advances in Canadian forest hydrology, 1995–1998. *Hydrological Processes* 14, 1551–1578.

Carlson, P.R., Yarboro, L.A., Zimmermann, C.F. and Montgomery, J.R. (1983) Pore water chemistry of an overwash mangrove island. *Florida Scientist* 46, 239–249.

Chapman, V.J. (1944) 1939 Cambridge University expedition to Jamaica – Part 1. A study of the botanical processes concerned in the development of the Jamaican shore-line. *Journal of the Linnean Society of London, Botany* 52, 407–447.

Chason, D.B. and Siegel, D.I. (1986) Hydraulic conductivity and related physical properties of peat, Lost River Peatlands, Northern Minnesota. *Soil Science* 142, 91–99.

Chimer, R.A. and Ewel, K.C. (2005) A tropical freshwater wetland: production, decomposition and peat formation. *Wetlands Ecology and Management* 13, 671–684.

Colquhoun, D.J. (1974) Cyclic surficial stratigraphic units of the Middle and Lower Coastal Plain, central South Carolina. In: Oats, R.O. and DuBar, J.R. (eds) *Post-Miocene Stratigraphy, Central and Southern Atlantic Coastal Plain*. Utah State University Press, Logan, Utah, pp. 179–190.

Comerford, N.B., Jerez, A., Freitas, J.A. and Montgomery, J. (1996) Soil water table, reducing conditions, and hydrologic regime in a Florida flatwood landscape. *Soil Science* 161, 194–199.

Conner, W.H., Doyle, T.W. and Krauss, K.W. (2007) *Ecology of Tidal Freshwater Forested Wetlands of the Southeastern United States*. Springer, New York.

Cowardin, L.M., Carter, V., Golet, F.C. and LaRoe, E.T. (1985) *Classification of Wetlands and Deepwater Habitats of the United States*. FBS/OBS 79/31. US Department of the Interior, Fish and Wildlife Service, Washington, DC.

Day, R.H., Williams, T.M. and Swarzenski, C.M. (2007) Hydrology of tidal freshwater forested wetlands of the Southeastern United States. In: Conner, W.H., Doyle, T.W. and Krauss, K.W. (eds) *Ecology of Tidal Freshwater Forested Wetlands of the Southeastern United States*. Springer, New York, pp. 29–63.

Devito, K.J., Hill, A.R. and Roulet, N. (1996) Groundwater – surface water interactions in headwater forested wetlands of the Canadian Shield. *Journal of Hydrology* 181, 127–147.

Doyle, T.W., O'Neil, C.P., Melder, M.P.V., From, A.S. and Palta, M.M. (2007) Tidal freshwater swamps of the Southeastern United States: effects of land use, hurricanes, sea-level rise, and climate change. In: Conner, W.H., Doyle, T.W. and Krauss, K.W. (eds) *Ecology of Tidal Freshwater Forested Wetlands of the Southeastern United States*. Springer, New York, pp. 1–28.

Duberstein, J.A. (2011) Composition and ecophysiological proficiency of tidal freshwater forested wetlands: investigating basin, landscape, and microtopographical scales. PhD dissertation, Clemson University, Clemson, South Carolina.

Duberstein, J.A. and Conner, W.H. (2009) Use of hummocks and hollows by trees in tidal freshwater forested wetlands along the Savannah River. *Forest Ecology and Management* 258, 1613–1618.

Duberstein, J.A., Krauss, K.W., Conner, W.H., Bridges, W.C. Jr and Shelburne, V.B. (2013) Do hummocks provide a physiological advantage to even the most flood tolerant of tidal freshwater trees? *Wetlands* 33, 399–408.

Ensign, S.H., Hupp, C.R., Noe, G.B., Krauss, K.W. and Stagg, C.L. (2014) Sediment accretion in tidal freshwater forests and oligohaline marshes of the Waccamaw and Savannah Rivers, USA. *Estuaries and Coasts* 37, 1107–1119.

Field, D.W., Reyer, A., Genovese, P. and Shearer, B. (1991) *Coastal Wetlands of the United States – An Accounting of a Valuable National Resource*. National Ocean Service, National Oceanic and Atmospheric Administration, Rockville, Maryland.

Fraser, C.D.J., Roulet, N.T. and Lafleur, M. (2001) Groundwater flow patterns in a large peatland. *Journal of Hydrology* 246, 142–154.

Friess, D.A., Krauss, K.W., Horstman, E.M., Balke, T., Bouma, T.J., Galli, D. and Webb, E.L. (2012) Are all intertidal wetlands naturally created equal? Bottlenecks, thresholds and knowledge gaps to mangrove and saltmarsh ecosystems. *Biological Reviews* 87, 346–366.

Giri, C., Ochieng, E., Tieszen, L.L., Zhu, Z., Singh, A., Loveland, T., Masek, J. and Duke, N. (2011) Status and distribution of mangrove forests of the world using earth observation satellite data. *Global Ecology and Biogeography* 20, 154–159.

Heinselmann, M.L. (1970) Landscape evolution, peatland types, and the environment in the Lake Agassiz Peatlands Natural Area, Minnesota. *Ecological Monographs* 40, 235–261.

Hodgson, R. and Young, K.I. (2001) Potential groundwater flow through a sorted net landscape, Arctic Canada. *Earth Surface Processes and Landforms* 26, 319–328.

Hook, D.D. (1984) Waterlogging tolerance of lowland tree species of the south. *Southern Journal of Applied Forestry* 8, 136–149.

Hupp, C. (2000) Hydrology, geomorphology and vegetation of Coastal Plain rivers in the southeastern United States. *Hydrological Processes* 14, 2991–3010.

Ingram, H.A.P. (1978) Soil layers in mires: function and terminology. *The Journal of Soil Science* 29, 224–227.

Ingram, H.A.P. (1983) Hydrology. In: Gore, A.J.P. (ed.) *Mires: Swamp, Bog, Fen and Moor*. Ecosystems of the World Series Vol. 4A. Elsevier, Oxford, pp. 67–158.

Ivkovic, K.M. (2009) A top-down approach to characterize aquifer-river interaction processes. *Journal of Hydrology* 365, 145–155.

Jorgeson, M.T., Shur, Y.L. and Pullman, E.R. (2006) Abrupt increase in permafrost degradation in Arctic Alaska. *Geophysical Research Letters* 33, L02503, doi: 10.1029/2005GL024960 (accessed 1 April 2016).

Krauss, K.W., Doyle, T.W., Twilley, R.R., Rivera-Monroy, V.H. and Sullivan, J.K. (2006) Evaluating the relative contributions of hydroperiod and soil fertility on growth of south Florida mangroves. *Hydrobiologia* 569, 311–324.

Krauss, K.W., Duberstein, J.A., Doyle, T.W., Conner, W.H., Day, R.H., Inabinette, L.W. and Whitbeck, J.L. (2009) Site condition, structure, and growth of baldcypress along tidal/non-tidal salinity gradients. *Wetlands* 29, 505–519.

Lähteenoja, O., Ruokolainen, K., Schulman, L. and Oinonen, M. (2009) Amazonian peatlands: an ignored C sink and potential source. *Global Change Biology* 15, 2311–2320.

Laio, F., Tamea, S., Ridolfi, L., D'Eodorico, P. and Rodriquiez-Iturbe, I. (2009) Ecohydrology of groundwater-dependent ecosystems 1. Stochastic water table dynamics. *Water Resources Research* 45, W05419, doi: 10.29/2008WR007292 (accessed 1 April 2016).

Leopold, L.B., Wolman, M.G. and Miller, J.P. (1964) *Fluvial Processes in Geomorphology*. Freeman, San Francisco, California.

Lewis, R.R. (2005) Ecological engineering for successful management and restoration of mangrove forests. *Ecological Engineering* 24, 403–418.

Lindquist, E.S., Krauss, K.W., Green, P.T., O'Dowd, D.J., Sherman, P.M. and Smith, T.J. III. (2009) Land crabs as key drivers in tropical coastal forest recruitment. *Biological Reviews* 84, 203–223.

Loheide, S.P. II, Butler, J.J. Jr and Gorelick, S.M. (2005) Estimation of groundwater consumption by phreatophytes using diurnal water table fluctuation: a saturated – unsaturated flow assessment. *Water Resources Research* 41, W07030. doi: 10.1029/2005WR003942 (accessed 1 April 2016).

Lugo, A.E. and Snedaker, S.C. (1974) The ecology of mangroves. *Annual Review of Ecology and System-atics* 5, 39–64.

Lugo, A.E., Brown, S. and Brinson, M.M. (1988) Forested wetlands in freshwater and salt-water environments. *Limnology and Oceanography* 33, 894–909.

MacDonald, P.O., Frayer, W.E. and Clauser, J.K. (1979) *Documentation, Chronology and Future Directions of Hardwood Habitat Losses in the Lower Mississippi Alluvial Plain, Vols 1 and 2*. US Department of the Interior, Fish and Wildlife Service, Washington, DC.

Macnae, W. (1969) A general account of the fauna and flora of mangrove swamps and forests in the IndoWest-Pacific region. *Advances in Marine Biology* 6, 73–270.

Mathews, G.V.T. (1993, reprinted 2003) *Ramsar Convention on Wetlands: Its History and Development*. Ramsar Convention Bureau, Gland, Switzerland.

McKee, K.L., Mendelssohn, I.A. and Hester, M.W. (1988) Reexamination of pore water sulfide concentrations and redox potentials near the aerial roots of *Rhizophora mangle* and *Avicennia germinans*. *American Journal of Botany* 75, 1352–1359.

Messina, M.G. and Conner, W.H. (1998) *Southern Forested Wetlands: Ecology and Management*. Lewis Publishers, Boca Raton, Florida.

Mitsch, W.J. and Gosselink, J.G. (2015) *Wetlands*. Wiley, Hoboken, New Jersey.

Muller, R.A. and Grymes, J.M. III (1998) Regional climates. In: Messina, M.G. and Conner, W.H. (eds) *Southern Forested Wetlands; Ecology and Management*. Lewis Publishers, Boca Raton, Florida, pp. 87–103.

Okruszko, T., Duel, H., Acreman, M., Grygoruk, M., Flörke, M. and Schneider, C. (2011) Broad-scale ecosystem services of European wetlands – overview of the current situation and future perspectives under different climate and water management scenarios. *Hydrological Sciences Journal* 56(8), 1–17.

Nuttle, W.K. (1997) Measurement of wetland hydroperiod using harmonic analysis. *Wetlands* 17, 82–89.

Peters, D.L., Buttle, J.M., Taylor, C.H. and LaZerte, B.D. (1995) Runoff production is a forested, shallow soil Canadian Shield basin. *Water Resources Research* 31, 1291–1304.

Rawls, R.J., Brakensiek, D.L. and Saxton, K.E. (1982) Estimation of soil water properties. *Transactions of American Society of Agricultural Engineers* 25, 1316–1320.

Rheinhardt, R.D. and Hershner, C. (1992) The relationship of below-ground hydrology to canopy composition in five tidal freshwater swamps. *Wetlands* 12, 208–216.

Roulet, N.T. (1990) Hydrology of a headwater basin wetland: groundwater discharge and wetland maintenance. *Hydrological Processes* 4, 387–400.

SCDNR (2015a) South Carolina State Climatology Office. Pan Evaporation Records for the South Carolina Area tables, table # 5 – Charleston, SC. Available at: http://www.dnr.sc.gov/climate/sco/Publications/ pan_evap_tables.php#5 (accessed 12 August 2015).

SCDNR (2015b) South Carolina Department of Natural Resources, GIS Clearinghouse.Available at: https://www.dnr.state.sc.us/pls/gisdata/download_data.login (accessed 10 June 2015).

Semeniuk, V. and Semeniuk, C.A. (1997) A geomorphic approach to global classification for natural inland wetlands and rationalization of the system used by the Ramsar Convention – a discussion. *Wetlands Ecology and Management* 5, 145–158.

Sidle, R.C. and Onda, Y. (2004) Hydrogeomorphology: an overview of an emerging science. *Hydrological Processes* 18, 597–602.

Siegel, D.I. and Glaser, P.H. (1987) Groundwater flow in bog – fen complex, Lost River Peatland, northern Minnesota. *Journal of Ecology* 75, 743–754.

Skaggs, R.W. (1978) *A Water Management Model for Shallow Water Table Soils*. Report No. 134. Water Resources Research Institute of the University of North Carolina, NC State University, Raleigh, North Carolina.

Skaggs, R.W., Amatya, D.M., Evans, R.O. and Parsons, J.E. (1994) Characterization and evaluation of proposed hydrologic criteria for wetlands. *Journal of Soil and Water Conservation* 49, 354–363.

Skaggs, R.W., Chesheir, G.M. and Philips, B.D. (2005) Methods to determine lateral effect of a drainage ditch on wetland hydrology. *Transactions of the American Society of Agricultural Engineers* 48, 577–584.

Skaggs, R.W., Chescheir, G.M., Fernandez, G.P., Amatya, D.M. and Diggs, J. (2011) Effects of land use on soil properties and hydrology of drained coastal plain watersheds. *Transactions of the ASABE* 54, 1357–1365.

Smith, M.W. and Risenborough, D.W. (2002) Climate and the limits of permafrost: a zonal analysis. *Permafrost and Periglacial Processes* 13, 1–5.

Smith, T.J. III (1992) Forest structure. In: Robertson, A.I. and Alongi, D.M. (eds) *Tropical Mangrove Ecosystems*. American Geophysical Union, Washington, DC, pp. 101–136.

Spalding, M., Kainuma, M. and Collins, L. (2010) *World Atlas of Mangroves*. Earthscan, London.

Strahler, A.N. (1957) Quantitative analysis of watershed geomorphology. *Transactions of the American Geophysical Union* 38, 913–920.

St Amour, N.A., Gibson, J.J., Edwards, T.W.D., Prowse, T.D. and Pietroniro, A. (2005) Isotropic time-series partitioning of streamflow components in wetland-dominated catchments, lower Laird River basin, Northwest Territories, Canada. *Hydrological Processes* 19, 3357–3381.

Tiner, R.W. (2011) *Dichotomous Keys and Mapping Codes for Wetland Landscape Position, Landform, Water Flow Path, and Waterbody Type Descriptors: Version 2*. US Fish and Wildlife Service, National Wetlands Inventory Project,

Northeast Region, Hadley, Massachusetts.

Tiner, R.W. (2013) *Tidal Wetlands Primer: An Introduction to their Ecology, Natural History, Status, and Conservation*. University of Massachusetts Press, Amherst, Massachusetts.

Todd, A.K., Buttle, J.M. and Taylor, C.H. (2006) Hydrologic dynamics and linkages in a wetland-dominated basin. *Journal of Hydrology* 319, 15–35.

Turunen, J., Tomppo, E., Tolonen, K. and Reinikainen, A. (2002) Estimating carbon accumulation rates of undrained mires in Finland – application to boreal and subarctic regions. *The Holocene* 12, 69–80.

Trettin, C.C., Jurgensen, M.F., Grigal, D.F., Gale, M.R. and Jeglum, J.K. (1996) *Northern Forested Wetlands Ecology and Management*. Lewis Publishers, Boca Raton, Florida.

Twilley, R.R., Lugo, A.E. and Patterson-Zucca, C. (1986) Litter production and turnover in basin mangrove forests in southwest Florida. *Ecology* 67, 670–683.

USACE (1987) *Corps of Engineers Wetland Delineation Manual*. Technical Report No. Y-87-1. US Army Corps of Engineers, Waterways Experiment Station, Vicksburg, Mississippi.

USACE (2005) *Technical Standard for Water-Table Monitoring of Potential Wetland Sites*. WRAP Technical Notes Collection (ERDC TN-WRAP-05-2). US Army Engineer Research and Development Center, Vicksburg, Mississippi.

USDA (2012a) *Groundwater-Dependent Ecosystems: Level I Inventory Field Guide – Inventory Methods for Assessment and Planning*. General Technical Report WO-86a. USDA Forest Service, Washington, DC.

USDA (2012b) *Groundwater-Dependent Ecosystems: Level II Inventory Field Guide – Inventory Methods for Project Design and Analysis*. General Technical Report WO-86b. USDA Forest Service, Washington, DC.

USGS (2015) National Water Information System. Columbia, South Carolina, Station 02169500. Available at: http://waterdata.usgs.gov/sc/nwis/uv?site_no=02169500 (accessed 27 September 2015).

Verry, E.S., Brooks, K.N., Nichols, D.S., Ferris, D.R. and Sebestyen, S.D. (2011) Watershed hydrology. In: Kolka, R.K., Sebestyen, S.D., Verry, E.S. and Brooks, K.N. (eds) *Peatland Biogeochemistry and Watershed Hydrology at the Marcell Experimental Forest*. CRC Press, Boca Raton, Florida, pp. 193–212.

Watson, J.G. (1928) Mangrove forests of the Malay Peninsula. *Malayan Forest Records* 6, 1–275.

White, W.N. (1932) *A Method of Investigating Ground-Water Supplies Based on Discharge by Plants and Evaporation from Soils: Results of Investigations in Escalante Valley, Utah*. Water Supply Paper 659-A. US Department of the Interior, Geological Survey, Washington, DC.

Williams, T.M. (1981) Determination of transmissivity of shallow aquifers on high water table forested areas by pumping tests. *Forest Science* 27, 124–127.

Williams, T.M. (1998) Hydrology. In: Messina, M.G. and Conner, W.H. (eds) *Southern Forested Wetlands; Ecology and Management*. Lewis Publishers, Boca Raton, Florida, pp. 103–122.

Winter, T.C. (2001) The concept of hydrologic landscapes. *Journal of the American Water Resources Association* 37, 335–349.

Woo, M.K. and diCenzo, P.D. (1989) Hydrology of small tributary streams in a subarctic wetland. *Canadian Journal of Earth Sciences* 26, 1557–1566.

Wösten, J.H.M, Clymans, E., Page, S.E., Rieley, J.O. and Limin, S.H. (2008) Peat – water interrelationships in a tropical peatland in Southeast Asia. *Catena* 73, 212–224.

8 森林排水

R. W. 斯卡格斯（R. W. Skaggs）[1*]，S. Tian[1]，柴斯切尔（G. M. Chescheir）[1]，D. M. 阿玛蒂亚（D. M. Amatya）[2]，M. A. 尤瑟夫（M. A. Youssef）[1]

8.1 引 言

世界林地总占地面积为 40.30 亿 hm^2，其中大多数都位于丘陵、山区或排水良好的高地地貌中，这些区域不需要改善排水。但是，有数百万公顷林地存在排水不畅的情况，土壤过度潮湿限制了树木的生长，并减少了进行采伐和其他管理活动的机会。针对这种林地，采用改良或人工排水系统，可显著提高森林的生产力。排水系统促进了天然林中树木的生长，可作为造林实践加以应用，同时，排水系统使得人工林的采伐和再生活动得以实施，提高人工林的产量。在降水量超过蒸散（ET），而且天然排水过程不足以排干多余水流的地区，需要改善排水系统。这种情况频繁出现在 ET 较低、并且在缺乏足够的天然排水系统、土壤长时间保持饱和的北部气候区。从上坡接收径流和渗流的土地以及受到邻近溪流频繁泛洪影响的地区，也可能需要排水系统。泥炭地是在非常潮湿的土壤条件下形成的，世界许多地方的泥炭地进行了大量的排水处理，促进了森林的生产量。

Paavilainen 和 Paivanen（1995）详细介绍了泥炭地森林排水的历史、方法和结果。他们追溯到 1773 年，瑞典的文献已有关于泥炭地开沟以促进树木生长的报道，并且根据对俄罗斯、波罗的海国家和德国相关排水系统文献的回顾，指出在 19 世纪中叶通过排水促进树木生长的方法在这些国家已经广为人知。记录森林排水的统计数据可以追溯至 19 世纪中期的瑞典、挪威和芬兰，密集的排水活动始于 20 世纪 20 年代和 30 年代，在第二次世界大战期间趋于沉寂，但在 20 世纪 50 年代和 60 年代得到恢复。除欧洲北部地区和欧洲东部地区外，不列颠群岛、加拿大和美国也将排水系统作为提高森林生产力的一种相对经济的方式（Laine

---

1 北卡罗来纳州立大学，美国罗利；2 美国农业部林务局，美国南卡罗来纳州考代斯维拉
* 通讯作者邮箱：wayne_skaggs@ncsu.edu

et al.，1995；Paavilainen and Paivanen，1995）。Trottier（1991）总结道，在排水不畅的土地上，就增加单位森林产量所需成本而言，排水系统比绝大部分造林实践更具优势。到 1995 年，约有 1500 万 hm^2 的北部泥炭地和其他湿地被排干用于林业（Laine et al.，1995）。

这些土地其中超过 90%位于芬兰，斯堪的纳维亚半岛和苏联。瑞典的森林排水活动的高峰出现在 20 世纪 30 年代，当时排水系统由国家提供补贴，以提高森林产量，同时降低失业率（Paavilainen and Paivanen，1995）。Peltomaa（2007）在报告中指出，芬兰总计 2600 万 hm^2 的林地中有 550 万 hm^2（超过 20%）建立了排水设施，其中大约有 450 万 hm^2 是泥炭地。芬兰的森林排水从 20 世纪 30 年代开始，在 20 世纪 60 年代和 70 年代达到顶峰，排水系统得到了芬兰政府的补贴，以提高森林产量。Peltomaa（2007）认为，立木蓄积量在 1970—2000 年的 30 年间增加了 40%，排水系统的积极影响是其主要原因之一。20 世纪 70 年代，林产品占芬兰出口总量的比例高达 40%，在 2005 年仍占出口总量的 20%。Tomppo（1999）在报告中指出，自 20 世纪 50 年代初，芬兰林地的排水系统使树木的年生长量增加了 1040 万 m^3。在加拿大（Hillman，1987）魁北克省（Trottier，1991）、安大略省（Stanek，1977）和阿尔伯塔省（Hillman and Roberts，2006）的泥炭地也已经建立了森林排水系统，但上述地区和美国北部各州的排水面积仅占欧洲北部地区排水面积的一小部分（Paavilainen and Paivanen，1995）。

美国南部森林排水系统的演变始于 20 世纪 30 年代美国北卡罗来纳州东部霍夫曼（Hoffman）森林的大规模排水工程（Fox et al.，2007）。早期观察到矿质土壤和泥炭土壤上排水沟附近的松树生长得到改善（Miller and Maki，1957；Maki，1960），促成了众多的实地测验和更多的研究活动（Terry，1975；Hughes，1978），最终使森林湿地的排水系统得到广泛应用。到 20 世纪 80 年代中期，在大西洋和墨西哥湾沿岸各州的滨海平原上，原本排水不良的森林通过排水系统为森林采伐和再生提供了通道，并提高了这些森林的产量，其面积超过 100 万 hm^2（McCarthy and Skaggs，1992）。排水工程的扩建主要是为了在湿地森林上建立新的人工林，这一活动于 1990 年年底结束，原因是人们担心这些工程会影响所管辖湿地的环境，并且可能会违反湿地保护的相关联邦法规。其他国家也降低了政府对排水系统的支持力度。芬兰于 1992 年停止补贴新的森林排水项目，主要也是因为担心生态。但芬兰政府认识到森林排水的经济重要性后，又继续补贴原有排水系统的维护和改造活动（Peltomaa，2007）。

与 40 年前相比，虽然森林的排水活动已大幅降低，但排水系统显著提高了数百万公顷天然林和人工林的生产率，带来了相关的经济和社会效益。现有排水系统的最佳管理和运营以及新排水系统的设计和建造都非常复杂，因为这些系统既要保证生产目标，还要保障环境/生态目标。为了兼顾上述相互冲突的目标，需要对排水系统的方法和理论有所了解，以改善排水系统。本章回顾了排水系统对林业生产和林地水文的影响。

8.2 森林排水的用途和影响

排水系统的用途以及对林业生产的影响在相关文献中已有充分记载。其主要有两种用途：①提供便道以及可通行的条件，以便在土壤和水资源受损程度最低的情况下按时开展种植、采伐和其他田间活动；②从土壤剖面中排出多余水分，改善通气状况并促进树木生长。寒冷气候下的森林排水系统的一个相关用途/益处是，在生长季早期排出融雪水和温暖土壤中的水分，促进林木生长（Peltomaa，2007）。

图 8.1 展示了改善地下排水以提供可通行土壤条件的必要性和有效性，图中在排水不良的位置（示意图的右上方，道路上方），其土壤在采伐过程中会出现严重泥泞的情况。相比之下，道路下方和左侧的排水沟降低了地下水位，并显著降低了压实度和泥泞情况。潮湿条件下的采伐或整地活动造成的土壤破坏，会显著降低林木的生长速率，后续的改善活动只能够部分补偿这种影响（Terry and Campbell，1981）。Terry 和 Hughes（1978）讨论了排水系统对天然林和新人工松林的影响。

图 8.1　在人工松树林林地上进行采伐后的土壤状况图片

对比了地下排水（道路左侧）与未改善排水（道路右侧）的情况，与道路左侧已改善排水系统的土壤条件相比，在排水未改善的区域，土壤黏闭更为严重（Joe Hughes 拍摄，1981）。

他们指出采伐前1年（至少）装设的排水装置延长了伐木期，并最大程度地降低了土壤损害，并得出结论，排水后伐木和整地成本的降低、土壤损害的减轻，以及整地效率的提升，共同抵消了一半的挖沟排水成本。在无排水设施的区域装设常规设备用于采伐和整地活动的操作仅限于旱季。排水系统延长了采伐期，使得及时开展所需田间作业成为可能，并且不会损害土壤。

虽然多年来，许多研究人员都研究了排水对树木生长和产量的影响（Miller and Maki，1957；Graham and Rebuck，1958；Maki，1960；Klawitter et al.，1970；White and Pritchett，1970；Brightwell，1973；Terry and Hughes，1975；Trottier，1991；Hillman and Roberts，2006；Jutras et al.，2007；Socha，2012），但有关该研究主题的公开数据相对有限。Weyerhaeuser 科研人员发表的许多文章（Terry，1975；Hughes，1978；Campbell，1976；Campbell and Hughes，1991）报告了于1972年启动的一项计划的研究结果，该计划旨在改善排水，提高高产火炬松的产量。表8.1包括 Terry 和 Hughes（1975）最初针对松树总结出的相关结果，以及本书对该结果进行的相应扩展，以涵盖近年来其他地区发布的结果。Miller 和 Maki（1957）、Klawitter 等（1970）、White 和 Pritchett（1970）以及 Terry 和 Hughes（1975）报告的相关结果表明，排水系统使得排水不良的矿质土壤上的林木年生长量增加了 3.6—8.9 m^3/hm^2。这些结果与欧洲北部地区泥炭地、魁北克沼泽和排水不良的矿质土壤类似（Trottier，1991）。每年林木产量的增幅通常超过了100%，在某些情况下甚至更高（表8.1）。但是，对于在改善排水系统前林木数量或生长速率可忽略不计的情况，较大比例的增幅可能并不具有代表意义（Payandeh，1973）。林木生长对排水的响应不仅在树种之间存在不同，而且在林龄之间也存在差异。Socha（2012）已确证波兰的泥炭地改善排水系统后，所种植的欧洲赤松的产量增加了25%，而未改善排水系统前，30年和40年内林木产量的增幅分别为15%和6%。Langdon（1976）和 Andrews（1993）在报告中指出，在建立排水系统后，美国弗吉尼亚州滨海平原上的火炬松林木林龄达到5年和21年时其生长得到显著改善。然而，Kyle 等（2005）在报告中指出，林龄达到33年时，同一地点的立木材积并没有出现明显增加的情况。这些结果也可能受到该地区天然排水条件的影响。与其他大多数研究中的"排水极劣"土壤相比，可将该地点的土壤归为"排水不良"土壤。随着林龄的增加，ET 的提高可能会降低排水样地与不排水样地之间地下水位的差异，从而降低排水对林木的影响（Kyle et al.，2005）。Hökkä 和 Ojansuu（2004）发现，在芬兰北部的松林碱沼中，排水使该处的林木生产力提高了80%以上，但排水对另一处具有更好天然排水的位置仅产生了中度影响。在其他情况下，林木生长对排水的响应良好，但是需要确保狭窄的沟渠间距才能显著提高产量。Jutras 等（2007）发现在魁北克省的一处黑云杉林中，在距沟渠 15 m 以上的位置，排水几乎没有对林木产生影响。

表 8.1 排水对林木生长和产量影响的研究结果一览表

研究人员	土壤	树种	林龄/a	林木生长单位	林木生长 已排水	林木生长 未排水	增幅/%	注释
Miller 和 Maki (1957) [a]	朴茨茅斯沙壤土	火炬松 (*Pinus taeda*)	0—17	m³/(hm²/a)	4.7	0.34	4.4 (1300) [b]	
Klawitter 等 (1970) [a]	普卢默-雷恩斯壤土	湿地松 (*Pinus elliottii*)	19—22	m³/(hm²/a)	9.0	4.9	4.1 (84)	
White 和 Pritchett (1970) [a]	莱昂砂土	湿地松 (*P.elliottii*)	0—5	m³/(hm²/a)	14.6	5.7	8.9 (160)	地下水位深度 (WTD) = 46 cm
		火炬松 (*P.taeda*)	0—5	m³/(hm²/a)	13.3	5.7	6.6 (120)	WTD = 92 cm
					7.6	1.3	6.3 (490)	WTD = 46 cm
					4.9	1.3	3.6 (280)	WTD = 92 cm
Terry 和 Hughes (1975) [a]	贝伯勒-布莱登土	火炬松 (*P.taeda*)	0—13	m³/(hm²/a)	4.3	0.54	3.8 (700)	
Socha (2012)	泥炭地	欧洲赤松 (*Pinus sylvestris*)	0—100	m³/(hm²/a)	10	8	2 (25)	模拟结果
Hillman 和 Roberts (2006)	泥炭地	黑云杉 (*Picea mariana*)	30—60	m²/(hm²/a)	0.59	0.11	0.48 (440)	两处位置的平均值
	泥炭地	美洲落叶松 (*Larix laricina*)	50—60	m²/(hm²/a)	0.87	0.74	0.13 (180)	两处位置的平均值
Hillman (1987) 引用了 Trottier (1986) 的研究结果	泥炭地	黑云杉 (*P.mariana*)	30	m³/(hm²/a)	1.78	0.5	1.28 (250)	排水沟间距 = 40 m
Hokka 和 Ojansuu (2004)	泥炭地	欧洲赤松 (*P.sylvestris*)	8—228	m²/(hm²/a)	12.5	5	75 (150)	总干面积

续表

研究人员	土壤	树种	林龄/a	林木生长单位	林木生长 已排水	林木生长 未排水	增幅/%	注释
Jutras 等（2007）	泥炭地	黑云杉（P.mariana）	45—75	mm/a（直径）	1.37	0.44	0.93 (210)	间距 = 20 m
					0.85	0.42	0.43 (100)	间距 = 40 m
					0.65	0.45	0.2 (44)	间距 = 60 m
Payandeh（1973）	泥炭地	黑云杉（P.mariana）	79—119	m³/(m²·a)	0.005	0.00006	(8200)	排水前后
Graham 和 Rebuck（1958）[a]	泥炭地	晚松（Pinus serotina）	0—22	m²/(hm²·a)	0.74	0.41	0.33 (80)	
Walker 等（1961）	布莱登黏土	湿地松（P.elliottii）	0—2	m/a（高度）	0.41	0.1	0.31 (310)	树苗
		火炬松（P.taeda）	0—2	m/a（高度）	0.49	0.21	0.28 (140)	
Langdon（1976），Andrews（1993），Kyle 等（2005）	近亚特-雷恩斯-林奇堡砂壤土	火炬松（P.taeda）	0—5	m/a（高度）	3.1	2.0	1.1 (55)	这三项研究的研究地点相同，三个林龄的累积生长
			0—21		14.1	11.7	2.4 (20)	
			21—33	m³/(hm²·a)	334	341	−7 (−2)	

a 根据 Terry 和 Hughes 的结果 (1975)。
b 括号内的值为本底值。

8.3 排水系统及其功能

可将大多数森林排水系统归类为以下两种类型中的一种或两种类型的组合：①天然排水系统，或利用依流域地形而开发的现有排水模式、支流、溪流的排水系统；②平行沟渠的网格系统，如图 8.2 所示。在具备足够泄放条件的地方，天然排水系统可以为所需排水系统提供足够的排水口。在某些情况下，可能需要额外的排水沟来提高排水强度（DI），但基本排水模式不变。网格模式用于排水不良的广阔区域。其常规模式设有相对较直的行列，提高了整地、种植和采伐的效率。天然林或人工林的排水系统往往是这两种排水系统类型的组合（Terry and Hughes，1978）。也可根据排水系统主要提供地面或地下排水系统，还是两者的组合，来对排水系统进行分类。图 8.2 所示系统主要通过约 1 m 深，通常间距为 100—200 m 的平行沟渠提供地下排水系统。树木幼苗种植在高约 30 cm 的苗床上，可防止水淹并确保根系与土壤良好接触。飓风天气期间降雨量超过 150 mm，形成了图 8.2 所示土台之间的积水。在这种情况下，土台之间的沟道不可与沟渠相连，以确保较低的地表排水强度。尽管出现极端事件时可能会形成部分径流，但年地表径流

图 8.2　美国北卡罗来纳州滨海平原已排水的人工松林

照片拍摄时间为 1981 年 8 月飓风"丹尼斯"（Dennis）过境带来超过 150 mm 降雨过后的第 1 d。土台可防止水流淹没幼苗。注意，土台之间的沟道不与沟渠相连，这几乎排走了所有地表径流（最极端降雨事件除外）（Joe Hughes 拍摄，1981）。

量很低，几乎所有的排水都可相对缓慢地随地下水流排出该区域。这样做的好处是，在强烈的暴风雨期间能够降低这些流域的出流率，并防止沉积物和相关污染物进入沟渠和下游。同时，可防止水流受到因强降雨事件引起的径流影响，确保更多的水分能够用于蒸散（ET）作用。

紧实土壤的地下排水比较缓慢，因而地面排水可能是排出多余水流的最佳选择。在这种情况下，图 8.2 所示沟道应与沟渠相连，以便排走在暴雨天气下形成的大部分地表水。上述土台仍可防止水涝，随后通过蒸散作用降低水位。与配有密集地下排水系统的区域相比，普通区域的年地表径流量将大幅增加，下文示例将会加以说明。地表排水强度或质量可定义为洼地储水的平均深度（即在降雨量较大的事件发生过后地表径流停止流动时，地表留存积水的平均深度）。通常土台不能用于现有林木的排水。在这种情况下，地表排水强度仍取决于洼地储水量，并且通常与沟渠间距成反比，但通过合理安置沟渠弃渣，可提高地表排水强度，确保地表水进入沟渠时不会受到阻碍。

排水系统示意图展示了地下水位的演变及其对降雨事件过后排水速率的影响，如图 8.3 所示。在图 8.3b 中，排水率为排水沟之间地下水位高度（单位：cm）的函数。图 8.3b 展示了特殊地下水位位置①—⑥（图 8.3a）的排水速率。这种情况下，可以通过数值求解混合了饱和、非饱和水流的控制方程，得到相应的精确解（Skaggs and Tang，1976）。一种近似方法是综合以下方法。当剖面饱和且地表上有水积聚（图 8.3a 位置①）时，可通过 Kirkham（1957）建立的方程式计算出（在图 8.3b 中用 DK 表示）排水速率。由于排水和蒸发作用使得地表水的深度降低到土台顶部以下后，水流将不再穿过地表流入排水沟附近的区域（图 8.3a 位置②），此时 Kirkham 方程也不再适用。随着积水通过剖面排出，排水速率持续降低，直到排水沟中间地下水位刚好与地表（图 8.3a 位置③）持平。在该点，可以利用稳态 Hooghoudt 方程（Bouwer and van Schilfgaarde，1963）估算出排水速率，对于沟渠，该方程的表达式如下：

$$q = 4K_e m(2d + m) / L^2 \tag{8.1}$$

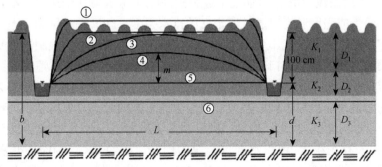

(a)

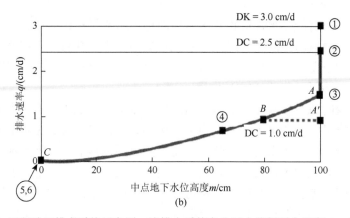

图 8.3 （a）平行地下排水系统示意图，该排水系统在分层土壤剖面中设有 1 m 深，间距为 L 的沟渠；（b）绘制了排水速率 q 关于沟渠之间地下水位高度 m 的函数关系图，其中排水速率 q 对应于（a）中的地下水位（WT）位置①—⑥

如图所示，排水口的水流容量 DC 可能会限制排水速率。

式中 q 为排水速率，cm/h；m 为排水沟之间的中点地下水位高度；K_e 为剖面的等效横向导水率，cm/h；d 为排水沟到隔水层的深度，cm；L 为排水沟间距，cm（图 8.3a）。对于农业应用中所使用的排水管，采用等效深度 d_e 而不是实际深度 d 来补偿排水管附近的径向压头损失。当地下水位从位置 3 下降到位置 4，最后降至排水深度（图 8.3a 位置⑤）时，这一过程显然不是稳定状态，但是在大多数情况下，水位下降过程十分缓慢，可通过 Hooghoudt 方程估算排水速率。由于 ET 和/或渗流作用，地下水位可能会继续下降（图 8.3a 位置⑥），但当地下水位低于排水沟深度时，排水速率将变为零。排水沟之间地下水位高度位于地表（图 8.3a 位置③）时，可将排水速率定义为地下排水强度（DI）。因此，DI 是排水沟间距和深度以及剖面厚度和导水率的函数。

Kirkham 和 Hooghoudt 方程的预测值能够量化给定水位高度下水流从土壤流向排水沟的速率。在大多数情况下，地下水位低于土壤表层，排水速率的变化遵循图 8.3b 中的曲线 ABC，可通过上述公式（8.1）来计算排水速率。给定位置的地下排水质量或强度通常可通过所定义的排水强度（DI）进行量化。但是，在某些情况下，排水速率可能不受从土壤流向排水沟的水流速率的限制，但受到将要通过沟渠网络流向排水出口的水流速率的限制；也就是说，排水速率受到排水系统水流容量的限制。水流容量称为排水系数（DC），取决于排水区域的大小和出口工程的容量，而出口工程的容量取决于主排水沟的大小、坡度和水力糙率或者泵送能力（如有泵送出口）。例如，假设水流容量为 2.5 cm/d，当剖面达到饱和状态，并且地表存在积水，而积水通过土壤的理论速率为 DK = 3.0 cm/d（图 8.3b），则实际排水速率将受到出水容量 DC = 2.5 cm/d 的限制。一旦地下水位下降至

图 8.3b 中的位置③，$q = DI = 1.5$ cm/d（小于 DC），则排水事件此后将遵循曲线 ABC 的变化规律。在本示例中，DI<DC<DK，但 DC 可能大于 DK 或小于 DI，具体取决于出口容量。对于 DC 小于 DI 的情况，假设 DC = 1.0 cm/d，地下水位位置 3 的排水速率将为 1.0 cm/d，排水事件期间的水流流速将遵循图 8.3b 中 $A'BC$ 的规律。在这种情况下，水流将会回流到沟渠中，地下水位将变得更为平坦，而从田间到沟渠的水流流速将与 DC 保持平衡。

沟渠中或出水渠下游的障碍物可能会降低地下排水速率。在某些情况下，可能会在沟渠中布置堰口等障碍物，以降低排水速率。这种做法被称为控制排水（CD），可应用于农业用地和林地，以节约用水并减少养分流失。仍然可以采用公式（8.1）来计算这些情况下的排水速率，图 8.3 中 m 的定义为从沟渠中堰口顶部到排水沟之间地下水位的距离。在沟渠中布置障碍物或部分堵塞物时，可通过该数学方法来求出排水速率。

图 8.4 展示了美国北卡罗来纳州东部某站点的排水对地下水位的影响。绘制了 3 年内（1993—1995 年）已排水火炬松人工林、未排水森林湿地、已排水农业耕地地下水位观测值的图表。1993 年的年降水量为 1004 mm（平均值的 77%），1994 年的年降水量位于平均值附近（1284 mm），1995 年的年降水量为 1368 mm。1993 年的夏季非常干旱，导致农田中的地下水位降至 1.2 m 以下，深根湿地和已排水森林站点中地下水位的下降深度更大。除了干旱的 1993 年夏季之外，湿地中的地下水位在冬季和春季相当长一段时间内均位于或高于地表，高于已排水农田和施业林中的地下水位。来自湿地的排水大部分为地表径流以及少部分地下排水，这部分地下排水排入间隔较宽，深度较浅的天然排水沟。与农田（0.75 m）或未排水站点（0.55 m）相比，已排水森林站点的平均地下水位（1.54 m）更深且下降速度更快。

与湿地相比，排水系统是造成森林湿地地下水位更大的主要原因。由于 ET 的差异，造成已排水森林湿地的地下水位比农田的地下水位更大。松林的根系深度更大，且蒸散作用的水分需求横跨全年。沟渠深度仅为 0.9 m，但由于蒸散作用，将会导致已排水森林的地下水位下降至最大深度（超过 2 m），而农业用地的最大深度仅为 1.4 m。

图 8.4 所示地下水位对排水的响应与在透水性更差的土壤中的响应形成对比。例如，Jutras 等（2007）在报告中指出，尽管排水系统提高了泥炭地中沟渠附近黑云杉直径的年生长速率，但排水系统对距沟渠 15 m 处的林木影响甚微。他们得出结论，对于将非生产性场所转变为生产性场所而言，狭窄的沟渠间距是十分必要的。林木对排水的响应所表现出的这种差异部分原因可能是由于气候差异，但更可能是土壤性质的差异。饱和导水率 K[公式（8.1），K_e 是 K 的一种]是对排水影响最大的土壤性质。Paavilainen 和 Paivanen（1995）总结了针对各种原状泥炭土

的已发表观测结果。K 值从 $9×10^{-8}$—$4×10^{-2}$ cm/s（$8×10^{-5}$—$3.5×10^{-4}$ m/d）变化，其幅度通常随着泥炭分解程度的增加而降低。矿质土壤 K 值大致取决于土壤质地，其变化范围约为 $2×10^{-6}$—$6×10^{-2}$ cm/s（Smedema et al.，2005）。表 8.2 展示了 3 m 深的均质剖面和 0.9 m 深的平行排水沟中 K 值对林木排水响应的影响。结果表明，K_e 小于 10^{-6} cm/s 的剖面对地下排水的响应最小。DI 值为 5 mm/d 时，要求沟渠间距小于 2 m。对于典型森林排水沟间距（40 m 或更大），K_e 必须大于 10^{-4} cm/s（0.36 cm/h），以使 DI 仅为 1 mm/d，具体取决于剖面深度。对于 K_e 非常低的土壤，最好的替代方案是建立排水系统，排走地表水，以便利用 ET 降低地下水位。这种做法会使得径流事件的持续时间更短，但对年排水量的影响不大（Robinson，1986；Holden et al.，2006）。

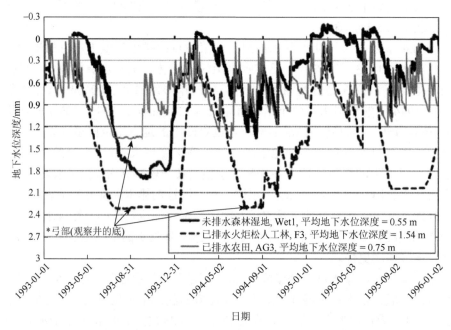

图 8.4　美国北卡罗来纳州普利茅斯附近已排水火炬松人工林（F3）、未排水森林湿地（Wet1）和已排水农田耕地（AG3）的地下水位（WTD）观测值

这三处（均位于半径为 3 km 以内的区域）的土壤均为矿质土（Portsmouth 和 Cape Fear sl 和 scl）（根据 Skaggs 等的结果，2011）。

表 8.2　剖面的等效横向导水率（K_e）对沟渠间距（要求排水强度 DI 为 5 mm/d）和排水强度（要求沟渠间距 L 为 40 m）的影响

K_e/(cm/s)	DI = 5 mm/d 时的沟渠间距/m	L = 40 m 时的 DI/(mm/d)
10^{-8}	0.15	0.0001
10^{-6}	1.5	0.01

续表

K_e/(cm/s)	DI = 5 mm/d 时的沟渠间距/m	L = 40 m 时的 DI/(mm/d)
10^{-4}	15	1
10^{-2}	150	100

沟渠深度为 0.9 m 和均质土壤剖面深度为 3 m 时，利用公式（8.1）计算出相关数据（图 8.3a）。

8.4 长期森林排水与水资源管理案例研究

在美国北卡罗来纳州加特利县的加特利 7 号站点进行了长期的、流域尺度上的森林排水研究。该研究站点始建于 1986 年，由三处人工排水试验流域（D1 流域、D2 流域和 D3 流域）组成，每个试验流域的面积约为 25 hm²。在自然条件下，可将该站点的 Deloss 细砂质壤土归为地下水位很浅的排水极劣类型。站点地形近乎平坦，其坡度小于 0.1%。各流域建有约 1.2 m 深，间隔为 100 m 的平行横向沟渠，用于排水。排出沟设有泵机，提供了可靠的排水出口，也就可以进行流量观测，并在对出水渠中高地下水位干扰最低的情况下提取水质样本。该站点设有相关仪表，地下水位和出流量数据的采集始于 1988 年，当时火炬松的林龄已达到 15 年。流域 D1 采用了标准排水措施，并从 1988 年作为对照组一直维护到 2009 年。这种配对流域实验用于确定 1988—2008 年这 21 年间多项造林和水资源管理实践对水文和水质的影响。

经过 2 年的率定期后，对流域 D2 和 D3 进行了控制排水，以评估水量平衡和暴雨事件中水文过程受到的影响（Amatya et al., 1996, 2000）。1995 年，完成了 D2 流域的采伐，以研究采伐、整地和植被恢复对水文和水质的影响。同时，在流域 D3 上布置了孔板堰，用于研究所布置堰体的性能，堰体能够延长排水的持续时间并降低峰值流速（Amatya et al., 2003）。D3 流域在 2002 年进行了间伐，以研究间伐活动对水文和排水水质的影响（Amatya and Skaggs, 2008）。在该站点收集的长达 21 年的数据集已经用于开发和测试仿真模型，并预测采用上述治理方式后已排水森林流域的水文状况。

8.4.1 排水林地的基本水文过程

加特利 7 号流域的观测结果表明，滨海平原已排水森林流域的主要水文要素包括降雨、ET 和地下排水。这些过程受到浅层地下水位的支配，浅层地下水位是极低的地形起伏、形成较高地表蓄水的微观形貌以及地表数米内的弱透水层综合作用的结果。从平均深度约 2.8 m 处开始延伸的隔水层限制了垂直渗流，垂直渗流估计不到降水量的 3%（Amatya et al., 1996）。有台床造林整地过的流域地表注地储水量很大，地表径流量很小，除大型热带风暴和飓风事件，地表径流量可忽略不计。对照流域（D1）为期 17 年（1988—2005 年）的数据进行分析，结果表明，年降水量介于 852—2331 mm 之间，平均降雨量为 1538 mm（Amatya and Skaggs，2011）。由于某些年份出现了热带风暴和飓风，而另一些年份出现干旱，导致年降雨量的波动范围较大。年径流系数定义为出流量与降雨量的比值，这 17 年间（1988—2005 年）的平均值为 0.32。它的变化范围为从 2001 年的 0.05（非常干旱）到 2003 年的 0.56（降雨量最高）。这些流域的流出水流主要是流向排水沟的地下水流。与其他季节相比，冬季的出流量更大，更连续并且持续时间更长。冬季平均出流量为平均降雨量的 59%。在 ET 需水量较低的冬季和早春以及飓风和热带风暴产生大量出流的夏季，地下水位往往接近地表。然而，在夏季和秋季的长时间干旱期，地下水位会下降至远低于沟渠深度的位置。根据降水量与出流量之差计算得出的年平均 ET 值为 1005 mm，接近根据 Penman-Monteith 模型得出的年草地参考 ET 值。

8.4.2 控制排水对人工松林水文的影响

农业和造林生产所需排水强度（DI）随季节和生产周期的阶段而变化。对于人工林而言，最关键的阶段是采伐、整地种植以及种植后的头几年，此时对于苗木而言，需要防止过高的地下水位和过高的土壤湿度。在苗期和生长的早期阶段，ET 会降低，这时通过排水降低地下水位并为林木生长提供合适的条件比在生产周期后期采取相关措施更为关键。出于同样的原因，冬季排水要比夏季更为关键，因为夏季可依靠蒸散作用使得地下水位可能会相对较深（例如，图 8.4）。这时应避免排水量超过相关需求，因为这会排出正在生长的树木可能需要使用的水分。通过控制排水过程可以暂时降低或管理排水量。可通过在排水沟中布置堰体来实现林地的控制排水，这样排水沟渠中的水位必须超过堰体的高度，才能使水流排出排水系统。

D1 流域保持常规排水，堰位在水面以下 1 m。在 D2 流域通过控制排水在生长季来保存水量，而在 D3 流域利用控制排水来降低春季的排水出流量。为期 3 年的治理期的结果表明，与常规排水相比，控制排水提高了蒸散和渗流，并使 D2 流域和 D3 流域的出流量分别减少了 25% 和 20%（Amatya et al.，1996）。在夏季，D2 流域的控制排水治理导致地下水位升高。但是，与蒸散作用需水量较低的春季治理方式相比，由于蒸散率的提高，使得地下水位的上升幅度很小并且比较短暂。D3 流域的春季控制排水也大幅降低了淡水出流量，从而最大限度地减少了对场外水质的影响。控制排水可显著降低所有事件中暴风雨产生的出流量以及大多数事件中的峰值流出率。在某些情况下，控制排水流域根本没有水流。出现外流水流时，由于沟渠有效深度的降低，使得事件的持续时间大幅缩短。尽管与其他土地用途相比，这些平坦森林流域的沉积物和养分迁移率较低（Chescheir et al., 2003），但控制排水可有效降低它们对地表水负荷的影响（Amatya et al., 1998）。

8.4.3 采伐、台床整地和种植对水文的影响

D2 流域于 1995 年 7 月完成采伐，林龄为 21 年。笔者分析了连续流量和地下水位记录，以确定重新种植后产生的水文影响以及流量和地下水位随时间发生的变化。采伐的最大作用是清除生长中的植物，这会大幅降低蒸散。与未经采伐的对照组（D1 流域）相比，采伐活动降低了地下水位，提高了排水出流量和径流系数。在 1995—1999 年的 5 年中，采伐和植被恢复使年均蒸散降低了 28%，使出流量增加了 49%（Skaggs et al., 2006）。该时间段的平均径流系数从 0.32 增加至 0.51。针对长期流量和地下水位数据的分析表明，D2 流域和对照组（D1 流域）之间的排水出流量和地下水位的差异在 1997 年重新植树后的 7 年，即 2004 年恢复正常。

加特利 7 号站点研究过程中收集的水文数据清楚表明，土地利用、采伐和新造林区整地等活动可能会严重影响土壤特性，并且可能引起进一步的水文变化。经过分析所记录的地下水位和排水流量数据，可确定生产周期各个阶段中 q 与 m 之间的关系（例如，图 8.3b）。得出的 q 与 m 的关系与公式（8.1）一起用于计算各种地下水位高度（单位：m）上的田间有效饱和导水率。然后，确定隔水层上方土壤剖面三个主要土层的田间有效饱和导水率。相关详细结果，请参阅表 8.3。

表 8.3 采伐、台床整地和种植前后加特利 7 号站点上流域 D2 土壤剖面的田间有效导水率（m/d，按土层列出）和土壤剖面的导水系数（T）

深度/cm	K 值，Deloss 土壤调查	D2			
		采伐前	采伐后	台床整地后	种植后 7 年
0—50	3.6（1.2—3.6）	60	60	3.6	50
50—80	1.6（0.36—1.6）	55	55	1.6	20
80—280	1.6（0.36—1.6）	1.6	1.6	1.6	1.6
T/(m²/d)	5.5	50	50	5.5	34

括号内给出了加特利县关于 Deloss 土系的土壤调查数据公布的相关数值，以供参考，这些数值被视为农业用地的典型值（根据 Skaggs 等的结果，2006）。

相关结果表明，在采伐林树龄为 21 年的火炬松前，土壤剖面顶部 80 cm 处的田间有效导水率（K）比加特利县关于 Deloss 土系的土壤调查给出的数值要大 20—30 倍。深度大于 80 cm 时 K 值（1.6 m/d）显然并未受到影响，这是因为

该数值在采伐前至采伐后的整个阶段都保持在 Deloss 土壤调查给出的范围内。较浅层 K 值较高，可归因于存在较大的孔隙，这些孔隙是由树木根部和多年以来森林中不间断的生物活动形成的。据报道，北卡罗来纳州东部派克（Parker）林地有机土壤（Grace et al.，2006）和同一地带的矿质土壤（Skaggs et al.，2011）也表现出类似的高 K 值。具体位置均位于人工林中。1995 年采伐后，1996 年 10 月新造林地整地前（表 8.3 中采伐后的活动），基于地下水位和排水出流量测定结果的导水率（K）测定方法与采伐前导水率的测定方法相同。但是，在完成台床整地和种植后，排水速率大幅降低，并且台床整地完成后根据田间数据确定的田间有效 K 值与土壤调查中公布的数值范围十分吻合（表 8.3）。显然，台床整地过程破坏了表层的大孔隙，使得剖面的有效 K 值与农业用地的预期 K 值近似相等。这些结果表明，可以根据土壤调查数据估算人工林排水设计所需的 K 值。这些数值可能是保守值，因为剖面顶部的田间有效 K 值可能会随着树木的生长而增大，只有在采伐和进行新造林整地活动后才会恢复到初始值。其他研究发现，排水可能会通过沉降和压实作用改变土壤的物理性质（可能会降低 K）、化学性质（包括 pH 降低；Minkkinen et al.，2008）、土壤有机质的分解速率（Domisch et al.，2000）和土壤碳储量（Minkkinen and Laine，1998；Laiho，2006）。

8.5 森林排水仿真模型的应用

计算机模型可应用于模拟已排水森林的各种水文过程及其相互作用。此类模型包括 DRAINMOD（Skaggs et al.，2012）、FLATWOODS（Sun et al.，1998）、SWAT（Arnold et al.，1998）和 MIKE SHE（Abbott et al.，1986）。下面以 DRAINMOD 为例，说明地下排水强度对森林水文的影响。DRAINMOD 于 20 世纪 70 年代开发，用于描述农业排水系统的特性。DRAINMOD 基于土壤剖面中的水量平衡，采用了第 8.3 节中的相关方法来计算排水速率，以每小时为时间步长模拟水量平衡的各个组分。此处所使用的模型为 DRAINMOD-FOREST（Tian et al.，2012，2014），它是用于森林地貌的 DRAINMOD 的改进版；第 9 章简要介绍了 DRAINMOD-FOREST。利用该模型模拟了加特利 7 号站点的水文过程，该处土壤为 Deloss 土壤，生长着中期（林龄为 15 年）松树，排水强度为 0.5—32 mm/d（对应沟渠间距为 800—100 m），而其他参数与 Tian 等（2012）的数据相同。模拟结果展示了排水系统设计对排水目标和已排水流域水文的影响。图 8.5a 展示了一年中三个不同时期内，DI 对于土壤水和天气条件适合田间工作的天数的影响。如果地下水位预测深度至少为 0.6 m，且白天的降水量小于 10 mm，则将这一天视为工作日。工作天数随着 DI 从 0.5 mm/d 增加至 8 mm/d 的趋势而急剧增加（图 8.5a）。根据这些结果可知，该位置的 DI 推荐值为 5—8 mm/d。在一年中最为湿润的 1—3 月，这一 DI 平均可提供 55—65 个适合采伐和整地活动的工作日。但是，5—8 mm/d 的 DI 不到农业生产所需 DI 的一半，北卡罗来纳州东部农业生产所需 DI 约为 15 mm/d（Skaggs，2007）。

图 8.5b 展示了 DI 对长达 21 年的模拟期（1988—2008 年）内的年均出流量的影响。图中所示为地表洼地储水量为 150 mm（层状地表的特征，如图 8.2 所示）和 25 mm 时的结果，这是在近似平坦的土地上天然林或没有台床整地人工林的最低预期地表储水量。整地条件下，平均年度地下排水量预测值从 DI = 0.5 mm/d 时的低点 420 mm 到 DI = 32 mm/d 时的 510 mm 不等。也就是说，即使沟渠间距较宽且 DI 较低，从这些台床流出的大部分水流也可作为地下水流。当地表储水量较小（25 mm）时，情况有所不同。此时，将 DI 从 0.5 mm/d 增加至 32 mm/d，会使年平均地表径流量预测值从 390 mm 降低至 30 mm，年地下排水量从 60 mm 增加至 480 mm（图 8.5b）。对于两种地表储水量数值，增大 DI 均会降低年平均蒸散，并使总出流量增加约 60 mm（年降水量的 4%）。根据 Robinson（1986）的研究报告，在英格兰北部的高地黏土和泥炭土上建造了 0.5 m 深的深沟渠致密网络后，年流量增幅大致上与 60 mm 相同。排水出流量约占降水量的三分之二，蒸散约占降水量的三分之一，这刚好与加特利县的情况相反，即排水量约占年降雨量的三分之一和蒸散约占年降雨量的三分之二。尽管出流量的增加幅度与加特利县的预测值大致相同，但作用机制却存在较大差异。在英格兰地区，密集浅沟网络增加了基流，迅速排走了地表径流，增大了洪峰流量和沉积物流失。但是，除非常靠近沟渠的区域外，排水对其他区域土壤水分的影响非常有限（Robinson，1986）。

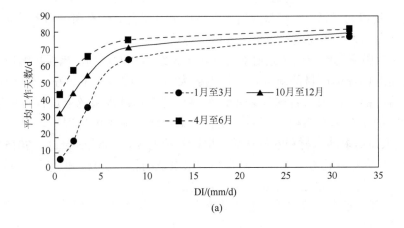

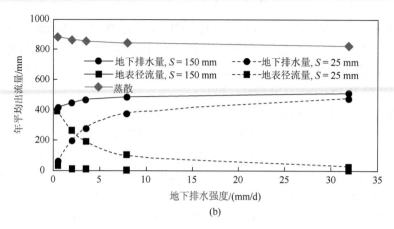

图 8.5 （a）排水强度（DI）对适合采伐和整地活动的平均工作天数预测值的影响；（b）平均地表洼地储水量（S）为 15 cm 和 2.5 cm 时，地下排水强度对年平均排水量和地表径流量的影响

针对美国北卡罗来纳州加特利县 Deloss 沙质壤土的 DRAINMOD-FOREST 21 年的模拟结果。

8.6 小　　结

排水系统用于改善世界上少部分林地的通行和产量问题。但是，它对采用排水系统的数百万公顷土地产生了重大影响。排水系统提高了欧洲北部地区、加拿大和美国南部排水不良泥炭地和矿质土壤区域的木材产量。据报道，排水系统使得天然林和人工林的产量大幅提高，典型年增长量达到 2—8 m^3/hm^2。在某些情况下，由于气候、土壤物理特性或肥力问题，排水系统对产量没有产生影响。森林排水系统最早应用于 18 世纪中期，历史悠久，在 20 世纪 30 年代以及 1950 年到 1985 年表现最为活跃。近年来，出于森林排水可能会对生态和生物多样性产生影响以及催生相关环境问题的担忧，人们不再重视森林排水。

大多数国家已经取消了政府对森林排水系统的补贴计划，为保护湿地，许多旨在提高湿地森林产量的新排水项目也被大幅削减或终止了。在大多数国家/地区，法规的豁免或政府特殊计划允许在现有的森林排水系统上进行再植活动以及持续维护现有排水系统。可要在没有生态和环境成本的情况下，提供满足超过 70 亿人口需求的木材和木材制品，也许并不现实。Lõhmus et al.（2015）承认这一点，认为尽管已经颁布了限制森林排水系统的相关法规，但仍然需要保留部分排水林。对此，Lõhmus et al.（2015）建议：

"可以把森林排水系统看作是令人振奋的生态系统管理科学之案例，必须使用新颖的方法来协调森林-湿地及其所处水文网络中的生态服务功能，包括木材生产、水资源管理和生物多样性保护等。"

相关研究增进了我们对森林排水的影响以及水文、土壤和树木生长对排水系统设计和管理的响应等方面的理解。在某些情况下，可以控制排水出口，即在不需要排水时节水，而在需要排水时排走多余的水。已经开发了相关仿真模型，用于日常预测排水管理对水文、初级生产力、水质和碳储量的影响。随着我们逐渐取得相应进展，就有可能提高排水管理的可靠性和适用范围。未来开发的模型可能会用于实时管理湿地森林排水，以提高产量，实现生态目标。尽管在森林湿地上采用更经济的方式生产木材和其他林产品可能会对生物多样性和环境造成部分影响，但是通过在经济和环境/生态目标之间建立可持续平衡的生产方式似乎较为合理可行。

参 考 文 献

Abbott, M.B., Bathurst, J.C., Cunge, J.A., O'Connell, P.E. and Rasmussen, J. (1986) An introduction to the European Hydrological System – Systeme Hydrologique Europeen, 'SHE', 2: structure of a physically-based, distributed modelling system. *Journal of Hydrology* 87, 61–77.

Amatya, D.M. and Skaggs, R.W. (2008) Effects of thinning on hydrology and water quality of a drained pine forest in coastal North Carolina. In: Tollner, E.W. and Saleh, A. (eds) *21st Century Watershed Technology: Improving Water Quality and Environment Conference Proceedings, 29 March–3 April 2008, Concepcion, Chile*. ASABE Publication No. 701P0208cd. ASABE, St Joseph, Michigan.

Amatya, D.M. and Skaggs, R.W. (2011) Long-term hydrology and water quality of a drained pine plantation in North Carolina. *Transactions of the ASABE* 54, 2087–2098.

Amatya, D.M., Skaggs, R.W. and Gregory, J.D. (1996) Effects of controlled drainage on the hydrology of drained pine plantations in the North Carolina coastal plain. *Journal of Hydrology* 181, 211–232.

Amatya, D.M., Gilliam, J.W., Skaggs, R.W., Lebo, M.E. and Campbell, R.G. (1998) Effects of controlled drainage on forest water quality. *Journal of Environmental Quality* 27, 923–935.

Amatya, D.M., Gregory, J.D. and Skaggs, R.W. (2000) Effects of controlled drainage on storm event hydrology in a loblolly pine plantation. *Journal of the American Water Resources Association* 36, 175–190.

Amatya, D.M., Skaggs, R.W., Gilliam, J.W. and Hughes, J.H. (2003) Effects of orifice-weir outlet on hydrology and water quality of a drained forested watershed. *Southern Journal of Applied Forestry* 27, 130–142.

Andrews, L.M. (1993) Loblolly pine response to drainage and fertilization of hydric soils. MS thesis, Virginia Polytechnic Institute and State University, Blacksburg, Virginia.

Arnold, J.G., Srinivasan, R., Muttiah, R.S. and Williams, J.R. (1998) Large area hydrologic modeling and assessment part I: model development. *Journal of the American Water Resources Association* 34, 73–89.

Bouwer, H. and van Schilfgaarde, J. (1963) Simplified method of predicting fall of water table in drained land. *Transactions of the American Society of Agricultural Engineers* 6, 288–291.

Brightwell, C.S. (1973) *Slash Pine Plantations Respond to Water Control*. Woodland Research Note No. 26. Union Camp Corporation, Franklin, Virginia.

Campbell, R.G. (1976) Drainage of lower coastal plain soils. In: *Proceedings of the Sixth Southern Forest Workshop*. Southern Forest Soils Council, Charleston, South Carolina, pp. 17–27.

Campbell, R.G. and Hughes, J.H. (1991) Impact of forestry operations on pocosins and associated wetlands. *Wetlands* 11, 467–479.

Chescheir, G.M., Lebo, M.E., Amatya, D.M., Hughes, J., Gilliam, J.W., Skaggs, R.W. and Herrmann, R.B. (2003) *Hydrology and Water Quality of Forested Lands in Eastern North Carolina*. Research Bulletin No. 320. North Carolina Agricultural Research Service, Raleigh, North Carolina.

Domisch, T., Finer, L., Laiho, R., Karsisto, M. and Laine, J. (2000) Decomposition of Scots pine litter and the fate of released carbon in pristine and drained pine mires. *Soil Biology and Biochemistry* 32, 1571–1580.

Fox, T.R., Jokela, E.J. and Allen, H.L. (2007) The development of pine plantation silviculture in the southern United States. *Journal of Forestry* 105, 337–347.

Grace, J.M., Skaggs, R.W. and Chescheir, G.M. (2006) Hydrologic and water quality effects of thinning loblolly pine. *Transactions of the ASABE* 49, 645–654.

Graham, B.F. and Rebuck, A.L. (1958) The effect of drainage on the establishment and growth of pond pine (*Pinus serotina*). *Ecology* 39, 33–36.

Hillman, G.R. (1987) *Improving Wetlands for Forestry in Canada*. Information Report NOR-X-288. Northern Forestry Centre, Canadian Forestry Service, Edmonton, Alberta, Canada.

Hillman, G.R. and Roberts, J.J. (2006) Tamarack and black spruce growth on a boreal fen in central Alberta 9 years after drainage. *New Forests* 31, 225–243.

Holden, J., Evans, M.G., Burt, T.P. and Horton, M. (2006) Impact of land drainage on peatland hydrology. *Journal of Environmental Quality* 35, 1764–1778.

Hökkä, H. and Ojansuu, R. (2004) Height development of Scots pine on peatlands: describing change in site productivity with a site index model. *Canadian Journal of Forest Research–Revue Canadienne De Recherche Forestiere* 34, 1081–1092.

Jutras, S., Begin, J., Plamondon, A.P. and Hokka, H. (2007) Draining an unproductive black spruce peat-land stand: 18-year post-treatment tree growth and stand productivity estimation. *Forestry Chronicle* 83, 723–732.

Kirkham, D. (1957) Theory of land drainage. In: Luthin, J.N. (ed.) *Drainage of Agricultural Lands*. American Society of Agronomy, Madison, Wisconsin, pp. 139–181.

Klawitter, R.A., Young, K.K. and Case, J.M. (1970) *Potential Site Index for Wet Pineland Soils of the Coastal Plain*. USDA Forest Service, State and Private Forestry, Southeast Area, Atlanta, Georgia.

Kyle, K.H., Andrews, L.J., Fox, T.R., Aust, W.M., Burger, J.A. and Hansen, G.H. (2005) Long-term effects of drainage, bedding, and fertilization on growth of loblolly pine (*Pinus taeda* L.) in the coastal plain of Virginia. *Southern Journal of Applied Forestry* 29, 205–214.

Laiho, R. (2006) Decomposition in peatlands: reconciling seemingly contrasting results on the impacts of lowered water levels. *Soil Biology and Biochemistry* 38, 2011–2024.

Laine, J., Vasander, H. and Laiho, R. (1995) Long-term effects of water level drawdown on the vegetation of drained pine mires in southern Finland. *Journal of Applied Ecology* 32, 785–802.

Langdon, O.G. (1976) *Study of Effects of Clearcutting, Drainage, and Bedding of Poorly Drained Sites on Water Table Levels and on Growth of Loblolly Pine Seedlings*. Progress Report. USDA Forest Service Government Printing Office, Washington, DC.

Lõhmus, A., Remm, L. and Rannap, R. (2015) Just a ditch in forest? Reconsidering draining in the context of sustainable forest management. *Bioscience* 65, 1066–1076.

Maki, T.E. (1960) Improving site quality by wetland drainage. In: Burns, P.Y. (ed.) *Southern Forest Soils, Proceedings of the Annual Forestry Symposium*. Louisiana State University Press, Baton Rouge, Louisiana, pp. 106–114.

McCarthy, E.J. and Skaggs, R.W. (1992) Simulation and evaluation of water management systems for a pine plantation watershed. *Southern Journal of Applied Forestry* 16, 48–56.

Miller, W.D. and Maki, T.E. (1957) Planting pines in pocosins. *Journal of Forestry* 55, 659–663.

Minkkinen, K. and Laine, J. (1998) Long-term effect of forest drainage on the peat carbon stores of pine mires in Finland. *Canadian Journal of Forest Research* 28, 1267–1275.

Minkkinen, K., Byrne, K.A. and Trettin, C. (2008) Climate impacts of peatland forestry. In: Strack, M. (ed.) *Peatlands and Climate Change*. International Peat Society, Jyväskylä, Finland. pp. 98–122.

Paavilainen, E. and Päivänen, J. (1995) *Peatland Forestry – Ecology and Principles*. Springer, New York.

Payandeh, B. (1973) Analysis of a forest drainage experiment in northern Ontario. I: Growth analysis. *Canadian Journal of Forest Research* 3, 387–398.

Peltomaa, R. (2007) Drainage of forests in Finland. *Irrigation and Drainage* 56, S151–S159.

Robinson, M. (1986) Changes in catchment runoff following drainage and afforestation. *Journal of Hydrology* 86, 71–84.

Skaggs, R.W. (2007) Criteria for calculating drain spacing and depth. *Transactions of the ASABE* 50, 1657–1662.

Skaggs, R.W. and Tang, Y.K. (1976) Saturated and unsaturated flow to parallel drains. *Journal of Irrigation and Drainage Division, ASCE* 102, 221–238.

Skaggs, R.W., Amatya, D., Chescheir, G.M., Blanton, C.D. and Gilliam, J.W. (2006) Effect of drainage and management practices on hydrology of pine plantation. In: Williams, T. (ed.) *Hydrology and Management of Forested Wetlands: Proceedings of the International Conference*. American Society of Agricultural and Biological Engineers, St Joseph, Michigan, pp. 3–14.

Skaggs, R.W., Chescheir, G.M., Fernandez, G.P., Amatya, D.M. and Diggs, J.D. (2011) Effects of land use of soil properties of drained coastal plains watersheds. *Transactions of ASABE* 54, 1357–1365.

Skaggs, R.W., Youssef, M.A. and Chescheir, G.M. (2012) DRAINMOD: model use, calibration, and validation. *Transactions of the ASABE* 55, 1509–1522.

Smedema, L.K., Vlotman, W.F. and Rycroft, D.W. (2005) *Modern Land Drainage: Planning, Design and Management of Agricultural Drainage Systems*, 2nd edn. Taylor & Francis, Delft, the Netherlands.

Socha, J. (2012) Long-term effect of wetland drainage on the productivity of Scots pine stands in Poland. *Forest Ecology and Management* 274, 172–180.

Stanek, W. (1977) Ontario clay belt peatlands – are they suitable for forest drainage? *Canadian Journal of Forest Research* 7, 656–665.

Sun, G., Riekerk, H. and Comerford, N.B. (1998) Modeling the forest hydrology of wetland - upland ecosystems in Florida. *Journal of the American Water Resources Association* 34, 827–841.

Terry, T.A. and Campbell, R.G. (1981) Soil management considerations in intensive forest management. In: *Proceedings of the Symposium on Engineering Systems for Forest Regeneration*. American Society of Agricultural Engineers, St Joseph, Michigan, pp. 98–106.

Terry, T.A. and Hughes, J.H. (1975) The effects of intensive management on planted loblolly pine (*Pinus taeda* L.) growth on poorly drained soils of the Atlantic Coastal Plain. In: Bernier, B. and Winget, C.H. (eds) *Forest Soils and Forest Land Management, Proceedings of the Fourth North American Forest Soils Conference*. Les Presses de l'Universite Laval, Quebec, Canada, pp. 351–377.

Terry, T.A. and Hughes, J.H. (1978) Drainage of excess water: why and how? In: Balmer, W.E. (ed.) *Proceedings of the Soil Moisture–Site Productivity Symposium*. USDA Forest Service, Southeastern Area, State and Private Forestry, Atlanta, Georgia, pp. 148–166.

Tian, S., Youssef, M.A., Skaggs, R.W., Amatya, D.M. and Chescheir, G.M. (2012) DRAINMOD-FOREST: integrated modeling of hydrology, soil carbon and nitrogen dynamics, and plant growth for drained forests. *Journal of Environmental Quality* 41, 764–782.

Tian, S., Youssef, M.A., Amatya, D.M. and Vance, E.D. (2014) Global sensitivity analysis of DRAINMODFOREST, an integrated forest ecosystem model. *Hydrological Processes* 28, 4389–4410.

Tomppo, E. (1999) Forest resources in Finnish peatlands in 1951–1994. *International Peat Journal* 9, 38–44.

Trottier, F. (1986) Accroissement de certains peuplements forestiers attribuable à la construction de cours d'eau artificiels. In: *Textes des Conférences Présentée au Colloque sur le Drainage Forestier*. Ordre des Ingenieurs Forestiers du Québec, Québec, Canada, pp. 66–84.

Trottier, F. (1991) Draining wooded peatlands: expected growth gains. In: Jeglum, J.K. and Overend, R.P. (eds) *Proceedings of the International Symposium on Peat and Peatlands Diversification and Innovation, Quebec City, Quebec,Canada*. Peatland Forestry, Vol. 1. Canadian Society for Peat and Peatlands, Dartmouth, Nova Scotia and Echo Bay, Ontario, Canada, pp. 6–10.

Walker, L.C., Daniels, J.M. and Daniels, R.L. (1961) Flooding and drainage effects on slash pine loblolly pine seedlings. Faculty Publication Paper No. 363.Available at: http://scholarworks.sfasu.edu/forestry/363 (accessed 3 April 2016).

White, E.H. and Pritchett, W.L. (1970) *Water Table Control and Fertilization for Pine Production in the Flat-woods*. Technical Bulletin No. 743. Agricultural Experiment Station. University of Florida, Gainesville, Florida.

9　森林系统中的水文模拟

H. E. 戈尔登（H. E. Golden）[1]，G. R. 埃文森（G. R. Evenson）[2]，S. Tian[3]，D. M. 阿玛蒂亚（D.M. Amatya）[4]，G. Sun[5*]

9.1　引　言

　　表征和量化森林水文循环各组成部分之间的相互作用非常复杂，通常需要结合实地监测和相关建模方法（Weiler and McDonnell，2004；National Research Council，2008）。模型是检验假设、理解水文过程和整合实验数据的重要工具（Sun et al.，1998，2011）。一个经过妥善率定的模型中包含了森林水文学的基本规律，可补充和完善田间观测结果[例如，时间步长法（HYSEP）；Sloto and Crouse，1996；Barlow et al.，2015]，而实测数据反过来又可以为改善模型提供所需的数据。森林水文模型还可通过有限的观测记录来预测流域的水量和水质，例如，溪流排水量（Sivapalan，2003）和不同空间尺度上的水量平衡（Sun et al.，2011）。许多森林水文模型还可量化森林生物地球化学循环过程以及流域中地表水的质量（DeWalle，2003；Nelitz et al.，2013）。

　　人们对能够预测森林管理实践水文影响的改进型水文模型的需求不断增长（National Research Council，2008；Amatya et al.，2011；Vose et al.，2011）。模型的建立需要结合数十年来针对森林水文过程与森林管理水文影响的研究成果（Jones et al.，2009；Buttle，2011）。森林水文模型必须超越当前的水文条件，能够覆盖从幼龄林到具有完整冠层覆盖的森林流域（例如，量化林地整地、森林生长和造林技术对水文循环的影响）。许多森林水文模型也可以用于调查森林管理、气候变化和/或其他土地覆被变化如何共同影响森林水文循环，以及样地和流域尺度上物理和水文过程之间的联系。这就涉及预测森林组成部分或森林流域水量平衡的变化，包括径流、蒸散、积雪/融化、永久冻土融化，以及这些变化对溪流、河流和湖泊的累积影响（Beckers et al.，2009；Sun et al.，2011）。预测森林水文

---

1 美国环境保护署，美国俄亥俄州辛辛那提；2 橡树岭科学与教育研究所，美国环境保护署，美国俄亥俄州辛辛那提；3 北卡罗来纳州立大学，美国北卡罗来纳州罗利；4 美国农业部林务局，美国南卡罗来纳州考代斯维拉；4 美国农业部林务局，美国北卡罗来纳州罗利

＊ 通讯作者邮箱：golden.heather@epamail.epa.gov

循环中的这种变化需要采用数值模拟方法,利用基于物理机制或生理过程的模拟方法,能够对特定水文过程进行步进式模拟,并且能够将数据扩展到更大的空间范围内(National Research Council, 2007)。

本章简要概述了用于解答全球重要研究和管理问题的森林水文建模方法。数十年来,全球已通过数百种水文模型来描述和预测森林水文过程(Beckers et al., 2009; Nelitz et al., 2013; Amatya et al., 2014)。本章侧重于基于过程的模型和方法,特别是"森林水文模型",即基于物理机制能够量化森林水文循环各个组分的模拟工具。可将基于物理机制的模型视为描述质量、动量和/或能量守恒的模型(Beckers et al., 2009)。尽管我们没有将重点放在实证建模方法上,但可以将这种方法纳入到基于物理机制的模型中。例如,可利用美国农业部自然资源保护局提出的径流曲线数值法(curve number method)来计算某样地的径流量,曲线数值法是一种根据土壤、土地覆被和样地坡度特征的组合来估算降雨-径流响应关系的实证方法。尽管我们讨论的某些建模方法适用于样地或林分尺度,但其中许多方法都是针对流域尺度。根据 Golden 等的研究(2014),我们认为流域尺度涵盖多个排水区域,其数量级各不相同(例如,0.1—1000 km^2),这也与 Wei 和 Zhang(2011)的研究相符。各模型的时间尺度与建模人员所选用来求解模型中控制方程的时间步长有关,通常流量预测的时间尺度为小时,大尺度生态系统模型为日或月,瞬时地下水流量模型为年。

9.2　模型的功能性和复杂性

森林水文模型的功能和复杂性各不相同。各模型功能取决于模型中水文过程的数学表达方程式以及对模拟空间范围的离散化方式(Beckers et al., 2009)。大多数模型至少会模拟基本的水量平衡,包括水分输入(例如,降雨、降雪和/或融雪)和由蒸散(包括冠层蒸发)与地表、地下径流组成的水分输出(图 9.1)。根据模型的复杂性和时空尺度,如何计算水量平衡存在很大差异。不同模型的输出也各不相同,但通常都包括峰值流量、低流量、总径流量/排水量、蒸散量和/或土壤湿度随时间发生的变化。

9.2.1　林地和土壤水分函数

不同模型中对森林水文过程的表示方法也各不相同。通常,许多模型将森林生态系统视为成熟系统(例如,静态系统),而其他模型(例如,DRAINMOD-FOREST; Tian et al., 2012)则清楚模拟了森林的生理和物候动态,以及这些动态过程影响林地水量平衡的方式。部分模型模拟了土壤、植被和大气之间的相互作用,这些相互作用会影响森林中土壤水分的动态变化和植被的水分利用效率(例如,PnET-N-DNDC 对森林土壤中 N_2O 和 NO 排放过程的模拟;Li et al.,2000;Stange et al.,2000)。

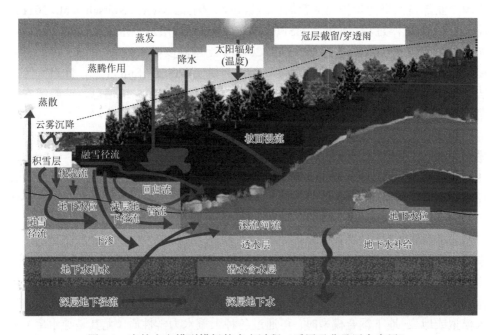

图 9.1 森林水文模型模拟的水文过程(适用于非承压含水层)

大多数森林水文模型都需要采用数值方法来估算土壤水分动态,这是在流域尺度上调节蒸散速率和降雨-径流过程的关键组成部分(通常通过 Priestley-Taylor、Hamon 或 Penman-Monteith 等经验公式来估算潜在蒸散作为实际蒸散的上限)。森林中的土壤湿度状况反映了受到降水输入(例如,直接降雨、穿透雨、积雪/融雪)、蒸散、森林的土壤蓄水量、其他土壤物理性质(例如,有效孔隙度、土壤容重、饱和导水率、地下水位动态)影响的水量平衡。除土壤湿度和气候参数外,还可通过叶面积指数(LAI)、冠层储水容量和气孔导度来调节冠层截留蒸发和蒸散速率。通常由针对不同土壤层的一系列偏微分方程来表示这些随时间变化的土壤湿度条件和蒸散速率,土壤层包含许多变量,例如,降水量、冠层和土壤/枯枝落叶蒸发量、蒸散、流量输入和输出。

9.2.2 降雨-径流函数

土壤湿度达到阈值(例如,土壤田间持水量)时,会出现降雨-径流模型中所模拟的坡面漫流或地下径流。各模型计算阈值和径流形成过程的方式都不相同。森林水文模型通常侧重模拟这些径流形成过程中的某一个过程（但有时不止一个），包括"变水源区"动态变化（例如，TOPMODEL；Beven and Kirkby，1979）、美国农业部自然资源保护局的径流曲线数值法（例如，SWAT；Neitsch et al.，2011）、Green-Ampt 下渗过程（例如，HSPF）、Hooghoudt 浅层地下水位和出流方程（例如，DRAINMOD-FOREST；Tian et al.，2012）、土壤湿度响应函数（例如，VELMA；Abdelnour et al.，2011）或土壤水量平衡（例如，WaSSI；Sun et al.，2011）等方法，具体取决于所模拟的时间尺度。有关这些过程的更多详细信息，请参阅本书第 4、6 和 8 章。

　　对于直观模拟降雨-径流过程的森林水文模型，一旦形成径流，就可在相关模型中表示多种流域尺度的产流类型。地表径流可能会包括超渗径流（Horton，1933）、饱和地面径流（Dunne and Black，1970），包括 VSA 动态，或两种地表径流的组合。也可以在模型的水量平衡路径中表示出包括优先流在内的地下暴雨径流（Hursh and Brater，1941）以及回归流（即在重新流向地表前先穿过地下浅水层的水流）。然后，利用地表洼地储水容量、Manning 坡面地表径流系数、地表坡度以及其他地貌和地表/凋落物植被特征，模拟达到土壤饱和状态后多余雨水注射最近溪流中的过程。在研究流域的河流网络中形成基流的深层地下径流，可作为水量平衡的一部分（即，渗透到深部基岩和含水层的盈余水量）。在采用地下水模型或地表-地下耦合模型时，可通过各种土壤水力学性质（尤其是导水率）来直观地求解地下径流方程（即，穿过含水层的地下水水流的数学表达式）。一旦地表径流和地下径流到达溪流，就可通过多种森林水文模型中的汇流模块计算出流向流域出口的汇流过程（例如，SWAT）。也可利用河道水位、流速、河道几何形状和 Manning 粗糙度系数等变量估算河网汇流过程。

9.2.3　模型的参数化

　　模拟关键过程所需的参数数量和范围可能会发生很大变化，具体取决于研究或管理目标、模型的复杂性和森林组成。除前面提到的与土壤和径流有关的几个参数外，与森林蒸散模拟有关的参数可能包括：根系深度和分布、LAI、冠层密度、冠层结构和截留能力、气孔或冠层导度和其他生物物理特征（如林下植被类型种类，关于其他详细信息，请参阅本书第 3 章）。也可将人为过程纳入到许多森林水文模型的功能中。部分模型可以预测水文过程对气候变化、管理方案、野火、病虫害暴发的响应，以及土地覆被/土地用途的变化。例如，许多研究通过建模方法来预测加拿大不列颠哥伦比亚省（Whitaker et al.，2003；Schnorbus and Alila，2004；Thyer et al.，2004）、部分南美地区（Bathurst et al.，

2011; Birkinshaw et al., 2011)、中国（Sun et al., 2006）、美国西北部（Stednick, 1996, 2008; Schnorbus and Alila, 2004; Abdelnour et al., 2011）等地区森林采伐和管理活动对洪峰流量的影响。在最近几年的综合研究中，Amatya 等（2014）概述了可用于模拟施肥对美国南部森林地貌影响的理想森林水文模型的八大标准。森林水文模型的功能也可能更侧重于冰川、冻原和永久冻土过程，例如，冰川消融（例如，PREVAH；Viviroli et al., 2009）和永久冻土（例如，VIC；Liang et al., 1994），以及这些过程对人为变化的响应。此外，一些模型被用于降雪和融雪动力学占主导地位的山区系统中（例如，TOPMODEL；Hornberger et al., 1994; Buytaert and Beven, 2011）。其他模型更好地描述了低梯度森林系统和/或潮湿亚热带环境为主的相关区域内的水文过程（例如，FLATWOODS, Sun et al., 1998; DRAINMOD, Amatya and Skaggs, 2001; DRAINMOD-FOREST, Tian et al., 2012）。

9.2.4　模型功能与复杂性的权衡

模型的功能与复杂性息息相关：通常，模型模拟的功能越多，模型就越复杂。根据复杂性划分，森林水文模型包括从简单经验模型（此处未讨论）到基于过程的模型，覆盖低复杂度（例如，ForHYM；Arp and Yin, 1992）到中等复杂（例如，VELMA；Abdelnour et al., 2011），再到高度复杂的水文表达式（例如，HydroGeoSphere；Brunner and Simmons, 2012）。也就是说，从简单的水箱模型到可模拟多个水文过程的复杂模型。模型的复杂度也可能随空间尺度而变化：高度复杂且计算量大的模型通常在更精细的空间尺度下效果最佳；随着空间尺度的扩展，模拟系统的分辨率必定需要粗化，以降低计算需求。北美（Bate and Henry, 1928）最早于 1909—1928 年采用将配对流域方法与数学模型相结合的方法（von Stackelelberg et al., 2007），在较小的流域尺度上进行研究（National Research Council, 2008），这种方法也最为常见。但是，最近的研究已将其空间尺度扩展到管理尺度（例如，大流域、区域、国家、全球），并在其中应用了从尺度更为精细的研究中得出的概括性原理。同样，基于模型结构、空间尺度以及特定的管理或研究问题，可以通过不同方式实现模型的离散化（例如，根据水文响应单元、子流域、有限差分网格进行研究区域划分），并且参数和过程可以在空间上表征为集总式（在整个研究区域内概括参数和过程）、半分布式（根据土地覆被和土壤等不同的物理特性对研究区域进行划分）或分布式（模拟系统中的参数和过程在空间上有所不同）（Kampf and Burges, 2007; Arnold et al., 2015）。森林水文模型也可能会是时变性的，在连续的时间步长（例如，日、月和/或年）上考虑模型参数的变化。

9.3 模型的选择

森林水文模型是对现实情况的简化。在为森林水文管理和/或研究问题选择合适的模型时，简化是一个重要的考虑因素。当前的研究仍然局限于下述观点，即选取最合适的空间分辨率来描述特定系统的水文过程。最重要的是根据空间数据[例如，遥感（LiDAR）、GIS]、监测数据（例如，流量、积雪深度、温度和湿度数据、蒸散、井水水位和测压管水位观测）以及先前的建模工作和专业知识开发研究区域的概念性水文模型，以：①确定研究区域最重要的水文过程；②选择可以模拟这些主要过程的模型；和③确定在所选模型中简化水文假设（例如，空间离散化和分辨率）是否对系统有效。例如，如果流域的土壤表现出较低的入渗容量或降水率超过入渗率，则可能适合采用霍顿降雨-径流模型（Downer et al.，2002）。但是，霍顿产流很少出现在完全被森林覆盖的区域。此外，对于空间异质性较低，研究区域的空间尺度较大（例如，地区、国家）或两者同时存在的情况，可能适合采用集总参数模型（与空间分布式模型相比）。模型的选择还必须考虑管理或研究问题，对这些问题较为重要的水文过程以及需要模拟哪些未来的预测情况，例如，气候变化或复杂性不同的森林管理方案。

选择森林水文模型的实际考虑因素包括输入数据需求、参数可用性、计算时间和模型复杂度的成本效益。例如，大多数基于流域的森林水文模型除了需要观测水文过程（例如，气象站得出的降水量、温度和相对湿度或模拟数据）、蒸散（例如，使用水平衡观测方法、水蒸气输送方法、遥感等）、积雪深度、地下水位变化、下游流量观测（例如，流量计）外，还需要准确的数字高程模型（DEM）和河流网络层作为基础数据。来自流域地下水水井、测压计和流域中其他地表水特征（例如，湿地、湖泊、水坝）的水位数据（取决于具体的研究问题）对于更好地参数化模型和量化满水平衡非常重要。此外，模型的建立、实施和启动的时间[模型在强制外力（通常是降水和温度条件）下达到平衡所需的时间]以及执行模型所需的技能水平都随模型复杂性的增加而增加。因此，必须在与最小化模型不确定性产生的效益以及与增加模型复杂性导致计算强度成本提高这两者之间做出权衡（Freeze et al.，1990）。

9.4 模型诊断和评估

为确定森林水文模型是否适当地表征了该系统，需评估水文模型。在最一般的意义上，模型率定是在预定可接受范围内调整模型参数，使模拟的模型输出与观察到的数据集相匹配。观测数据为流量计记录数据，但也可以包括相关地下水位、土壤湿度、蒸散和其他水量平衡要素的空间分布数据。在整合植物生长要素的森林水文模型中，除水文变量外，还可使用测得的 LAI、总生物量和其他通过遥感估算出的变量来验证生产力。对于参数估计程序（例如，PEST，Doherty and Johnston，2003；OSTRICH，Matott，2005），应选择优化的目标函数，或更准确地说是多目标函数，生成最合适的参数集，使模拟结果与观测数据相匹配（Boyle et al.，2003）。多目标框架减少了与率定到局部目标函数最小值相关的问题。同时通过最小化多个函数的模拟误差，还避免了模型适用性标准中的主观性和信息损失问题（Doherty and Johnston，2003；Flerchinger et al.，2012）。最近，Arnold 等（2015）提出了一种着眼于模型输出中行为特征模式的诊断方法，用于确定在率定过程中需要进一步调整的具体过程，进而确定需要进一步调整的参数。在一项相关研究中，Malone 等（2015）为水文模型制定了参数化指南和相应的考虑因素。通常使用观测数据来拟合参数，或者在缺乏数据时在系统和/或文献值确定的合理范围内率定参数。但是，仔细考虑"异参同效性（equifinality）"问题（Beven，1993）非常重要，异能同效性是指，在不知道哪一个数据或结构最接近"现实条件"的情况下，使用不同的模型参数集或结构获得了相同的模型输出结果。

模型验证的传统做法是使用不同于率定数据集的输入数据集，根据验证期的观测数据测试模拟输出的准确性。拆分样本方法（Klemes，1986）是一个应用较广的示例，通过该方法在连续几年的时间段内完成率定和验证：一段时间用于率定，其他年份用于验证。可将这种验证方法称为"条件验证"，通过率定后的模型和单独数据验证该模型，从而可将模型用于预测未来时期（例如，流域因素的变化或新的前沿资料）（Young，2001）。

下面介绍不确定性和敏感性分析。

必须通过某种方式解决森林水文模型的不确定性问题。模型不确定性可表现为参数不确定性、输入数据不确定性、过程不确定性和预测不确定性等形式。不确定性分析是通过分析在整个模型中不确定性的传导过程，生成模拟输出的概率分布图，从而量化模拟输出的不确定性。如何处理水文模型中的不确定性这一争论已持续了数十年（Matott et al.，2009）。Beven 和 Young（2013）提出，水文模型的不确定性在本质上可以是偶然的（不可减小）或主观的（可减小）。偶然不确定性是随机的，可在模型中通过概率方式完成处理，而主观错误则与当前缺乏系统内部运行过程的知识有关。无论模型中存在哪种不确定性，都应在适当且可行的情况下，详细说明这些不确定性所基于的假设并进行量化。敏感性分析是一种估计由模型参数值变化引起的输出不确定性的方法。敏感性分析可以确定哪些参数对模型输出的影响更大；也就是说，敏感性分析可以明确哪些参数的相对较小的变化能带来模型输出项不成比例的变化响应。例如，Tian 等（2014）和 Dai 等（2010）分别使用森林水文模型 DRAINMOD-Forest 和 MIKE SHE 提出了关于全球敏感性分析的最新见解。

9.5　森林水文模型示例

9.5.1　流域和样地模型

PnET-BGC（Gbondo-Tugbawa et al.，2001）和 CENTURY（Parton et al.，1993；Parton，1996）是模拟森林水文过程的样地尺度模型。PnET-BGC 是一个集总式、以月或日为时间步长的样地尺度模型，主要用于量化成熟森林中的碳和水分动态。该模型模拟的水文过程包括冠层截留植物的蒸腾作用、大孔隙流、横向流和流向含水层的深层渗透。CENTURY 是一个样地尺度的陆地生物地球化学模型，以月为时间步长（Parton et al.，1993；Parton，1996）。该模型由描述林业生产、草地和农作物生产、土壤有机质和水量平衡的子模型组成。简化后的水量平衡子模型模拟了月蒸发量、蒸腾量、土壤含水量、雪水含量和土层之间的壤中流。

流域降雨-径流模型是基于物理机制模拟水量平衡和主要降雨、产流、汇流过程的模型。这些模型使用地形上定义的流域作为边界，并模拟地表和浅层地下过程。与地下水模型不同，降雨-径流模型将地下水量化为流域水量平衡的一部分，但并不明确求解地下水运移方程。因此，将深层地下水系统视为水文上的一个"水池"。可用于森林水文的流域降雨-径流模型的示例包括 ForHyM（Arp and Yin，1992；Meng et al.，1995）、TOPMODEL（Beven and Kirkby，1979）、iTree-Hydro（Wang et al.，2008）、VELMA（Abdelnour et al.，2011，2013）、APEX（Williams and Izaurralde，2005；Gassman et al.，2007）、PRMS（Leavesly et al.，1983，2005）、DHSVM（Wigmosta et al.，1994，2002）、BROOK90（Federer et al.，2003）、VIC（Liang et al.，1994，1996）和 INCA（Wade et al.，2002）等（表 9.1）。

ForHyM（Arp and Yin，1992；Meng et al.，1995）是一种一维、经验性的、集总式日或周尺度流域水文模型，已被应用于多种地文环境。该模型包括一个单一植被层和两个土壤层。该模型模拟的水文过程包括冠层截流、穿透雨、蒸散、入渗、垂直非饱和水分运动、河川径流、地表径流、壤中流、地下径流和融雪。TOPMODEL 是一种基于半物理机制的、灵活的水量平衡建模工具，可模拟流域尺度上的降雨-径流过程（Beven and Kirkby，1979），该工具对于森林薄层土壤流

表 9.1 森林水文学应用的流域模型示例

模型	水文方法	时间步长	空间尺度	复杂程度	适用地区	可公开访问的模型文件	在线用户手册和网站
iTree-Hydro	六个主要模块：截留、不透水地表、土壤、蒸发和蒸腾作用、汇流、污染；使用时域延迟函数或单参数扩散架构指数函数来创建下游水文过程线	日	多尺度流域和样地（即城市或样地）	中等	多个地区——可应用于具有不同降雨-径流形成机制的流域，近期开发了寒冷地区模块（第2版；Yang et al., 2011）	是，按要求	是；http://www.itreetools.org/hydro
PnET（all）	涵盖冠层到土壤的集总式水量平衡模型	日至月	样地至区域	低	所有森林生态系统，包括高地和低地	是	是；http://www.pnet.sr.unh.edu/
CENTURY	简化的水量平衡模型，模拟蒸散、土壤含水量、饱和径流	月	样地	低	温带和热带森林	是	是；https://www.nrel.colostate.edu/projects/century/
ForHyM	基于过程的一维水量平衡模型，包含描述森林冠层、积雪和地表、土壤、底土的经验公式	日、周	流域	中等	通常用于具有一个或多个生物群落的北部森林流域	是	是；http://watershed.for.unb.ca/research/forhym/
TOPMODEL	半分布式降雨-径流模型；可变源径流动态，但模拟了过饱和地表径流和超渗地表径流；假设地下水位取决于地形	日	多尺度流域	中等	多个地区——通常在缓和地形至陡峭地形且包含薄层土壤的系统中效果最佳	是，作为ArcGIS的扩展，R统计程序包包括源代码的原始代码	是，动态TOPMODEL版本在：http://cran.r-project.org/web/packages/dynatopmodel/index.html
VELMA	空间分布式生态水文模型；模拟穿过四个土壤层的逐日入渗、蒸散和地表地下径流	日	多尺度流域	中等	在美国太平洋西北地区的小森林流域完成开发，但在其他地方完成测试	否	即将发布
APEX	曲线数值法（五个选项）和Green-Ampt入渗方程（四个选项），地下排水和五个潜在蒸散的选项，用于估算蒸散	小时、日、月或年	田间，流域，基于网格	中等	山地农业用地和林地或流域	是	是；http://epicapex.tamu.edu/apex/

续表

模型	水文方法	时间步长	空间尺度	复杂程度	适用地区	可公开访问的模型文件	在线用户手册和网站
PRMS	基于过程的多时空尺度半分布式降雨-径流模型	日至世纪	多尺度流域	中等	多个地区	是	是；http://wwbrr.cr.usgs.gov/prms/
DHSVM	过饱和入渗作用；非饱和地下水使用达西定律，饱和地下水运动使用动力方程	小时至年	流域	中等	美国太平洋西北地区的山区流域	是	是；http://www.hydro.washington.edu/Lettenmaier/Models/DHSVM/
BROOK90	包含冠层和多层土壤剖面，一维水量平衡模型	日	样地	低	尽管专为美国东北部的森林设计，但已在全球范围内应用	是	是；http://www.ecoshift.net/brook/brook90.htm
VIC	包含冠层和三层土壤剖面，基于网格单元的水量平衡模型	日至月	区域性、全球	中等	通用，可在与大尺度大气环流模型相匹配的地区	是	是；http://www.hydro.washington.edu/Lettenmaier/Models/VIC/
INCA	包含冠层、土壤和河岸，半分布式水量平衡模型	日	流域	中等	无区域限制，在欧洲广泛应用	按要求	是；http://www.reading.ac.uk/geography/andenvi-ronmentalscience/research/INCA/

域尤为稳健有效。TOPMODEL 中的产汇流模拟基于"变水源区"的动态变化，产流机制包括饱和地面径流和超渗地表径流。iTree-Hydro（以前称为 UFORE-Hydro；Wang et al.，2008）是一种基于物理机制的半分布式城市森林水文模型，可模拟不同城市土地覆被范围内的径流量和水质。iTree-Hydro 中的模拟以日为时间步长，可作用于多个流域或样地尺度。用户可以模拟各种城市不透水面和植被覆盖场景对城市森林水量平衡的影响，包括截留、蒸散、入渗和径流。土地管理评估可视化生态系统（Visualizing Ecosystems for Land Management Assessment，VELMA）是一种空间分布式生态水文模型，最初是为森林流域开发的，特别是美国太平洋西北地区（Abdelnour et al.，2011，2013）。VELMA 可通过四层土柱结构模拟森林水文循环的多个组分（例如，逐日入渗、再分配、蒸散、地表和地下径流）。APEX（Williams and Izaurralde，2005；Gassman et al.，2007）的开发是为了评估土地管理对水文、水量和土壤质量以及高地流域中植被生长和竞争的影响。林业模型版本包括冠层截流、造林措施、地下径流等过程的模拟，地下径流模块包括通过存储路径和管流方程得出的深层渗透和侧向渗流作用（Saleh et al.，2004；Williams and Izaurralde，2005）。

降雨-径流模型系统（Precipitation-Runoff Modeling System，PRMS）是基于过程的半分布式降雨-径流模型，可模拟水量平衡的组成部分，包括蒸发、蒸腾、径流和入渗，并且可量化与森林/植物冠层、积雪动态和土壤水文过程的相互作用（Leavesly et al.，1983，2005）。PRMS 已应用于多种地貌类型和多种空间尺度。在更广阔的空间尺度上，通常在森林上游源头率定 PRMS。BROOK90 是基于过程的一维水文模型，以日为时间步长，最初是为美国东北部的森林流域而开发的（Federer et al.，2003）。该模型包括单层冠层截留、积雪和融雪、土壤和积雪蒸发、单层冠层和多层土壤的蒸腾作用以及多层土壤水分运动等组成部分。分布式水文土壤植被模型（Distributed Hydrology Soil Vegetation Model，DHSVM）是流域尺度上的水文模型，以小时至年（Wigmosta et al.，1994，2002）为时间步长。该模型由七个模块组成，包括蒸散、积融雪、冠层积雪的截留和释放、非饱和地下水流、饱和地下水流、地表径流和河道汇流。DHSVM 通常用于评估各种地文环境下的森林管理活动产生的水文影响（Storck et al.，1998；Bowling and Lettenmaier，2001）。

可变入渗容量（Variable Infiltration Capacity，VIC）是宏观尺度上的水文模型，时间步长为日到月。它也被用于补充模拟气候和天气的全球大气环流模型（GCM）（Liang et al.，1994，1996）。VIC 可模拟森林蒸散作用、冠层储水、地面过程和地表径流、空气动力学通量，以及积雪和融雪。综合氮流域模型（Integrated Nitrogen Catchment Model，INCA）是基于过程的半分布式流域模型，时间步长为日，广泛用于欧洲西部地区森林流域的研究（Whitehead et al.，1998a， b; Wade et al., 2002)。INCA 水文模块模拟了土壤湿度、土壤蓄水、蒸发、地形对径流和水流的影响，并且可用于评估森林管理活动对流域水文和生物地球化学循环的影响。最后，SWAT（Soil and Water Assessment Tool；Arnold et al., 1998）是一种广泛使用的流域尺度分布式模型，该模型最初针对高地农业地貌而开发，已经完成相关测试、改进和更新，可应用于包含大片林地的多种地貌（von Stackelberg et al., 2007；Watson et al., 2009；Parajuli, 2010；Amatya and Jha, 2011）。

9.5.2　生态系统模型

大尺度生态系统模型指集成陆地生态系统过程与流域降雨-径流过程的模型。这些模型复杂性覆盖了从基于物理机制的生态系统动力学和水文模型系统全耦合模型，到物理机制较少的决策工具。处于该复杂性区间的示例包括 FOREST-BGC（Running and Gower, 1991）、BIOME BGC（White et al., 2000）、RHESSys（Band et al., 1993；Tague and Band, 2004）和 WaSSI（Sun et al., 2011, 2015；Caldwell et al., 2012）等模型（表 9.2；图 9.2 给出了 WaSSI 作为低复杂度生态系统模型的示例）。FOREST-BGC（Running and Gower, 1991）及其后续模型，例如，BIOME-BGC（White et al., 2000）和其他 BGC 系列模型，都是基于过程的样地尺度生态系统模型，可在空间上聚合并平均以得到每单位面积上的模拟结果。FOREST BGC 模拟的水量平衡以日为时间步长，涵盖蒸发、蒸腾、降雨截留、穿透雨、土壤湿度、雪水当量和土壤出流。区域水文生态模拟系统（Regional Hydro-Ecological Simulation System，RHESSys）是半分布式水文模型，以日为时间步长，用于模拟山区流域（Band et al., 1993；Tague and Band, 2004）。该模型的水文部分模拟了大气过程、土壤水分运移过程，包括垂直渗流、土壤蒸发和横向水流，以及冠层辐射和水分过程。WaSSI 模型是一种复杂度相对较低，基于过程的综合模型，可描述多种空间尺度上的关键生态水文过程（Sun et al., 2011 年, 2015；Caldwell et al., 2012）（图 9.2）。该模型以月为时间步长，并在用户自定义的流域尺度上模拟各土地覆被类型的月水量平衡过程（蒸散、径流和土壤储水）。

9.5.3　地下水模型

地下水模型侧重于地下水流穿过饱和多孔介质时的运动和运移过程。地下水模型通常受到横跨多个流域边界的深层地下水网的限制，并采用达西公式（即地

表 9.2 森林水文学应用的生态系统尺度模型示例

模型	水文方法	模拟输出的水文变量	时间步长	空间尺度	复杂程度	适用地区	可公开访问的模型文件	在线用户手册和网站
FOREST-BGC	涵盖森林冠层与土壤表层的一维水量平衡	出流量、蒸散	日	流域至区域	中等	任何森林流域	是	是；http://daac.ornl.gov/cgi-bin/dsviewer.pl?ds_id = 36
BIOME BGC	基于一维水量平衡概念，模拟多种尺度上水文过程的生态系统模型	蒸散、土壤水分、积雪深度、出流量	日	多种尺度	中等	由一个或多个生物群落组成的陆地生态系统	是	是；http://www.ntsg.umt.edu/project/biome-bgc
RHYSSys	集成 TOPMODEL、CENTURY、DHSVM、BIOMEBGC 等模型的半分布式水量平衡模型	流域出口处和模型内的径流、碳和营养物	日	流域	中等	多山流域	是	是；http://fiesta.bren.ucsb.edu/~rhessys/
WaSSI	美国大陆 HUC-12（12 位水文单位代码）流域尺度水量平衡模型	产水量、蒸散、生态系统生产力、供水压力指数	月	流域	低	美国大陆	是	是；http://www.fs.usda.gov/ccrc/tools/wassi

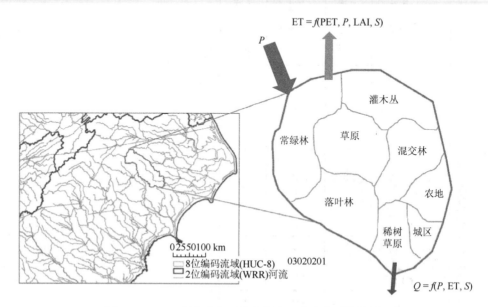

图 9.2　WaSSI 复杂度相对较低的大尺度生态系统模型示例

可用于解决森林水文管理和研究问题。HUC 代表水文单位代码（流域编码），WRR 代表水资源区域，ΔS 代表该流域储水量的变化，P 代表降水量，Q 代表流域径流量，ET 代表蒸散，PET 代表潜在蒸散，而 LAI 代表叶面积指数。

下水流方程）来估算深层地下水的运输过程，该方程基于导水率、水力梯度、流体流速和集水面积之间的关系。地下水模拟过程中没有针对地表水流量和特征（例如，湖泊、池塘、湿地、溪流、河流）建立直观模型，而是将地表水流量和特征视为边界条件。可用来模拟地下水占比较大的森林水文系统的两个地下水模型示例包括 MIKE SHE（Abbott，1986a，1986b）和 DRAIN-MOD-FOREST（Tian et al.，2012）（表 9.3）。MIKE SHE（Abbott，1986a，1986b）是基于物理机制的、完全分布式的水文建模系统，旨在描述流域中的完整水文循环。该模型模拟了冠层截留、土壤蒸发、蒸腾、入渗、坡面漫流、土壤中的非饱和水流、含水层中的地下水流和河流中的河道径流等水文过程。DRAIN-MOD-FOREST（Tian et al.，2012）是田间尺度上基于过程的综合模型，用于模拟水文、土壤碳氮循环以及各种气候条件和造林措施下低地森林的植被生长情况。DRAIN-MOD-FOREST 模拟的水文过程以日或小时为时间步长，具体包括蒸散、降雨截留、入渗、地下排水、地表径流、深层渗流和非饱和区的土壤水分运移。

9 森林系统中的水文模拟

表 9.3 森林水文学应用的地下水模型示例

模型	水文方法	模拟输出的水文变量	时间步长	空间尺度	复杂程度	适用地区	可公开访问的模型文件	在线用户手册和网站
MIKE SHE	完全分布式	蒸散、径流量、土壤含水量、地下水位	小时、日	尺度可变	高	所有地区	否；这是一种商业软件	是；http://www.mikepoweredbydhi.com/products/mike-she
DRAIN-MOD-FOREST	冠层、土壤表面和土壤的一维水量平衡模型	蒸散、出流量、土壤水分、渗流、地下水位	小时、日	田间尺度	中等	低地	是	否

9.5.4 地表-地下耦合模型

地表-地下耦合模型是高度复杂的模型系统,通过将地表和地下水流划分到各个区域,并使用迭代解算法来求解各区域中的控制方程(例如,Markstrom et al.,2008),从而将地表和地下水模型联系起来,或者同时求解地表和地下水流的控制方程(例如,Panday and Huyakorn,2004)。这些模型考虑了地表和地下水量平衡各个组成部分(例如,径流量、地下水流量和蒸散)之间的反馈,因此非常复杂且计算十分繁琐。可用来解决森林水文管理和相关研究问题的两个模型示例为 HydroGeoSphere(Brunner and Simmons,2012;Therrien et al.,2010)和 GSFLOW(Markstrom et al.,2008)(表 9.4)。HydroGeoSphere 是基于物理机制的数值模型,可以在不同的时间步长上模拟地表(二维)和地下(三个维)耦合水文过程,以便对水文循环的所有主要组成部分(即坡面漫流、水流、蒸发、蒸腾、地下水补给、地下水流排入地表水体)进行建模(Brunner and Simmons,2012;Therrien et al.,2010)。GSFLOW 是一种复杂度较高的地表-地下耦合水文模型,以日为时间步长(Markstrom et al.,2008;图 9.3)。该模型整合了地表水降水-径流模型系统(PRMS)(Leavesley et al.,1983,1995)和模块化地下水模型(Modular Groundwater Flow Model,MODFLOW)(Harbaugh et al.,2000;Harbaugh,2005)。PRMS 模拟了蒸散、径流、入渗和壤中流、植物冠层截留和储水以及积雪中的陆地-地表水文过程。MODFLOW 模拟了三维饱和地下水水流和储水、一维非饱和水流以及地下水与溪流的相互作用。

表 9.4 森林水文学应用的地表-地下耦合模型示例

模型	水文方法	模拟输出的水文变量	时间步长	空间尺度	复杂程度	适用地区	可公开访问的模型文件	在线用户手册和网站
HydroGeoSphere	地表水使用二维坡面漫流模拟;地下水使用三维非饱和/饱和水流模拟	对水文循环的所有主要组成部分都进行了模拟(即,坡面漫流、河川径流、蒸发、蒸腾、地下水补给、地下水流排入地表水体)	日至世纪	多尺度(例如,样地,流域)	非常高	多个地区	否;这是一种商业软件	否,但如需有关信息,可访问http://www.aquanty.com/hydrogeosphere/
GSFLOW	地表和地下水耦合模型;PRMS 模型用于地表;有限差分方程用于地下	HRU(水文响应单元)水量平衡、河川径流、地下水动态	日	流域,区域	高	任何地区	是	是;http://wwwbrr.cr.usgs.gov/projects/SW_MoWS/GSFLOW.html

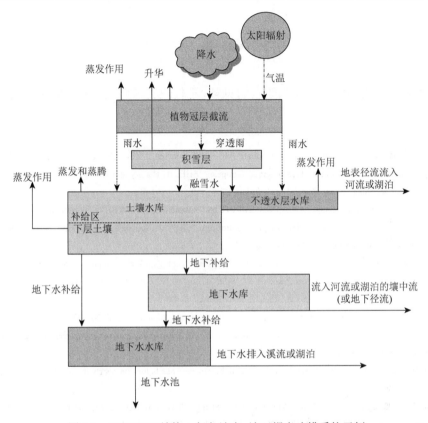

图 9.3　GSFLOW 结构：复杂地表-地下耦合建模系统示例

来源：Markstrom et al.，2008；经过授权；S. Markstrom，US Geological Survey，Personal communication，2015

9.6　小结与结论

森林水文模型能够帮助我们更好地理解林地或流域的主要水文过程，也是研究未来森林变化的水文响应，例如，造林措施、管理活动的实施、气候变化对水资源和其他生态系统服务的影响等的重要工具。这些模型在复杂度上的差异很大。因此，除林地或流域的概念水文模型外，明确相关研究或管理问题对于选择模型至关重要。模型评估（包括不确定性和敏感性分析）是确定模型系统中牵涉到的重要水文过程是否被充分表征的主要方法。随着近年来技术和高速计算的发展，未来森林水文的建模工作将进一步朝着整合创新型遥感技术、地球物理和生物地球化学方法的方向发展，以改善参数设置，增进人们对过程的理解。此外，应继续将实证法（例如，用于流量过程线分割的示踪剂和同位素研究）和统计方法整合到机理模型中。最后，在某些森林系统中，开发新的结构简洁且基于物理机制的模型可能最为适用（Sidle et al.，2011）。

9.7 免责声明

本章中所表述的观点仅为笔者的见解,不代表美国环境保护署的观点或政策。

参 考 文 献

Abbott, M.B., Bathurst, J.C., Cunge, J.A., O'Connell, P.E. and Rasmussen, J. (1986a) An introduction to the European Hydrological System – Systeme Hydrologique European, 'SHE', 1: History and philosophy of a physically-based, distributed modelling system. *Journal of Hydrology* 87, 45–59.

Abbott, M.B., Bathurst, J.C., Cunge, J.A., O'Connell, P.E. and Rasmussen, J. (1986b) An introduction to the European Hydrological System – Systeme Hydrologique European, 'SHE', 2: Structure of a physically-based, distributed modelling system. *Journal of Hydrology* 87, 61–77.

Abdelnour, A., Stieglitz, M., Pan, F. and McKane, R. (2011) Catchment hydrological responses to forest harvest amount and spatial pattern. *Water Resources Research* 47, W09521, doi: 10.1029/2010WR010165 (accessed 3 April 2016).

Abdelnour, A., McKane, R., Stieglitz, M., Pan, F. and Cheng, Y. (2013) Effects of harvest on carbon and nitrogen dynamics in a Pacific Northwest forest catchment. *Water Resources Research* 49, 1292–1313.

Amatya, D.M. and Jha, M.K. (2011) Evaluating SWAT model for a low-gradient forested watershed in coastal South Carolina. *Transactions of the ASABE* 54, 2151–2163.

Amatya, D.M. and Skaggs, R.W. (2001) Hydrologic modeling of pine plantations on poorly drained soils. *Forest Science* 47, 103–114.

Amatya, D.M., Douglas-Mankin, K.R., Williams, T.M., Skaggs, R.W. and Nettles, J.E. (2011) Advances in forest hydrology: challenges and opportunities. *Transactions of the ASABE* 54, 2049–2056.

Amatya, D.M., Rossi, C.G, Dai, Z., Williams, R., Saleh, A., Youssef, M.A., Chescheir, G.M., Skaggs, R.W., Trettin, C.C., Vance, E. and Nettles, J.E. (2014) Modeling the fate of nitrogen applied to forest ecosystems – an assessment of model capabilities and potential applications. *Transactions of the ASABE* 56, 1731–1757.

Arnold, J.G., Srinivasan, R., Muttiah, R.S. and Williams, J.R. (1998) Large‑area hydrological modeling and assessment: model development. *Journal of the American Water Resources Association* 34, 73–89.

Arnold, J.G., Youssef, M.A., Yen, H., White M.J., Sheshukov, A., Sadeghi A.M., Moriasi, D.N, Steiner, J.L., Amatya, D.M., Skaggs, R.W., *et al.* (2015) Hydrological processes and model representation: impact of soft data on calibration. *Transactions of the ASABE* 58, 1637–1660.

Arp, P.A. and Yin, X. (1992) Predicting water fluxes through forests from monthly precipitation and mean monthly air temperature records. *Canadian Journal of Forest Research* 22, 864–877.

Band, L.E., Patterson, P., Nemani, R. and Running, S.W. (1993) Forest ecosystem processes at the watershed scale: incorporating hillslope hydrology. *Agricultural and Forest Meteorology* 63, 93–126.

Barlow, P.M., Cunningham, W.L., Zhai, T. and Gray, M. (2015) *US Geological Survey Groundwater Toolbox, A Graphical and Mapping Interface for Analysis of Hydrologic Data (Version 1.0) – User Guide for Estimation of Base Flow, Runoff, and Groundwater Recharge from Streamflow Data. Techniques and Methods*, Book 3, Chapter B10. US Geological Survey, US Department of the Interior, Reston, Virginia.

Bates, C.G. and Henry, A.J. (1928) Forest and stream-flow experiment at Wagon Wheel Gap, Colorado. *US Weather*

Bureau Monthly Weather Review, Supplement No. 30.

Bathurst, J.C., Birkinshaw, S.J., Cisneros, F., Fallas, J., Iroumé, A., Iturraspe, R., Gaviño Novillo, M., Urciuolo, A., Alvarado, A., Coello, C., et al. (2011) Forest impact on floods due to extreme rainfall and snowmelt in four Latin American environments 2: Model analysis. *Journal of Hydrology* 400, 292–304.

Beckers, J., Smerdon, B. and Wilson, M. (2009) Review of Hydrologic Forest Models for Forest Management and Climate Change Applications in British Columbia and Alberta. FORREX Forum for Research and Extension in Natural Resources Society, Kamloops, British Columbia, Canada. Available at: http:// www.forrex.org/sites/default/files/forrex_series/FS25.pdf (accessed 26 June 2014).

Beven, K. (1993) Prophecy, reality and uncertainty in distributed hydrological modeling. *Advances in Water Resources* 16, 41–51.

Beven, K. and Kirkby, M. (1979) A physically-based, variable contributing area model of basin hydrology. *Hydrological Sciences Bulletin* 24, 43–69.

Beven, K. and Young, P. (2013) A guide to good practice in modeling semantics for authors and referees. *Water Resources Research* 49, 5092–5098.

Birkinshaw, S.J., Bathurst, J.C., Iroumé, A. and Palacios, H. (2011) The effect of forest cover on peak flow and sediment discharge–an integrated field and modelling study in central-southern Chile. *Hydrological Processes* 25, 1284–1297.

Bowling, L.C. and Lettenmaier, D.P. (2001) The effects of forest roads and harvest on catchment hydrology in a mountainous maritime environment. In: Wigmosta, M.S. and Burges, S.J. (eds) *Land Use and Watersheds: Human Influence on Hydrology and Geomorphology in Urban and Forest Areas*. American Geophysical Union, Washington, DC, pp. 145–164.

Boyle, D.P., Gupta, H.V. and Sorooshian, S. (2003) Multicriteria calibration of hydrologic models. In: Duan, Q., Gupta, H.V., Sorooshian, S., Rousseau, A.N. and Turcotte, R. (eds) *Calibration of Watershed Models*. American Geophysical Union, Washington, DC, pp. 185–196.

Brunner, P. and Simmons, C.T. (2012) HydroGeoSphere: a fully integrated, physically based hydrological model. *Ground Water* 50, 170–176.

Buttle, J.M. (2011) The effects of forest harvesting on forest hydrology and biogeochemistry. In: Levia, D.F., Tanaka, T. and Carlyle-Moses, D. (eds) *Forest Hydrology and Biogeochemistry: Synthesis of Past Research and Future Directions*. Ecological Studies Vol. 216. Springer, New York, pp. 659–677.

Buytaert, W.R, and Beven, K. (2011) Models as multiple working hypotheses: hydrological simulation of tropical alpine wetlands. *Hydrological Processes* 25, 1784–1799.

Caldwell, P.V., Sun, G., McNulty, S.G., Cohen, E.C. and Myers, M.J.A. (2012) Impacts of impervious cover, water withdrawals, and climate change on river flows in the conterminous US. *Hydrology and Earth System Sciences* 16, 2839–2857.

Dai, Z., Li, C., Trettin, C.C., Sun, G., Amatya, D.M. and Li, H. (2010) Bi-criteria evaluation of the MIKE SHE model for a forested watershed on the South Carolina coastal plain. *Hydrology and Earth System Sciences* 14, 1033–1046.

DeWalle, D.R. (2003) Forest hydrology revisited. *Hydrological Processes* 17, 1255–1256.

Doherty, J. and Johnston, J.M. (2003) Methodologies for calibration and predictive analysis of a watershed model. *Journal of the American Water Resources Association* 39, 251–265.

Downer, C.W., Ogden, F.L., Martin, W.D. and Harmon, R.S. (2002) Theory, development, and applicability of the surface water hydrologic model CASC2D. *Hydrological Processes* 16, 255–275.

Dunne, T. and Black, R.D. (1970) Partial-area contributions to storm runoff in a small New England watershed. *Water*

Resources Research 6, 1296–1311.

Federer, C.A., Vorosmarty, C. and Fekete, B. (2003) Sensitivity of annual evaporation to soil and root properties in two models of contrasting complexity. *Journal of Hydrometeorology* 4, 1276–1290.

Flerchinger, G.N., Caldwell, T.G., Cho, J. and Hardegree, S.P. (2012) Simultaneous Heat and Water (SHAW) model: model use, calibration, and validation. *Transactions of the ASABE* 55, 1395–1411.

Freeze, R.A., Massmann, J., Smith, L., Sperling, T. and James, B. (1990) Hydrogeological decision analysis: 1. A framework. *Ground Water* 28, 738–766.

Gassman, P.W., Reyes, M.R., Green, C.H. and Arnold, J.G. (2007) The Soil and Water Assessment Tool: historical development, applications, and future directions. *Transactions of the ASABE* 50, 1211–1250.

Gbondo-Tugbawa, S.S., Driscoll, C.T., Aber, J.D. and Likens, G.E. (2001) Evaluation of an integrated biogeochemical model (PnET-BGC) at a northern hardwood forest ecosystem. *Water Resources Research* 37, 1057–1070.

Golden, H.E., Lane, C.R., Amatya, D.M., Bandilla, K.W., Raanan Kiperwas, H., Knightes, C.D. and Ssegane, H. (2014) Hydrologic connectivity between geographically isolated wetlands and surface water systems: a review of select modeling methods. *Environmental Modelling and Software* 53, 190–206.

Harbaugh, A.W. (2005) *MODFLOW-2005,The US Geological Survey Modular Ground-water Model:The Ground-water Flow Process*. US Department of the Interior, US Geological Survey, Reston, Virginia.

Harbaugh, A.W., Banta, E.R., Hill, M.C. and McDonald, M.G. (2000) *MODFLOW-2000,The US Geological Survey Modular Ground-water Model: User Guide to Modularization Concepts and the Ground-water Flow Process*. US Geological Survey, Reston, Virginia.

Hornberger, G.M., Bencala, K.E. and McKnight, D.M. (1994) Hydrological controls on dissolved organic carbon during snowmelt in the Snake River near Montezuma, Colorado. *Biogeochemistry* 25, 147–165.

Horton, R.E. (1933) The role of infiltration in the hydrologic cycle. *Transactions of the American Geophysical Union* 14, 446–460.

Hursh，C.R. and Brater，E.（1941）Separating storm hydrographs from small drainage areas into surfaceand subsurface-flow. *Transactions of the American Geophysical Union* 22, 863–871.

Jones, J.A., Achterman, G.L., Augustine, L.A., Creed, I.F., Folliott, P.F., MacDonald, L. and Wemple, B.C. (2009) Hydrologic effects of a changing forested landscape – challenges for the hydrological sciences. *Hydrological Processes* 23, 2699–2704.

Kampf, S.K. and Burges, S.J. (2007) A framework for classifying and comparing distributed hillslope and catchment hydrologic models. *Water Resources Research* 43, W05423, doi: 10.1029/2006WR005370 (accessed 3 April 2016).

Klemes, V. (1986) Operational testing of hydrological simulation-models. *Hydrological Sciences Journal – Journal des Sciences Hydrologiques* 31, 13–24.

Leavesly, G.H., Lichty, R.W., Troutman, B.M. and Saindon, L.G. (1983) Precipitation–Runoff Modeling System: User's Manual. US Geological Survey, Water-Resources Investigations Report 83-4238.Available at: http://pubs.usgs.gov/wri/1983/4238/report.pdf (accessed 5 February 2015).

Leavesly, G.H., Markstrom, S.L., Viger, R.J. and Hay, L.E. (2005) USGS Modular Modeling System (MMS)–Precipitation–Runoff Modeling System (PRMS) MMS-PRMS. In: Singh, V. and Frevert, D. (eds) *Watershed Models*. CRC Press, Boca Raton, Florida, pp. 159–177.

Li, C., Aber, J., Stange, F., Butterbach-Bahl, K. and Papen, H. (2000) A process-oriented model of N_2O and NO emissions from forest soils: 1. Model development. *Journal of Geophysical Research:Atmospheres* 105, 4369–4384.

Liang, X., Lettenmaier, D.P., Wood, E.F. and Burges, S.J. (1994) A simple hydrologically based model of land surface water and energy fluxes for general circulation models. *Journal of Geophysical Research* 99, 14415–14528.

Liang, X., Wood, E.F. and Lettenmaier, D.P. (1996) Surface soil moisture parameterization of the VIC-2L model: evaluation and modification. *Global and Planetary Change* 13, 195–206.

Malone, R.W., Yagow, G., Baffaut, C., Gitau, M., Qi, Z., Amatya, D., Parajuli, P., Bonta, J. and Green, T. (2015) Parameterization guidelines and considerations for hydrologic models. *Transactions of the ASABE* 58, 1681–1703.

Markstrom, S.L., Niswonger, R.G., Regan, R.S., Prudic, D.E. and Barlow, P.M. (2008) GSFLOW – coupled ground-water and surface-water flow model based on the integration of the Precipitation–Runoff Modeling System (PRMS) and the Modular Ground-Water Flow Model (MODFLOW-2005). Chapter 1 of Section D, Ground-Water/Surface-Water, Book 6, Modeling Techniques.Available at: http://pubs.usgs. gov/tm/tm6d1/pdf/tm6d1.pdf (accessed 3 April 2016).

Matott, L.S. (2005) OSTRICH: An Optimization Software Tool, Documentation and User's Guide, Version 1.6. University at Buffalo, Buffalo, New York. Available at: http://www.eng.buffalo.edu/~lsmatott/Ostrich/ OstrichMain.html (accessed 6 February 2015).

Matott, L.S., Babendreier, J.E. and Purucker, S.T. (2009) Evaluating uncertainty in integrated environmental models: a review of concepts and tools. *Water Resources Research* 45, W06421, doi: 10.1029/2008WR007301 (accessed 3 April 2016).

Meng, F.R., Bourque, C.P.A., Jewett, K., Daugharty, D. and Arp, P.A. (1995) The Nashwaak Experimental Watershed Project – analyzing effects of clearcutting on soil-temperature, soil-moisture, snowpack, snowmelt and stream-flow. *Water,Air and Soil Pollution* 82, 363–374.

National Research Council (2007) *Models in Environmental Decision Making*. The National Academies Press, Washington, DC.

National Research Council (2008) *Hydrologic Effects of a Changing Forest Landscape*. The National Academies Press, Washington, DC.

Neitsch, S.L., Arnold, J.G., Kiniry, J.R. and Williams, J.R. (2011) *Soil and Water Assessment Tool: Theoretical Documentation,Version 2009*. Texas Water Resources Institute Technical Report No. 406. Texas A&M University System, College Station, Texas.

Nelitz, M., Boardley, S. and Smith, R. (2013) *Tools for Climate Change Vulnerability Assessments for Watersheds*. PN 1494. Prepared for Canadian Council of Ministers of the Environment by ESSA Technologies Limited, Vancouver, British Columbia, Canada.

Panday, S. and Huyakorn, P.S. (2004) A fully coupled physically-based spatially-distributed model for evaluating surface/subsurface flow. *Advances in Water Resources* 27, 361–382.

Parajuli, P.B. (2010) Assessing sensitivity of hydrologic responses to climate change from forested watershed in Mississippi. *Hydrological Processes* 24, 3785–3797.

Parton, W.J. (1996) The CENTURY model. In: Powlson, D., Smith, P. and Smith, J. (eds) *Evaluation of Soil Organic Matter Models*. Springer, Berlin/Heidelberg, pp. 283–291.

Parton, W.J., Scurlock, J.M.O., Ojima, D.S., Gilmanov, T.G., Scholes, R.J., Schimel, D.S., Kirchner, T., Menaut, J-C., Seastedt, T., Garcia Moya, E., *et al.* (1993) Observations and modeling of biomass and soil organic matter dynamics for the grassland biome worldwide. *Global Biogeochemical Cycles* 7, 785–809.

Running, S.W. and Gower, S.T. (1991) Forest-BGC, a general-model of forest ecosystem processes for regional applications. 2. Dynamic carbon allocation and nitrogen budgets. *Tree Physiology* 9, 147–160.

Saleh, A., Williams, J.R., Wood, J.C., Hauck, L.M. and Blackburn, W. (2004) Application of APEX for forestry. *Transactions of the American Society of Agricultural Engineers* 47, 751–765.

Schnorbus, M. and Alila, Y. (2004) Forest harvesting impacts on the peak flow regime in the Columbia Mountains of southeastern British Columbia: an investigation using long-term numerical modeling. *Water Resources Research* 40, W05205, doi: 10.1029/2003WR002918 (accessed 3 April 2016).

Sidle, R.C., Kim, K., Tsuboyama, Y. and Hosoda, I. (2011) Development and application of a simple hydrogeomorphic model for headwater catchments.*Water Resources Research* 47,W00H13, doi: 10.1029/2011WR010662 (accessed 3 April 2016).

Sivapalan, M. (2003) Prediction in ungauged basins: a grand challenge for theoretical hydrology. *Hydrological Processes* 17, 3163–3170.

Sloto, R.A. and Crouse, M.Y. (1996) HYSEP: A Computer Program for Streamflow Hydrograph Separation and Analysis. US Geological Survey, Water-Resources Investigations Report 96-4040. Available at: http://water.usgs.gov/software/HYSEP/ (accessed 3 April 2016).

Stange, F., Butterbach-Bahl, K., Papen, H., Zechmeister-Boltenstern, S., Li, C. and Aber, J. (2000) A process-oriented model of N_2O and NO emissions from forest soils: 2. Sensitivity analysis and validation. *Journal of Geophysical Research: Atmospheres* 105, 4385–4398.

Stednick, J. (1996) Monitoring the effects of timber harvest on annual water yield. *Journal of Hydrology* 176, 79–95.

Stednick, J. (2008) *Hydrological and Biological Responses to Forest Practices*. Ecological Studies Vol. 199. Springer, New York.

Storck, P., Bowling, L., Wetherbee, P. and Lettenmaier, D. (1998) Application of a GIS‐based distributed hydrology model for prediction of forest harvest effects on peak stream flow in the Pacific Northwest. *Hydrological Processes* 12, 889–904.

Sun, G., Riekerk, H. and Comerford, N.B. (1998) Modeling the forest hydrology of wetland-upland ecosystems in Florida. *Journal of the American Water Resources Association* 34, 827–841.

Sun, G., Zhou, G., Zhang, Z., Wei, X., McNulty, S.G. and Vose, J.M. (2006) Potential water yield reduction due to forestation across China. *Journal of Hydrology* 328, 548–558.

Sun, G., Caldwell, P., Noormets, A., Cohen, E., McNulty, S., Treasure, E., Domec, J.C., Mu, Q., Xiao, J., John, R. and Chen, J. (2011) Upscaling key ecosystem functions across the conterminous United States by a water-centric ecosystem model. *Journal of Geophysical Research* 116, G00J05, doi: 10.1029/2010JG001573 (accessed 5 April 2016).

Sun, G., Caldwell, P.V. and McNulty, S.G. (2015) Modeling the potential role of forest thinning in maintaining water supplies under a changing climate across the conterminous United States. *Hydrological Processes* 29, 5016–5030.

Tague, C.L. and Band, L.E. (2004) RHESSys: Regional Hydro-Ecologic Simulation System – an object-oriented approach to spatially distributed modeling of carbon, water, and nutrient cycling. *Earth Interactions* 8, 1–42.

Therrien, R., McLaren, R.G., Sudicky, E.A. and Panday, S.M. (2010) *HydroGeoSphere: A Three-Dimensional Numerical Model describing Fully-Integrated Subsurface and Surface Flow and Solute Transport*. Groundwater Simulations Group, University of Waterloo, Waterloo, Ontario, Canada.

Tian, M.A., Youssef, M.A., Skaggs, R.W., Amatya, D.M. and Chescheir, G.M. (2012) DRAINMOD-FOREST: integrated modeling of hydrology, soil carbon, and nitrogen dynamics, and plant growth for drained forest. *Journal of Environmental Quality* 41, 764–782.

Tian, S., Youssef, M.A., Amatya, D.M. and Vance, E. (2014) Global sensitivity analysis of DRAINMODFOREST, an integrated forest ecosystem model. *Hydrological Processes* 28, 4389–4410.

Thyer, M., Beckers, J., Spittlehouse, D., Alila, Y. and Winkler, R. (2004) Diagnosing a distributed hydrologic model for two high-elevation forested catchments based on detailed stand- and basin-scale data. *Water Resources Research* 40,

W01103, doi: 10.1029/2003WR002414 (accessed 5 April 2016).

Viviroli, D., Zappa, M., Gurtz, J. and Weingartner, R. (2009) An introduction to the hydrological modelling system PREVAH and its pre- and post-processing-tools. *Environmental Modelling and Software* 24, 1209–1222.

Von Stackelberg, N.O., Chescheir, G.M., Skaggs, R.W. and Amatya, D.M. (2007) Simulation of the hydrologic effect of afforestation in the Tacuarembo River basin, Uruguay. *Transactions of the ASABE* 50, 455–468.

Vose, J.M., Sun, G., Ford, C.R., Bredemeier, M., Otsuki, K., Wei, X.H., Zhang, Z.Q. and Zhang, L. (2011) Forest ecohydrological research in the 21st century: what are the critical needs? *Ecohydrology* 4, 146–158.

Wade, A., Durand, P., Beaujouan, V., Wessel, W., Raat, K., Whitehead, P., Butterfield, D., Rankinen, K. and Lepisto, A. (2002) A nitrogen model for European catchments: INCA, new model structure and equations. *Hydrology and Earth System Sciences* 6, 559–582.

Wang, J., Endreny, T.A. and Nowak, T.J. (2008) Mechanistic simulation of tree effects in an urban water balance model. *Journal of the American Water Resources Association* 44, 75–85.

Watson, B.M., McKeown, R.A., Putz, G. and MacDonald, J.D. (2009) Modification of SWAT for modelling streamflow from forested watersheds on Canadian boreal plain. *Journal of Environmental Engineering and Science* 7(S1), 145–159.

Wei, A. and Zhang, M. (2011) A review on research methods for assessing the impacts of forest disturbance on hydrology at large-scale watersheds. In: Li, C., Lafortezza, R. and Chen, J. (eds) *Landscape Ecology and Forest Management: Challenges and Solutions in a Changing Globe.* Springer, New York, pp. 119–147.

Weiler, M. and McDonnell, J. (2004) Virtual experiments: a new approach for improving process conceptualization in hillslope hydrology. *Journal of Hydrology* 285, 3–18.

Whitaker, A., Alila, Y., Beckers, J. and Toews, D. (2003) Application of the distributed hydrology soil vegetation model to Redfish Creek, British Columbia: model evaluation using internal catchment data. *Hydrological Processes* 17, 199–224.

White, M.A., Thornton, P.E., Running, S.W. and Nemani, R.R. (2000) Parameterization and sensitivity analysis of the BIOME-BGC terrestrial ecosystem model: net primary production controls. *Earth Interactions* 4, 1–85.

Whitehead, P., Wilson, E. and Butterfield, D. (1998a) A semi-distributed integrated nitrogen model for multiple source assessment in catchments (INCA): Part I – model structure and process equations. *Science of the Total Environment* 210, 547–558.

Whitehead, P., Wilson, E., Butterfield, D. and Seed, K. (1998b) A semi-distributed integrated flow and nitrogen model for multiple source assessment in catchments (INCA): Part II – application to large river basins in south Wales and eastern England. *Science of the Total Environment* 210, 559–583.

Wigmosta, M.S., Vail, L.W. and Lettenmaier, D.P. (1994) A distributed hydrology–vegetation model for complex terrain. *Water Resources Research* 30, 1665–1679.

Wigmosta, M.S., Nijssen, B., Storck, P. and Lettenmaier, D. (2002) The distributed hydrology soil vegetation model. In: Singh, V.P. and Frevert, D.K. (eds) *Mathematical Models of Small Watershed Hydrology and Applications.* Water Resources Publications, Littleton, Colorado, pp. 7–42.

Williams, J.R. and Izaurralde, R.C. (2005) The APEX model. In: Singh, V.P. and Frevert, D.K. (eds) *Watershed Models.* CRC Press, Boca Raton, Florida, pp. 437–482.

Yang, Y., Endreny, T.A. and Nowak, D.J. (2011) iTree-Hydro: snow hydrology update for the urban forest hydrology model. *Journal of the American Water Resources Association* 47, 1211–1218.

Young, P.C. (2001) Data-based mechanistic modelling and validation of rainfall–flow processes. In: Anderson, M.G. and Bates, P.D. (eds) *Model Validation: Perspectives in Hydrological Science.* Wiley, Chichester, UK, pp. 117–161.

10 地理空间技术在森林水文学中的应用

S. S. 潘达（S. S. Panda）[1*]，E. 马森（E. Masson）[2]，
S. 森（S.Sen）[3]，H. W. 金（H. W. Kim）[4]，
D. M. 阿玛蒂亚（D. M. Amatya）[5]

10.1 引　　言

水文学和林学这两个独立的学科共同构成了"森林水文学"。林学和森林水文学的研究对象为空间实体。林学是一门旨在通过研究森林的生命周期及与周围环境的相互作用来理解森林特性的科学。森林水文学则研究森林中的土壤水、溪流和森林覆盖区域所涵盖的其他小型水体，以及森林土地覆被中的水文循环。"森林"和（森林）"水体"是美国国家土地覆被数据库（National Land Cover Database，NLCD）中的两种标准化土地覆被地图分类，这种分类被美国的环境规划人员（USGSLCI，2015）、欧洲的 CORINE（Co-ORdinated INformation on the Environment，环境协调信息）数据集（EEA，2006），以及其他国家的国家土地覆被制图系统所广泛使用。这些分类能够用于开发环境管理决策支持系统。

总体而言，欧洲（例如，法国）的森林（私有和公有）管理起始时间要比美国早。自14世纪，法国就颁布了相关法规和法律，将森林作为生产木材和满足工业能源需求的战略资源及筹集资金（包括资助战争）的财政资源进行管理（Morin，2010）。美国自18世纪以来就已实施森林管理，将其作为一种生态系统管理方法，同时仍将木材和纤维生产作为重要的管理目标（Richmond，2007）。

印度次大陆的系统性森林管理起步较晚，在英国殖民统治下于1864年在印度建立了帝国林业部（Ramakrishnan et al.，2012）。据估计，印度有超过2亿人以森林为生，森林能提供饲料和木材，并伴随着产汇流和水土保持将森林腐殖质输送到农业用地，促进农业增长。此外，森林还提供了各种生态系统服务。与大多数亚洲国家不同，朝鲜半岛的森林是由私人和公众共同参与管理，这种情况和美国及欧洲相同（Lee D K and Lee Y K，2005）。私人和公众共同参与森林和森林水文

---

1 北佐治亚大学，美国佐治亚州盖恩斯维尔；2 里尔科技大学，法国里尔；3 印度理工学院，印度北阿坎德邦鲁尔基；4 安养大学，韩国安养；5 美国农业部林务局，美国南卡罗来纳州考代斯维拉

* 通讯作者邮箱：sudhanshu. panda@ung.edu

管理具有特定优势（Lee D K and Lee Y K，2005）。因此，凭借地理空间技术的发展和行之有效的管理策略，加上各国政府的参与和健全决策支持系统的支持，林业，尤其是森林水文，在全世界都可以得到很好的管理。决策支持系统基于多种地理空间技术的应用，例如，遥感（remote sensing，RS）、地理信息系统（geographic information system，GIS）、全球导航卫星系统（global navigation satellite system，GNSS）和信息技术（information technology，IT）。

在针对林地覆盖范围内的水、土壤、野生动植物和环境资源的合理管理决策支持下，可以利用地理空间技术管理森林水文。我们无法针对大片区域（例如，大片森林或其中的一部分）做出很准确的管理决策，因为通过勘察手段来制定特定站点的森林管理决策支持（site-specific forest management decision support，SSFMDS）可能需要花费数年时间。为支持造林活动而进行的森林管理涉及较大容量的空间和表格（属性）数据（千兆字节甚至兆兆字节）以及众多的 SSFMDS 参数，包括土壤、气候、水文和作物生长属性。利用地理空间技术可以有效且高效地监测这些与 SSFMDS 相关的数据及其复杂特性，特别是森林水文现象，并针对特定站点的作物管理来完整记录此类信息（von Gadow and Bredenkamp，1992；Panda et al.，2010）。实际上，地理空间技术（尤其是 GIS）已成为许多商业性林业管理的基本手段（Austin and Meyers，1996）。当前，先进遥感技术的应用，例如，超高空间分辨率（小于 1 m）的正射或卫星图像、高光谱图像以及无线电探测和测距（radio detection and ranging，RADAR）数据，在森林水文的管理中非常有用。无人机（unmanned aerial vehicles，UAV）和无人机系统（unmanned aircraft systems，UAS）通过获取具有用户指定带宽的厘米级空间分辨率图像，使得森林水文的管理更加有效，从而通过绘制土壤湿度、植物气孔导度、冠层温度和叶面积指数（leaf area index，LAI）图和通过监测森林火灾来帮助实现 SSFMDS 和观测森林蒸散（ET）（Grenzdorffer et al.，2008）。

可利用地理空间技术，通过栅格图像采集和制图功能，使用多个参数[例如，土地用途/土地覆盖（LULC）、土壤、海拔/地形、水文、交通运输、人口密度和邻接关系以及气候/天气]描述较大区域内基于像素的准确分析结果，其中气候/天气直接或间接影响着环境管理，尤其是森林水文管理。遥感技术能够以前所未有的稳定性持续监测整个地球，可有效发现和监控全球主要森林覆盖的变化，为森林水文管理提供支撑。航天飞机雷达地形测绘任务卫星（Shuttle Radar Topography Mission，SRTM）可获取全球海拔数据，有效监测地球地形变化，标示出森林水文的变化。近十年来，随着 LiDAR 和 UAV/UAS 技术的引入，包括森林中树木高度在内的地球海拔高度都达到了厘米级的监控精度，可进行森林生物量评估和蒸散评估（Zarco-Tejada et al.，2014，Khosravipour et al.，2015）。气象卫星能够在小时尺度上监测全球大气状况，也包括大气中水蒸气的空间分布（Panda et al.，

2015)。遥感影像可提供有关干旱、植被活力、洪水灾害、森林火灾、森林砍伐和其他直接或间接受森林水文影响的自然灾害信息（Panda et al., 2015）。例如，D'urso 和 Minacapilli（2006）使用半经验方法通过雷达数据估算森林表层土壤的含水量。目前，已有多种遥感系统被用来远程估算地球表面（包括林地在内）的水文通量，例如，彩色红外（colour infrared，CIR）航空摄影（multispectral scanner，MSS）、多光谱扫描仪（Landsat，QuickBird）和高光谱系统（AVIRIS、HyMap、CASI）、测深 LiDAR、MISR、Hyperion、TOPEX/Poseidon、MERIS、AVHRR 和 CERES 等（Panda et al., 2015）。

GIS 提供了在全球和局部地区准确展示上述信息的工具，也可用于开发自动化地理空间模型，提供精确有效的森林水文管理决策支持（FHMDS）。近年来，使用最为广泛的全球定位系统（GPS）技术（一种 GNSS）可准确追踪生态灾难的位置，例如，森林火灾、泥石流和其他与森林水文有关的现象。IT 技术有助于改善决策支持系统的开发并推广普及这些引人入胜但有时难以理解的工具（Panda et al., 2004b）。

10.2　地理空间技术在森林水文过程管理中的应用

与地球上所有其他土地覆被相比，森林覆被提供了更清洁和更可靠的水源（Richmond，2007），而这也是森林管理最重要的方面。森林水文过程的第一个要素即冠层对雨滴的截留，约占总降水量的 25%—30%（Zinke，1967；请参阅本书第 1 章和第 3 章），并且由于森林土壤结构的特性，森林比其他土地覆被类型（湿地除外）具有更高的渗透率和更低的径流量（Zinke，1967）。

数千年来，人们一直在观察森林与水之间的联系（Amatya et al., 2015）。在水文学被视作一门专业，或是林业、工程学、地理学和其他学科的子领域前，对森林、水和气候的研究被归为"森林影响"。这仍然是一个有用的术语和有意义的概念（Barten，2006）。在全球范围内，当降水量（P）远大于潜在蒸散（PET）、生长季较长、气候温和且自然干扰的频率较低时，森林的长势旺盛（Barten，2006）。

森林水文还会影响自然干扰，例如，森林干旱时会引起山火，长期干旱后产生的强降水和山火会增大滑坡的可能性，而森林区域不可预测的水文循环会造成病虫害的侵扰（参阅本书第 1 章）。以下小节将举例说明在森林水文管理决策支持（FHMDS）中使用地理空间技术的重要性。

10.2.1　森林覆盖制图和变化分析

森林覆被支撑着气候稳定、生物多样性保护、农业用地土壤富集、侵蚀防治、清洁水供应及水循环调节、生物能源生产以及动物饲料和人类木材供应。在森林水文循环的作用下，森林枯落物会逐渐分解，并通过落叶和种子回收养分，使土壤更加肥沃（Osman，2013）。这些来自高海拔森林覆被的肥沃土壤会迁移到地形更平坦的农业用地中，有助于提高作物产量（Osman，2013）。森林中的树根和土壤结合减少了过度的土壤侵蚀现象（Kittredge，1948）。森林覆被通过吸收雨水并重新均等分配给生活在覆被范围内的每一物种来调节水循环（Perry et al.，2008）。此外，已证明河岸林具备清洁地表水和降低土壤和河流中硝酸盐积累的潜力（Lowrance，1992；Pinay et al.，1993）。另外，绘制森林植物冠层分布图有助于量化水文循环过程中的第一个要素：截流和随后的蒸发。因此，使用地理空间技术绘制森林覆被地图并进行有效分析可更好地管理决策支持系统。

联合国粮食及农业组织（联合国粮农组织）利用分辨率为 250 m 的 MODIS 数据监测全球森林覆盖率。美国国家海洋和大气管理局（NOAA）使用分辨率为 1 km 的 AVHRR 卫星图像来不断监测全球植被随时间发生的变化。

国家土地覆被数据库（NLCD）对除森林湿地以外的三种主要林地进行了分类。利用中等分辨率（30 m）的 Landsat（5 个 MSS，7 个 ETM+）图像按时间（基于卫星的飞越周期）对美国的土地覆盖类型进行了分类。Anderson 土地覆盖分类方案包括落叶林（41#）、常绿林（42#）和混交林（43#）等森林类别。美国国家航空航天局（NASA）的 GAP 项目会定期编制美国土地覆盖图，例如，1974 年、1985 年、1992 年、2001 年、2005 年（少数州）和 2011 年土地覆盖图。这些 NLCD 数据有助于研究美国的土地覆盖变化，尤其是森林覆盖变化。

将自然土地覆被区域转化为人类主导的土地利用类型，例如，森林采伐、砍伐、城市化和农业集约化，仍然是全球土地覆盖比例发生变化的主要原因，这会造成局部气候、能源、水文和水量平衡、生物地球化学和生物多样性等方面的不利环境影响（Potter et al.，2007）。森林砍伐会造成水土流失，肥沃土壤会流失到河流、湖泊和海洋中（Panda et al.，2004a）。根据 Sundquist（2007）的研究，每十年全球热带森林砍伐率约为当前热带森林存量的 8%。在印度次大陆、亚洲和非洲，轮作农业（例如，烧垦农业）是森林资源（森林土壤和水）管理不善的典型实例（Panda et al.，2004a）。

到 20 世纪 80 年代，全球采用轮作农业（包括休耕）的热带土地总面积为 300 万 km^2（Sundquist，2007）。高海拔林地的轮作农业会降低土壤肥力，加剧森林退化现象，同时地块暴露引起的水土流失也会加速土壤肥力的下降。在采用轮作农业的地区，淋溶、径流和侵蚀现象造成了养分流失，使得土地在经过两个或三个耕作期后仍然无法耕种（Szott et al.，1999；Panda et al.，2005）。由于森林砍伐改变了森林水文动态，轮作农业地区的森林几乎不可能再生（Szott et al.，1999；Sundquist，2007）。

Potter 等（2007）使用分辨率为 250 m 的 MODIS 增强植被指数（enhanced vegetation index，EVI）数据评估了美国加利福尼亚州大部分地区的土地覆盖变化情况。作者在报告中指出，受到森林管理和住宅用地开发侵占自然植被的影响的区域应该作为土地覆盖变化检测的重点。Goward 等（2008）指出，北美碳计划（NACP）内的许多研究项目正在将遥感和森林清查数据结合起来，以绘制美国本土的森林干扰程度和比率地图。考虑到干扰过程的程度、持续时间和强度等方面的差异，作者建议采用多管齐下的方法，针对不同的时空尺度采用不同的卫星技术。例如，NOAA 的 AVHRR 和 NASA 的 MODIS 被用来绘制最粗糙空间尺度上发生的瞬时现象地图，包括虫灾、干旱胁迫和暴雨灾害，并用于估算火灾排放物以及绘制火灾和烧毁区域的全球分布图。

自 1994 年以来，CORINE 土地覆盖数据按照四种森林类别提供了欧洲最小 25 hm^2 地表单位的土地覆盖，以及每个数据版本之间 5 hm^2 的变化检测情况（EEA，2006）。欧洲的研究计划使用 SPOT、MSS、TM、ETM+ 和 IRSP6 数据得到了 1994 年、2000 年和 2006 年的土地覆盖。根据所使用的针对 39 个欧洲国家空间覆盖率的遥感数据（即 SPOT4 和 IRSP6 数据），于 2015 年 9 月发布了 2012 更新版，该版本得到明显改进，具有更高的可靠性。

Kim 等（2015，2016）研究了 2001—2014 年朝鲜的土地覆盖变化。他们发现 14 年内归一化植被指数（normalized difference vegetation index，NDVI）值持续下降，但有趣的是，包括常绿针叶林、常绿阔叶林、落叶针叶林、落叶阔叶林、混交林、郁闭灌木林、开放灌木林和稀树草原在内的林地覆盖面积增加了 4%。尽管需要进一步研究，但这也是朝鲜森林管理者促成的良性发展。全球范围内，气候变化的两个方面，即温度和降水，影响着森林生态系统的光合作用。五大洲的高海拔热带森林出现了更显著的"褐变"（browning，即森林叶面积正在减少）和弱化的光合作用（Krishnaswamy et al.，2014）。

由于世界上许多区域的红树林都在减少，其减少速度甚至比内陆热带森林还要快，确定其变化速率与原因显得至关重要。Giri 等（2007）使用了遥感数据和地理空间地图，通过对 Landsat 卫星数据的多时间尺度分析，研究了 20 世纪 70 年代、90 年代和 21 世纪初孟加拉国孙德尔本斯的红树林及其水文变化。他们发现红树林及其潮间带水文过程由于侵蚀、淤积、森林砍伐和红树林恢复计划而不断发生变化。

10.2.2　森林土壤水/湿度估算和森林湿地分析

森林的土壤层包括一个典型的枯枝落叶层（O），一个较大的有机、富含养分的混合表土层（A）和一个富含矿物质的土层（B 和 C）。一般而言，天然森林土壤由高孔隙度和高渗透性的高浓度有机质组成，带来较强的入渗和较低的径流量（Pritchett，1979；Osman，2013）。森林湿地通常分布在沿海和海拔较低的平坦地区，自然条件下森林湿地的土壤处于饱和状态，且土壤水分丰富。高地森林也保有大量的土壤水分（Jipp et al.，1998）。因此，森林土壤是许多生态过程的纽带，例如，能量交换、水分的储存和运动、养分循环、植物生长以及食物链底层的碳循环（Johnson et al.，2000）。森林土壤和土壤水也就不同于其他土地覆被中的土壤水。在联合国粮农组织的土壤地图编制过程中，森林土壤被视为不同于其他土地覆盖类型的土壤。例如，在喜马拉雅山脉林地覆盖和退化土地覆盖下进行的坡面漫流研究表明，尽管在这两个系统中霍顿坡面漫流形成过程占主导，但两个系统在径流系数和土壤物理性质方面的水文特征有所不同。包括探地雷达（GPR）在内的地理空间技术有助于通过非干预性但十分高效的方式研究森林的土壤水分现象。为了在没有可用地图/未编制地图的地区绘制土壤图，可将林地覆盖（使用遥感数据）视作具备特定土壤类型的区域（Panda et al.，2004a）。图10.1展示了基于地理空间技术、森林水文信息与联合国粮农组织推荐的土壤分类标准的森林流域土壤分布图编制流程。

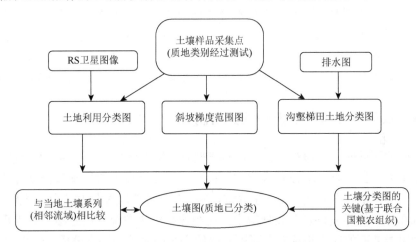

图 10.1　使用地理空间技术（遥感）、森林水文信息和联合国粮农组织（FAO）推荐的土壤分类标准的森林流域土壤分布图编制流程（来源：Panda et al.，2004a）

了解土壤水分动态及其观测和建模对于环境领域至关重要，例如，农业和森林管理、水循环和气候动态、洪水和森林火灾。尽管有许多方法可以观测土壤湿度，但是通常无法在流域/地貌尺度上完成土壤湿度空间分布的现场测定。数十年来，国际上一直在努力使用基于卫星的遥感技术，采用可靠方式观测土壤湿度，并确保空间分辨率处于可接受的范围内。

主动微波遥感的反向散射观测技术，例如，第二颗欧洲遥感（ERS-2）卫星的C波段垂直极化合成孔径雷达（SAR），具备观测土壤近地表层水分含量的潜力（Walker et al.，2004）。但是，SAR反向散射观测技术高度依赖于地形、土壤质地、表面粗糙度和土壤湿度条件，这意味着很难从单频和极化SAR观测过程反演土壤湿度。作者在报告中指出，使用 ERS-2 卫星在观测近地表土壤湿度方面相较于 Landsat 有所改进。基于微波遥感的土壤湿度估算仅限于裸露土壤或较低/中等植被覆盖率的情况。被动微波传感器的优势在于可以在植被覆盖率较高的区域（如林地覆盖区）采集土壤水分的远程数据，但需要权衡光谱分辨率范围。土壤湿度感测最有效的频率范围是 1—5 GHz，而被动微波遥感的分辨率限制在 10—20 km（Njoku and Entekhabi，1996）。Njoku and Entekhabi（1996）概述了用于土壤湿度感测的被动微波技术的基本原理，以及将被动微波数据整合到水文模型中的最佳方式。Schmugge 等（2002）根据被动微波数据估算了森林表层土壤水分。

Nolan 和 Fatland（2003）在报告中指出，使用卫星进行土壤水分 InSAR（Interferometric Synthetic Aperture Radar，合成孔径雷达干涉测量）观测可能是改进土壤水模型的关键。Lu 等（2005）证明了使用 ERS-1 卫星和 ERS-2 卫星的 C 波段 InSAR 图像比 L 波段能够更为准确地观测美国路易斯安那州沼泽林的水位变化。使用遥感观测湿地以及储水量水位变化的能力，可为水文模型和洪水灾害评估提供所需输入。Panda 等（2015）在他们最新的研究中使用波段 5（近红外）和波段 7（中红外）来估算森林覆被中的植物水分（气孔导度）和土壤水分，森林覆被包含成熟松树和幼松、柳枝稷草和松树下层林木，估算的准确率超过 70%。

10.2.3　森林植被和生物量地图的绘制

与开放区域的土地覆被相比，森林植被对冠层下微气候（气温、湿度和风速）的影响更为明显。森林植被是吸收太阳能和二氧化碳以及通过蒸散作用释放氧气和水蒸气的"活跃"表面，会产生局部影响。在全球变暖和气候变化的大背景下，理解森林微气候至关重要。高分辨率正射影像和先进图像处理方法在识别森林植被物种组成方面的应用很成功。彩图 6 描绘了面向对象的图像分析（OBIA）的图像分割方法，在美国佐治亚州 Elachee 自然中心的林木物种组成研究方面的优势，该方法使用了高分辨率（30 cm）正射影像和 LiDAR 数据（以确定树高）以及通过 Visual Basic for Applications（VBA）语言在 ArcObjects 平台上编程的技术。

在欧洲，例如，法国，也已利用遥感数据进行森林制图和物种鉴定，例如，在 19 世纪 70 年代的航空红外摄影法（Touzet and Lecordix，2010）以及最近（自 20 世纪 90 年代以来）的分辨率为 10—20 m 的 SPOT 影像技术[即全色波段、可见波段和近红外（VNIR）波段]。SWAT 中的 ArcGIS 插件被广泛用于生态水文模拟。Bärlund 等（2007）分析了 SWAT 在评估《欧盟水框架指令》中针对芬兰森林流域所实施的水文管理中的性能。研究表明，地理空间技术是区分森林中各种树木，确定森林生物量，然后确定林地蒸散所流失水量的有效工具。Panda 等（2015）开发了相关程序，通过 30 cm LiDAR、15 cm 正射影像和该领域的专业知识，评估在只生长松树的样地、生长松树和下层植物的样地、松树和柳枝稷草间作样地以及只生长柳枝稷草的样地中的蒸散。Riegel（2012）使用 LiDAR 数据开发了森林生物量量化模型，该模型有助于增进对森林健康状况的了解和建立森林蒸散模型。

森林净初级生产力（NPP）是遥感研究的一个领域，包括来自机载或卫星平台（如 AVIRIS 或 Hyperion）的高光谱数据（Ollinger and Smith，2005）。"初级生产力"是指植物所产生的有机物质（生物量）的积聚。"净初级生产力"是指减去用于植物生长和发育的能量（通过呼吸作用）后剩余的生物量。在未来几年，HYPXIM 项目（Michel et al.，2011）旨在为研究人员（包括森林遥感论题）提供高分辨率（8—15 m）的高光谱卫星数据，包括 VNIR 和短波红外传感器。该项目将为森林研究提供来自于卫星的全球空间数据。

10.2.4　森林蒸散的估算

由于植被较为密集且组成成分较为复杂，不同植物物种在森林中争夺不同数量的水分。但是，我们对于在流域/地貌中每种森林植被的瞬时水分吸收或蒸散（ET）的速率和总量知之甚少。森林的蒸散速率取决于许多因素，例如，森林土壤、植被和气候条件，其中气候条件包括空气和冠层温度、太阳辐射、水汽压力、风速以及森林范围内蒸发表面的性质和类型（Viessman and Lewis，2002）。植物的蒸发作用主要来自冠层截留和林下层/枯枝落叶层的蒸发作用。蒸腾作用通过植物的根和茎从土壤/含水层系统中汲取和输送水分，并最终从植物的叶片将水分排入到大气中（Senay et al.，2013）。根据 Viessman 和 Lewis（2002）的研究，热能（辐射和空气温度）利用风和湿度将水汽从蒸发面运走的能力，及可用土壤含水量是影响蒸散的主导因素。LAI、冠层温度（T_c）、冠层导度（G_c）或气孔导度（g_s）、风速、土壤湿度或土壤容积含水率则是估算蒸散的最重要参数（Panda et al.，2014；有关森林蒸散过程和控制因素的更多信息，另请参阅本书第 3 章）。

近年来，与农业和灌溉作物生态系统的田间观测数据相比，基于遥感的地理空间技术已越来越广泛地用于开发和应用蒸散模型，以此来评估蒸散速率（Cammalleri et al.，2014）。最近已针对单个森林物种测试了这些新颖的方法（请参阅本书第 3 章；Panda et al.，2014，2016）。可通过遥感影像数据估算出这些与蒸散作用相关的参数（反照率、导度、冠层温度、土壤湿度、LAI）（Narasimhan et al.，2003；Mu et al.，2007；Chen et al.，2014；Panda et al.，2016）。因此，森林水文学家可以决定是否要栽培某种森林植被。基于遥感的光谱信息在处理生态系统的生物物理特性（例如，水质、植物活力和土壤养分）制图和建模活动时特别有用（即 Landsat 各个波段可满足特定观测的要求）（Panda et al.，2016）。如图 10.2 所示，Landsat 的单个波段或通过比率形成的波段组合可用来估算生态水文参数。

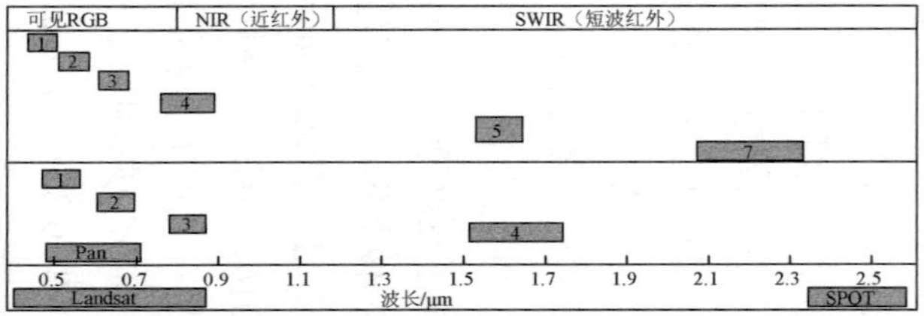

Landsat 7ETM+ 波段/μm	应用
波段1-蓝色 (0.45–0.52)	沿海水域测绘，区分土壤/植被，区分落叶/针叶林
波段2-绿色 (0.52–0.60)	健康植被的绿色反射率，岩石和土壤中的铁含量
波段3-红色 (0.63–0.69)	使用叶绿素的吸收效率作植物分类
波段4-近红外 (0.76–0.90)	生物量调查，水体范围圈定
波段5-中红外 (1.55–1.75)	植物含水量，云雪分类
波段6-热红外 (10.4–2.5)	热谱地图，土壤湿度
波段7-中红外 (2.08–2.35)	土壤分析

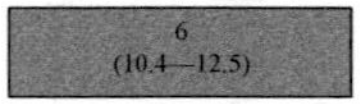

Landsat 8 OLI 和TIRS 波段/μm	应用
波段1-沿海气溶胶 (0.43–0.45)	沿海地区和气溶胶研究
波段2-蓝色 (0.45–0.51)	测深图绘制，区分土壤与植被，区分落叶与针叶林
波段3-绿色 (0.53–0.59)	侧重于植被顶端，这对评估植物活力很有效
波段4-红色 (0.64–0.67)	区分植被斜坡
波段5-近红外 (0.88–0.85)	强调生物质和海岸线
波段6-短波红外1 (1.57–1.65)	改善土壤和植被的含水量
波段7-短波红外2 (2.11–2.29)	改善土壤和植被含水量的监测，穿透薄云
波段8-全色 (0.50–0.68)	分辨率为15 m，更高的图像清晰度
波段9-卷云波段 (1.36–1.38)	改善卷云污染检测
波段10-热红外传感器1 (10.60–11.19)	分辨率为100 m，热图绘制和土壤湿度估算
波段11-热红外传感器2 (11.5–12.51)	分辨率为100 m，改进热图绘制和土壤湿度估算

SPOT 4波段/μm	应用
波段1 (0.50–0.59) (绿色)	
波段2 (0.61–0.68) (红色)	
波段3 (0.79–0.89) (近红外)	
波段4 (1.58–1.75) (中红外)	

图 10.2 用于地球观测的 Landsat 与 SPOT 光谱带的比较

ETM+为增强型专题制图仪+；OLI 为陆地成像仪；TIRS 为热红外传感器。

Panda 等（2016）使用免费的 Landsat 7 和 Landsat 8 图像建立了美国北卡罗来纳州沿海地区均匀松树林的蒸散模型并确定了模型参数。表 10.1 提供了基于地理空间的输入和蒸散/蒸散参数的输出的相关图表。《遥感与水文 2000》一书中（Owe et al., 2001）收录了许多单独的研究文章，描述了遥感在蒸散和蒸发蒸腾参数估算以及其他水文过程中的应用。

表 10.1 模型输入与输出的相关关系

模型 （2006—2012 年数据）	输入参数 （基于 Landsat 7 ETM + 的遥感数据）	输出参数（田间数据）
蒸散	SAVI 平均值 NDVI 平均值 VVI 平均值 单波段 5、6 和 7 DN 值的平均值	根据 FLUX 监测数据计算出的蒸散平均值 （12.00—14.00 h 平均值）（单位：W/m^2）
土壤湿度	波段 7 平均值	深度为 30 cm 的土壤湿度平均值/%
冠层温度	波段 6 平均值	12.00—14.00 h 平均值/℃
冠层导度	波段 5 平均值	12.00—14.00 h 平均值/(m/s)

SAVI 为土壤调整植被指数（soil-adjusted vegetation index）；NDVI 为归一化植被指数（normalized difference vegetation index）；VVI 为植被活力指数（vegetation vigour index）；DN 为数字编号。

10.2.5 森林水文所引起的地质灾害分析

不同的地质灾害都直接或间接地与森林和森林水文有关。野火、山体滑坡、干旱和洪水等地质灾害对人类及对与森林覆盖直接相关的生物多样性的危害巨大。而利用地理空间技术可有效监控、管理甚至预警所有这些灾害。下面介绍了一些应用，分析了与森林水文有关的地质灾害的敏感性或脆弱性。

森 林 火 灾

目前，森林火灾管理是一个非常大的议题。最近四年（2011—2015 年）持续的拉尼娜现象在美国西海岸各州造成了严重的干旱（Lenihan and Bachelet, 2015）。加利福尼亚州和其他西海岸森林的干旱增大了 2015 年野火的发生频次。森林的许多环境特征可调节森林火灾或野火，包括土壤水分、森林地形、森林基础设施、森林微气候，尤其是森林物种。对这些空间特征的综合了解将有助于更好地管理野火。Dudley 等（2015）开发了一种地理空间模型，用于确定美国南卡罗来纳州萨姆特国家森林的森林火灾敏感性分布位置。作者利用坡度、方位、坡度铺展率、坡度抑制难度、NDVI（归一化植被指数）、道路缓冲、生物质燃料密度、城市可燃物负荷和雷击频率栅格，开发了一个综合全自动化地理空间模型，该模型可预测出易受火灾影响的地点（尺度从低到高）。彩图 7 展示了萨姆特国家森林的野火敏感性/脆弱性地图（有关野火/计划火烧活动后森林水文状况的更多信息，另请参阅本书第 13 章）。

Riggan 等（2004，2009）广泛研究了遥感在研究流域尺度火灾、火灾对生物地球化学和大气的影响，以及对生态水文的影响方面的应用。Riggan 的小组还领导了 FireMapper 热成像辐射计的开发，并将其应用于混合针叶林的野火、干旱胁迫及死亡率的监测（Riggan et al.，2003）。Uyeda 等（2015）使用 MODIS NDVI 时间序列估算了生物燃料的累积。

森林火灾显著影响着水文循环，进而影响降雨-径流模拟（Eisenbies et al.，2007；Folton et al.，2015）。Chen 等（2013）分析了来自 GRACE 卫星（Gravity Recovery and Climate Experiment，重力恢复与气候实验）的陆地水储量观测结果以及来自亚马孙地区火灾 MODIS 卫星观测结果。基于对 2002—2011 年火灾高发年份和火灾低发年份数据的对比分析表明，至少从定性角度而言，GRACE 卫星所观测的储水量可以帮助提前几个月预测出该地区火灾的严重程度。

滑　　坡

滑坡可归因于干旱和大规模野火。持续干旱后发生的大规模野火降低了森林植物的密度，使得植物根系和土壤结合力降低。由于干旱条件，森林土壤较为疏松，因此更容易受到侵蚀。随后如果接连降雨，陡坡森林地区的大量土壤也就会滑落下来，形成威胁生命和相关资源的滑坡事故。森林地区的地质在滑坡中起着更大的作用。Nolan 等（2011）在 2011 年佐治亚州城市和区域信息系统协会（GA-URISA）峰会上的获奖演讲中，展示了地理空间技术在确定美国佐治亚州北部查塔胡奇国家森林中查塔胡奇流域滑坡敏感性方面的优势。他们使用了相关地理空间数据，例如，土壤质地、土壤排水、最大蓄水容量、土壤容重、岩性、基底深度、坡度、风暴潮和土地覆被。

洪　　水

与其他空间位置相比，森林水文在确定洪水敏感性中起着更大的作用，这是因为森林覆盖区具有独特的地形、土壤组成和水文参数。由于其特定的土壤成分，森林覆盖区是泛洪现象的低发区（Booth et al.，2002；van Dijk and Keenan，2007）。但是，如前所述，森林砍伐或森林退化通常会改变土壤动力学，增加森林覆盖区的径流。通常，陡峭地形是林地覆盖的组成部分，在此类位置更易发生洪水。已有多种方法被用于模拟世界各地的洪灾潜在地点，但是地理空间技术依然是首选，因为所有泛洪参数在本质上均视为空间参数。韩国的 Choi 和 Liang（2010）在他们的模型中使用 DEM（数字高程模型）水文土壤数据集研究了山区流域的洪水脆弱性。Ramsey 等（2013）在报告中指出，SAR 洪水泛滥图可更好地代表沿海地区的洪水情况，包括红树林地区。

10.2.6 森林溪流水质管理

溪流水质是森林水文管理的结果。溪流沿岸的河岸森林覆被是陆地与水生生态系统之间的过渡区或生态交错带。

河岸森林覆被支持许多基本功能（Naiman and Décamps，1997），例如，过滤径流中的营养物，提供影响水温和水体中溶解氧浓度的阴影区域，使枯枝落叶落入水中作为食物链底部微生物和无脊椎动物的碳源，在结构上支撑河岸，支撑带有大块木质残体的河道，使溪流栖息地更为多样化，并为洪水径流和泥沙输送提供必要的覆盖层。遥感技术已被有效地应用于划定河岸林的覆被范围。由鲁本·戈福斯（Reuben Goforth）博士（Carlsen，2004）制定的"流域栖息地评估和生物完整性协议"（Watershed Habitat Evaluation and Biotic Integrity Protocol，WHEBIP）及与美国农业部林务局共同制定的类似协议，使用了溪流河岸林覆盖率和河道属性作为确定溪流健康的主要参数。主要作者开发了一种在线估算工具（https://web.ung.edu/gis/water/calculator.aspx），用于计算来自非点源和点源（包括林地覆被）的粪便大肠菌菌群负荷。

Zhang 和 Barten（2008）开发了流域森林管理信息系统（WFMIS），帮助保护水资源免受流域/森林退化的影响。WFMIS 是作为 ArcGIS 的扩展系统而开发的，具有三个子模块，用于解决非点源污染缓解、道路系统管理和造林活动（Zhang and Barten，2008）等问题。Panda 等（2004b）开发了一种基于 GIS 的流域管理决策支持系统，用于确定由于年度土地覆盖变化而引起的水质和水量变化。研究区域为 Beaver 湖流域（12 位流域编码），这是一个森林流域，其森林覆盖率超过 61%。该决策支持系统在监测森林溪流水质过程中发挥了重要作用（Panda et al.，2004b）。Zhang 和 Barten（2008）还在 VBA 中开发了独立界面。用户可直接输入森林覆盖损失面积（单位：ac*），软件将会预测水质变化[总磷、总氮、PO_4^{3-}、NO_3^- 和悬浮固体总量，单位：$kg/(hm^2/a)$]。前面讨论的基于地理空间技术的森林生物量研究将有助于量化森林溪流的水质动态。林荫小径、营养丰富的森林土壤和独特的森林水文循环是造成不同森林溪流水质动态的主要原因（Lowrance et al.，1997）。WEPP 模型（Water Erosion Prediction Project）是一个基于过程的模型，可在小流域和山坡剖面上实现连续模拟，以估算森林中的土壤侵蚀以及随后的水质动态（Flanagan et al.，1995）。WEPP 模型的地理空间界面（GeoWEPP）可

---

* 1 ac≈4046.86 m^2

使用 PRISM 气候数据、火烧严重度数据、分布式 WEPP 土地利用数据、分布式 WEPP 土壤参数和 DEM，来预测基于土壤和水土流失的森林溪流水质监测和管理活动。该模型可准确有效地预测森林土壤侵蚀率，为森林管理者提供相关支持。

10.3 利用地理空间技术支持模拟森林水文过程

诸如 MIKE Système Hydrologique Européen（SHE）、SWAT、TOPMODEL 之类的分布式模型被广泛用于模拟大流域尺度地貌中的生态水文过程，而大流域之中通常包含林地（Amatya et al.，2011）。这些分布式模型使用与集水区（流域）物理特性直接相关的参数（即地形、土壤、土地覆被和地质），同时考虑物理特征和气象条件的空间差异性（Pietroniroa and Leconte，2000）。因此，可从遥感数据中推导出模型需要的输入数据（Gupta et al.，2008）。遥感技术可用于在时空域获取高分辨率的水文参数，为率定和验证分布式水文模型提供了一种新的方法（Fortin et al.，2001）。

近十年来针对无观测流域的水文研究（Hrachowitz et al.，2013）之中，遥感数据被广泛用于收集包括地形和土地覆被在内的水文模型输入数据（Doten et al.，2006；Khan et al.，2011）。在法国，使用了航空摄影制图的 IFN（National Forest Inventory，法国国家森林清单）林地覆盖数据被用于研究地中海森林流域的影响（Cosandey，1993；Cosandey et al.，2005）。Sutanudjaja 等（2014）使用了涵盖横向地下水流的水文模型，结果表明，遥感土壤水分数据对于准确预测区域地下水动态非常有价值，并且可以扩展尺度，为全球范围内提供更准确的地下水资源与水储量信息。

Troch 等（2007）检测了 GRACE 数据在调查科罗拉多河流域陆地储水量逐月变化中的适用性，与 2003—2006 年的站点实测数据与流域水量平衡（BSWB）模型的结果进行了比较分析。作者发现，GRACE 结果与 BSWB 模型在 2005 年的冬季总体上一致（潮湿），但是 GRACE 结果与该事件发生的确切时间并不一致。相较于 BSWB 模型，GRACE 低估了随后旱季的干旱程度。Scanlon 等（2012）在报告中指出，GRACE 数据与加利福尼亚州中央谷地的地下水位数据之间的对应关系验证了这种方法的可行性，并增强了使用 GRACE 卫星监测地下水储量变化的信心。Van Griensven 等（2012）使用 SWAT 模型模拟了 LAI 和蒸散，并与遥感数据进行了比较。作者提供的评估结果表明，蒸散被低估，而 LAI 则显然被高估了。同时，卫星图像与流域的土地利用模式一致，且不同类型植被的数值相同。这表明，需要更新 SWAT 模型中森林物种输入参数的估计方法，以更准确地模拟森林蒸散。

10.4 森林水文管理中的新技术

Higgins 等（2014）通过基于卫星的干涉观测技术绘制了恒河-布拉马普特拉河三角洲（覆盖面积：10 000 km^2）在 4 年内的沉降图。作者发现，三角洲以每年约 10 mm/年的速度在孟加拉国首都达卡附近沉降，在城区外以约 18 mm/a 的速度沉降，并指出卫星干涉观测法可能是一种精确地观测三角洲沉降的有效方法。这种技术在亚洲和非洲生长着红树林的大三角洲可能较为有用。地下水是水文循环中发挥遥感优势的最后一个部分（Becker，2006）。作者研究了在主动传感器和基于卫星的传感器的条件下进行地下水遥感的可行性。同样，这些方法可能广泛适用于世界范围内地下水占主导的大型森林地貌。

计划中的 NASA/法国国家太空研究中心（CNES）地表水和海洋地形（Surface Water and Ocean Topography，SWOT）卫星任务正在进行的工作，包括采用 AirSWOT（近似于 SWOT 功能的机载平台）的新规划算法，这将提供功能更强大的工具，可通过同时观测宽阔河流的水面高度、水面坡度和淹没面积，从太空准确测算河道流量（Pavelsky，2012）。同时，人们正在努力开发和扩展空间技术，观测陆地水域的变化（Alsdorf et al.，2003；Cazenave et al.，2004）。这样的技术对于监测诸如亚马孙河流域和美国林务局实验森林之类的大型森林景观非常有用。

10.5 结　　论

本章详细讨论了地理空间技术在森林水文过程管理中的应用，包括：①森林覆盖图的绘制和变化分析；②森林土壤水/湿度估算和森林湿地分析；③森林植被和生物量地图的测绘；④森林蒸散的估算；⑤分析森林水文引起的地质灾害，例如，森林大火、滑坡和洪水；⑥森林溪流水质管理。本章还提供了在地理空间技术支持下模拟森林水文过程的相关见解。本章的最后一部分讨论了森林水文管理中新技术的应用，并提供了针对未来研究的相关建议。

如本章所述，包括 RS、GIS、GNSS 和 IT 在内的地理空间技术具备巨大潜力，可以为森林管理特别是森林水文管理提供更好的决策支持。越来越多的水文模型/软件，例如，GeoWEPP（http://geowepp.geog.buffalo.edu/versions/arcgis-10-x/）、自动地理空间流域评估（Automated Geospatial Watershed Assessment，AGWA）工具（http://www.epa.gov/esd/land-sci/agwa/）、美国农业部林务局数据库工具、自然资源管理器（Natural Resource Manager，NRM）（http://www.fs.fed.us/nrm/index.shtml）正在开发之中，主要用于采用地理空间技术的森林水文管理。如本章所述，正在 ArcGIS 的 ModelBuilder 平台上开发综合、完善的自动化地理空间模型，该模型可以使用任何类型的遥感和 GIS 数据来分析森林水文过程。最重要的是，随着欧洲、俄罗斯、印度和中国将更多的卫星送入太空，GPS 技术正在变得越来越完善和高效。GNSS 是 GPS 的高级版，已被用作世界各地对抗森林大火、滑坡和其他与森林有关的地质灾害的重要工具。图像的空间和光谱分辨率也越来越高，部分原因是民营企业参与了实时图像数据的采集过程，并且引进了大尺度高光谱成像技术。

森林水文管理的未来掌握在每个利益相关者的手中，但仅仅依靠受过训练的森林管理者可能不足以维持全球森林的良好状态和健康水平。每个人都有责任维护全球森林，因为私人和公共实体开展合作时，森林就会蓬勃发展。全球变暖和气候变化造成的恶劣天气以及随之而来的厄尔尼诺现象和拉尼娜现象，正在严重干扰森林管理活动。对此，开放获取的 MODIS 和 Landsat 8 数据以及随后生成的 NDVI、EVI 和开源（免费）GIS 软件，例如，MapWindow（http://www.map-window.org/）、QGIS（http://www.qgis.org/en/site/）和 GRASS（https://grass.osgeo.org/）等，将有助于开发森林管理决策支持系统，防止森林退化。尤其是，随着无人机和无人机系统的出现和普及，森林管理将变得更加容易，地理空间技术也将变得更加简单，并且相关技术已在公共领域供外行人使用。利益相关者应充利用这些先进技术，同时应在森林水文管理决策中采取谨慎的态度。

参 考 文 献

Alsdorf, D., Lettenmaier, D.D. and Vörösmarty, C. (2003) The need for global, satellite-based observations of terrestrial surface waters. *Eos, Transactions, American Geophysical Union* 84(29), 269–280.

Amatya, D.M., Douglas-Mankin, K.R., Williams, T.M., Skaggs, R.W. and Nettles, J.E. (2011) Advances in forest hydrology: challenges and opportunities. *Transactions of the ASABE* 54, 2049–2056.

Amatya, D.M., Sun, G., Green Rossi, C., Ssegane, H.S., Nettles, J.E. and Panda, S. (2015) Forests, land use change, and water. In: Zolin, C.A. and Rodrigues, R.deA.R. (eds) *Impact of Climate Change on Water Resources in Agriculture*. CRC Press, Boca Raton, Florida, pp. 116–153.

Austin, M.P. and Meyers, J.A. (1996) Current approaches to modelling the environmental niche of eucalypts: implication for management of forest biodiversity. *Forest Ecology and Management* 85, 95–106.

Bärlund, I., Kirkkala, T., Malve, O. and Kämäri, J. (2007) Assessing SWAT model performance in the evaluation of management actions for the implementation of the Water Framework Directive in a Finnish catchment. *Environmental Modelling & Software* 22, 719–724.

Barten, P.K. (2006) Overview of forest hydrology and forest management effects. Available at: http://www.maenvirothon.org/2010%20Overview_Barten_UMass_5Oct09-1.pdf (accessed 15 June 2015).

Becker, M.W. (2006) Potential for satellite remote sensing of ground water. *Ground Water* 44, 306–318. Booth, D.B., Hartley, D. and Jackson, R. (2002) Forest cover, impervious-surface area, and the mitigation of stormwater impacts. *Journal of the American Water Resources Association* 38, 835–845.

Cammalleri, C., Anderson, M.C., Gao, F., Hain, C.R. and Kustas, W.P. (2014) Mapping daily evapotranspiration at field scales over rainfed and irrigated agricultural areas using remote sensing data fusion. *Agricultural and Forest Meteorology* 186, 1–11.

Carlsen, W.S., Trautmann, N.M., Cunningham, C.M., Krasny, M.E., Welman, A., Beck, H., Canning, H., Johnson, M., Barnaba, E., Goforth, R. and Hoskins, S. (2004) *Watershed Dynamics*. Cornell Scientific Inquiry Series. NSTA Press, Arlington, Virginia.

Cazenave, A., Milly, P.C.D., Douville, H., Benvineste, J., Kosuth, P. and Lettenmaier, D. (2004) Space techniques used to measure change in terrestrial waters.*Eos, Transactions, American Geophysical Union* 85(6), 106–107.

Chen, Y., Velicogna, I., Famiglietti, J.S. and Randerson, J.T. (2013) Satellite observations of terrestrial water storage provide early warning information about drought and fire season severity in the Amazon. *Journal of Geophysical Research – Biogeosciences* 118, 495–504.

Chen, Y., Xia, J., Liang, S., Feng, J., Fisher, J.B., Li, X., Li, X., Liu, S., Ma, Z., Miyata, A., *et al*. (2014) Comparison of satellite-based evapotranspiration models over terrestrial ecosystems in China. *Remote Sensing of Environment* 140, 279–293.

Choi, H.I. and Liang, X.Z. (2010) Improved terrestrial hydrologic representation in mesoscale land surface models. *Journal of Hydrometeorology* 11, 797–809.

Cosandey, C. (1993) Conséquences hydrologiques d'une coupe forestière. Le cas du bassin de la Latte (Mont-Lozère, France). In: Gresilen, M. (ed.) *L'eau, la terre et les hommes, Hommage à René Frécaut*. Presses Universitaires de Nancy, Nancy, France, pp. 355–363.

Cosandey C., Andréassian V., Martin, C., Didon-Lescot, J., Lavabre, J., Folton, N., Mathys, N. and Richard, D. (2005) The hydrological impact of the Mediterranean forest: a review of French research. *Journal of Hydrology* 301, 235–249.

Doten, C.O., Bowling, L.C., Lanini, J.S., Maurer, E.P. and Lettenmaier, D.P. (2006) A spatially distributed model for the dynamic prediction of sediment erosion and transport in mountainous forested watersheds. *Water Resources Research* 42, W04417, doi: 10.1029/2004WR003829 (accessed 6 April 2016).

Dudley, A., Panda, S.S., Amatya, D. and Kim, Y. (2015) Hydro-climatology based wildfire susceptibility automated geospatial model development for forest management. Presented at: *2015 Georgia Water Resources Conference*, 28–30 April 2015, Athens, Georgia, USA.

D'urso, G. and Minacapilli, M. (2006) Semi-empirical approach for surface soil water content estimation from radar data without a-priori information on surface roughness. *Journal of Hydrology* 321, 297–310.

EEA (European Environmental Agency) (2006) *CLC2006 Technical Guidelines*. Technical Report No. 17/2007. Office for Official Publications of the European Communities, Luxembourg.

Eisenbies, M.A., Aust, W.M., Burger, J.A. and Adams, M.B. (2007) Forest operations, extreme flooding events, and considerations for hydrologic modeling in the Appalachians – a review. *Forest Ecology and Management* 242, 77–98.

Flanagan, D.C., Ascough, J.C., Nicks, A.D., Nearing, M.A. and Laflen, J.M. (1995) Overview of the WEPP erosion prediction model. In: *USDA–Water Erosion Prediction Project: Hillslope Profile and Watershed Model Documentation*. US Department of Agriculture/National Soil Erosion Research Laboratory, West Lafayette, Indiana, pp. 1.1–1.12.

Folton, N., Andréassian, V. and Duperray, R. (2015) Hydrological impact of forest-fire from paired-catchment and rainfall–runoff modelling perspectives. Special issue: Modelling temporally-variable catchments. *Hydrological Sciences Journal* 60, 1213–1224.

Fortin, J.P., Turcotte, R., Massicotte, S., Moussa, R., Fitzback, J. and Villeneuve, J.P. (2001) Distributed watershed model compatible with remote sensing and GIS data. I: Description of model. *Journal of Hydrologic Engineering* 6, 91–99.

Giri, C., Pengra, B., Zhu, Z., Singh, A. and Tieszen, L.L. (2007) Monitoring mangrove forest dynamics of the Sundarbans in Bangladesh and India using multi-temporal satellite data from 1973 to 2000. *Estuarine, Coastal and Shelf Science*

73, 91–100.

Goward, S.N., Masek, J.G., Cohen, W., Moisen, G., Collatz, G.J., Healey, S., Houghton, R.A., Huang, C., Kennedy, R., Law, B., et al. (2008) Forest disturbance and North American carbon flux. *Eos, Transactions, American Geophysical Union* 89(11), 106–107.

Grenzdörffer, G.J., Engel, A. and Teichert, B. (2008) The photogrammetric potential of low-cost UAVs in forestry and agriculture. *International Archives of the Photogrammetry, Remote Sensing and Spatial Information Sciences* 31(B3), 1207–1214.

Gupta, H.V., Wagener, T. and Liu, Y. (2008) Reconciling theory with observations: elements of a diagnostic approach to model evaluation. *Hydrological Processes* 22, 3802–3813.

Higgins, S.A., Overeem, I., Steckler, M.S., Syvitski, J.P.M., Seeber, L. and Akhter, S.H. (2014) InSAR measurements of compaction and subsidence in the Ganges–Brahmaputra Delta, Bangladesh. *Journal of Geophysical Research, Earth Surface* 119, 1768–1781.

Hrachowitz, M., Savenije, H.H.G., Blöschl, G., McDonnell, J.J., Sivapalan, M., Pomeroy, J.W., Arheimer, B., Blume, T., Clark, M.P., Ehret, U., et al. (2013) A decade of predictions in ungauged basins (PUB) – a review. *Hydrological Sciences Journal* 58, 1198–1255.

Jipp, P.H., Nepstad, D.C., Cassel, D.K. and De Carvalho, C.R. (1998) Deep soil moisture storage and transpiration in forests and pastures of seasonally-dry Amazonia. In: Markham, A. (ed.) *Potential Impacts of Climate Change on Tropical Forest Ecosystems*. Springer, Dordrecht, the Netherlands, pp. 255–272.

Johnson, D.W., Cheng, W. and Burke, I.C. (2000) Biotic and abiotic nitrogen retention in a variety of forest soils. *Soil Science Society of America Journal* 64, 1503–1514.

Khan, S., Hong, Y., Wang, J., Yilmaz, K.K., Gourley, J.J., Adler, R.F., Brakenridge, G.R., Policelli, F., Habib, S. and Irwin, D. (2011) Satellite remote sensing and hydrologic modeling for flood inundation mapping in Lake Victoria Basin: implications for hydrologic prediction in ungauged basins. *IEEE Transactions on Geoscience and Remote Sensing* 49, 85–95.

Khosravipour, A., Skidmore, A.K., Wang, T., Isenburg, M. and Khoshelham, K. (2015) Effect of slope on treetop detection using a LiDAR canopy height model. *ISPRS Journal of Photogrammetry and Remote Sensing* 104, 44–52.

Kim, R.H., Kwon, J.H., Amatya, D.M. and Kim, H.W. (2015) Monitoring forest degradation in North Korea using satellite imagery. Presented at: *70th Annual Meeting of the Korean Association of Biological Sciences*, August 12–13, 2015, Seoul National University, Seoul, Republic of Korea.

Kim, R.H., Kim, H.W., Lee, J.-H., Kim, Y.S., Kim, A.L., Lee, S.H. and Koo, Y.S. (2016) Analysis of land cover and vegetation change in North Korea using MODIS data for the 14 years (2001–2014) (in Korean). *Journal of the Korean Forest Society* (in press).

Kittredge, J. (1948) *Forest Influences: The Effects of Woody Vegetation on Climate, Water, and Soil, With Applications to the Conservation of Water and the Control of Floods and Erosion*. McGraw-Hill, New York.

Krishnaswamy, J., Robert, J. and Shijo, J. (2014) Consistent response of vegetation dynamics to recent climate change in tropical mountain regions. *Global Change Biology* 20, 203–215.

Lee, D.K. and Lee, Y.K. (2005) Roles of Saemaul Undong in reforestation and NGO activities for sustainable forest management in Korea. *Journal of Sustainable Forestry* 20(4), 1–16.

Lenihan, J.M. and Bachelet, D. (2015) Historical climate and suppression effects on simulated fire and carbon dynamics in the conterminous United States. In: Bachelet, D. and Turner, D. (eds) *Global Vegetation Dynamics: Concepts and Applications in the MC1 Model*. Wiley, New York, pp. 17–30.

Lepers, E., Lambin, E.F., Janetos, A.C., DeFries, R., Achard, R., Ramankutty, N. and Scholes, R.J. (2005) A synthesis of information on rapid land-cover change for the period 1981–2000. *BioScience* 55, 115–124.

Lowrance R. (1992) Groundwater nitrate and denitrification in a coastal plain riparian forest. *Journal of Environmental Quality* 21, 401–405.

Lowrance, R., Altier, L.S., Newbold, J.D., Schnabel, R.R., Groffman, P.M., Denver, J.M., Correll, D.L., Gilliam, J.W., Robinson, J.L., Brinsfield, R.G., et al. (1997) Water quality functions of riparian forest buffers in Chesapeake Bay watersheds. *Environmental Management* 21, 687–712.

Lu, Z., Crane, M., Kwoun, O.-I., Wells, C., Swarzenski, C. and Rykhus, R. (2005) C-band radar observes water level change in swamp forests. *Eos, Transactions, American Geophysical Union* 86(14), 141–144.

Michel, S., Gamet, P. and Lefevre-Fonollosa, M.-J. (2011) HYPXIM – a hyperspectral satellite defined for science, security and defence users. In: *Proceedings of 2011 3rd Workshop on Hyperspectral Image and Signal Processing: Evolution in Remote Sensing (WHISPERS), Lisbon, 6–9 June 2011*. Institute of Electrical and Electronics Engineers, New York, doi: 10.1109/WHISPERS.2011.6080864 (accessed 6 April 2016).

Morin, G.-A. (2010) La continuité de la gestion des forêts françaises de l'ancien régime à nos jours, ou comment l'Etat a-t-il pris en compte le long terme. *Revue Française d'Administration Publique* (134), pp. 233–248.

Mu, Q., Heinsch, F.A., Zhao, M. and Running, S.W. (2007) Development of a global evapotranspiration algorithm based on MODIS and global meteorology data. *Remote Sensing of Environment* 111, 519–536.

Naiman, R.J. and Décamps, H. (1997) The ecology of interfaces: riparian zones. *Annual Review of Ecology and Systematics* 28, 621–658.

Narasimhan, B., Srinivasan, R. and Whittaker, A.D. (2003) Estimation of potential evapotranspiration from NOAA-AVHRR satellite. *Applied Engineering in Agriculture* 19, 309–318.

Njoku, E.G. and Entekhabi, D. (1996) Passive microwave remote sensing of soil moisture. *Journal of Hydrology* 184, 101–129.

Nolan, J., Panda, S.S. and Mobasher, K. (2011) *Landslide Probability Study of Coosawhatchee 8-digit HUC Watershed using Geospatial Technology*. Georgia Urban and Regional Information Systems Association (GA-URISA), Atlanta, Georgia.

Nolan, M. and Fatland, D.R. (2003) New DEMs may stimulate significant advancements in remote sensing of soil moisture. *Eos, Transactions, American Geophysical Union* 84(25), 233–236.

Ollinger, S.V. and Smith, M.L. (2005) Net primary production and canopy nitrogen in a temperate forest landscape: an analysis using imaging spectroscopy, modeling and field data. *Ecosystems* 8, 760–778.

Osman, K.T. (2013) Forest soils. In: Osman, K.T. (ed.) *Soils: Principles, Properties and Management*. Springer, Dordrecht, the Netherlands, pp. 229–251.

Owe, M., Brubaker, K., Ritchie, J. and Rango, A. (eds) (2001) *Remote Sensing and Hydrology 2000*. International Association of Hydrological Sciences, Wallingford, UK.

Panda, S.S., Andrianasolo, H., Murty, V.V.N. and Nualchawee, K. (2004a) Forest management planning for soil conservation using satellite images, GIS mapping, and soil erosion modeling. *Journal of Environmental Hydrology* 12(13), 1–16.

Panda, S.S., Chaubey, I., Matlock, M.D., Haggard, B.E. and White, K.L. (2004b) Development of a GIS-based decision support system for Beaver Lake watershed management. In: *Proceedings of the American Water Resources Association (AWRA) Spring Specialty Conference, May 17–19, 2004, Nashville, Tennessee, USA*. Available at: http://www.awra.org/proceedings/0405pro_toc.html (accessed 21 April 2016).

Panda, S.S., Andrianasolo, H. and Steele, D. (2005) Application of geotechnology to watershed soil conservation planning at the field scale. *Journal of Environmental Hydrology* 13, 1–22.

Panda, S.S., Ames, D.P. and Panigrahi, S. (2010) Application of vegetation indices for agricultural crop yield prediction using neural network. *Remote Sensing* 2, 673–696.

Panda, S.S., Amatya, D.M. and Hoogenboom, G. (2014) Stomatal conductance, canopy temperature, and leaf area index estimation using remote sensing and OBIA techniques. *Journal of Spatial Hydrology* 12(1), 24 p.

Panda, S.S., Rao, M., Fitzgerald, J. and Thenkabail, P.S. (2015) Remote sensing satellites and sensors: optical, radar, LiDAR, microwave, hyperspectral, and UAVs. In: Thenkabail, P.S. (ed.) *Remote Sensing Handbook*, Vol. I. CRC Press, New York, pp. 3–57.

Panda, S.S., Amatya, D.M., Sun, G. and Bowman, A. (2016) Remote estimation of a managed pine forest evapotranspiration with geospatial technology. *Transactions of the ASABE* (in press).

Pavelsky, T. (2012) Developing new algorithms for estimating river discharge from space. A meeting note. *Eos, Transactions, American Geophysical Union* 93(45), 457.

Perry, D.A., Oren, R. and Hart, S.C. (2008) *Forest Ecosystems*, 2nd edn. Johns Hopkins University Press, Baltimore, Maryland.

Pietroniro, A. and Leconte, R. (2000) A review of Canadian remote sensing applications in hydrology, 1995–1999. *Hydrological Processes* 14, 1641–1666.

Pinay, G., Roques, L. and Fabre, A. (1993) Spatial and temporal patterns of denitrification in a riparian forest. *Journal of Applied Ecology* 30, 581–591.

Potter, C., Genovese, V., Gross, P., Boriah, S., Steinbach, M. and Kumar, V. (2007) Revealing land cover change in California with satellite data. *Eos, Transactions, American Geophysical Union* 88(26), 269–274.

Pritchett, W.L. (1979) *Properties and Management of Forest Soils*. Wiley, New York.

Ramakrishnan, P.S., Rao, K.S., Chandrasekhara, U.M., Chhetri, N., Gupta, H.K., Patnaik, S., Saxena, K.G. and Sharma, E. (2012) South Asia. In: Parrotta, J.A. and Trosper, R.L. (eds) *Traditional Forest-Related Knowledge: Sustaining Communities, Ecosystems and Biocultural Diversity*. World Forests Vol. 12. Springer, Dordrecht, the Netherlands, pp. 315–356.

Ramsey, E. III, Rangoonwala, A. and Bannister, T. (2013) Coastal flood inundation monitoring with satellite C-band and L-band synthetic aperture radar data. *Journal of the American Water Resources Association* 49, 1239–1260.

Richmond, E. (2007) Forest hydrology. In: Fierro, P. Jr and Nyer, E.K. (eds) *The Water Encyclopedia: Science and Issues*, 3rd edn. CRC Press, Boca Raton, Florida.

Riegel, J.B. (2012) A comparison of remote sensing methods for estimating above-ground carbon biomass at a wetland restoration area in the southeastern coastal plain. MS thesis, Duke University, Durham, North Carolina, USA.

Riggan, P.J. and Tissell, R.G. (2009) Airborne remote sensing of wildland fires. In: Bytnerowicz, A., Arbaugh, M., Anderson, C. and Riebau, A. (eds) *Wildland Fires and Air Pollution*. Developments in Environmental Science Vol. 8. Elsevier Publishers, Amsterdam, pp. 139–168.

Riggan, P.J., Tissell, R.G. and Hoffman, J.W. (2003) Application of the FireMapper™ thermal-imaging radiometer for wildfire suppression. *2003 IEEE Aerospace Conference Proceedings* 4, 1863–1872.

Riggan, P.J., Tissell, R.G., Lockwood, R.N., Brass, J.A., Pereira, J.A.R., Miranda, H.S., Miranda, A.C., Campos, T. and Higgins, R. (2004) Remote measurement of energy and carbon flux from wildfires in Brazil. *Ecological Applications* 14, 855–872.

Scanlon, B.R., Longuevergne, L. and Long, D. (2012) Ground referencing GRACE satellite estimates of groundwater storage changes in the California Central Valley, USA. *Water Resources Research* 48, W04520, doi: 10.1029/2011WR011312 (accessed 6 April 2016).

Schmugge, T.J., Kustas, W.P., Ritchie, J.C., Jackson, T.J. and Rango, A. (2002) Remote sensing in hydrology. *Advances in Water Resources* 25, 1367–1385.

Senay, G.B., Bohms, S., Singh, R.K., Gowda, P.H., Velpuri, N.M., Alemu, H. and Verdin, J.P. (2013) Operational evapotranspiration mapping using remote sensing and weather datasets: a new parameterization for the SSEB approach. *Journal of the American Water Resources Association* 49, 577–597.

Sundquist, B. (2007) Forest land degradation: a global perspective, 6th edn. Available at: http://www.civilizationsfuture.com/bsundquist/df0.html (accessed 21 April 2016).

Sutanudjaja, E.H., van Beek, L.P.H., de Jong, S.M., van Geer, V.C. and Bierkens, M.R.P. (2014) Calibrating a large-extent high-resolution coupled groundwater–land surface model using soil moisture and discharge data. *Water Resources Research* 50, 687–705.

Szott, L.T., Palm, C.A. and Buresh, R.J. (1999) Ecosystem fertility and fallow function in the humid and subhumid tropics. *Agroforestry Systems* 47, 163–196.

Touzet, T. and Lecordix, F. (2010) La carte forestière sans papier. *Comité français de Cartographie* 206, 53–62.

Troch, P., Durcik, M., Seneviratne, S., Hirschi, M., Teuling, A., Hurkmans, R. and Hasan, S. (2007) New data sets to estimate terrestrial water storage change. *Eos, Transactions, American Geophysical Union* 88(45), 469–470.

USGS LCI (US Geological Survey, Land Cover Institute) (2015) NLCD 92 Land Cover Class Definitions. Available at: http://landcover.usgs.gov/classes.php (accessed 15 August 2015).

Uyeda, K.A., Stow, D.A. and Riggan, P.J. (2015) Tracking MODIS NDVI time series to estimate fuel accumulation. *Remote Sensing Letters* 6, 587–596.

Van Dijk, A.I. and Keenan, R.J. (2007) Planted forests and water in perspective. *Forest Ecology and Management* 251, 1–9.

Van Griensven, A., Maskey, S. and Stefanova, A. (2012) The use of satellite images for evaluating a SWAT model: application on the Vit Basin, Bulgaria. In: Seppelt, R., Voinov, A.A., Lange, S. and Bankamp, D. (eds) *International Environmental Modelling and Software Society (iEMSs) 2012 International Congress on Environmental Modelling and Software. Managing Resources of a Limited Planet: Pathways and Visions under Uncertainty, Sixth Biennial Meeting, Leipzig, Germany*. Available at: http://www.iemss.org/society/index.php/iemss-2012-proceedings (accessed 6 April 2016).

Viessman, W. and Lewis, G.L. (2002) *Introduction to Hydrology*. Prentice-Hall, Upper Saddle River, New Jersey.

Von Gadow, K. and Bredenkamp, B. (1992) *Forest Management*. Academica, Pretoria, South Africa.

Walker, J.P., Houser, P.R. and Willgoose, G.R. (2004) Active microwave remote sensing for soil moisture measurement: a field evaluation using ERS-2. *Hydrological Processes* 18, 1975–1997.

Zarco-Tejada, P.J., Diaz-Varela, R., Angileri, V. and Loudjani, P. (2014) Tree height quantification using very high resolution imagery acquired from an unmanned aerial vehicle (UAV) and automatic 3D photo-reconstruction methods. *European Journal of Agronomy* 55, 89–99.

Zhang, Y. and Barten, P.K. (2008) Watershed Forest Management Information System (WFMIS). *Environmental Modelling & Software* 24, 569–575.

Zinke, P.J. (1967) Forest interception studies in the United States. In: Sopper, W.E. and Lull, H.W. (eds) *International Symposium on Forest Hydrology*. Pergamon Press, New York, pp. 137–161.

11 大流域的森林覆盖变化和森林水文

X. Wei[1]*, Q. Li[1], M. Zhang[2], W. Liu[3], H. Fan[3]

11.1 引　　言

　　森林在水循环中起着重要作用，它会影响降雨的截留、蒸散、土壤入渗、储水以及径流。一个世纪以来，已通过传统的实验性流域配对方法或水文模型研究了自然或人为因素（如野火、森林砍伐、造林、城市化）所引起的森林变化对水文的影响（参阅本书第9章）。一般的解释是，森林砍伐活动可大幅提高年径流量，增加洪峰流量并改变基流（Stednick, 1996; Moore and Wondzell, 2005; Creed et al., 2014），而再造林则会降低年径流量并减少洪峰流量。但是，这些结果主要来自于较小空间尺度（小于 100 km^2，大多数小于 10 km^2）上的实验流域研究，并不能简单地将其外推到大流域中（大于 1000 km^2）(Shuttleworth, 1988; Shaman, 2004），因为大流域的地形（例如，人工林和天然林、湿地、湖泊、开阔土地）及其相互作用更加复杂。这表明，迫切需要单独研究大流域的森林覆盖变化对水量的影响。本章旨在：①简要总结森林覆盖变化对大流域水文的影响；②描述在评估森林覆盖变化对大流域水文影响过程中使用的各种现有研究方法；③明确研究中面临的挑战和未来的研究重点。

　　研究大流域的森林覆盖变化对水量的影响具有一定的挑战性。第一个挑战是缺乏有效的、普遍认可的方法。在大流域研究中，最大的困难在于区分森林变化（例如，各种干扰）和气候差异对水文的影响（Zheng et al., 2009; Wei and Zhang, 2011）。森林覆盖变化和气候变化通常被认为是相互作用的两个主要驱动因素，共同影响着大型森林流域的径流（Buttle and Metcalfe, 2000; Sharma et al., 2000）。人们普遍认为，必须排除气候变化对水文的影响，以便量化森林覆盖变化的影响。通常用于研究小流域森林覆盖变化的水文影响的配对流域实验或基于物理机制的水文模型，在应用于大流域时却有一定的局限性

---

1 不列颠哥伦比亚大学，加拿大不列颠哥伦比亚省基隆拿；2 电子科技大学，中国成都；3 南昌理工学院，中国南昌

* 通讯作者邮箱：adam.wei@ubc.ca

（Tuteja et al., 2007; Scott and Prinsloo, 2008; Zhao et al., 2010）。考虑到很难找到合适的对照组流域，配对流域实验方法通常不适用于大流域（Fohrer et al., 2005）。同样，基于物理机制的水文模型，例如，分布式水文-土壤-植被模型（Distributed Hydrology-Soils-Vegetation Model，DHSVM）、MIKE SHE（Systeme Hydrologique Europeen）、可变入渗容量模型（Variable Infiltration Capacity，VIC）和其他类似的模型，仅适用于在植被、土壤、地形、土地利用、水文和气候等方面有长期监测的流域（Stednick, 2008; Kirchner, 2009; Wei and Zhang, 2010）。此外，在水文模型中使用的不同水文过程之间的经验关系主要来自于小流域的研究，当外推到大流域时可能存在问题（Kirchner, 2006）。因此，在小尺度配对流域研究中最常用的方法应用于大流域的森林水文研究时，其实用性十分有限。

其次，缺乏合适的指标来表示和整合各种类型的森林覆盖变化或扰动是大流域研究的另一个挑战（Wei and Zhang, 2010; Zhang, 2013）。例如，在大流域，不同类型的森林干扰（自然干扰和人为干扰）随时间和空间而逐渐累积。为定量表示流域尺度上随时间变化的累积森林干扰，需要使用综合指标，而非诸如总干扰面积或森林覆盖率的简单指标。大流域内合适的森林干扰指标不仅应该代表所有类型的干扰和强度范围，而且还应包括历史累积的森林干扰以及干扰后在空间和时间上的后续恢复过程（Wei and Zhang, 2010）。等效皆伐面积（equivalent clearcut area, ECA）是以采伐、砍伐或焚烧的总面积减去森林受到干扰后再生恢复的面积（不列颠哥伦比亚省森林和牧场部，1999）。累计等效皆伐面积（年度等效皆伐面积之和，以下简称CECA）已成功应用于太平洋西北地区，来检测流域尺度上伐木或野火及其对各种流域过程的影响，如对水生生境、水文和水生生物的影响（Whitaker et al., 2002; Chen and Wei, 2008; Lin and Wei, 2008）。例如，2004年在加拿大不列颠哥伦比亚省贝克河（Baker Creek）流域（1570 km^2）内，所有森林干扰（包括伐木、野火和山松甲虫侵扰）的年度ECA和CECA分别占流域面积的13.4%和31.2%（Zhang and Wei, 2012）。其他指标，如基于遥感的NDVI（归一化植被指数）（Yang et al., 2014）和流域边材总面积（Jaskierniak et al., 2015）也得到了应用。但是，尚未进行完整比较，无法确定哪些指标或指数的适用性比其他指标更高。

最后，缺乏合适的研究流域也会限制大流域的森林水文研究。为检测累积森林变化对水文的影响，大流域必须经受重大的森林变化或干扰（例如，CECA＞20%—30%），并且必须有足够长的无森林干扰期（或森林干扰有限）作为参考或对照时期，还必须提供有关森林覆盖变化历史、气候和水文的长期数据。此外，大流域中更容易出现人为活动（例如，渠道化、水库、水坝、道路建设）及其水文影响（Magilligan and Nislow, 2005）。鉴于大多数大流域监管或监控不力的事实，要找到合适的研究流域来评估森林变化及其对水文的影响存在较高难度。

尽管迄今为止进行的研究数量较为有限，但大流域的森林覆盖变化和水文学问题已引起越来越多的关注，这主要是因为许多自然资源管理的措施和政策主要面向大型地貌、流域甚至区域尺度。因此，迫切需要有关大流域的科学信息为自然资源管理策略的设计提供支持，尤其是考虑到气候变化（例如，全球变暖）和人为活动（例如，伐木、城市化和土地利用变化）正在大幅且广泛地改变流域过程和生态系统功能，并且造成了更为频繁和破坏性更强的森林干扰（例如，虫害和野火）（Schindler，2001）。全面理解大流域的森林覆盖变化对水量的影响，对于长期供水的可持续性和在不断变化的环境中保护流域生态系统功能至关重要。

11.2 大流域森林覆盖变化和水量的关系

在过去的几十年中，大流域森林覆盖变化和水量的关系受到了越来越多的关注，这主要是因为对大流域或地貌的科学信息的需求不断增加，这些信息能够为可持续的自然资源管理提供有力支持。尽管研究有限，但就该论题而言已使用统计（Wei et al.，2013；Zhang and Wei，2014a）和数学模型（Christiens and Feyen，2001；Chen et al.，2005）等方法取得了重大进展。

笔者搜集了全球 160 个有关大流域（1000 km^2）森林覆盖变化（森林砍伐和造林）和年产水量（AWY）的已发表案例研究，发现森林砍伐提高了年产水量，而造林活动却降低了年产水量，这与小流域配对实验研究的结果一致。笔者的荟萃分析还表明，无论变化方向如何（毁林或再造林的影响），更大的森林覆盖面积变化会引起更强的年产水量响应（图 11.1）。

森林覆盖变化不仅会显著改变年平均流量，而且还会改变洪峰流量。但是，关于大流域的森林覆盖变化和洪峰流量的研究非常少。此外，洪峰流量对森林覆盖变化的响应结果并不一致，且差异很大。许多研究表明，在大尺度流域，森林覆盖变化的水文响应并不明显。例如，Buttle 和 Metcalfe（2000）在加拿大东北安大略省的研究中发现，在某些大流域（401—11900 km^2）土地覆盖变化（5%—25%）的流量响应程度有限，年洪峰流量也没有变化。Wilk 等（2001）并未在泰国东北部南庞河（Nam Pong River）流域（12 100 km^2）发现任何明显的水文变化，该流域森林覆盖率从 1957 年的 80%减少到 1995 年的 2%，这可能是由于农业区仍有被遮蔽的树木，而荒地则出现了次生植物。

与上面的情况相反，部分研究表明，大尺度流域的森林砍伐显著提高了洪峰流量或高流量。例如，位于加拿大不列颠哥伦比亚省内陆地区的几个大流域的洪峰流量或高流量就出现了急剧上升的情况，包括威洛河（Willow River）流域（Lin and Wei，2008）、塔明河（Tulameen River）流域（Zhang，2013）和贝克河流域（Zhang and Wei，2012）。

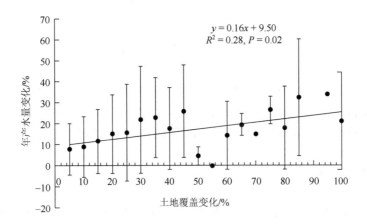

图 11.1　基于全球 160 项已发表的案例研究（标准差用误差条形图表示）得出的每 5%森林覆盖变化率对应的年产水量（AWY）的百分比变化

一个相关性较强的案例研究比较了两个相邻大流域[位于加拿大不列颠哥伦比亚省内陆地区的鲍伦河（Bowron River）和威洛河流域]中洪峰流量对森林干扰的响应，在这里值得一提（Zhang and Wei，2014b）。两个流域经受的森林干扰水平（ECA 为 25%—30%）相似。结果表明，威洛河流域的森林采伐活动大幅提高了年均和春季平均流量以及年均和春季洪峰流量，而这引起了鲍伦河流域中相同水文变量的微小变化。在水文响应方面形成鲜明差异的原因是两个流域在地形、空间异质性、森林采伐特征和气候方面的差异。威洛河流域相对均衡的地形和气候可能会促进水文同步效应，而在鲍伦河流域，海拔的较大变化及较低海拔地区的森林采伐活动可能会引起非同步的水文响应。比较后的结果表明，在大流域，森林扰动对水文过程的影响可能取决于具体流域，因此，试图概括水文对森林变化的响应时，必须谨慎行事。

针对大流域低流量或基流对森林覆盖变化响应的研究非常少。小流域的研究结果表明，低流量对伐木活动的响应可以是正响应、负响应甚至可忽略不计（Calder and Maidment，1992；Moore and Wondzell，2005），而造林通常会降低流量（Andreassian，2004）。由于大流域的地貌、河道形态和地形更加复杂，一般认为低流量对大流域中森林变化的影响会更为多样。例如，在一个受严重干扰的大流域，即贝克河流域（ECA 约为 60%），低流量明显增加（Zhang and Wei，2014a）。有趣的是，Zhou 等（2010）还发现，大规模造林活动（森林恢复）在将雨季的水重新分配到旱季的过程中具有积极作用，因此，造林活动提高了旱季的产水量。但是，在做出有关大流域森林覆盖变化和低流量的有效结论前，还需要进行更多的案例研究。

11.3 研究方法

当前与大流域森林变化水文响应相关的方法可分为两大类：水文建模和非建模方法（Wei and Zhang，2011；Zhang，2013）。选择合适的研究方法时，主要考虑研究目的、数据可用性和可用流域数量。以下是针对本章主题经常采用的六种方法。

11.3.1 水文建模

大流域水文研究中经常使用水文模型。根据水文模型的空间表示方式，可将其分为集总模型、半分布式模型和全分布式模型（Zhang，2013）。集总水文模型将流域视为一个整体系统或实体，而不考虑流域元素和相关过程的详细空间差异。半分布式模型将流域分为多个子流域。但是，仅在一定程度上考虑了空间异质性，而没有对其进行详细描述。与集总模型或半分布式模型不同，分布式模型通过将输入数据和物理特性分配到子流域中的网格或单元来很好地描述流域特征。基于物理机制的分布式模型能够实现流域内水文变量的分布式模拟或预测，因此可以更好地反映现实情况。但是，基于物理机制的完全分布式模型需要各种过程、组分及其相互作用的大量数据集和输入参数。大尺度流域研究通常采用半分布式模型，因为通常没有足够详细的数据和输入参数。

因子轮换试验法（one-factor-at-a-time approach，OFAT）通常用于敏感性分析（Wilson et al.，1987a；Pitman，1994；Gao et al.，1996），还可结合水文模型来区分气候因素和土地覆盖变化对流域水文的影响（Wilson et al.，1987b；Karvonen et al.，1999）。在一个假设的示例中，利用 1960—2000 年之间的可用数据评估了气候变化和土地利用变化对径流量的影响。首先，我们在模拟期内使土地覆盖保持在 1960 年的水平不变，并考虑 1960—2000 年期间的气候变化。然后，我们模拟了流量的变化（ΔQ_C），可以将其视为气候变化对水文的影响。然后，在土地覆盖发生改变的情况下，保持 1960 年的气候条件不变，并将流量变化（ΔQ_L）视为土地覆盖变化的影响。最后，我们假设气候和土地覆盖都发生了变化，然后计算出流量变化（ΔQ_{L+C}）。这样，就可以计算出土地覆盖变化和气候变化对水文影响的相对贡献率。

各种分布式水文模型已成功用于定量研究气候变化和森林变化/土地覆盖变化对水文的影响，例如 SWAT（Chen et al.，2005；Zhang，A.J. et al.，2012）、DHSVM（Sun and Bosilovich，1996；Stonesifer，2007）和 MIKE SHE（Christiaens and Feyen，2001）等。尽管应用不断增多，但水文模型仍基于小尺度过程的物理机制。这就导致在空间异质性显著的地区，要反映不同尺度上的非线性水文响应过程及其相互作用非常困难。此外,由于参数率定和验证方法存在一些固有缺陷,模型经过率定和测试后可能仍然无法确保其有效性(Kirchner,2006)。我们经常对模型进行过度参数化操作,以达到较高的精度水平,同时也忽略了异参同效性问题,即率定模型时得到的不同参数集可能产生相同的模拟结果,但是当条件改变时,预测结果会截然不同(Kirchner,2006)。

11.3.2 突变点和双累积曲线

双累积曲线法(double mass curve,DMC)是一种简单直观的方法,广泛用于水文气象要素的长期趋势分析。DMC 在两个累积水文气象变量之间绘制一条曲线,以检测这两个变量的一致性或分析趋势变化及其强度(Buttle and Metcalfe,2000;Siriwardena et al.,2006;Yao et al.,2012)。DMC 也可以用来区分森林变化和气候变化对水文的相对影响(Koster and Suarez,1999)。例如,我们修正了传统 DMC 方法(MDMC),在大型森林流域的累积年径流与累积有效降水量(总降水量与蒸散之差)之间建立双累积曲线(Wei and Zhang,2010;Zhang,M.et al.,2012;Zhang,2013)(图 11.2)。这样,就可以消除气候对年径流的影响。在没有森林干扰的时间段内,曲线图形应产生一条直线,即描述年径流与年有效降水量之间线性关系的基线,该曲线的转折点(例如,图 11.2 中 1986 年)则表示森林干扰引起的年径流的变化。换而言之,MDMC 的斜率会发生突变,并且转折前后的斜率不同。但是,需要通过非参数测试或应用自回归滑动平均(ARIMA)模型(Box and Pierce,1970)来确认可见转折点的统计意义。同时,可计算出实际观测值与变化点之后的预测值之间的差值,并将其视作森林变化的累积影响。

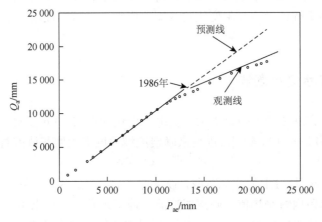

图 11.2 通过累积年径流(Q_a)与累积年有效降水量(P_{ae})之间的 MDMC(修正后的双累积曲线)来量化森林变化对年平均径流的影响的假设示例

11.3.3 基于敏感性分析的方法

基于敏感性的方法类似于弹性系数法（Dooge et al.，1999），并且可用于计算气候变化对径流的影响。降水量（P）和潜在蒸散（PET）的扰动都可能改变水量平衡。假定可以通过下述来确定年平均径流的变化（Koster and Suarez，1999；Jones et al.，2006）：

$$\Delta Q_{\text{clim}} = \beta \Delta P + \gamma \Delta \text{PET} \tag{11.1}$$

式中，ΔQ_{clim}、ΔP 和 ΔPET 分别代表径流、降水量和潜在蒸散的变化。β 和 γ 代表径流对降水量和潜在蒸散的敏感系数，可表示为：

$$\beta = \frac{1 + 2x + 3wx^2}{(1 + w + wx^2)^2} \tag{11.2}$$

和

$$\gamma = \frac{1 + 2x}{(1 + x + wx^2)^2} \tag{11.3}$$

式中，x 为平均年干燥指数（等于 PET/P）；森林、草地和灌木林地的植被因子 w 的值分别为 2、0.5 和 1（Zhang et al.，2001）。

该方法适用于单个流域的分析以及气候变量对径流影响的定量计算。一旦完成气候变化对径流影响的估算，就可以从总径流变化中扣除森林干扰或土地利用变化的影响。该方法已成功应用于部分案例研究（Dooge et al.，1999；Zhang et al.，2001；Jones et al.，2006）。这种方法可能存在两个挑战。首先，要确定特定森林植被类型的 w 值并不容易。在大型流域中总是有不同类型的森林，而如何选择特定的 w 值仍然具有很大挑战性。其次，是从总的水文变化和气候变化的影响中间接估算出森林干扰或土地利用变化对水文的影响，其可靠性取决于其他两项的准确性。

11.3.4 简单水量平衡法

水量平衡方法提供了确定水量平衡组分变化的框架（Liu et al.，2009）。简单水量平衡模型[公式（11.4）]可以用来确定流域尺度上气候和植被对径流的影响。

$$P = \text{ET} + Q + \Delta S \tag{11.4}$$

式中，P 为降水量，ET 为实际蒸散，Q 为径流，而 ΔS 为流域储水量的变化。如果在较长时间段内求平均值，则深层渗流（地下水补给）和土壤储水量的变化通常仅为年度水量平衡的 5%—10%，因此可以忽略流域储水量的变化（ΔS）（Ponce and Shetty，1995；Zhang et al.，1999）。

降水量和实际蒸散是影响流域尺度上径流变化最重要的变量。降水量随时间和空间而发生变化，通常认为降水量主要反映了气候的变化，与植被类型无关（Zhang et al.，2001）。然而，实际蒸散作用则是一个较为复杂的过程。有多种方法可以估算流域尺度上的蒸散。例如，根据布德科（Budyko）假设，可建立用于估算实际蒸散的简单双参数模型[公式（11.5）]（Budyko，1961）。该模型与先前的理论工作一致，并且与来自世界各地的 250 多个流域尺度观测结果相比较时，表现出良好的适用性（Zhang et al.，2001，2004）。

$$\frac{\text{ET}}{P} = \frac{1 + w(\text{PET}/P)}{1 + w(\text{PET}/P) + (\text{PET}/P)^{-1}} \quad (11.5)$$

式中 ET 为实际蒸散，PET 为参考蒸散，通过 Penman-Monteith 模型计算得出（Allen et al.，1998）。w 是通过基于敏感性的类似方法估算得到的植被水分参数（Zhang et al.，2001）。

以下为采用简单水量平衡方法来估算森林覆盖变化对水文的影响（Liu et al.，2009）的具体实施步骤。首先，通过 Penman-Monteith 模型计算 PET 后，根据公式（11.5），使用原始数据（包括降水量、气温、相对湿度、风速和日照时数）计算出实际蒸散。其次，利用公式（11.4）估算出年径流。在该步骤中，气候变化和植被变化都会影响年径流的变化，因此，可以将计算出的年径流定义为 Q_{v+c}（即 $Q_{v+c} = P - \text{ET}$）。然后，消去数据序列中的降水量、气温、相对湿度、风速和日照时数的降低或上升趋势，使数据序列成为平稳时间序列（Xu et al.，2006），再使用去趋势后的气候变量重新计算 PET 和 ET，并根据公式（11.4）和公式（11.5）估算出年径流（即 $Q_v = P - \text{ET}_{\text{new}}$）。在这一步骤中，年径流的变化主要反映了植被变化的影响，因此，可将重新计算出的年径流定义为 Q_v。最后，计算出 Q_{v+c} 与 Q_v 之差；从而估算出由气候变化引起的年径流变化（$Q_c = Q_{v+c} - Q_v$）（Liu et al.，2009）。

简单水量平衡方法为区分气候变量和植被因子对水文变化的影响提供了新方法。但是，w 值的选择与气候数据的去趋势处理可能会带来一些误差。

11.3.5 时间趋势法

采用时间趋势法时，应在发生流域植被变化前，在径流与气候变量之间建立关系，然后假设流域植被不受干扰，通过该关系预测扰动后的径流响应。典型时间趋势法将整个研究期分为率定期和预测期。模型的准确性取决于率定期或扰动发生前的时间的长度（Zhao et al.，2010）。

率定期内，通过公式（11.6）计算径流。

$$Q_1 = aP_1 + b \quad (11.6)$$

预测期内，通过公式（11.7）和公式（11.8）计算径流。

$$Q'_2 = aP_2 + b \tag{11.7}$$

$$\Delta Q_v = \overline{Q_2} - \overline{Q'_2} \tag{11.8}$$

式中 P 为降水量，Q 为径流，Q' 为流域治理后的预测径流（使用在率定期内建立的等式11.7），ΔQ_v 表示由于植被变化而引起的年平均径流变化，下标1和2分别表示率定期和预测期，b 为拟合的回归系数。$\overline{Q_2}$ 为预测期内观测径流的平均值，$\overline{Q'_2}$ 为根据公式（11.7）通过率定期内的回归系数计算出的平均预测径流。

这种方法使用简单回归来表达森林覆盖变化前后降水量与径流之间的关系。这种方法只需要降水量、径流和其他气象变量的数据，在某种程度上不需要详细的森林覆盖变化数据。这种方法也可以使用不连续的数据。根据研究流域中不同水文气象特征，年尺度上时间趋势法的适用性要好于月或日尺度。这是因为流域年尺度上的降雨-径流关系要比日和月尺度的降雨-径流关系稳定。Guardiola-Claramonte 等（2011）建议考虑温度对降水量和径流之间关系的影响。

11.3.6 托姆-锡林（Tomer-Schilling）框架

托姆（Tomer）和锡林（Schilling）提出了一种水-热平衡耦合框架，该框架需要年降水量（P）、径流（Q）和潜在蒸散（PET）的长期时间序列，来评估富余的能量（PET/P>1）或水（PET/P<1）是否与气候和/或农业流域的土地管理相关（Tomer and Schilling，2009；Peña-Arancibia et al.，2012）。概念框架可定性区分所观察到变化的主要驱动因素是否与土地覆盖变化和/或气候相关。Peña-Arancibia 等（2012）阐述了一种将土地覆盖和/或气候变化与观测到的富余水量（P_{ex}）和富余能量（E_{ex}）的变化联系起来的框架。

托姆-锡林框架[公式（11.9）和公式（11.10）]假设土地覆盖变化将会影响实际蒸散（ET），但不会影响 P 或 PET，并认为这种方法在年尺度上间接考虑了土地覆盖变化对 P 和 PET 的影响。而且，与林地环境中土地覆盖变化对实际蒸散的影响相比，对 P 和 PET 的影响可能并不显著。因此，土地覆盖的变化将会使 P_{ex} 和 E_{ex} 升高或降低。随着 P/PET 比例的增大，P_{ex} 和 E_{ex} 分别会增大和减小，反之则 P_{ex} 会减小而 E_{ex} 会增大（Peña-Arancibia et al.，2012）。

$$\overline{P_{ex}} = \frac{(\overline{P} - \overline{ET})}{\overline{P}} \tag{11.9}$$

$$\overline{E_{ex}} = \frac{\overline{PET} - \overline{ET}}{\overline{PET}} \tag{11.10}$$

托姆-锡林框架是一种有效的水文过程定性分析工具。该方法不仅可以分析气候和森林覆盖对水文的长期影响，而且可以解释不同时期水文响应的主要因素。

但是，与所有定性方法一样，无法定量评估每种气候或植被变量的影响，这与研究不同地形和植物条件下水文响应的一般规律时遇到的困难相同。

11.4 未来的研究重点

在此，我们针对森林覆盖变化和水的大尺度研究提出几点未来的研究重点。第一，需要更多的案例研究。评估森林或土地覆盖变化和气候变化对大流域水文影响的研究仍然很少。Zhang 和 Wei（2014b）比较了加拿大不列颠哥伦比亚省内陆地区的两个相邻大流域，但在相似的森林干扰水平下得出了相反的结论。他们进一步得出结论，在大流域，森林变化对水文的影响可能与流域有关。这清楚地表明，在得出一般性结论前，需要更多的案例研究。第二，应优先研究和发展现有研究方法。尽管目前有许多研究方法可用于研究森林覆盖变化和气候变化对水文的影响，但还没有一种普遍认可的方法。缺乏公认的方法可能会限制我们比较不同研究结果的能力。第三，在大流域研究中，分析结果受到数据质量和空间覆盖范围的影响。在这些大流域中，降水量、温度、太阳辐射、湿度、风速、地表反照率、冠层特征等因素的固有空间变化以及参数的不确定性限制了我们得出可靠结论的能力。例如，在一些大流域中只设有几个气象观测站。另外，现有气象站通常位于交通便利的位置。这使得我们难以解决大流域内降水空间异质性的问题。未来的研究设计应致力于消除此类不确定性。最后，更多的研究工作应该集中在机制、过程及其相互作用上。正是因为缺乏合适的方法和数据来评估各种空间尺度上复杂的相互作用和累积效应，才会在研究大流域的机制和过程时遇到很多困难。但是，此类研究对于解释和验证通过统计和建模方法获得的调查结果至关重要。

参 考 文 献

Allen, R.G, Pereira, L.S., Raes, D. and Smith, M. (1998) *Crop Evapotranspiration – Guidelines for Computing Crop Water Requirements*. FAO Irrigation and Drainage Paper No. 56. Food and Agriculture Organization of the United Nations, Rome.

Andreassian, V. (2004) Waters and forests: from historical controversy to scientific debate. *Journal of Hydrology* 291, 1–27.

BC Ministry of Forests and Rangeland (1999) Appendix 8. In: *Interior Watershed Assessment Guidebook*, 2nd edn. Ministry of Forests and Rangeland, Victoria, British Columbia, Canada.

Box, G.E. and Pierce, D.A. (1970) Distribution of residual autocorrelations in autoregressive-integrated moving average time series models. *Journal of the American Statistical Association* 65, 1509–1526.

Budyko, M.I. (1961) The heat balance of the earth's surface. *Soviet Geography* 2, 3–13.

Buttle, J. and Metcalfe, R. (2000) Boreal forest disturbance and streamflow response, northeastern Ontario. *Canadian*

Journal of Fisheries and Aquatic Sciences 57, 5–18.

Calder, I.R. and Maidment, D. (1992) *Hydrologic Effects of Land-Use Change*. McGraw-Hill, New York.

Chen, J.F., Li, X.B. and Zhang, M. (2005) Simulating the impacts of climate variation and land-cover changes on basin hydrology: a case study of the Suomo basin. *Science in China Series D – Earth Sciences* 48, 1501–1509.

Chen, W. and Wei, X. (2008) Assessing the relations between aquatic habitat indicators and forest harvesting at watershed scale in the interior of British Columbia. *Forest Ecology and Management* 256, 152–160.

Christiaens, K. and Feyen, J. (2001) Analysis of uncertainties associated with different methods to determine soil hydraulic properties and their propagation in the distributed hydrological MIKE SHE model. *Journal of Hydrology* 246, 63–81.

Creed, I.F., Spargo, A.T., Jones, J.A., Buttle, J.M., Adams, M.B., Beall, F.D., Booth, E.G., Campbell, J.L., Clow, D., Elder, K., *et al.* (2014) Changing forest water yields in response to climate warming: results from long-term experimental watershed sites across North America. *Global Change Biology* 20, 3191–3208.

Dooge, J.C.I., Bruen, M. and Parmentier, B. (1999) A simple model for estimating the sensitivity of runoff to long-term changes in precipitation without a change in vegetation. *Advances in Water Resources* 23, 153–163.

Fohrer, N., Haverkamp, S. and Frede, H.G. (2005) Assessment of the effects of land use patterns on hydrologic landscape functions: development of sustainable land use concepts for low mountain range areas. *Hydrological Processes* 19, 659–672.

Gao, X.G., Sorooshian, S. and Gupta, H.V. (1996) Sensitivity analysis of the biosphere–atmosphere transfer scheme. *Journal of Geophysical Research: Atmospheres* 101, 7279–7289.

Guardiola-Claramonte, M., Troch, P.A., Breshears, D.D., Huxman, T.E., Switanek, M.B., Durcik, M. and Cobb, N.S. (2011) Decreased streamflow in semi-arid basins following drought-induced tree die-off: a counter-intuitive and indirect climate impact on hydrology. *Journal of Hydrology* 406, 225–233.

Jaskierniak, D., Kuczera, G., Benyon, R. and Wallace, L. (2015) Using tree detection algorithms to predict stand sapwood area, basal area and stocking density in *Eucalyptus regnans* forest. *Remote Sensing* 7, 7298–7323.

Jones, R.N., Chiew, F.H.S., Boughton, W.C. and Zhang L. (2006) Estimating the sensitivity of mean annual runoff to climate change using selected hydrological models. *Advances in Water Resources* 29, 1419–1429.

Karvonen, T., Koivusalo, H., Jauhiainen, M., Palko, J. and Weppling, K. (1999) A hydrological model for predicting runoff from different land use areas. *Journal of Hydrology* 217, 253–265.

Kirchner, J.W. (2006) Getting the right answers for the right reasons: linking measurements, analyses, and models to advance the science of hydrology. *Water Resources Research* 42, W03S04, doi: 10.1029/2005WR004362 (accessed 8 April 2016).

Kirchner, J.W. (2009) Catchments as simple dynamical systems: catchment characterization, rainfall-runoff modeling, and doing hydrology backward. *Water Resources Research* 45, W02409, doi: 10.1029/2008WR006912 (accessed 8 April 2016).

Koster, R.D. and Suarez, M.J. (1999) A simple framework for examining the interannual variability of land surface moisture fluxes. *Journal of Climate* 12, 1911–1917.

Lin, Y. and Wei, X. (2008) The impact of large-scale forest harvesting on hydrology in the Willow watershed of Central British Columbia. *Journal of Hydrology* 359, 141–149.

Liu, Q., Yang, Z.F., Cui, B.S. and Sun, T. (2009) Temporal trends of hydro-climatic variables and runoff response to climatic variability and vegetation changes in the Yiluo River basin, China. *Hydrological Processes* 23, 3030–3039.

Magilligan, F.J. and Nislow, K.H. (2005) Changes in hydrologic regime by dams. *Geomorphology* 71(1), 61–78.

Moore, R.D. and Wondzell, S.M. (2005) Physical hydrology and the effects of forest harvesting in the Pacific Northwest: a review. *Journal of the American Water Resources Association* 41, 763–784.

Peña-Arancibia, J.L., van Dijk, A.I., Guerschman, J.P., Mulligan, M., Bruijnzeel, L.A.S. and McVicar, T.R. (2012) Detecting changes in streamflow after partial woodland clearing in two large catchments in the seasonal tropics. *Journal of Hydrology* 416, 60–71.

Pitman, A.J. (1994) Assessing the sensitivity of a land-surface scheme to the parameter values using a single-column model. *Journal of Climate* 7, 1856–1869.

Ponce, V.M. and Shetty, A.V. (1995) A conceptual-model of catchment water-balance. 1. Formulation and calibration. *Journal of Hydrology* 173, 27–40.

Schindler, D.W. (2001) The cumulative effects of climate warming and other human stresses on Canadian freshwaters in the new millennium. *Canadian Journal of Fisheries and Aquatic Sciences* 58, 18–29.

Scott, D.F. and Prinsloo, F.W. (2008) Longer-term effects of pine and eucalypt plantations on streamflow. *Water Resources Research* 44, W00A08 doi: 10.1029/2007WR006781 (accessed 8 April 2016).

Shaman, J., Stieglitz, M. and Burns, D. (2004) Are big basins just the sum of small catchments? *Hydrological Processes* 18, 3195–3206.

Sharma, K.P., Vorosmarty, C.J. and Moore, B. (2000) Sensitivity of the Himalayan hydrology to land-use and climatic changes. *Climatic Change* 47, 117–139.

Shuttleworth, W.J. (1988) Macrohydrology – the new challenge for process hydrology. *Journal of Hydrology* 100, 31–56.

Siriwardena, L., Finlayson, B.L. and McMahon, T.A. (2006) The impact of land use change on catchment hydrology in large catchments: the Comet River, Central Queensland, Australia. *Journal of Hydrology* 326, 199–214.

Stednick, J.D. (1996) Monitoring the effects of timber harvest on annual water yield. *Journal of Hydrology* 176, 79–95.

Stednick, J.D. (2008) Long-term streamflow changes following timber harvesting. In: Stednick, J.D. (ed.) *Hydrological and Biological Responses to Forest Practices*. Springer, New York, pp. 139–155.

Stonesifer, C.S. (2007) *Modeling the cumulative effects of forest fire on watershed hydrology: a post-fire application of the Distributed Hydrology–Soil–Vegetation Model (DHSVM)*. Msc. thesis, The University of Montana, Missoula, Montana.

Sun, W.Y. and Bosilovich, M.G. (1996) Planetary boundary layer and surface layer sensitivity to land surface parameters. *Boundary-Layer Meteorology* 77, 353-378.

Tomer, M.D. and Schilling, K.E. (2009) A simple approach to distinguish land-use and climate-change effects on watershed hydrology. *Journal of Hydrology* 376, 24–33.

Tuteja, N.K., Vaze, J., Teng, J. and Mutendeudzi, M. (2007) Partitioning the effects of pine plantations and climate variability on runoff from a large catchment in southeastern Australia. *Water Resources Research* 43, W08415, doi: 10.1029/2006WR005016 (accessed 8 April 2016).

Wei, X. and Zhang, M. (2010) Quantifying streamflow change caused by forest disturbance at a large spatial scale:a single watershed study. *Water Resources Research* 46, W12525, doi: 10.1029/2010WR009250 (accessed 8 April 2016).

Wei, X. and Zhang, M. (2011) Research methods for assessing the impacts of forest disturbance on hydrology at large-scale watersheds. In: Li, C., Lafortezza, R. and Chen, J (eds) *Landscape Ecology in Forest Management and Conservation: Challenges and Solutions for Global Change*. Higher Education Press, Beijing and Springer, Berlin/Heidelberg, pp. 119–147.

Wei, X., Liu, W.F. and Zhou, P.C. (2013) Quantifying the relative contributions of forest change and climatic variability to hydrology in large watersheds: a critical review of research methods. *Water* 5, 728–746.

Whitaker, A., Alila, Y., Beckers, J. and Toews, D. (2002) Evaluating peak flow sensitivity to clear - cutting in different elevation bands of a snowmelt - dominated mountainous catchment. *Water Resources Research* 38, 1172, doi: 10.1029/2001WR000514 (accessed 8 April 2016).

Wilk, J., Andersson, L. and Plermkamon, V. (2001) Hydrological impacts of forest conversion to agriculture in a large river basin in northeast Thailand. *Hydrological Processes* 15, 2729–2748.

Wilson, M., Henderson-Sellers, A., Dickinson, R. and Kennedy, P.(1987a) Sensitivity of the biosphere–atmosphere transfer scheme (BATS) to the inclusion of variable soil characteristics. *Journal of Climate and Applied Meteorology* 26, 341–362.

Wilson, M.F., Henderson-Sellers, A., Dickinson, R. and Kennedy, P. (1987b) Investigation of the sensitivity of the land surface parameterization of the NCAR community climate model in regions of tundra vegetation. *Journal of Climatology* 7, 319–343.

Xu, C.Y., Gong, L.B., Jiang, T., Chen, D.L. and Singh, V.P. (2006) Analysis of spatial distribution and temporal trend of reference evapotranspiration and pan evaporation in Changjiang (Yangtze River) catchment. *Journal of Hydrology* 327, 81–93.

Yang, H., Qi, J., Xu, X., Yang, D. and Lv, H. (2014) The regional variation in climate elasticity and climate contribution to runoff across China. *Journal of Hydrology* 517, 607–616.

Yao, Y.F., Cai T.J., Wei, X.H., Zhang, M.F. and Ju, C.Y. (2012) Effect of forest recovery on summer streamflow in small forested watersheds, Northeastern China. *Hydrological Processes* 26, 1208–1214.

Zhang, A.J., Zhang, C., Fu, G.B., Wang, B.D., Bao, Z.X. and Zheng, H.X. (2012) Assessments of impacts of climate change and human activities on runoff with SWAT for the Huifa River Basin, Northeast China. *Water Resources Management* 26, 2199–2217.

Zhang, L., Walker, G.R. and Dawes, W. (1999) *Predicting the Effect of Vegetation Changes on Catchment Average Water Balance*.Technical Report No. 99/12. Monash Univeristy, Melbourne, Victoria, Australia.

Zhang, L., Dawes, W.R. and Walker, G.R. (2001) Response of mean annual evapotranspiration to vegetation changes at catchment scale. *Water Resources Research* 37, 701–708.

Zhang, L., Hickel, K., Dawes, W.R., Chiew, F.H.S., Western, A.W. and Briggs, P.R. (2004) A rational function approach for estimating mean annual evapotranspiration. *Water Resources Research* 40, W02502, doi: 10.1029/2003WR002710 (accessed 8 April 2016).

Zhang, M. (2013) The effects of cumulative forest disturbances on hydrology in the interior of British Columbia, Canada. PhD Thesis, The University of British Columbia, Okanagan, British Columbia, Canada.

Zhang, M. and Wei, X. (2012) The effects of cumulative forest disturbance on streamflow in a large watershed in the central interior of British Columbia, Canada. *Hydrology and Earth System Sciences* 16, 2021–2034.

Zhang, M. and Wei, X. (2014a) Alteration of flow regimes caused by large- scale forest disturbance: a case study from a large watershed in the interior of British Columbia, Canada. *Ecohydrology* 7, 544–556.

Zhang, M. and Wei, X. (2014b) Contrasted hydrological responses to forest harvesting in two large neighbouring watersheds in snow hydrology dominant environment: implications for forest management and future forest hydrology studies. *Hydrological Processes* 28, 6183–6195.

Zhang, M., Wei, X., Sun, P.S. and Liu, S.R. (2012) The effect of forest harvesting and climatic variability on runoff in a large watershed: the case study in the Upper Minjiang River of Yangtze River basin. *Journal of Hydrology* 464, 1–11.

Zhao, F.F., Zhang, L., Xu, Z.X. and Scott, D.F. (2010) Evaluation of methods for estimating the effects of vegetation change and climate variability on streamflow. *Water Resources Research* 46, W03505, doi: 10.1029/2009WR007702 (accessed 8 April 2016).

Zheng, H.X., Zhang, L., Zhu, R., Liu, C.M., Sato, Y. and Fukushima, Y. (2009) Responses of streamflow to climate and land surface change in the headwaters of the Yellow River Basin. *Water Resources Research* 45, W00A19, doi: 10.1029/2007WR006665 (accessed 8 April 2016).

Zhou, G.Y., Wei, X., Luo, H.Y., Zhang, M., Li, Y.L., Qiao, Y.N., Liu, H.G. and Wang, C.L. (2010) Forest recovery and river discharge at the regional scale of Guangdong Province, China. *Water Resources Research* 46, W09503, doi: 10.1029/2009WR008829 (accessed 8 April 2016).

12 森林管理的水文效应

J. D. 斯戴尼克（J. D. Stednick）[1*]，C. A. 特伦德勒（C. A. Troendle）[2]

12.1 引　言

　　森林流域具有广泛的生态系统服务功能，比如提供多种用途的洁净水体，维持枯水流量、调节洪峰流量、补给地下水和水土保持（Colman，1953；Hamilton，2008）。未受干扰的森林具有高渗透率，很少产生地表径流，这意味着降水一般会在到达河网之前穿过土壤，因此土壤侵蚀与沉积速率较低，水质较好（Anderson et al.，1976；Beschta，1990；Bruijnzeel，2004；Calder，2007）。森林健康与河流健康直接相关（de la Cretaz and Barten，2007）。

　　森林和水资源之间不可分割的关系引出了一个问题，即"森林管理活动的水文效应是什么？"。森林管理是在保持森林的生产力的同时，为了满足特定的目标和目的，将生物、物理、经济和社会原则实际应用于森林的生长、再生、利用和保护。森林管理包括美学、鱼类、娱乐、城市价值、水、荒野、野生动物、木材产品和其他森林资源价值的管理（SAF，2008）。森林管理活动包括道路建设、木材采伐、计划焚烧和施用化学品（肥料、杀虫剂和除草剂）。破坏或消除植被的森林管理活动可能会影响水文过程。砍伐树木对土壤的扰动一般较小，但如果是原木或整树移动，则可能严重扰动土壤表面。由于这些扰动一般不与水文网络相连，因此最大限度地降低了对流域的影响。但木材收集和运输道路建设相关的土壤表面扰动由于与河网相连，可能更具破坏性。最佳管理措施（Best Management Practices，BMP）策略的道路设计、布置和维护，可将破坏降至最低（Adams and Ringer，1994）。林地改造可能包括选择性地采伐优势木和劣势木。森林间伐可能会增加有效水分和养分，但这些资源会被剩余的植被迅速利用。本章综述了森林管理活动，特别是木材采伐对河川径流的潜在影响。

　　配对流域实验是评估森林管理活动对径流影响的最常用方法。该方法选用两

---

[1] 科罗拉多州立大学，美国科罗拉多州柯林斯堡；[2] 离休，美国农业部林务局，美国科罗拉多州柯林斯堡

* 通讯作者邮箱：jds@cnr.colostate.edu

个及以上流域,指定其中一个为对照流域,至少一个为实验流域。地理上来看,配对流域要么相邻,要么十分接近,它们会受到相同气候因素的影响。配对流域研究是否成功主要取决于两个流域在地质、土壤、地形和植被方面的相似程度(Moore and Wondzell, 2005)。在实验流域受到干扰之前设置一个率定期,从而量化两个流域之间由于地质和地形差异而造成的径流差(Whitehead and Robinson, 1993)。在解释此类研究成果时,需对流域水文有所了解,才能区分采伐相关的河川径流变化与其他因素引起的变化(Fuller et al., 1988)。

最早的流域研究旨在确定降水和径流之间的平衡关系,以及土地覆盖和土地利用是如何影响这种平衡的。从 1908 年开始,在对美国科罗拉多州克里德附近的瓦根惠尔加普进行的一项配对流域研究中,首次调查了木材采伐对产水量以及水质的影响(Bates and Henry, 1928; Ice and Stednick, 2004)。人们很快认识到,也可以使用流域研究来了解林业管理对河川水质的影响(Swank and Johnson, 1994)。

为了更好地了解森林水文过程、水文过程与环境的相互作用及其生态水文影响,采用配对流域的方法在澳大利亚、新西兰、南非、南美洲、英国、中国、日本和美国进行了大量实地试验研究(Hibbert, 1967; Swank and Douglass, 1974 年; 美国环保局, 1980; Bosch and Hewlett, 1982; Sahin and Hall, 1996; Stednick, 1996; Sun et al., 2001; Andreassian, 2004; Jackson et al., 2004; Brown et al., 2005; Edwards and Troend-le, 2008; NRC, 2008; Chescheir et al., 2009; Bren and McGuire, 2012; Bren and Lane, 2014)。配对流域法能够区分气候效应与植物效应。其基本思路是通过实验流域的观测流量与预测流量值之间的差异评估森林管理对径流的影响,该预测值是根据干扰发生前实验流域与对照流域径流之间的关系计算得到的。这些研究一般可分为四类,包括植树造林、砍伐森林、植被恢复、植被类型转换(Brown et al., 2005)。笔者决定不在此重复这些结果,而只是说明涉及的过程与水文响应。

许多正在进行的配对流域研究已将重点从森林管理的影响转移到水资源的长期变化上,而水资源的变化与大气降水和温度的变异有关。但不管怎样,这些研究仍使用了下述的变量: 年产水量、洪峰流量和最枯流量。

12.1.1 年产水量

林冠的减少降低了截留和蒸散损失,增加了径流,但并非线性关系。要提高产水量,必须克服两个门槛。首先是年降水量。配对流域研究表明,只有当年降雨量超过 450—500 mm 时,才会产生持续径流(Bosch and Hewlett, 1982; MacDonald and Stednick, 2003; Scherer and Pike, 2003)。在降雨量小于 500 mm

的地区，平均降雨量无法满足蒸发需求。这些地区往往水资源有限，减少森林覆盖不一定能增加径流，但会增加土壤蒸发或剩余植被的水分利用。在这些地区，其中一种增加径流的方法就是降低渗透率（例如，为收集雨水而压实土壤）。

年降雨量超过 500 mm 的地区缺水的可能性较小。例如，通过伐木移除植被，必须将植被覆盖减少到剩余植被仍能利用所有水分的程度以下，否则将无法观察到产水量增长。至少需要移除 20%的森林覆盖或胸高断面积产水量才会有明显增长（Bosch and Hewlett，1982），但在不同的生物、地理、气候和水文条件下会有所不同（US EPA，1980；Stednick，1996）。产水量的增加与植被移除程度呈非线性关系。一般在治理后的第一年，产水量增加最为显著。

流域内和流域间的年产水量以及木材采伐后产水量的变化取决于气候变化和前期土壤湿度。产水量对某一降水事件的响应反映了事件发生时流域先前的土壤湿度条件。潮湿土壤上降水产水量通常会比干旱土壤上要大，且采伐之后流域的土壤一般更为湿润。在较干旱的环境中，或在一年中较干旱的时期，森林流域和采伐流域之间的前期含水量差异非常小，产水量响应的差异也非常小。在较湿润的条件下，森林流域和采伐流域之间的前期土湿差异一般较大，对某一降水事件的响应也会有较大差异。平均而言，木材采伐后的产水量和产水量变化随着流域内和流域间降雨量的增加而增加。这种普遍规律适用于不同的前期土壤湿度条件。在降雨量高的地区或蒸散低的时期（冬季），可能会抵消森林流域和采伐流域之间前期土壤湿度的差异，也会抵消产水量响应的差异。

在更潮湿的环境或高降雨量的区域，产水量一般增加最多，但由于森林快速再生，采伐效果持续最短。在干旱地区，产水量变化不明显，但由于植被再生需要更长的时间，效果也更持久。在整个水文年中，森林采伐后水量的增加并非平均分布，但它们确实反映了降雨进入土壤时的土壤水分状况。在低海拔和低纬度地区以及沿海地区，降水一般以雨水的形式降落，而在高海拔、寒冷地区或冬季，则以雪的形式沉积下来。

在以降雨为主的地区，通常在深秋和冬季，当土壤水分得到补给后可观察到产水量增加。在以降雪为主的地区，采伐后通常是在春末夏初的几个月里产水量增加最多，那时雪的融化对土壤进行了补给。虽然雪水当量随着植被的减少而增加，但产水量增加的程度和时间取决于土壤水分补给的时间。

除了土壤水分补给之外，太阳辐射（坡度和坡向的函数）是影响径流量和径流时间的重要因素。例如，阳坡（北半球）通常比阴坡植被密度小，能接受到更多阳光。在木材采伐后，截留损失较低，但存在较高的蒸发率。相比阴坡，木材采伐后阳坡产水量增加的可能性较小。

随着森林的再生，采伐后产水量的增加会减少。在没有明显林下植被的同龄林分中，影响包括：年产水量增加、夏末秋初枯水流量增加、洪峰流量的不同变化（无变化或增加），以及洪峰流量可能提前出现。由于剩余植被利用了增加的水分和养分，树龄不均匀的林地一般对采伐的响应较小。植树造林可将非林地转为森林覆盖。与非林地相比，林地蒸散和截留量的增加可能会降低年产水量。取决于场地条件，洪峰流量可能会因渗透的增强而降低，而枯水流量则因土壤储水的增加而增加。有关森林覆盖和降水之间的关系，本章不作讨论。

12.1.2　洪峰流量

洪峰流量是在特定时间段内出现的最大流量，一般每年出现一次，发生在 5 至 6 月，出现原因是春季融雪，或雨水为主环境中的长期降雨。文献给出了洪峰流量增加的不同响应（Hamilton，1985；Austin，1999；Scherer，2001），这是一个有争议的课题（van Dijk and Keenan，2007）。

在以降雪为主的环境中，由于进入潮湿土壤的融雪速度较快且较早（Scherer，2001），补给土壤也就更早且需要更少的融雪，因此采伐可提前洪峰流量到来的时间。文献综述显示了 0—18 d 的提前范围（Austin，1999）。早期人们关注的是洪峰流量可能的同步性，即每个子流域的洪峰流量同时出现，导致更大的洪峰。森林采伐可以通过减少流域融雪的同步性来降低总的洪峰流量。采伐后的水文过程线通常有两个相对较低的洪峰，而不是一个较高的洪峰。此响应主要由于伐木区融雪较早，然后是林区融雪，从而形成双峰融雪过程线。

雪上雨可发生在温暖的雪区或过渡雪区。这些地方的降雨事件，比如雨下在雪上，会导致一定的融雪，并导致大于正常降水的径流。发生这种事件的区域面积一般较大，且无法割离森林管理活动对径流的影响。

出于对洪水的担心，在流域研究中经常检查流域对洪峰流量的影响。此外，洪峰流量的增加会导致河流冲刷和河岸侵蚀的增加，通过输沙影响水质和水生生境（Stednick，2000）。为方便木材采伐和森林管理而修建的道路也会影响洪峰流量的大小和时间（Reiter and Beschta，1995；Wemple et al.，1996；Gucinski et al.，2001）。压实路面抑制了水分入渗；道路可以拦截较慢的地下径流，将其转化为较快的地表径流；道路侧沟和暗渠可以将水直接引入河川（Scherer and Pike，2003）。道路最佳管理措施（BMP）能够最大限度地减少水文影响。

在以降雨为主的地区，在森林覆盖区和采伐区的土壤水均得到补给的情况下，只有截留量的减少会对降雨输入有影响，采伐不会导致洪峰流量的增加。除了截留的影响之外，仅在森林覆盖区和采伐区的前期土壤湿度存在差异时，采伐才会显著改变洪峰流量，且采伐区的洪峰响应更快。因此，大部分洪峰流量的变化发生在生长季节，此时前期土壤湿度存在差异，采伐区的冠层截留和土壤蓄水均有所减小。在很大程度上，降雨和降雪主导区域的差异是降水发生渗透的时间的函数（受降雨或积雪、降水量级和前期土壤湿度条件的影响）。

已有文献中，关于采伐对洪峰流量的影响存在一些争议（Jones and Grant，1996，2001；Thomas and Megahan，1998，2001；Beschta et al.，2000；van Dijk and Keenan，2007）。许多争论源于各种研究结果的差异以及解释洪峰流量变化的统计方法的不同。

没有任何单一变量（如砍伐森林量、采伐方法、造林）可以完全解释或预测洪峰流量的变化。在当代森林实践中，洪峰流量的增加似乎并不常见。大多数情况下，这可能是由于采伐面积占流域总面积的比例较小、道路较短，以及河道植被没有受到干扰。同样，除皆伐外（例如，遮阴木伐、择伐或各种间伐），研究未发现任何林地采伐实践导致了实测洪峰流量的增加。

12.1.3 枯水流量

另一个常见误解是木材采伐减少了枯水流量（如 Chang，2005 等）。在夏季的几个月里，由于截留和蒸发减少而节约的水可以增加枯水流量。在对全世界 350 项关于森林采伐对水资源影响研究的综述中，只有 28 项涉及枯水流量。其中，16 项枯水流量增加，10 项没变化，2 项降低（Austin，1999）。最后两项研究是在美国俄勒冈州海岸进行的。其中第一个研究假设是由于采伐后树冠下的水滴或树木下的雾滴减少，从而减少了枯水流量（Harr，1982）。这种隐性降水增加了总净降水量。如果这种隐性降水很多，森林砍伐可能会减少产流量。第二个案例研究表明，森林再生或演替过程中树种组成的变化影响了流域水文。采伐后，河岸植被由针叶树到落叶树的转变减少了干旱天气下的径流（即枯水流量）（Hicks et al.，1991）。当先锋硬木树种取代顶极混交硬木时，流量也同样会减少（Swank and Johnson，1994）。

在枯水流量（即基流）期间，河岸区域森林（或其他植被）覆盖的移除可减小蒸散，从而增大径流。为了达到保护水资源的目的，当代森林采伐实践一般不包含河岸地区，因此这种变化可能并不常见。有关枯水流量地文影响的研究越来越受到关注（Tague and Grant，2004）。采伐后，枯水流量一般会有所增加，但增量是变化的，难以进行统计分析。文献中一般不涉及枯水流量变化的持续时间（Reite and Beschta，1995；Gucinski et al.，2001；Stednick，2008）。有报告表明，在大火干扰和昆虫干扰之后，枯水流量有所增加（Scherer，2001）。枯水流量变化可能会在几年内恢复到治理前的状况（Austin，1999；Stednick，2008）。

通过本章综述，可以看出文献中对枯水流量的定义有所不同，枯水的范围可从瞬时流量到低于某个阈值的天数（Stednick，2008），再到具体的流量重现间隔，如 3d、7d、10d 或 30d 的枯水流量。将枯水流量表示为变化百分比可能会产生误导，因为枯水流量中的较小变化可表示成很大的百分比。此外，即使采用人工控制，枯水流量的量化也可能存在问题。

12.2 森林火灾的影响

在许多森林类型中，为移除植被、开垦或准备场地而进行的计划焚烧是一种常见的森林管理活动。火灾的程度取决于火灾的规模和强度、土壤特性、坡度、灾后燃烧区的降雨量和降水特征、灾前植被类型、植被重栽前土壤裸露时长、灾后恢复的植被类型和数量、燃烧流域面积的比例、未燃烧流域的特征，以及河道稳定性和承载火灾后增大的径流的河道状态。流域对火灾的水文响应是众多变量极其复杂的相互作用的结果。不同时间尺度的过程众多且各不相同，因此很难去比较不同流域的结果。流域，或流域尺度对火灾（无论是计划焚烧还是野火）的响应都可能导致河川径流的变化，包括总产流量、洪峰流量和枯水流量（详见本书第 13 章）。

此类火灾后的土壤侵蚀和输沙量变化很大。合理的解释就是对流风暴导致了高侵蚀率。夏季对流风暴的特点是高强度降水，导致土壤表面在短时间内吸收大量降水。因此，大部分降水无法渗透到土壤中，而是转化为地表径流，引发下游洪水泛滥，伴随着大量泥沙和沙砾。相反，烈度不高的火灾可能不会导致土壤疏水，也不会改变径流产生机制，径流（和悬浮沉积物）也就不会增加（Troendle and Bevenger，1996）。

12.3 昆虫和病害的影响

1939 年，美国科罗拉多州的一场风暴为恩格尔曼云杉甲虫疫情创造了理想的繁殖条件（Love，1955）。到 1946 年，甲虫已经杀死了 80%的森林树木。采用配对流域方法，在疫情后的 15 年间平均产水量有所增加。最大年瞬时流量从 0%增加到 27%。总的来说，产水量增加的原因是虫灾区域积雪的增加（Love，1955）。这是第一项记录昆虫脱叶事件导致河川径流增加的研究，为科罗拉多州森林水文学史纳入了新的内容。后来对河川径流记录的分析表明，两个流域的最小增幅发生在最初的 5 年期间（当时甲虫数量倍增到疫情比例），最大增幅发生在 15 年之后（Bethlahmy，1974，1975）。

19 世纪 70 年代中期爆发的山松甲虫导致美国蒙大拿州西南部杰克溪（Jack Creek）约 35%的树木死亡。数据分析表明，产水量增加，融雪径流洪峰提前了

2—3 周，枯水流量增加。由于洪峰流量的不同步，增加的年产水量没有显著改变洪峰流量（Potts，1984）。

加拿大不列颠哥伦比亚省营溪（Camp Creek）超过 30%的流域发生皆伐后，采用配对流域技术评估了河川径流的变化。针对伐木前和伐木后两个时期，分析了营溪流域（甲虫入侵）和相邻对照流域格瑞塔溪（Greata Creek）的现有水文数据。伐木后营溪河川径流的变化包括年产水量和洪峰流量增加，以及更早的洪峰流量和半流量出现日期（Cheng，1989）。

其他关于昆虫爆发对河川径流影响的研究偶尔会涉及木材采伐，从而带来不同的发现。回溯模型可用于模拟森林类型和年龄随时间的变化，评估松甲虫活动的水文效应，并预测增加的产水量（Troendle and Nankervis，2014）。与之相反，有一种物理模型的模拟结果却表明了不存在产水响应（Mikkelson et al.，2013）。

尚无研究考察了森林病害对河川径流的影响。研究记录了水质的变化，但没有记录水量的变化。由于配对流域有着类似的植被而易于受到相同病虫害的影响，很难维持对照流域不受干扰的状态，因此很难进行配对流域研究。

12.4　未来的调查方法

配对流域法是确定森林管理对径流影响的传统方法。已提出以下配对流域研究准则：①应在流域治理前的数据采集期间评估流域间的水文相似性；②流域面积不超过 1000 hm^2（较大流域可能会具有更好的整合性，误差更低，参数率定更准确）（Troendle et al.，2001）；③应针对单一事件进行实验，采伐面积应较大（>20%）；④流域治理前后的河川径流数据应能够检出变化（如存在变化），前后两个时期均应长于 10 年（McFarlane，2001；Buttle，2011），径流数据也可使用建模方法获得（Zhang et al.，2001；Bren and Hopmans，2007）。

不过，寻找和维护一个不受干扰的流域是十分困难和昂贵的，因此一些替代方法被用来分析当代森林管理对水资源的影响。其中一些方法如下所述。

12.4.1　单一流域研究

该方法在率定期和实验期均分析单一流域。在率定期，可基于径流与气候之间的统计关系构建水文气象模型（通常是简单的回归）。在实验期，该模型用于估算未受干扰情况下的河川径流，流域治理对径流的影响可通过观测值和模拟值之间的差值计算。模型中的不确定性往往会掩盖流域治理的影响（NCASI，2009）。增加率定期长度可改善模型，但不能克服单一流域方法的一些内在局限性。例如，如果天气数据是从单一站点采集的，作为径流模型依据的天气数据极可能无法代表整个流域（Chang，2005）。配对流域法的应用较为普遍，部分原因在于它能更有效地检测流域治理的影响（Loftis and MacDonald，2000）。

12.4.2 回顾性研究

另一种方法则是使用以前采集的河川径流和降水数据（NCASI，2009）。由于有采伐前的数据，回顾性研究是事后采伐流域与未受干扰流域的配对（Moore and Wondzell，2005）。由于对照流域的减少以及降水和径流数据平稳性等问题，回顾性研究必然会增加（McFarlane，2001；Webb et al.，2012）。

12.4.3 嵌套流域研究

嵌套流域研究可通过比较流域治理对大流域和这些流域的子流域的影响，衡量跨空间尺度的水文过程响应（NCASI，2009）。当与水文过程模拟相结合时，嵌套流域研究可以衡量流域治理的影响并反映因果机制（Alila and Beckers，2001；Alila et al.，2005）。例如，美国加利福尼亚州的卡斯帕溪（Caspar Creek）实验流域（Ziemer，2001；Keppeler，2007）、爱达荷州的米卡溪（Mica Creek）流域（Hubbart et al.，2007）、得克萨斯州的阿尔托（Alto）流域研究（McBroom et al.，2008）、俄勒冈州的辛克尔溪（Hinkle Creek）流域（Zegre et al.，2010）、阿尔西厄（Alsea）流域研究回顾（Stednick，2008）和科罗拉多州的戴德霍思溪（Deadhorse Creek）流域（Troendle，1987）；以及加拿大的鲍伦流域（Wei and Davidson，1998）。

12.4.4 统计方法

配对流域法通常使用协方差分析来确定流域治理后水文响应的显著性。响应可通过年产水量、瞬时洪峰流量或枯水流量等水量指标评估。该方法的实用性受流域间的差异性、第二类误差和对照流域的稳定性等因素限制。可采用预测残差来判断流域治理前后是否发生显著变化。早期的研究采用了95%置信度（Moring，1975）。

配对流域研究可确定不同时间尺度下植被变化引起的水量变化，包括年产水量、径流季节性变化，以及全年和季节性流量历时曲线的变化。比较配对流域结果和年水量平衡模型的模拟结果，得到了良好的一致性（Brown et al.，2005）。对造林、砍伐和植被恢复试验引起的年产水量变化分析表明，在土地可永久使用的前提下，达到新的平衡所需的时间差别很大。砍伐试验比造林试验更快地达到新的平衡。产水量的季节性变化表明流域管理对枯水流量的影响较大（Brown et al., 2005; van Dijk and Keenan, 2007）。

可使用非参数检验方法进行突变点分析。在不清楚确切的变化时间时，可利用 Pettitt 检验来判断水文时间序列中的突变点（Pettitt, 1979）。该方法可检验时间序列平均值的显著变化。该检验计算第一个样本的某个体超过第二个样本个体的次数。如果检测到突变点，则围绕突变点将时间序列分为两部分。Pettitt 检验经常结合趋势检验使用，用以评估流域变化对水文时序数据的影响（Ma et al., 2008; Zhang et al., 2008; Salarijazi et al., 2012）。突变点可以区分自然扰动或土地利用变化引起的径流变化，以及气候变化引起的径流变化。

降水-径流模型被广泛用于分析采伐对水资源的影响（Whitaker et al., 2003; Seibert and McDonnell, 2010; Seibert et al., 2010）。蒙特卡罗模拟被用于减少模型参数误差。有学者使用逐日径流序列与突变检测方法来分别评估采伐后的径流变化（Seibert and McDonnell, 2010; Zegre et al., 2010）。通过量化治理前后流域间的差异性可更好地确定流域对采伐的响应。也有人开发出使用长期数据和不同类别数据的数值模型（Schnorbus and Alila, 2004）。

在近期的配对流域研究中，递归残差滚动求和方法（moving sums of recursive residuals, MOSUM）被用于突变点检验，该方法可针对每个配对流域选取率定期，从而减少回归模型的不确定性，避免了流域治理影响被模型误差所掩盖（Ssegane et al., 2015）。为了更好地区分飓风破坏后的蒸发变化与蒸腾变化，滚动时域分析方法被用于解析长达十年的水文过程（Jayakaran et al., 2014）。

12.5 小 结

通过回顾森林砍伐对水文的影响研究，可以发现年产水量、枯水流量、洪峰流量和洪峰出现时间的响应各不相同。需要采伐 20%以上的流域面积，才能检测出显著的产水量变化。除皆伐之外的森林砍伐可能要超过这一阈值。但很少有研究展示了除皆伐外的森林砍伐如何影响径流。小流域研究的结果不能外推到大流域。使用传统的流量监测方法，难以在大尺度上监测或量化森林砍伐对流域产水量的影响。

鉴于很难维持对照流域，笔者认为应该利用现有的水文气象数据和新的统计方法进行更多的回顾性研究。为了更为严谨地阐释森林管理活动的水文影响，需要将非平稳数据分析和突变检测方法与更高精度的监测数据相结合。

参 考 文 献

Adams, P.W. and Ringer, J.O. (1994) *The Effects of Timber Harvesting and Forest Roads on Water Quantity and Quality in the Pacific Northwest: Summary and Annotated Bibliography*. Forest Engineering Department, Oregon State University, Corvallis, Oregon.

Alila, Y. and Beckers, J. (2001) Using numerical modeling to address hydrologic forest management issues in British Columbia. *Hydrological Processes* 15, 3371–3387.

Alila, Y., Weiler, M., Green, K., Gluns, D. and Jost, G. (2005) Designing experimental catchments to understand and quantify the influence of land-use management and natural variability on the hydrological response at multiple scales. In: Predictions in Ungauged Basins (PUB), Workshop Proceedings, 28–30 November 2005. Available at: https://www.for.gov.bc.ca/hfd/library/fia/2006/FSP_Y062294c.pdf (accessed 14 April 2016).

Anderson, H.W., Hoover, M.D. and Reinhart, K.G. (1976) *Forests and Water: Effects of Forest Management on Floods, Sedimentation and Water Supply*. General Technical Report PSW-GTR-18. USDA Forest Service, Pacific Southwest Research Station, Albany, California.

Andreassian, V. (2004) Water and forests: from historical controversy to scientific debate. *Journal of Hydrology* 291, 1–27.

Austin, S.A. (1999) Streamflow response to forest management: a meta-analysis using published data and flow duration curves. MSc. thesis, Colorado State University, Fort Collins, Colorado.

Bates, C.G. and Henry, A.J. (1928) Forest and streamflow experiment at Wagon Wheel Gap, Colorado. Final report upon completion of the second phase of the experiment. *USDA Monthly Weather Revue, Supplement* 30.

Beschta, R.L. (1990) Effects of forests on water quantity and quality. In:Walstad, J.D., Radosevich, S.R. and Sandberg, D.V. (eds) *Natural and Prescribed Fire in Pacific Northwest Forests*. Oregon State University Press, Corvallis, Oregon, pp. 219–232.

Beschta, R., Pyles, M.R., Skaugset, A.E. and Surfleet, C.G. (2000) Peak flow responses to forest practices in the western cascades of Oregon, USA. *Journal of Hydrology* 233, 102–120.

Bethlahmy, N. (1974) More streamflow after a bark beetle epidemic. *Journal of Hydrology* 23, 185–189.

Bethlahmy, N. (1975) A Colorado episode: beetle epidemic, ghost forests, more streamflow. *Northwest Science* 49, 95–105.

Bosch, J.M. and Hewlett, J.D. (1982) A review of catchment experiments to determine the effect of vegetation changes on water yield and evapotranspiration. *Journal of Hydrology* 55, 3–23.

Bren, L. and Hopmans, P. (2007) Paired catchments observations on the water yield of mature eucalypt and immature radiate pine plantations in Victoria, Australia. *Journal of Hydrology* 336, 416–429.

Bren, L. and Lane, P. (2014) Optimal development of calibration equations for paired catchment projects. *Journal of Hydrology* 510, 720–731.

Bren, L. and McGuire, D. (2012) Paired catchment experiments and forestry politics in Australia. In: Webb, A.A., Bonell, M., Bren, L., Lane, P.J.N., McGuire, D., Neary, D.J., Nettles, J., Scott, D.F., Stednick, J. and Wang, Y. (eds) *Revisiting Experimental Catchment Studies in Forest Hydrology* (Proceedings of a Workshop held during the XXV IUGG General Assembly in Melbourne, June–July 2011). IAHS Publication No. 353. International Association of Hydrological Sciences, Wallingford, UK, pp. 106–116.

Brown, A.E., Zhang, L., McMahon, T.A., Western, A.W. and Vertessy, R. (2005) A review of paired catchment studies for determining changes in water yield resulting from alterations in vegetation. *Journal of Hydrology* 310, 28–61.

Bruijnzeel, L.A. (2004) Hydrological functions of tropical forests: not seeing the soil for the trees? *Agricultural Ecosystems and Environment* 104, 185–228.

Buttle, J.M. (2011) The effects of forest harvesting on forest hydrology and biogeochemistry. In: Levia, D.F.,

Carlyle-Moses, D. and Tanaka, T. (eds) *Forest Hydrology and Biogeochemistry: Synthesis of Past Research and Future Directions*. Ecological Studies Vol. 216. Springer, New York, pp. 659–678.

Calder, I.R. (2007) Forests and water – ensuring forest benefits outweigh water costs. *Forest Ecology and Management* 251, 110–120.

Chang, M. (2005) *Forest Hydrology: An Introduction to Water and Forests*. Taylor & Francis, New York.

Cheng, J.D. (1989) Streamflow changes after clear-cut logging of a pine beetle-infested catchment in southern British Columbia, Canada. *Water Resources Research* 25, 449–456.

Chescheir, G.M., Skaggs, R.W. and Amatya, D.M. (2009) Quantifying the hydrologic impacts of afforestation in Uruguay: a paired watershed study. In: *Proceedings of the XIII World Forestry Congress, Buenos Aires, Argentina, 18–25 October 2009*. World Forestry Congress, Buenos Aires, Argentina, pp. 18–23.

Colman, E.A. (1953) *Vegetation and Catchment Management*. Ronald Press, New York.

de la Cretaz, A. and Barten, P.K. (2007) *Land Use Effects on Streamflow and Water Quality in Northeastern United States*. CRC Press, Boca Raton, Florida.

Edwards, P. and Troendle, C.A. (2008) Water yield and hydrology. In: Audin, L.J. (ed.) Cumulative Watershed Effects of Fuels Management. USDA Forest Service, Northeastern Area. Available at: http://www.na.fs.fed.us/fire/cwedocs/12_Water_Yield_Hydrology_Edwards_Troendle.pdf (accessed 8 April 2016).

Fuller, R.D., Simone, D.M. and Driscoll, C.T. (1988) Forest clearcutting effects on trace metal concentrations: spatial patterns in soil solutions and streams. *Water, Air, and Soil Pollution* 40, 185–195.

Gucinski, H., Furniss, M.J., Ziemer, R.R. and Brookes, M.H. (2001) Forest Roads: *A Synthesis of Scientific Information*. General Technical Report PNW-GTR-509. USDA Forest Service, Pacific Northwest Research Station, Portland, Oregon.

Hamilton, L. (1985) Overcoming myths about soil and water impacts of tropical forest land uses. In: El-Swaify, S.A., Moldenhauer, W.C. and Lo, A. (eds) *Soil Erosion and Conservation*. Soil Conservation Society of America, Ankeny, Iowa, pp. 680–690.

Hamilton, L. (2008) *Forests and Water. Thematic Study for the Global Forest Resources Assessment*. FAO Forestry Paper No. 155. Food and Agriculture Organization of the United Nations, Rome.

Harr, R.D. (1982) Fog drip in the Bull Run Municipal Catchment, Oregon. *Water Resources Bulletin* 18, 785–789.

Hibbert, A.R. (1967) Forest treatment effects on water yield. In: Sopper, W.E. and Lull, H.W. (eds) *International Symposium of Forest Hydrology*. Pergamon Press, Oxford, pp. 527–543.

Hicks, B.J., Beschta, R.L. and Harr, R.D. (1991) Long-term changes in streamflow following logging in Western Oregon and associated fisheries implications. *Water Resources Bulletin* 27, 217–226.

Hubbart, J.A., Link, T.E., Gravelle, J.A. and Elliot, W.J. (2007) Timber harvest impacts on water yield in the Continental/Maritime hydroclimatic region of the United States. *Forest Science* 53, 169–180.

Ice, G.G. and Stednick, J.D. (2004) Introduction. In: Ice, G.G. and Stednick, J.D. (eds) *A Century of Forest and Wildland Watershed Lessons*. Society of American Foresters, Bethesda, Maryland, pp. vii–x.

Jackson, C.R., Sun, G., Amatya, D.M., Swank, W.T., Riedel, M., Patric, J., Williams, T., Vose, J.M., Trettin, K., Aust, W.M., et al. (2004) Fifty years of forest hydrology research in the southeast: some lessons learned. In: Ice, G.G. and Stednick, J.D. (eds) *A Century of Forest and Wildland Watershed Lessons*. Society of American Foresters, Bethesda, Maryland, pp. 33–112.

Jayakaran, A.D., Williams, T.M., Ssegane, H., Amatya, D.M., Song, B. and Trettin, C.C. (2014) Hurricane impacts on a pair of coastal watersheds: implications of selective hurricane damage to forest structure and streamflow dynamics.

Hydrology and Earth System Sciences 18, 1151–1164.

Jones, J.A. and Grant, G.E. (1996) Peak flow responses to clear-cutting and roads in small and large basins, western Cascades, Oregon. *Water Resources Research* 32, 959–974.

Jones, J.A. and Grant, G.E. (2001) Comment on 'Peak flow responses to clear-cutting and roads in small and large basins, western Cascades, Oregon: A second opinion' by R. B. Thomas and W. F. Megahan. *Water Resources Research* 37, 175–178.

Keppeler, E. (2007) Effects of timber harvest on fog drip and streamflow, Caspar Creek experimental catchments, Mendocino County, California. In: Standiford, R.B., Giusti, G.A., Valachovic, Y., Zielinski, W.J. and Furniss, M.J. (eds) *Proceedings of the Redwood Region Forest Science Symposium: What Does the Future Hold?* General Technical Report PSW-GTR-194. USDA Forest Service, Pacific Southwest Research Station, Albany, California, pp. 85–93.

Loftis, J.C. and MacDonald, L.H. (2000) Exploring the benefits of paired catchments for detecting cumulative effects. In: *Catchment Management and Catchment Operations 2000*. American Society of Civil Engineers, New York, pp. 1–9.

Love, L.D. (1955) The effect on streamflow of the killing of spruce and pine by the Englemann spruce beetle. *Transactions of the American Geophysical Union* 36, 113–118.

Ma, Z., Kang, S., Zhang, L., Tong, L. and Su, X. (2008) Analysis of impacts of climate variability and human activity on streamflow for a river basin in arid region of northwest China. *Journal of Hydrology* 352, 239–249.

MacDonald, L.H. and Stednick, J.D. (2003) *Forest and Water: A State of the Art Review for Colorado*. Completion Report No. 196. Colorado Water Resources Research Institute, Colorado State University, Fort Collins, Colorado.

McBroom, M.W., Beasley, R.S., Chang, M. and Ice, G.G. (2008) Storm runoff and sediment losses from forest clearcutting and stand reestablishment with best management practices in the Southeastern United States. *Hydrological Processes* 22, 1509–1522.

McFarlane, B.E. (2001) Retrospective analysis of the effects of harvesting on peak flow in southeastern British Columbia. In: Toews, D.A.A. and. Chatwin, S. (eds) *Catchment Assessment in the Southern Interior of British Columbia, Workshop Proceedings.Working Paper No.57*. Research Branch, British Columbia Ministry of Forests, Victoria, British Columbia, Canada, pp. 81–93. Available at: http://www. for.gov.bc.ca/hfd/pubs/Docs/Wp/Wp57.htm (accessed 10 August 2015).

Mikkelson, K., Bearup, L.A., Maxwell, R., Stednick, J.D., McCray, J.E. and Sharp, J.O. (2013) Bark beetle infestation impacts on nutrient cycling, water quality and interdependent hydrological effects. *Biogeo-chemistry* 115, 1–21.

Moore, R.D. and Wondzell, S.M. (2005) Physical hydrology and the effects of forest harvesting in the Pacific Northwest: a review. *Journal of the American Water Resources Association* 41, 763–784.

Moring, J.R. (1975) *The Alsea Watershed Study: Effects of Logging on the Aquatic Resources of Three Headwater Streams of the Alsea River, Oregon: Part II – Changes in Environmental Conditions*. Fisheries Research Report No. 9. Oregon Department of Fish and Wildlife, Corvallis, Oregon.

NCASI (2009) *Effects of Forest Management on Water Resources in Canada: A Research Review*. Technical Bulletin No. 969. National Council for Air and Stream Improvement, Inc., Research Triangle Park, North Carolina.

NRC (2008) *Hydrologic Effects of a Changing Forest Landscape*. Committee on Hydrologic Impacts from Forest Management Activities, National Research Council, Washington, DC.

Pettitt, A. (1979) A nonparametric approach to the change-point problem. *Applied Statistics* 28, 126–135.

Potts, D. (1984) Hydrologic impacts of a large-scale mountain pine beetle (*Dendroctonus ponderosae* Hopkins) epidemic. *Journal of the American Water Resources Association* 20, 373–377.

Reiter, M.L. and Beschta, R.L. (1995) The effects of forest practices on water. In: *Cumulative Effects of Forest Practices in Oregon*. Oregon Department of Forestry, Salem, Oregon, Chapter 7.

SAF (2008) *The Dictionary of Forestry*. Society of American Foresters, Bethesda, Maryland.

Sahin, V. and Hall, M.J. (1996) The effects of afforestation and deforestation on water yields. Journal of Hydrology 178, 293–309.

Salarijazi, M., Akhond-Ali, A., Adib, A. and Daneshkhah, A. (2012) Trend and change-point detection for the annual stream-flow series of the Karun River at the Ahvaz hydrometric station. *African Journal of Agricultural Research* 7, 4540–4552.

Scherer, R. (2001) Effect of changes in forest cover on streamflow: a literature review. In: Toews, D.A.A. and Chatwin, S. (eds) *Catchment Assessment in the Southern Interior of British Columbia, Workshop Proceedings*. Working Paper No. 57. Research Branch, British Columbia Ministry of Forests, Victoria, British Columbia, Canada, pp. 44–55.

Scherer, R. and Pike, R. (2003) *Effects of Forest Management Activities on Streamflow in the Okanagan Basin, British Columbia: Outcomes of a Literature Review and Workshop*. FORREX Series No. 9. FORREX–Forest Research and Extension Partnership, Kamloops, British Columbia, Canada.

Schnorbus, M. and Alila, Y. (2004) Forest harvesting impacts on the peak flow regime in the Columbia Mountains of southeastern British Columbia: an investigation using long-term numerical modeling. *Water Resources Research* 40, W05205, doi: 10.1029/2003WR002918 (accessed 8 April 2016).

Seibert, J. and McDonnell, J. (2010) Land-cover impacts on streamflow: change-detection modelling approach that incorporates parameter uncertainty. *Hydrological Sciences Journal* 55, 316–332.

Seibert, J., McDonnell, J. and Woodsmith, R. (2010) Effects of wildfire on catchment runoff responses: a modelling approach to detect changes in snow-dominated forested catchments. *Hydrological Research* 41, 378–390.

Ssegane, H., Amatya, D.M., Muwamba, A., Chescheir, G.M., Appelboom, T., Tollner, E.W., Nettles, J.E., Youssef, M.A., Birgand, F. and Skaggs, R.W. (2015) Hydrologic calibration of paired watersheds using a MOSUM approach. *Hydrology and Earth Systems Science* 19, 1–35.

Stednick, J.D. (1996) Monitoring the effects of timber harvest on annual water yield. *Journal of Hydrology* 176, 79–95.

Stednick, J.D. (2000) Effects of vegetation management on water quality: timber management. In: Dissmeyer, G. (ed.) *Drinking Water from Forests and Grasslands*. General Technical Report SRS-039. USDA Forest Service, Southern Research Station, Asheville, North Carolina, pp. 147–167.

Stednick, J.D. (ed.) (2008) *Hydrological and Biological Responses to Temperate Coniferous Forest Practices*. Springer, New York.

Sun, G., McNulty, S.G., Shepard, J.P., Amatya, D.M., Riekerk, H., Comerford, N.B., Skaggs, W. and Swift, L. Jr (2001) Effects of timber management on the hydrology of wetland forests in the southern United States. *Forest Ecology and Management* 143, 227–236.

Swank, W.T. and Douglass, J.E. (1974) Streamflow greatly reduced by converting deciduous hardwood stands to pine. *Science* 185, 857–859.

Swank, W.T. and Johnson, C.E. (1994) Small catchment research in the evaluation and development of forest management practices. In: Moldan, B. and Cerny, J. (eds) *Biogeochemistry of Small Catch-ments: A Tool for Environmental Research*. SCOPE 51. Wiley, Chichester, UK, pp. 383–408.

Tague, C. and Grant, G.E. (2004) A geological framework for interpreting the low-flow regimes of Cascade streams, Willamette River Basin, Oregon. *Water Resources Research* 40, W04303, doi: 10.1029/2003WR002629 (accessed 8 April 2016).

Thomas, R.B. and Megahan, W.F. (1998) Peak flow responses to clear-cutting and roads in small and large basins, western Cascades, Oregon: a second opinion. *Water Resources Research* 34, 3393–3403.

Thomas, R.B. and Megahan W.F. (2001) Reply to 'Comment on "Peak flow responses to clear-cutting and roads in small and large basins, western Cascades, Oregon: a second opinion" by R. B. Thomas and W. F. Megahan'. *Water Resources Research* 37, 181–183.

Troendle, C.A. (1987) The effect of partial and clearcutting on streamflow at Deadhorse Creek, Colorado. *Journal of Hydrology* 90, 145–157.

Troendle, C.A. and Bevenger, G.S. (1996) Effect of fire on streamflow and sediment transport, Shoshone National Forest, Wyoming. In: Greenlee, J. (ed.) *Proceedings of the Second Biennial Conference on the Greater Yellowstone Ecosystem, The Ecological Implications of Fire in Greater Yellowstone National Park, Wyoming*. International Association of Wildland Fire, Fairfield, Washington, pp. 43–52.

Troendle, C.A. and Nankervis, J.M. (2014) *The Effects of Insect Mortality and Other Disturbances on Water Yield in the North Platte Basin*. Final Report. Prepared for the Wyoming Water Development Council, Cheyenne, Wyoming.

Troendle, C.A., Wilcox, M.S., Bevenger, G.S. and Porth, L. (2001) The Coon Creek Water Yield Augmentation Project: implementation of timber harvesting technology to increase streamflow. *Forest Ecology and Management* 143, 179–187.

US EPA (1980) Hydrology. In: *An Approach to Water Resources Evaluation of Non-point Silvicultural Sources*. EPA-600/8-80-012. US Environmental Protection Agency, Athens, Georgia, Chapter III.

Van Dijk, A.I.J.M. and Keenan, R. (2007) Planted forests and water in perspective. *Forest Ecology and Management* 251, 1–9.

Webb, A.A., Bonell, M., Bren, L., Lane, P.N.J., McGuire, D., Neary, D.G., Nettles, J., Scott, D.F., Stednick, J.D. and Wang, Y. (eds) (2012) *Revisiting Experimental Catchment Studies in Forest Hydrology* (Proceedings of a Workshop held during the XXV IUGG General Assembly in Melbourne, June–July 2011). IAHS Publication No. 353. International Association of Hydrological Sciences, Wallingford, UK.

Wei, X. and Davidson, G.W. (1998) Impact of large-scale timber harvesting on the hydrology of the Bowron River catchment. In: Alila, Y. (ed.) *Mountains to Sea: Human Interaction with the Hydrologic Cycle, 51st Annual Conference Proceedings, 10–12 June 1998*. Canadian Water Resources Association, Victoria, British Columbia, Canada, pp. 45–52.

Wemple, B.C., Jones, J.A. and Grant, G.E. (1996) Channel network extension by logging roads in two basins in western Cascades, Oregon. *Water Resources Bulletin* 32, 1195–1207.

Whitaker, A., Alila, Y., Beckers, J. and Toews, D. (2003) Application of the distributed hydrology soil vegetation model to Redfish Creek, British Columbia: model evaluation using internal catchment data. *Hydrological Processes* 17, 199–224.

Whitehead, P.G. and Robinson, M. (1993) Experimental basin studies – an international and historical perspective of forest impacts. *Journal of Hydrology* 145, 217–230.

Zegre, N., Skaugset, A.E., Som, N., McDonnell, J.J. and Ganio, L.M. (2010) In lieu of the paired catchment approach: hydrologic model change detection at the catchment scale. *Water Resources Research* 46, W11544, doi: 10.1029/2009WR008601 (accessed 8 April 2016).

Zhang, L., Dawes, W.R. and Walker, D.R. (2001) Response of a mean annual evapotranspiration to vegetation changes at a catchment scale. *Water Resources Research* 37, 701–708.

Zhang, X., Zhang, L., Zhao, J., Rustomji, P. and Hairsine, P. (2008) Responses of streamflow to changes in climate and land use/cover in the Loess Plateau, China. *Water Resources Research* 44, W00A19, doi: 10.1029/2007WR006711 (accessed 8 April 2016).

Ziemer, R.R. (2001) Caspar Creek. In: Marutani, T., Brierley, G.J., Trustrum, N.A. and Page, M. (eds) *Source-to-Sink Sedimentary Cascades in Pacific Rim Geo-Systems*. Matsumoto Sabo Work Office, Ministry of Land, Infrastructure and Transport, Nagano, Japan, pp. 78–85.

13 火灾后的森林水文

P. R. 罗比肖（P. R. Robichaud）[*]

13.1 引　言

对火灾的响应是森林流域水文响应中最极端的一种（Bren，2014）。高烈度火灾可导致极高的洪峰流量，从而剥离易受侵蚀的土壤；相反，低烈度火灾对流域响应的影响很小。大多数具有良好水文条件和充足降雨量的森林流域全年都维持着基流，几乎不会产生土壤侵蚀（DeBano et al.，1998）。火灾会消耗累积的森林枯枝落叶层、森林植被和林下植被，从而破坏这些稳定条件（表 13.1）。植被和森林枯枝落叶层防止土壤受到雨滴冲击的影响，防止形成坡面流，促进渗透。

表 13.1　受野火影响的水文过程

水文过程	高烈度燃烧结果	
渗透	↑坡面流 ↑暴雨径流 ↑疏水性	—
土壤蓄水	↑蒸发 ↑疏水性	↓渗透 ↓枯枝落叶吸收
枯枝落叶层/腐殖层蓄水	↑蒸发 ↑径流 ↑溅蚀 ↑雪升华	↓截留
截留/蒸散	↑产水量 ↑积雪	↓蓄水量 ↓蒸发 ↓蒸腾
地表径流/坡面流	↑产沙量 ↑侵蚀 ↑泥石流	—
径流	↑地表径流 ↑融雪速度 ↑侵蚀	↓蒸发 ↓蒸腾

---

[*] 美国农业部林务局，美国爱达荷州莫斯科。通讯作者邮箱：probichaud@fs.fed.us

续表

水文过程	高烈度燃烧结果	
洪峰流量	↑水量 ↑山洪频率 ↑洪水水位	—
基流	↑蒸发	↓渗透
水质	↑悬移质泥沙 ↑灰分养分：$Ca^{2+}, NO_3^-, NH_4^+, PO_4^{3-}$	—

影响水文变化的具体因素包括：土壤类型和结构；土壤覆盖；植被类型和再生率；降水强度和频率；林下和树冠植被覆盖；微观和宏观地形特征（Neary et al.，2005）。

13.2 火灾对土壤的影响

13.2.1 土壤渗透

渗入土壤的水分和地表条件密切相关。一般来说，焚烧后的山坡径流会增加一到两个数量级（Moody et al.，2013）。燃烧期间地表物质的扰动范围或枯枝落叶层的消耗量是决定地表物质扰动程度的主要因素。通常是有机碎屑（一般叫做"腐殖层"或"枯枝落叶层"）和细小有机质将土壤颗粒聚集在一起。燃烧过程中消耗的腐殖质与火灾烈度（包括所达到温度和加热持续时间）呈函数关系。火灾后的水文响应与火灾对土壤和腐殖层的影响直接相关（Robichaud，1996；Parsons et al.，2010）。火灾后矿物表层的状态十分重要，因为它决定了受雨滴溅蚀的矿物土壤的数量、坡面流和疏水性土壤的发育（DeBano，1981）。

13.2.2 土壤疏水性

森林燃烧和未燃烧土壤均存在疏水性（Robichaud，2000；Huffman et al.，2001；Doerr et al.，2006；Butzen et al.，2015）。野火一般与疏水性土壤的形成有关。研究者认为，疏水性土壤会减少渗透，增加径流和土壤侵蚀（DeBano et al.，1998；Robichaud，2000）（图13.1）。枯枝落叶和表层土壤中的疏水有机物在燃烧过程中挥发，并沿温度梯度向上释放到大气中，向下释放到土壤剖面中。移动的疏水有机物凝结在地下温度较低的土壤颗粒上，产生了疏水性土壤条件（DeBano et al.，1976）。

有时候，由于从土壤有机物析出的疏水化合物覆盖土壤表层，及微生物活动的副产物或枯枝落叶层下的真菌生长，未燃烧的森林也会产生天然疏水性土

(Savage et al., 1972; DeBano, 2000; Doerr et al., 2000; Butzen et al., 2015)。在未燃烧时, 枯枝落叶和植被覆盖促进蓄水, 并减少疏水性对渗透和侵蚀的影响。火灾去除了土壤的有机防护层 (枯枝落叶层), 使土壤直接暴露于雨滴冲击, 地表径流的形成也就没了阻碍 (Moffet et al., 2007; Pierson et al., 2008)。

在燃烧和未燃烧条件下, 均已观测到土壤疏水性的存在及其季节性变化 (Doerr and Thomas, 2000; Dekker and Ritsema, 2000; Huffman et al., 2001)。Dekker 等 (2001) 证明了土壤疏水性是土壤含水量的函数, 即由土壤水阈值可区分亲水性和疏水性土壤条件。含水量和土壤疏水性之间的关系受土壤干燥过程的影响。当土壤湿度超过 12%—25%时, 疏水性土壤可被湿润, 所以燃烧后的时间并不能有效预测科罗拉多弗兰特山脉 (Colorado Front Range) 的土壤疏水性 (Huffman et al., 2001)。这些研究表明, 场地特征会影响土壤疏水性, 场地的季节性变化可能会干扰对土壤疏水持久性的评估 (Doerr et al., 2000)。

图 13.1　野火及 30 min 降雨后的疏水性土壤条件

图示为饱和表层土壤和地下几厘米处的干燥土壤。圆圈部分为土表水滴, 矩形部分为渗透的水滴。

13.2.3 土壤蓄水

特定地区的野火经常会发生在数年干旱周期之后（Westerling et al.，2006）。即使在野火之前，如果土壤剖面中的土壤水分减少，干旱周期也会影响土壤蓄水，导致该地区野火的同一干旱周期可能会在火灾后持续数年。没有腐殖层和枯枝落叶层等保护层，那么土壤缺水后将很难恢复，这是因为冬天的雪可以融化，但却没有腐殖层的"海绵"持水作用，土壤剖面的补充水分就会很少。可能需要数年时间才能达到之前（火灾前）的土壤水分条件。

野火后的植被恢复取决于许多因素，一般包括土壤燃烧烈度、到种源的距离和本地物种的耐火性，尤其取决于火灾后第一年的降水和积雪（以及随后的融化）。火灾发生后，植被通常会立即激增，而在接下来的十年里，植被会以非线性的速度增长。增幅取决于景观动态变化。虽然植被会通过根系吸收和蒸腾消耗土壤水分，但它具有重要的稳定土壤作用。植被的这种稳定作用的好处往往会大于消耗土壤水分所造成的损害。细根和较大的根也可为疏水的燃烧土壤剖面提供渗透通道。

美国华盛顿中部的一场森林野火导致土壤蓄水增加，其原因在于烧死的树木减少了蒸腾（Klocka and Helvey，1976）。相反，在亚利桑那州，由于增加的坡面流和干燥的裸露土表，烧掉的西黄松（*Pinus ponderosa*）减少了土壤蓄水（Campbell et al.，1977）。因此，土壤蓄水取决于土壤和场地条件，以及当地气候。

13.2.4 枯枝落叶层/腐殖层

火灾对土壤表层有机质的影响关系到森林土壤的水文响应（Fosberg，1977；Brown et al.，1985）。一般来说，土壤表层的有机物质共有三层。上层（枯枝落叶层）是未分解的松散物质，由树枝、草、树叶和针叶等碎片组成。枯枝落叶层下面是发酵层，由部分分解的有机物质组成，通常伴有真菌。第三层是腐殖质层，也是最深的有机层，腐殖质堆积层上方含有大量的分解物质。很难区分发酵层和腐殖质层之间的物理界限，因为腐殖质会按不同的比例与部分分解的有机物质混合。森林科学家和火灾管理人员通常使用术语"腐殖层"（duff）来统称发酵层和腐殖质层，而术语"枯枝落叶层"（forest floor）用于指代覆盖在矿质土壤上的所有表层有机物（枯枝落叶和腐殖质）（DeBano et al.，1998）。虽然矿质土壤和上覆腐殖层之间通常存在明确的界限，但场地扰动可使不同数量的矿质土壤混合到腐殖层中去。

火灾对地面的影响包括从清除枯枝落叶，到完全烧毁森林地表，再到改变下面的矿物土壤结构（Wells et al.，1979；Brown et al.，1985；DeBano et al.，1998；Ryan，2002）。当完全消耗完森林地表时，暴露出来的矿质土壤极易受到侵蚀（Wells et al.，1979；Soto et al.，1994），输沙量增加（Nyman et al.，2013）。另外，由于有机质的"海绵"效应消失，矿质土壤的渗透和蓄水能力显著降低，导致土壤不能吸收短历时、高强度的降雨（Baker，1990）。

灰分层下面残留的未燃烧腐殖层在干燥时可以起到疏水作用，而潮湿时则起到吸水作用。其分布增加了土壤的空间变异性，导致火灾后径流和土壤侵蚀响应更为复杂。即便是在极度疏水条件下，长时间的降雨也会导致土壤转变为"正常"的可湿润状态（Doerr et al.，2000；Stoof et al.，2011），但一旦恢复干燥条件，土壤可恢复其疏水状态（Shakesby and Doerr，2006）。

13.2.5 土壤的空间变异性

自然界土壤性质多变。土壤侵蚀试验发现土壤可蚀性的均值和标准差均具空间异质性，变异系数通常大于30%（Elliot et al.，1989）。靠近山脊顶部的土粒粗而浅，而山坡底部的土粒较细。一般是火的扰动决定了土壤的可蚀性，而不是土壤的固有性质。Nyman等（2013）认为，自然界中高度易蚀的砂土在火灾后可能变得更加易蚀，而黏壤土在最初失去松散颗粒后很快稳定下来。扰动的分布和后续效应很少一致（Robichaud et al.，2007）。

火灾烈度和土壤变异性的组合效应导致了土壤可蚀性的空间变异，这种变异在一定程度上是可以预测的，但也存在大量的自然变异。例如，由于水一般会通过自然山坡或景观特征找到渗透路径，疏水效果随着空间尺度的增大而降低（Larsen et al.，2009）。在野火发生后，有一些地区的土壤燃烧烈度[根据Parsons等（2010）的定义]更高，导致地表覆盖完全丧失，继而强化土壤的疏水性。还有其他区域野火的土壤燃烧烈度较低，大大降低了侵蚀风险；大部分火灾一般表现为这些特征的组合。空间变异的分析表明，在某些野火之后，火灾烈度有明显变化规律，而在另一些野火之后，变异会在山坡上或流域内均匀分布（Robichaud and Miller，1999）。

13.3 火灾对植被的影响

本节主要介绍火灾对截留和蒸散的影响。

火灾对植被影响重大，影响可以从数百平方公里的林冠完全燃烧到树叶的轻微炭化。火灾导致森林的截留与蒸发损失减小，到达地面的降水增大，土壤湿度和径流增大（Neary et al.，2005）。林冠的燃烧降低了森林的截雨能力，对截留影响显著。例如，已发现腐殖层和冠层的燃烧会降低其蓄水或"水文缓冲"能力，尤其是在干燥针叶林的阴坡（Ebel，2013）。

野火造成的森林树冠层丧失也会增加积雪；这种差异可能是冠层截留减少引起的（Burles and Boon，2011；Gleason et al.，2013）。例如，已发现与成熟林地相比，林冠燃烧增加了 4%—11% 的雪水当量积聚。这和丧失树冠的其他扰动类似，如皆伐（Winkler et al.，2010）。由于太阳辐射的增加导致更早和更快地融雪，与成熟林地相比，燃烧区域的融雪速率更快（Burles and Boon，2011；Gleason et al.，2013）。

冠层覆盖的减少通常也会导致蒸散的减少。比如 Dore 等（2012）发现，半干旱松树桉树混交林火灾后蒸散立即减少。这是由于植被覆盖较低或不存在，导致蒸发比蒸腾大。干针叶林蒸腾量下降最多，其次是湿针叶林、落叶林和草地。火灾烈度也会对蒸散有影响，与未燃烧的森林相比，桉树林在高烈度燃烧后蒸散减少了 41%，而在火灾后的第一、二年，中等烈度燃烧的蒸散仅减少了 3%。除了森林地表蒸发和截留损失之外，再生幼苗抵消了蒸散的减小（Nolan et al.，2014）。在燃烧后的第三到四年间（Soto and Diaz-Fierros，1997；Nolan et al.，2014），火灾后减小的蒸散和截留将会恢复，这与叶面积、郁闭度或胸高断面积的增加相关（Soto and Diaz-Fierros，1997）。

13.4　火灾对流域响应的影响

13.4.1　降水

扰动后几年的降水模式对确定水文响应至关重要。如果降雨量很少，则很少发生侵蚀，但自然或播种的植被再生与土壤疏水性的恢复也会很少，这意味着该地在未来一两年内可能仍易受到侵蚀。

如果降水持续时间短、强度高，那么侵蚀可能会很严重。如果天气非常潮湿，土壤疏水，则很有可能发生严重的土壤侵蚀，不过植被也会迅速恢复。降雨或雪上雨造成的径流和侵蚀远远大于融雪。一旦场地恢复，在明显的高地侵蚀发生之前必须有超过 50 mm/h 的降雨率，或一天内超过 100 mm 的总降雨量。许多林区很少会出现这种降雨强度。

13.4.2　地表径流/坡面流

当高烈度火灾导致较差的水文条件时，大部分降水不会渗入土壤，河川径流对降水的响应很快。在这种情况下，径流和洪峰流量可能会增加几个数量级，并可能造成极端水文影响（Neary et al.，2005；Moody and Martin，2009；Robichaud et al.，2010）。流域水文响应的增加一般是由超渗产流引起的，有时也会是蓄满产流或者二者的组合（Sheridan et al.，2007；Moody et al.，2013）。径流的增加一般是以下因素的综合作用：土壤疏水性的发展、裸土数量的增加、冠层截留量的减少和地表蓄水量的减小。对流雨是径流增加的主要原因。

13.4.3 河川径流

一般对于降雨径流方法来说，假设降雨和从整个流域区域流入河道的径流在时间和空间上是均匀的（一般不适用于山区的燃烧区）。根据野火后的响应，山坡径流产生过程可在超渗和蓄满产流之间转换（Ebel et al.，2012；Moody et al.，2013）。目前发现，与蓄满相比，超渗产流对相关降水不确定性更为敏感。

美国华盛顿州中部喀斯喀特山脉（Cascacle Range）的一个 560 hm² 流域的年径流量比野火前的河川径流增加了 5 倍。根据 Neary 等（2005）的总结，野火前和野火后的河川径流之间的差异从旱季的近 110 mm 到雨季的约 477 mm 不等。Campbell 等（1977）观察到，在美国西南部西黄松林发生野火后，一个小面积（8 hm²）重度燃烧流域的平均年暴雨流量增加了 3.5 倍，达到 20 mm。与未燃烧（对照）流域相比，较小的 4 hm² 中度燃烧流域的平均年暴雨径流增加了 2.3 倍，达到近 15 mm。当降水输入为降雨时，重度燃烧流域的平均径流系数提高了 357%，融雪期则降低了 51%。降雨过程中观察到的差异主要是由于较低的树木密度、枯枝落叶层的大量减少，以及形成了更广泛的疏水土壤。与中度燃烧流域相比，重度燃烧流域的蒸散更小，暴雨径流更大。在春季融雪期，重度燃烧流域的较低树木密度则蒸发掉更多的积雪。因此，暴雨径流更少发生在有遮蔽的、中度燃烧的流域。

在法国南部一个 150 hm² 的流域，野火后的第一年，河川径流增加了 30%，达到近 60 mm（Lavabre et al.，1993）。焚烧前的流域植被主要为麻栎、栓皮栎和栗栎的混合。野火造成的植被损失导致了蒸散的减少，进而导致了河川径流增加。

虽然在野火之后，河川径流显著增加，但在 1939 年重度燃烧之后的 3—5 年，澳大利亚东南部的王桉（*Eucalyptus regnans*）流域河川径流显著减少（Langford，1976；Kuczera，1987）。由于蒸腾增大导致了河川径流减少，而蒸腾作用的增加与火灾后桉树林的快速、旺盛再生是同步的。河川径流的减少是个长期结果，在火灾后 15—20 年达到峰值，河川径流可能在 100—150 年内都不会恢复到扰动之前的状态。这些特殊的流域是人口稠密的墨尔本的水源。这一案例突显了由于野火所造成的城市供水脆弱性（Kuczera，1987）。

13.4.4 洪峰流量

野火对洪峰流量的影响变化大且影响复杂。除了野火本身，最大的影响要数火灾后的洪峰流量响应了（Neary et al.，2005）（图13.2）。洪峰流量增加一到三个数量级与短时强降雨、陡峭流域和重度燃烧的区域有关。这些洪峰流量有助于河道的形成、输沙和河流廊道内沉积物的重新分布。这些洪峰流量的时间通常很短，会产生"骤发洪水"（flash floods）。野火后，此类洪峰流量事件发生的频率会增加。

图13.2　美国亚利桑那州2011年瓦洛厄（Wallow）火灾强降雨后的河道冲刷

洪峰流量受到流域内降水面积和燃烧烈度的影响。Cannon等（2001a，2001b）认为，面积约为 1 km^2 及以内的区域能产生最大的比流量，这是因为该面积的流域经常具有高土壤燃烧烈度、陡坡以及强降雨的组合。同时，洪峰流量也是结构（桥梁、大坝、防洪堤、建筑物、文化遗址等）管理和设计中的一个重要考虑因素。

13.4.5 基流

森林树冠覆盖的减少降低了截留和蒸腾，因此会增加包括基流在内的年产水量（MacDonald and Stednick，2003）。一般认为森林采伐后增加的年产水量与森林覆盖的丧失量成正比,但是必须移除至少 15%—20%的树木才能产生显著影响;这类似于中度或重度燃烧造成的树木损失。在年降雨量少于 450—500 mm 的地区,移除森林树冠不可能显著增加年产水量。在干旱地区,土壤蒸发的增加量通常会抵消截留和蒸腾的减少量,只要下垫面的产流机制不变,径流量就不会产生变化(MacDonald and Stednick,2003)。

野火后,随着蒸发和截留的减少,基流一般会增加。当地的土壤和地质条件决定了富余的水量是流向泉水、基流,还是补给地下水。这可能是由降雨的季节分布和时间决定的(Neary et al.,2005)。

13.4.6 水质

通常,受火灾影响的流域流量会有所增加,进而影响到水质。悬浮的细颗粒(灰和沙)和推移质受影响最为显著,一般会增加几个数量级(图 13.3)。

图 13.3 美国科罗拉多州 2012 年高地公园大火高强度降雨事件后的灰烬和泥沙

据 Smith 等(2011)的综述,在不同面积(0.021—1655 km^2)的流域,野火后第一年的泥沙悬移质达到 0.017 t/(hm^2/a)到 50 t/(hm^2/a)。这相当于未燃烧时的 1—1460 倍。野火后第一年,水流中悬浮固体总量的最大浓度为 11—500 000 mg/l。同样,火灾后第一年水流输送的总氮[1.1—2.7 kg/(hm^2/a)]和总磷

[0.03—3.2 kg/(hm²/a)]的变化范围很大，相当于火灾前的 0.3—430 倍，而 NO_3^- 输送量为 0.04—13.0 kg/(hm²/a)（是火灾前的 3—250 倍）。输入灰烬以后，河水中的 NO_3-N、NH_4-N、PO_4^{3-}、K^+ 和碱度增加，但每种物质的浓度会在 4 个月内恢复到野火前的状态（Earl and Blinn，2003）。Ca^{2+}、Mg^{2+} 和 K^+ 等矿物质养分一般会转化为相对可溶的氧化物（火灾后残留的浅色灰烬的主要成分）（Ice et al.，2004）。通常，在灰烬污染的径流中测得的 Ca^{2+} 的量可作为判断灰烬污染的水质标准。在针叶林火灾后不久，可以观察到 Na^+、Cl^- 和 SO_4^{2-} 的增加（Smith et al.，2011）。Crouch 等（2006）发现，NH_4-N、P 和总 CN^- 浓度与 Ca^{2+} 浓度显著相关，表明化学物质与灰烬的输入有关。

13.5 火灾对产沙量的影响

13.5.1 土壤侵蚀

野火后土壤侵蚀响应的变异是由径流和运移过程的差异造成的，这些差异受地形、受火土壤的时间和空间变异（蓄水、渗透、细根分解等）、降水和径流（Moody et al.，2013）的影响。侵蚀响应的复杂性是由于泥沙源的空间分布不均，及输沙过程导致的地表糙率的变化。这反过来又导致了径流模式和泥沙运移的变化（Kirkby，2011）。野火后环境中的土壤可蚀性可能会因野火期间的受热、野火后土壤湿度条件的变化而发生变化。燃烧会产生新的可侵蚀层（灰或炭），还会破坏土壤结构和黏结性，使得地表径流冲刷的土壤增多（Nyman et al.，2013）。因此，有效泥沙量（取决于泥沙供应量及其可侵蚀性和流动性）决定了山坡对侵蚀过程的脆弱性（Moody et al.，2013）。

气候、地形、土壤、植被、土壤燃烧烈度以及河道邻近性的特征造成了野火后响应和恢复率的显著变异（DeBano et al.，1998；Robichaud，2000）。具体来说，野火后径流、洪峰流量和侵蚀率高度依赖于降雨强度和雨量、受野火影响的土壤扰动的程度和空间分布。野火对土壤的影响包括土壤有机质和表层枯枝落叶层的减少、土壤团聚体的减少导致的土壤结构变化、植被的损失、水力糙率的变化以及疏水性土壤的变化或形成（DeBano et al.，1998；Certini，2005；Shakesby and Doerr，2006）。与低中烈度火灾相比，高烈度火灾往往规模更大，土壤扰动更均匀。扰动土壤的空间范围或斑块大小的增加可能导致更大的坡面流、更多冲蚀而成的细沟和更多的泥沙运移（Moody et al.，2008）。

在重度燃烧地区，高强度、短时降雨事件使洪峰流量增加 2—2000 倍（DeBano et al.，1998；Neary et al.，2005）。从已有文献来看，高烈度野火后第一年的产沙量在 0.01 t/hm² 到超过 110 t/hm² 之间（Benavides-Solori and MacDonald, 2005; Moody and Martin, 2009; Robichaud et al., 2000）。图 13.4 展示了美国亚利桑那州 2011 年瓦洛厄大火高强度降雨后的泥沙和泥石流状况大多数情况下，植被再生和土壤疏水性的下降意味着火灾后出现的径流增大和土壤侵蚀等现象会快速减弱。大多数长期研究表明，在野火发生四年后，侵蚀相较野火发生前已经没有明显增加（Benavides-Solorio and MacDonald, 2005）。

图 13.4　美国亚利桑那州 2011 年瓦洛厄大火高强度降雨后的泥沙和泥石流

13.5.2　泥石流

野火之后有时会发生泥石流，可以将其看成一种含沙量在 50%—77%的含沙水流。泥石流能够在流动时支撑起大小不一的石块，这通常叫做"泥沙膨胀"（sediment bulking）（Cannon et al., 2008）。野火后泥石流的触发机制包括：①坡面流夹带着坡面和河道侵蚀的土壤（Cannon et al., 2001b; Santi et al., 2008）连同灰分共同提供大量细料（Gabet and Sternberg, 2008），一同构成泥沙输送；②野火引发的疏水层上方的土壤饱和，产生"薄泥石流"；③低土壤渗透引起的浅层土壤滑塌。下渗增加了土壤孔隙压力，导致液化和运移。

Cannon 等（2008）认为，美国西部落基山区的大多数泥石流是由于短历时、高强度降水事件导致的，而南加州的泥石流大多是由长历时的锋面雨导致的。

Nyman 等（2011，2015）也观察到，在澳大利亚东南部，泥石流是由短时强降雨和山坡上充足的泥沙供给共同导致的。

Santi 等（2008）回顾了 46 次火灾后的泥石流，发现河道冲刷和侵蚀导致了大规模的泥石膨胀，平均每米河道会产生 0.3—9.9 m^3 的泥石流。在较短的河段（最长几百米）发生的泥石流可高达 22.3 m^3/m。他们还发现，在所研究的河道中，有 87%的河道其下游泥石流有所增加。54%的泥石流是从支流流入干流的，平均 23%的泥石流来自这些支流河道。这些结果表明，河道侵蚀和冲刷是焚烧区泥石流的主要来源，河道下游的产出率显著增加。相比之下，Staley 等（2014）则强调，在没有松散的泥石来源或触发点的情况下，山坡侵蚀过程对野火后泥石流的形成非常重要。在澳大利亚，Smith 等（2012）发现，森林火灾后山坡贡献了 22%—74%的沉积物。

13.6 稳定和恢复

美国农业部林务局和美国内政部土地管理局在严重的野火过后，与燃烧区应急小组一起制定了流域恢复计划，旨在减少土壤侵蚀和洪水的影响（Robichaud and Ashmun，2013）。该计划考虑了许多因素，如土壤燃烧烈度、气候和资产损失风险。许多为美国开发的灾后评估程序和工具，其他国家的管理人员也都在使用。现已通过一致努力，修改了《美国火灾后评估和治理建议协议》的部分内容，供世界各国（澳大利亚、加拿大、葡萄牙、希腊、西班牙、阿根廷等国）使用。

一般程序是：绘制土壤燃烧烈度图，确定是否存在资产受损风险，模拟可能增大的流域响应，选择治理方法，并在第一次破坏发生前明确并实施应对方案。自 2002 年以来，美国农业部林务局、遥感应用中心和美国地质调查局、地球资源观测和科学中心使用火灾前后燃烧区的 Landsat（美国遥感卫星计划）卫星图像来得出景观变化的初步分类。火灾前和火灾后图像数据之间的差异形成了一个连续的栅格 GIS 图层，该图层被分为四个燃烧烈度等级：未燃烧、低烈度燃烧、中烈度燃烧和高烈度燃烧，统称为燃烧区反射率分类（Burned Area Reflectance Classification，BARC）图。通常使用该图进一步得到土壤燃烧烈度图（Parsons et al.，2010）。再针对各地的特点，在火灾中每个地点的不同数据收集位置进行五项观察，包括地面覆盖、灰烬颜色和深度、土壤结构、根系、土壤疏水性，以验证 BARC 图（Parsons et al.，2010）。

林务局水体侵蚀预测项目（Forest Service Water Erosion Prediction Project，FSWEPP）开发的界面常被用于灾后潜在侵蚀的估算（Elliot，2004；Elliot and Robichaud，2011），WEPP 可用于森林和牧场环境。可在网上下载 WEPP 和全套 FSWEPP 界面（http://forest.mos-cowfsl.wsu.edu/fswepp，访问日期 2015 年 9 月

10日）。现在有数个 FSWEPP 界面可计算灾后潜在侵蚀率，其中侵蚀风险管理工具（Erosion Risk Management Tool，ERMiT）（Robichaud et al.，2006）最为常用。ERMiT 可预测灾后 5 年内每一年单次暴雨的山坡产沙量（未治理、播种治理、干燥农业秸秆覆盖或侵蚀沙坝）相关概率。

同时还有空间分布式的、基于事件的流域降雨-径流和侵蚀模型——动态径流和侵蚀模型（Kinematic Runoff and Erosion Model，KINEROS2），及其配套的基于 ArcGIS 的自动化地理空间流域评估（Automated Geospatial Watershed Assessment，AGWA）工具也可应用于灾后环境（Goodrich et al.，2012）。通过常用的国家 GIS 数据层，AGWA 能够自动化完成耗时的流域划分任务，并采用分布式模型计算单元和各单元内的初始参数。

野火发生后，模型参数会随着燃烧烈度和野火发生前的土地覆盖类型而变化。AGWA 使用一个差分函数来计算和存储所有模型计算单元内灾前和灾后的模拟结果。然后，这些绝对或百分比变化差异可以通过 GIS 显示，快速识别流域内的"热点"区域，即变化较大的区域。

火灾后发生泥石流的概率和体积通过一个逻辑回归经验模型来估算，模型输入包括历史泥石流数据、降雨量、地形和土壤信息、土壤燃烧烈度等（Cannon et al.，2011；Kean et al.，2011）。美国地质调查局提供了美国西部每个火灾季节大型火灾的灾后泥石流估算值（http://landslides.usgs.gov/hazards/postfire_debrisflow/，访问日期 2015 年 12 月 16 日）。输出的交互式地图显示了在 25 年重现期设计降雨条件下的泥石流概率（单位：%）、泥石流潜在体积（单位：m^3），以及在流域和单个河段尺度上的泥石流灾害。

目前针对世界各地的许多灾后地点，存在大量关于灾后径流和侵蚀过程的经验数据和相关物理机理（Moody et al.，2013）。最近的综合研究包括观测火灾后的侵蚀率（Moody and Martin，2009）、火灾对土壤的影响（Cerda and Robichaud，2009）以及火灾对土壤和水的影响（Neary et al.，2005）。火灾后响应范围受到降雨、受火灾影响的土壤性质，以及两者在不同时空尺度上的变化和相互作用的影响。有关灾后综合治理和治理类别，要按照灾后评估小组易于使用的格式提供信息。最近的火灾综合治理信息（Napper，2006；Foltz et al.，2009；Robichaud et al.，2010；Peppin et al.，2011）可在 BAERTOOLS 网站（http://forest.moscowfsl.wsu.edu/BAERTOOLS，访问日期 2015 年 9 月 10 日）上查阅。

参 考 文 献

Baker, M.B. Jr (1990) Hydrologic and water quality effects of fire. In: Krammes, J.S. (Tech. Coord.) *Proceedings: Effects of Fire Management of Southwestern Natural Resources*. General Technical Report RM-GTR-191. USDA Forest Service, Rocky Mountain Forest and Range Experiment Station, Fort Collins, Colorado, pp. 31–42.

Benavides-Solorio, J.D. and MacDonald, L.H. (2005) Measurement and prediction of post-fire erosion at the hillslope scale, Colorado Front Range. *International Journal of Wildland Fire* 14, 457–474.

Bren, L. (2014) *Forest Hydrology and Catchment Management*, An Australian Perspective. Springer, Dordrecht, The Netherlands.

Brown, J.K., Mardsen, M.A., Ryan, K.C. and Reinhardt, E.D. (1985) *Predicting Duff And Woody Fuel Consumed by Prescribed Fire in Northern Rocky Mountains*. Research Paper INT-337. USDA Forest Service, Intermountain Forest and Range Research Station, Ogden, Utah.

Burles, K. and Boon, S. (2011) Snowmelt energy balance in a burned forest plot, Crowsnest Pass, Alberta, Canada. *Hydrological Processes* 25, 3012–3029.

Butzen, V., Seeger, M., Marruedo, A., de Jonge, L., Wengel, R., Ries, J.B. and Casper, M.C. (2015) Water repellency under coniferous and deciduous forest – experimental assessment and impact on overland flow. *Catena* 133, 255–265.

Campbell, R.E., Baker, M.B. Jr, Ffolliott, P.F., Larson, F.R. and Avery, C.C. (1977) *Wildfire Effects on Ponderosa Pine Ecosystems: An Arizona Case Study*.Research Paper RM-191. USDA Forest Service, Rocky Mountain Forest and Range Experiment Station, Fort Collins, Colorado.

Cannon, S.H., Bigio, E.R. and Mine, E. (2001a) A process for fire-related debris flow initiation, Cerro Grande fire, New Mexico. *Hydrological Processes* 15, 3011–3023.

Cannon, S.H., Kirkham, R.M. and Parise, M. (2001b) Wildfire-related debris-flow initiation processes, Storm King Mountain, Colorado. *Geomorphology* 39, 171–188.

Cannon, S.H., Gartner, J.E., Wilson, R.C. and Laber, J.L. (2008) Storm rainfall conditions for floods and debris flows from recently burned areas in southwestern Colorado and southern California. *Geomorphology* 96, 250–269.

Cannon, S.H., Boldt, E.M., Laber, J.L., Kean, J.W. and Staley, D.M. (2011) Rainfall intensity–duration thresholds for postfire debris-flow emergency-response planning. *Natural Hazards* 59, 209–236.

Cerdà A. and Robichaud, P.R. (2009) *Fire Effects on Soils and Restoration Strategies*. Science Publishers, Enfield, New Hampshire.

Certini, G. (2005) Effects of fire on properties of forest soils: a review. *Oecologia* 143, 1–10.

Crouch, R.L., Timmenga, H.J., Barber, T.R. and Fuchsman, P. (2006) Post-fire surface water quality: comparison of fire retardant versus wildfire-related effects. *Chemosphere* 62, 874–889.

DeBano, L.F. (1981) *Water Repellent Soils: A State-Of-The Art*. General Technical Report PSW-46. USDA Forest Service, Pacific Southwest Forest and Range Experiment Station, Berkeley, California.

DeBano, L.F. (2000) The role of fire and soil heating on water repellency in wildland environments: a review. *Journal of Hydrology* 231–232, 195–206.

DeBano, L.F., Savage, S.M. and Hamilton, D.A. (1976) The transfer of heat and hydrophobic substances during burning. *Soil Science Society of America Journal* 40, 779–782.

DeBano, L.F., Neary, D.G. and Ffolliott, P.F. (1998) *Fire's Effects on Ecosystems*. Wiley, New York.

Dekker, L.W. and Ritsema, C.J. (2000) Wetting patterns and moisture variability in water repellent Dutch soils. *Journal of Hydrology* 231–232, 148–164.

Dekker, L.W., Doerr, S.H., Oostindie, K., Ziogas, A.K. and Ritsema, C.J. (2001) Water repellency and critical soil water content in dune sand. *Soil Science Society of America Journal* 65, 1667–1674.

Doerr, S.H. and Thomas, A.D. (2000) The role of soil moisture in control patterns and moisture variability in water repellent Dutch soils. *Journal of Hydrology* 231–232, 134–147.

Doerr, S.H., Shakesby, R.A. and Walsh, R.P.D. (2000) Soil water repellency: its causes, characteristics and hydro-geomorphological significance. *Earth-Science Reviews* 51, 33–65.

Doerr, S.H., Shakesby, R.A., Dekker, L.W. and Ritsema, C.J. (2006) Occurrence, prediction and hydrological effects of water repellency amongst major soil and land-use types in a humid temperate climate. *European Journal of Soil Science* 57, 741–754.

Dore, S., Montes-Helo, M., Hart, S.C., Hungate, B.A., Koch, G.W., Moon, J.B., Finkral, A.J. and Kolb, T.E. (2012) Recovery of ponderosa pine ecosystem carbon and water fluxes from thinning and stand-replacing fire. *Global Change Biology* 18, 3171–3185.

Earl, S.R. and Blinn, D.W. (2003) Effects of wildfire ash on water chemistry and biota in South-Western USA streams. *Freshwater Biology* 48, 1015–1030.

Ebel, B.A. (2013) Wildfire and aspect effects on hydrologic states after the 2010 Four Mile Canyon Fire. *Vadose Zone Journal* 12, 19.

Ebel, B.A., Moody, J.A. and Martin, D.A. (2012) Hydrologic conditions controlling runoff generation immediately after wildfire. *Water Resources Research* 48, WO3529, doi: 10.1029/2011WR011470 (accessed 9 April 2016).

Elliot, W.J. (2004) WEPP internet interfaces for forest erosion prediction. *Journal of American Water Resources Association* 40, 299–309.

Elliot, W.J. and Robichaud, P.R. (2011) Risk-based erosion assessment: application to forest watershed management and planning. In: Morgan, R.P.C. and Nearing, M.A. (eds) *Handbook of Erosion Modelling*. Wiley, Chichester, UK, pp. 313–323.

Elliot, W.J., Liebenow, A.M., Laflen, J.M. and Kohl, K.D. (1989) *A Compendium of Soil Erodibility Data from WEPP Cropland Soil Field Erodibility Experiments, 1987 and 1988*. NSERL Report No. 3. Ohio State University and USDA Agricultural Research Service National Soil Erosion Research Laboratory, Lafayette, Indiana.

Foltz, R.B., Robichaud, P.R. and Rhee, H. (2009) *A Synthesis of Postfire Road Treatments for BAER Teams: Methods, Treatment Effectiveness, and Decision Making Tools for Rehabilitation*. General Technical Report RMRS-GTR-228. USDA Forest Service, Rocky Mountain Research Station, Fort Collins, Colorado.

Fosberg, M.A. (1977) *Heat and Water Transport Properties in Conifer Duff and Humus*. Research Paper RM-195. USDA Forest Service, Rocky Mountain Forest and Range Experiment Station, Fort Collins, Colorado.

Gabet, E.J. and Sternberg, P. (2008) The effects of vegetative ash on infiltration capacity, sediment transport, and the generation of progressively bulked flows. *Geomorphology* 101, 666–673.

Gleason, K.E., Nolin, A.W. and Roth, T.R. (2013) Charred forests increase snowmelt: effects of burned woody debris and incoming solar radiation on snow ablation. *Geophysical Research Letters* 40, 4654–4661.

Goodrich, D.C., Burns, I.S., Unkrich, C.L., Semmens, D.J., Guertin, D.P., Hernandez, M., Yatheendradas, S., Kennedy, J.R. and Levick, L.R. (2012) KINEROS2/AGWA: model use, calibration, and validation. *Transactions of the ASABE* 55, 1561–1574.

Huffman, E.L., MacDonald, L.H. and Stednick, J.D. (2001) Strength and persistence of fire induced soil hydrophobicity under ponderosa and lodgepole pine, Colorado Front Range. *Hydrological Processes* 15, 2877–2892.

Ice, G.G., Neary, D.G. and Adams, P.W. (2004) Effects of wildfire on soils and watershed processes. *Journal of Forestry* 102, 16–20.

Kean, J.W., Staley, D.M. and Cannon, S.H. (2011) In situ measurements of post-fire debris flows in southern California: comparisons of the timing and magnitude of 24 debris-flow events with rainfall and soil moisture conditions. *Journal of Geophysical Research* 116, F04019.

Kirkby, M.J. (2011) A personal synthesis and commentary, hydro-geomorphology, erosion and sedimentation. In: Kirkby, M.J. (ed.) *Hydro-Geomorphology, Erosion and Sedimentation*. Benchmark Papers in Hydrology Vol. 6. International Association of Hydrological Sciences, Wallingford, UK, pp. 1–36.

Klock, G.O. and Helvey, J.D. (1976) Soil–water trends following a wildfire on the Entiat experimental forest. In: *Proceedings of the Tall Timbers Fire Ecology Conference, October 16–17, 1994, Portland, Oregon*. Proceedings No. 15. Tall Timbers Research Station, Tallahassee, Florida, pp. 193–200.

Kuczera, G.A. (1987) Prediction of water yield reductions following a bushfire in ash–mixed species eucalypt forest. *Journal of Hydrology* 94, 215–236.

Langford, K.J. (1976) Change in yield of water following a bushfire in a forest of *Eucalyptus regnans*. *Journal of Hydrology* 29, 87–114.

Larsen, I.J., MacDonald, L.H., Brown, E., Rough, D., Welsch, M., Pietraszek, J.H., Libohova, Z., Benavides-Solorio, J.D. and Schaffrath, K. (2009) Causes of post-fire runoff and erosion; water repellency, cover or soil sealing? *Soil Science Society of America Journal* 73, 1393–1407.

Lavabre, J., Torres, D.S. and Cernesson, F. (1993) Changes in the hydrological response of a small Mediterranean basin a year after a wildfire. *Journal of Hydrology* 142, 273–299.

MacDonald, L.H. and Stednick, J.D. (2003) *Forests and Water: A State-of-the-Art Review for Colorado*. Completion Report No. 196. Colorado Water Resources Research Institute, Colorado State University, Fort Collins, Colorado.

Moffet, C.A., Pierson, F.B., Robichaud, P.R. and Spaeth, K.E. (2007) Modeling soil erosion on steep sagebrush rangeland before and after prescribed fire. *Catena* 71, 218–228.

Moody, J.A. and Martin, D.A. (2009) Synthesis of sediment yields after wildland fire in different rainfall regimes in the western United States. *International Journal of Wildland Fire* 18, 96–115.

Moody, J.A., Martin, D.A., Haire, S.L. and Kinner, D.A. (2008) Linking runoff response to burn severity after wildfire. *Hydrological Processes* 22, 2063–2074.

Moody, J.W., Shakesby, R.A., Robichaud, P.R., Cannon, S.H. and Martin, D.A. (2013) Current research issues related to post-wildfire runoff and erosion processes. *Earth-Science Review* 122, 10–37.

Napper, C. (2006) *Burned Area Emergency Response Treatments Catalog*. Watershed, Soil, Air Management 0625 1801 – STTDC. USDA Forest Service, National Technology and Development Program, San Dimas, California.

Neary, D.G., Ryan, K.C. and DeBano, L.F. (eds) (2005) *Wildland Fire in Ecosystems: Effects of Fire on Soil and Water*. General Technical Report RMRS-GTR-42, Vol. 4. USDA Forest Service, Rocky Mountain Research Station, Ogden, Utah.

Nolan, R.H., Lane, P.N.J., Benyon, R.G., Bradstock, R.A. and Mitchell, P.J. (2014) Changes in evapotranspiration following wildfire in resprouting eucalypt forests. *Ecohydrology* 7, 1363–1377.

Nyman, P., Sheridan, G., Smith, H.G. and Lane, P.N.J. (2011) Evidence of debris flow occurrence after wildfire in upland catchments of south-east Australia. *Geomorphology* 125, 383–401.

Nyman, P., Sheridan, G.J., Moody, J.A., Smith, H.G., Noske, P.J. and Lane, P.N.J. (2013) Sediment availability on burned hillslopes. *Journal of Geophysical Research: Earth Surface* 118, 2451–2467.

Nyman, P., Smith, H.G., Sherwin, C.B., Langhans, C., Lane, P.N.J. and Sheridan, G.J. (2015) Predicting sediment delivery from debris flows after wildfire. *Geomorphology* 250, 173–186.

Parsons, A., Robichaud, P.R., Lewis, S.A., Napper, C. and Clark, J.T. (2010) *Field Guide for Mapping Post-Fire Soil Burn Severity*. General Technical Report RMRS-GTR-243. USDA Forest Service, Rocky Mountain Research Station, Fort Collins, Colorado.

Peppin, D.L., Fulé, P.Z., Sieg, C.H., Beyers, J.L., Hunter, M.E. and Robichaud, P.R. (2011) Recent trends in post-wildfire seeding in western US forests: costs and seed mixes. *International Journal of Wildland Fire* 20, 702–708.

Pierson, F.B., Robichaud, P.R., Moffet, C.A., Spaeth, K.E., Williams, C.J., Hardegree, S.P. and Clark, P.E. (2008) Soil water repellency and infiltration in coarse-textured soils of burned and unburned sagebrush ecosystems. *Catena* 74, 98–108.

Robichaud, P.R. (1996) Spatially-varied erosion potential from harvested hillslopes after prescribed fire in the interior Northwest. PhD dissertation, University of Idaho, Moscow, Idaho.

Robichaud, P.R. (2000) Fire effects on infiltration rates after prescribed fire in northern Rocky Mountain forests, USA. *Journal of Hydrology* 231–232, 220–229.

Robichaud, P.R. and Ashmun, L.E. (2013) Tools to aid post-wildfire assessment and erosion-mitigation treatment decisions. *International Journal of Wildland Fire* 22, 95–105.

Robichaud, P.R. and Miller, S.M. (1999) Spatial interpolation and simulation of post-burn duff thickness after prescribed fire. *International Journal of Wildland Fire* 9, 137–143.

Robichaud, P.R., Beyers, J.L. and Neary, D.G. (2000) *Evaluating the Effectiveness of Postfire Rehabilitation Treatments*. General Technical Report RMRS GTR-63. USDA Forest Service, Rocky Mountain Research Station, Fort Collins, Colorado.

Robichaud, P.R., Elliot, W.J., Pierson, F.B., Hall, D.E. and Moffet, C.A. (2006) Erosion Risk Management Tool (ERMiT), Version 2006.01.18. USDA Forest Service, Rocky Mountain Research Station, Moscow, Idaho. Available at: http://forest.moscowfsl.wsu.edu/fswepp/ (accessed 9 April 2016).

Robichaud, P.R., Elliot, W.J., Pierson, F.B., Hall, D.E. and Moffet, C.A. (2007) Predicting postfire erosion and mitigation effectiveness with a web-based probabilistic erosion model. *Catena* 71, 229–241.

Robichaud, P.R., Ashmun, L.E. and Sims, B. (2010) *Post-Fire Treatment Effectiveness for Hillslope Stabilization*. General Technical Report RMRS GTR-240. USDA Forest Service, Rocky Mountain Research Station, Fort Collins, Colorado.

Ryan, K.C. (2002) Dynamic interactions between forest structure and fire behavior in boreal ecosystems. *Silva Fennica* 36, 13–39.

Santi, P.M., de Wolf, V.G., Higgins, J.E., Cannon, S.H. and Gartner, J.E. (2008) Sources of debris flow material in burned areas. *Geomorphology* 96, 310–321.

Savage, S.M., Osborn, J., Letey, J. and Heaton, C. (1972) Substances contributing to fire-induced water repellency in soils. *Soil Science Society of America Proceedings* 36, 674–678.

Shakesby, R.A. and Doerr, S.H. (2006) Wildfire as a hydrological and geomorphological agent. *Earth-Science Reviews* 74, 269–307.

Sheridan, G.J., Lane, P.N.J. and Noske, P.J. (2007) Quantification of hillslope runoff and erosion processes before and after wildfire in a wet Eucalyptus forest. *Journal of Hydrology* 343, 12–28.

Smith, H.G., Sheridan G.J., Lane, P.N.J., Nyman, P. and Haydon, S. (2011) Wildfire effects on water quality in forest catchments: a review with implications for water supply. *Journal of Hydrology* 396, 170–192.

Smith, H.G., Sheridan, G.J., Nyman, P., Child, D.P., Lane, P.N.J., Hotchkis, M.A.C. and Jacobsen, G.E. (2012) Quantifying sources of fine sediment supplied to post-fire debris flows using fallout radionuclide tracers. *Geomorphology* 139, 403–415.

Soto, B. and Diaz-Fierros, F. (1997) Soil water balance as affected by throughfall in gorse (*Ulex europaeus* L.) shrubland after burning. *Journal of Hydrology* 195, 218–231.

Soto, B., Basanta, R., Benito, E., Perez, R. and Diaz-Fierros, F. (1994) Runoff and erosion from burnt soils in northwest

Spain. In: Sala, M. and Rubio, J.L. (eds) *Proceedings: Soil Erosion and Degradation as a Consequence of Forest Fires, Barcelona, Spain.* Geoforma Ediciones, Logroño, Spain, pp. 91–98.

Staley, D.M., Wasklewicz, T.A. and Kean, J.W. (2014) Characterizing the primary material sources and dominant erosional processes for post-fire debris-flow initiation in a headwater basin using multi-temporal terrestrial laser scanning data. *Geomorphology* 214, 324–338.

Stoof, C.R., Moore, D., Ritsema, C.J. and Dekker, L.W. (2011) Natural and fire-induced soil water repellency in a Portuguese shrubland. *Soil Science Society of America Journal* 75, 2283–2295.

Wells, C.G., Campbell, R.E., DeBano, L.F., Lewis, C.E., Fredrickson, R.L., Franklin, E.C., Froelich, R.C. and Dunn, P.H. (1979) *Effects of Fire on Soil: A State-of-the-Knowledge Review.* General Technical Report W0-7. USDA Forest Service, Washington, DC.

Westerling, A.L., Hidalgo, H.G., Cayan, D.R. and Swetnam, T.W. (2006) Warming and earlier spring increases western US forest wildfire activity. *Science* 313, 940–943.

Winkler, R., Boon, S., Zimonick, B. and Baleshta, K. (2010) Assessing the effects of post-pine beetle forest litter on snow albedo. *Hydrological Processes* 24, 803–812.

14　美国实验林参证流域的水文过程

D. M. 阿玛蒂亚（D. M. Amatya）[1*]，J. 坎贝尔（J. Campbell）[2]，
P. 沃尔格穆特（P. Wohlgemuth）[3]，K. 埃尔德（K. Elder）[4]，
S. 塞贝斯特恩（S. Sebestyen）[5]，S. 约翰逊（S. Johnson）[6]，
E. 开普勒（E. Keppeler）[7]，M. B. 亚当斯（M. B. Adams）[8]，
P. 考德威尔（P. Caldwell）[9]，D. 米斯拉（D. Misra）[10]

14.1　引　言

在美国农业部林务局实验林场网络（USDA-EFR）对小型森林流域进行了长期观测和研究，极大地促进了对森林和径流之间关系的理解（Vose et al.，2014）。其中许多流域研究早在20世纪初期至中期就已确立，并已用于评估森林干扰的影响，如采伐、道路建设、野火和计划焚烧、入侵物种和树种组成的变化对水文响应的影响，包括暴雨水流、洪峰流量、产水量、地下水位和蒸散等。森林水文学家和自然资源管理者仍致力于全面了解流域扰动对水文、水质和其他生态系统服务的影响（Zegre，2008）。在这个问题上，大部分认知来自陡峭的山区流域，而这也是进行最初研究的地方。Sun等（2002）的评估表明，与高地流域相比，低梯度森林湿地流域通常具有较低的产水量、较低的径流比和较高的蒸散，这增进了笔者对森林水文的认知，特别是有关地形对径流模式和洪峰流量的影响。

而配对流域研究（Bosch and Hewlett，1982；Brown et al.，2005）在理解水文对干扰的响应方面非常有价值。参证流域可为相对未受干扰的森林生态系统中的水文过程提供有价值的见解。"参证流域"中的"参证"（reference）一词

---

1 美国农业部林务局，美国南卡罗来纳州考代斯维拉；2 美国农业部林务局，美国新罕布什尔州达勒姆；3 美国农业部林务局，美国加利福尼亚州里弗赛德；4 美国农业部林务局，美国科罗拉多州柯林斯堡；5 美国农业部林务局，美国明尼苏达州大急流城；6 美国农业部林务局，美国俄勒冈州科尔瓦利斯；7 美国农业部林务局，美国加利福尼亚州布拉格堡；8 美国农业部林务局，美国西弗吉尼亚州摩根镇；9 美国农业部林务局，美国北卡罗来纳州奥托；10 阿拉斯加大学费尔班克斯分校，美国阿拉斯加州费尔班克斯

* 通讯作者邮箱：damatya@fs.fed.us

比"控制"（control）一词更通用，因为为了应对自然（如风倒、昆虫、火灾、飓风、极端气候）和人为（如大气污染、物种入侵、气候变化）干扰，参证流域也会随着时间的推移而变化。但与大多数实验处理相比，参证流域受到的干扰通常较小。最近几项研究综合了参证小流域的数据（包括 USDA-EFR 中的数据），特别是从长期数据中获取的重要成果（Jones et al.，2012；Argerich et al.，2013；Creed et al.，2014）。

本章概述并比较了 USDA-EFR10 个相对未受干扰的参证流域中影响水文过程的因素，特别是径流和蒸散（表 14.1）。通过讨论气候、地形、地质、土壤和植被等因素如何影响这些参证流域的径流形成（本书第 9 章图 9.1），笔者展示了参证流域的水文地质、地形、气候和生态特征的广度。鉴于蒸散能够决定水量平衡和调节径流，笔者还简要考虑了场地因素如何影响蒸散。这促进了我们对这些流域水文特性的理解，使我们能够更好地预测未来管理和环境变化的响应，并为此做好准备（Jones et al.，2009；Vose et al.，2014）。

这些流域位于截然不同的生态水文区域，河川径流状况受到多种因素影响。因此，我们选用流量历时曲线（flow duration curve，FDC）及其流量百分位数来评估流量大小和频率的差异（Searcy, 1959; Vogel and Fennessey, 1995）。FDC 已用于研究不同类型、分布的暴雨径流事件（即暴雨、融雪）和景观特征的径流响应，并被广泛用于评估径流对不断变化的气候和其他干扰的响应（如 Arora and Boer, 2001）。较陡的 FDC 表示径流变化较大，而较平缓的 FDC 表示径流更稳定，变化更小。FDC 上方陡峭表示河流更为陡峭，更多的直接径流，而较平缓的曲线则意味着地表蓄水和/或高渗透性土壤对洪水的调节更为显著。如果曲线的下方是平坦的，则流域在干旱期间通过释放蓄水（如地下水）来维持基流，而陡峭曲线表明由于降水和/或蒸散的季节性变化和相对缺乏蓄水，河流有干涸的趋势。FDC 描述了这些径流属性，因此对于水资源规划很重要，特别是对于受极高和极低流量影响的用水。我们还使用 90 与 50 百分位日流量之比（Q_{90}/Q_{50}）作为基流评估指标，较大数值表示具有相对较高的基流或更稳定的流量。

用每个月的长期（大于 25 年）日均流量来表征流域内部和流域之间的季节性变化有助于识别控制因素，否则 FDC 无法捕获这些因素。干旱指数（DI；年平均潜在蒸散与降水量之比）可用作能量限制（DI<1）与水分限制（DI>1）流域的指标（如 Creed et al.，2014）。在下一节中，我们将描述 USDA-EFR 评估的 10 个参证流域的环境特征。表 14.1 对这些关键特性进行了比较。

表 14.1 美国 10 个长期配对实验林流域特征比较

流域特征	阿拉斯加州 CPCRW	加利福尼亚州 CCEW	北卡罗来纳州 CHL	西弗吉尼亚州 FnEF	科罗拉多州 FrEF	俄勒冈州 HJAEF	新罕布什尔州 HBEF	明尼苏达州 MEF	加利福尼亚州 SDEF	南卡罗来纳州 SEF
按Fenneman分类划分的地文区域	Yukon-Tanana北部高原(12)	太平洋边界地区,太平洋山系,23f	蓝岭地区,阿帕拉契亚高地,5b	阿帕拉契亚高原,阿帕拉契亚高地,8c	南部洛基山,落基山系,15	Sierra-Cascade山脉,太平洋山系,22b	新英格兰地区,阿帕拉契亚高地,9b	中央低地,内陆平原,12b	太平洋边界地区,太平洋山系,23g	大西洋滨海平原
按照柯本气候分类划分的气候区域(Peel et al., 2007)	Dfc,大陆亚北极或亚寒带针叶林	Csb,温带/中温地中海气候	Cfb,温带海洋性气候	Dfb,大陆性温暖夏季	Dsc,大陆性寒冷冬季 & 凉爽、短暂、干燥夏季	Csb,大陆性/中温干燥夏季	Dfb,大陆性温暖夏季	Dfb,大陆性温暖夏季	地中海炎热夏季	温带亚热湿润气候
流域观测开始年份	(CPCRW-C2) 1969	(NF) 1962	(WS18)1936	(WS4)1951	(ESL) 1943	(WS02) 1952	(WS 3) 1957	(S2) 1961	(Bell3) 1938	(WS80) 1968
纬度/经度	65.17°N, 147.50°W	39.35°N, 123.73°W	35.05°N, 83.43°W	39.03°N, 79.67°W	39.89°N, 105.88°W	44.21°N, 122.23°W	44.0°N, 71.7°W	47.514°N, 93.473°W	34.20°N, 117.78°W	33.17°N, 79.77°W
海拔/(m amsl)[a]	210—826	30—322	726—993	670—866	2907—3719	572—1079	527—732	420—430	755—1080	3.7—10
平均坡度/%	31	49	52	20	16	41	21	3	34	<3
流域面积/hm²	520	473	12.5	38.7	803	61	42.4	9.7	25	160
植被类型/平均叶面积指数 (LAI) /(m²/m²)	北方针叶林 /LAI=4.1	次生海岸红杉/花旗松林 /LAI=11.7	落叶阔叶林 /LAI=6.2	落叶阔叶树混交林 /LAI=4.5	云杉/冷杉树混交 LAI=3.44 云杉/冷杉松树混交 /LAI=3.44	花旗松和西部铁杉为主的针叶树/LAI=12	北方阔叶树 /LAI=6.3	LAI=N/A 洛基高地;黑云杉及苔藓沼泽 /LAI=无	混交灌丛 /LAI=2.2	松木阔叶树混交 LAI=2.8
主要地质/含水层	Yukon-Tanana变质杂岩/不连续永冻土	佛兰西斯科杂岩海岸带的海相页岩和砂岩	Coweeta 群;石英岩长石片麻岩为主	沉积岩;汉普郡组细砂岩和页岩	片麻岩和片岩,冰碛物	覆盖有安山岩崩积物的火山爆灰岩和砾岩	变沉积/云母片岩,钙硅酸盐岩粒岩,志留纪格利组	覆盖前寒武纪基岩之上的深流出砂层的冰碛物	前寒武变质岩和中生代花岗岩	沉积碳蒂石灰岩

续表

流域特征	阿拉斯加州 CPCRW	加利福尼亚州 CCEW	北卡罗来纳州 CHL	西弗吉尼亚州 FnEF	科罗拉多州 FrEF	俄勒冈州 HJAEF	新罕布什尔州 HBEF	明尼苏达州 MEF	加利福尼亚州 SDEF	南卡罗来纳州 SEF
主要土壤类型/深度	Olnes 粉砂壤土-典型冷冻正常新成土（Typic Cryorthents）；Fairplay 粉砂壤土-Fluvaquentic Endoaquolls；Ester 粉砂壤质-Typic Histoturbels/0.2—0.5 m	Vandamme 系老成土（Typic Haplohumults）/1—1.5 m	Coweeta-Evard-Saunook 复合物（壤质细土，矿物混合型，Mesic 和 Humic Hapludults）/>1.5 m	粗骨壤质，混合型温和 Typic Dystrudepts/1 m	Leighcan 系，粗骨壤质，Typic Dystrocyepts/<1.5 m	50%安山岩崩积层（未命名土系），20% Limberlost 系，壤土至绿色角砾岩/1.2 m	Lyman-Tunbridge-Becket 系，Haplorthods/母质层深度达9 m 典型	Warba 系细壤土，矿物混合型，活性，冷凉舌状土湿淋溶土(0.5 m)；Loxlet 泥炭质，冷性 Typic Dysic, Haplosaprists (≤7 m)	Trigo-Exchequer 壤土，矿物混合型，浅层，热性，Typic Xerorthents/0.1—0.5 m	Wahee 系黏质，矿物混合型，热性，Aeric Ochraquults/1.5 m
多年平均降水量/mm	412	1316	2010[b]	1458	750	2300	1350	780	715	1370
多年平均温度/℃	−3.0	10.7	12.9[b]	9.3	1.0	8.4	5.9	3.4	14.4	18.3
多年平均潜在蒸散发（PET）/mm	466 (Thornthwaite)[c]	660 (Thornthwaite)[c]	1,013 (Hamon)[d]	560 (pan)[e]	383 (Thornthwaite)[c]	546 (Thornthwaite)[c]	550 (Thornthwaite)[c]	552 (Hamon)[d]	753 (Thornthwaite)[c]	967 (Thornthwaite)[c]
干旱指数（DI）	1.13	0.50	0.50	0.38	0.51	0.24	0.41	0.71	1.05	0.71
多年平均径流/mm	80（1978—2003年）	659	997	640（1951—1990年）[b]	337	1321	860	170	84	280
径流记录期	1969年至今	1962年至今	1936年至今	1951年至今	1943年至今	1952年11月至今	1957年至今	1961年至今	1938—1960年；1964—2001年；2013年至今	1969—1981年；1989—1999年；2003年至今

续表

流域特征	阿拉斯加州 CPCRW	加利福尼亚州 CCEW	北卡罗来纳州 CHL	西弗吉尼亚州 FnEF	科罗拉多州 FrEF	俄勒冈州 HJAEF	新罕布什尔州 HBEF	明尼苏达州 MEF	加利福尼亚州 SDEF	南卡罗来纳州 SEF
地表径流产流机制	蓄满产流	超渗产流，限密实地表	很少地表径流，直接水道自VSAf的快速浅层地下径流	很小的地表径流	很少，仅在融雪期间	很小的地表径流-高孔隙率	很小的地表径流	冻土上超渗产流&非冻土上蓄满产流	很少山坡径流（火灾后渗漏产流除外）	蓄满产流
地下径流/排水	浅层地下径流	瞬态地下暴雨径流和土管优先流	通过高传导性土壤的浅层地下横向流	流向河道的横向地下径流	浅层地下（大孔、粗土）和地下水	浅层地下横向流	地下横向流	浅层地下径流，向地下含水层有一定程度的渗流	地下径流未知，但可能是高速浅层横向流	浅层地下横向流，深层渗流可忽略
平均地下水位动态深度	未知	1—8 m	>1.5 m, 近河川除外	未知	未知	未知	可变地下水深	沼泽中0.3 m; 高地0.5 m	未知；可能很深	浅，0.9 m
河岸地区面积	无	1%	有限，因地形陡峭	有限，因地形陡峭	限于山谷、沼泽	有限	有限，因地形陡峭	33%的面积是泥炭地	~2%	15%面积
重大或极端自然扰动	1967年费尔班克斯洪水	风暴（1995年）；滑坡（2006年）	（2003年至今）栗树疫病（20世纪20—30年代）；干旱；铁杉球蚜（2003年至今）	栗树疫病、风暴；桑迪超级飓风（2012年）	松树皮甲虫疫情	无记录	飓风（1938年）；暴风雪（1998年）	泥炭地野火（1864年）；潜在的德雷科风暴、龙卷风、野火	野火	"雨果"飓风（1989年）
其他水文特征	下面有3%的永久冻土	雾输入，土管			融雪主导		不连续致密母质层	沼泽岸丘和高地的排水；向含水层深层渗流	长期空气污染导致硝酸盐含量极高	雨果飓风前，配对流域的径流机制相反

续表

流域特征	阿拉斯加州 CPCRW	加利福尼亚州 CCEW	北卡罗来纳州 CHL	西弗吉尼亚州 FnEF	科罗拉多州 FrEF	俄勒冈州 HJAEF	新罕布什尔州 HBEF	明尼苏达州 MEF	加利福尼亚州 SDEF	南卡罗来纳州 SEF
森林水文过程的主要出版物	Haugen 等 (1982); Hinzman 等 (2002)	Ziemer (1998); Reid 和 Lewis (2009)	Hewlett 和 Hibbert (1967); Swift 等 (1988)	Reinhart 等 (1963); Adams 等 (1994)	Alexander 等 (1985); Troendle 和 King (1985)	Rothacter 等 (1967); Post 和 Jones (2001)	Detty and McGuire (2010b); Gannon 等 (2014)	Sebestyen 等 (2011); Verry 等 (2011)	Riggan 等 (1985); Meixner 和 Wohlgemuth (2003)	Harder 等 (2007); Jayakaran 等 (2014)
森林实验流域联系人	Jamie Hollingsworth jhollingsworth@alaska.edu	Elizabeth Keppeler ekeppeler@fs.fed.us	Peter Caldwell pcaldwell02@fs.fed.us	Mary Beth Adams mbadams@fs.fed.us	Kelly Elder kelder@fs.fed.us	Sherri Johnson sherrijohnson@fs.fed.us	John Campbell jlcampbell@fs.fed.us	Stephen Sebestyen ssebestyen@fs.fed.us	Pete Wohlgemuth pwohlgemuth@fs.fed.us	Devendra Amatya damatya@fs.fed.us
实验森林网址	http://www.lter.uaf.edu/research/studysites-cpcrw	http://www.fs.fed.us/psw/topics/-water/caspar	http://www.srs.fs.usda.gov/coweeta/	http://www.nrs.fs.fed.us/ef/locations/wv/fernow	http://www.fs.usda.gov/fraser	http://andrewsforest.oregonstate.edu	http://www.hubbardbrookorg	http://www.nrs..fs.fed.us/ef/marcell/	http://www.fs.fed.us/psw/ef/san_dimas	http://www.srs.fs.usda.gov/charleston/santee

a amsl 为 above mean sea level, 高于平均海平面。
b 水文年从 5 月起, 4 月结束。
c PET 根据 Thornthwaite (1948) 方法估算。
d PET 根据 Hamon (1963) 修正方法估算。
e PET 根据蒸发皿蒸发估算 (Patric and Goswami, 1968)。
f VSA 为变水源区。

14.2 流域描述

14.2.1 卡里布布克溪（Caribou-Poker Creek）研究流域（CPCRW），阿拉斯加州参证子流域 C2

CPCRW 位于阿拉斯加州内陆的查塔尼卡附近，是北方森林的代表。520 hm^2 的 C2 地处偏僻，无任何人为干预。CPCRW 的植被主要是阳坡的桦树和白杨，阴坡的黑云杉林。气候是典型的大陆性气候，夏季温暖，冬季寒冷。

在比较的各个流域之中，CPCRW 较为特殊，因为它位于不连续的永久冻土之上。流域内的永久冻土分布对水文模式有很大影响（Jones and Rinehart，2010）。研究表明，随着冻土面积的增加，洪峰流量增加，基流减少，对降水事件的响应增强（Bolton et al.，2004）。选择 C2 流域作为参证流域。与相邻的 C3 和 C4 相比，C2 有约 3%的永久冻土，而另外两个流域则分别有 53%和 19%的永久冻土。

C2 的年平均降水量为 412 mm，其中平均降雪量和降雨量分别为 130 mm 和 280 mm（Bolton et al.，2004）。年最大积雪深度平均为 750 mm，相当于 110 mm 的雪水当量。在总降水量中，近 20%成为径流，而蒸散超过 75%（Bolton et al.，2004）。10 月至 4 月间，约 35%的总降水量来自降雪。降雪量在 1 月左右达到峰值，而降雨量在 7 月左右达到峰值。降雨量的空间分布受海拔高度的影响。

由于土壤排水相对良好，可向更深的地下含水层渗透，因此 C2（彩图 8 和彩图 9，表 14.2）的 FDC 相对平坦。只有在满足入渗能力时才会产生径流。流域内的径流是由永久冻土为主的地区的浅层地下暴雨径流产生的，但所有流域中最高的 Q_{90}/Q_{50} 和稳定的地下水基流（表 14.2）来自无永久冻土地区，如 C2。鉴于日最大降雨强度大于最大日融雪率，因此年洪峰流量通常发生在夏季暴雨期间，但春季融雪仍是一年中的重要水文事件（Kane and Hinzman，2004）。由图 14.1 可以看出，在 4 月至 10 月期间，C2 的月平均径流相对均匀。在冬季，除了在较温暖时候，径流站大部分时间是冻住的，几乎没有任何流量记录。虽然在 7 月左右降雨量达到峰值，但由于基流的增加，7 月至 9 月的平均流量有所增加。

表 14.2 10 个研究流域不同百分位日流量值

流域编号/名称/位置	每日记录数量	按百分位数的日流量，Q/mm									Q_{90}/Q_{50}
		0.1	1	5	10	25	50	75	90	95	
C2/CPCRW/阿拉斯加州	4 058	3.5	2.3	1.6	1.2	0.78	0.51	0.32	0.22	0.17	0.43
NF/CCEW/加利福尼亚州	7 671	68.0	25.3	8.9	4.5	1.13	0.27	0.08	0.04	0.03	0.15
WS18/CHL/北卡罗来纳州	27 482	22.6	11.8	7.0	5.5	3.70	2.04	1.06	0.62	0.47	0.30

续表

流域编号/名称/位置	每日记录数量	按百分位数的日流量, Q/mm									Q_{90}/Q_{50}
		0.1	1	5	10	25	50	75	90	95	
WS4/FnEF/西弗吉尼亚州	21 430	34.6	15.4	6.8	4.4	2.00	0.78	0.14	0.02	0.00	0.026
ESL/FrEF/科罗拉多州	11 687	14.5	9.6	7.1	5.4	2.79	1.16	0.63	0.41	0.26	0.35
WS02/HJAEF/俄勒冈州	22 280	66.6	29.1	15.1	9.3	4.01	1.43	0.38	0.18	0.13	0.126
WS3/HBEF/新罕布什尔州	20 181	51.4	24.2	9.8	5.5	2.33	0.92	0.31	0.06	0.03	0.067
S2/MEF/明尼苏达州	19 723	14.1	5.7	2.4	1.3	0.30	0.02	0.00	0.00	0.00	0.00
Bell 3/SDEF/加利福尼亚州	18 518	30.8	4.7	1.0	0.4	0.12	0.01	0.00	0.00	0.00	0.00
WS80/SEF/南卡罗来纳州	11 256	41.7	16.8	4.2	2.1	0.42	0.03	0.00	0.00	0.00	0.00

CPCRW 为卡里布布克溪研究流域；CCEW 为卡斯帕溪实验流域；CHL 为考维塔水文实验室；FnEF 为费尔诺实验林；FrEF 为弗雷泽实验林；HJAEF 为 H.J. 安德鲁斯实验林；HBEF 为哈伯德布鲁克实验林；MEF 为马塞尔实验林；SDEF 为圣迪马斯实验林；SEF 为桑蒂实验林。

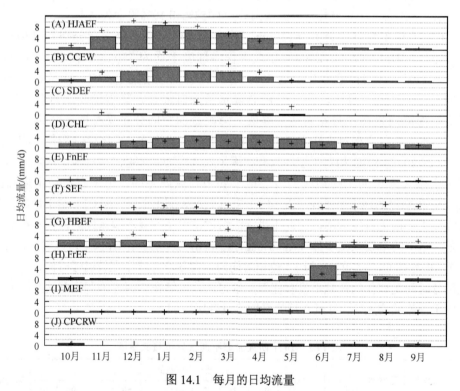

图 14.1　每月的日均流量

记录期间每个月取平均值，按气候和地区排列"+"号表示每月的日流量标准差（SD）。FrEF 平均流量是通过对 11 月至 5 月的基流进行回归估算得到的，没有给出标准差。11 月至 5 月期间，CPCRW 流量的样本量不足（HJAEF 为 H.J. 安德鲁斯实验林；CCEW 为卡斯帕溪实验流域；SDEF 为圣迪马斯实验林；CHL 为考维塔水文实验室；FnEF 为费尔诺实验林；SEF 为桑蒂实验林；HBEF 为哈伯德布鲁克实验林；FrEF 为弗雷泽实验林；MEF 为马塞尔实验林；CPCRW 为卡里布布克溪研究流域）。

14.2.2　卡斯帕溪（Caspar Creek）实验流域（CCEW），加利福尼亚州北福克（NF）参证流域

CCEW 位于加利福尼亚州西北部杰克逊示范区州立森林的海岸红杉和花旗松林中。该项目旨在评估木材管理对流域过程的影响。最初，将整个 473 hm^2 的北福克流域作为参证流域，但在 1985 年部分区域被砍伐后，仅指定了三个子流域（16—39 hm^2）为长期参证流域。基岩是 Franciscan 杂岩的海相砂岩和页岩。大多数土壤是 1—2 m 深的壤土和黏壤土，其下面是靠近脊顶、3—8 m 深的腐泥土。河网密度为 4.6 km/km^2，其中只有大约五分之一为常流河。土地主要用途一直都是木材生产，19 世纪此地就有伐木，一直持续到现在。

在水文上，雪并不是很重要，95%的降雨发生在 10 月至 4 月。6 月至 9 月中大约三分之一的时间会有雾，这减少了夏季的蒸腾作用（Keppeler，2007）。海洋影响导致夏季气温很少超过 20℃，冬季最低气温很少低于 0℃。

河川径流大约是平均年降雨量的一半（Reid and Lewis，2009），剩余部分中蒸腾和冠层蒸发几乎占比相等（本书第 9 章，图 9.1）。实际蒸发量受到 5—9 月土壤水分亏缺的限制。对气候相关趋势的分析表明，秋季降雨量和河川径流已经下降，但年度总量没有变化。

与 USDA-EFR 的大多数其他流域（彩图 8 和彩图 9）相比，CCEW 的 FDC 跨度较大，这是因为大规模、间歇性的冬季降雨具有很强的季节性，通常会产生多次、短期的洪峰流量，而持续的夏季干旱则会导致大约半年的长时间缓慢退水过程（图 14.1）。夏季径流主要由地下水产生，到了秋季，需要大约 300 mm 的降雨量方能充分缓解水分亏缺，产生暴雨径流。暴雨径流（总流量，基于径流开始时的初始流量和降雨停止 3 d 后流量之差）约占到年径流的三分之二（Reid and Lewis，2009）。非密实土壤的入渗速度很快，地表附近以垂向渗流为主。尽管优先流通过相连的土壤大孔隙限制了孔隙压力的增加和滞流，但更深的富黏土黏化层可以阻止向下流动并产生横向地下水流动。在风化层的上部 2 m 处有常年和间歇的土管，会经常出现在河道源头附近。当瞬时地下水位上升到这些土管的高度时，它们会迅速将地下径流输送到河道，减轻上坡孔隙压力的增加（Keppeler and Brown，1998）。蓄满产流（回归流）有限，但在暴雨时也可能会出现在谷底。

14.2.3　考维塔（Coweeta）水文实验室（CHL），北卡罗来纳州参证流域 WS18

CHL 位于北卡罗来纳州西部，是阿巴拉契亚山脉南部混交落叶硬木的代表

地区。在 CHL 设立之前的 20 世纪 20 年代初，对 13 hm² 的 WS18 流域进行了最后一次选择性采伐（Douglass and Hoover，1988）。虽然 80 多年来未对流域进行主动管理，但发生了几次自然干扰，改变了森林结构和物种组成，其中就包括 20 世纪 20 年代至 30 年代的栗疫菌、20 世纪 80 年代和 21 世纪 00 年代的干旱、1995 年的"奥珀尔"飓风以及 2002 年至今的铁杉球蚜（*Adelges tsugae*）脱叶（Boring et al.，2014）。

WS18 年的平均降水量为 2010 mm/a；降雨量在冬季后几个月最高，在秋季最低，尽管这与秋季的热带风暴发生次数不相称。以雪的形式出现的降水不到 10%。随着时间的推移，降雨的变异性一直在增加，导致极端湿润和极端干旱年份更加频繁，而自 1981 年以来，年平均气温每十年升高 0.5℃（Laster et al.，2012）。

WS18 的径流（49.6%）和蒸散（50.4%）约各占年降水的一半。在生长季节，蒸腾占总蒸散的 55%，其余的为冠层截留蒸发量，约占降雨量的 15%（Ford et al.，2011）。河川流量通常在 3 月至 4 月最高，9 月至 10 月最低，但即使在极端干旱时期，也不会枯竭。河川流量的季节性模式反映了降水和蒸散季节性的组合效应（图 14.1）。

由于基流相对较高，所以产生了第三大 Q_{90}/Q_{50} 比（表 14.2）。基流是由穿过深层非饱和土壤的横向水流来维持的（本书第 9 章，图 9.1），且由陡坡较大的水力梯度来驱动（Hewlett 和 Hibbert，1963）。平均而言，大约 5%的年降水量（9%的年径流量）以暴雨径流的形式排泄（Swift et al.，1988）。暴雨径流主要来自河湾和河岸带的一小部分流域，这些地方的地下水位可能接近地表（Hewlett and Hibbert，1967）。在存在大土壤孔隙的河流上部，浅层地下横向流也是暴雨径流的来源。由于存在发育良好的枯枝落叶层和地下大孔隙，坡面流就变得极为罕见或者根本就不存在。

14.2.4 费尔诺（Fernow）实验林（FnEF），西弗吉尼亚州参证流域 WS4

作为阿巴拉契亚中部地区"未管理"森林的代表，FnEF 位于西弗吉尼亚州东部。39 hm² 的 WS4 流域覆盖有约 100 年的混交落叶硬木树。基岩为酸性砂岩和页岩。基岩深度一般小于 1 m，地形陡峭。

全年降水分布均匀，平均降雨量 1458 mm，冬季普遍会有降雪，但积雪一般不会超过数周；降雪平均约占降水的 14%（Adams et al.，1994）。夏季和秋季的飓风期间可能会出现大规模降雨事件，但大约一半的大暴雨都发生在休眠期（11 月 1 日—4 月 30 日），这段时期由于蒸散较低，径流对降雨的响应最强（图 14.1）。

在流域的顶部附近，河流是间歇性的。由于高蒸散需求和低降雨量，径流可能会在夏末秋初时枯竭（约为日流量的 10%）。虽然基流对 Q_{90}/Q_{50} 的贡献相对较小（表 14.2），但它在 WS4 中占主导地位。由于在休眠期降雨量较大而落叶林的蒸散减小，大部分径流都发生在这段时间（图 14.1）。流向河道的横向地下径流维持着基流；DeWalle 等（1997）估计 WS4 上基流的平均通过时间为 1.4—1.6 年，说明主要是在土壤基质中缓慢运移。

Patric（1973）很好地量化了 WS4 的水量平衡，径流约占降雨量的 40%，蒸腾和冠层蒸发占 27%和 16%。已检测到不同季节因叶片发育和叶片脱落而造成的冠层截留损失差异。

暴雨径流的排泄非常迅速（彩图 8 和彩图 9）。反映在水文过程线上，径流过程对暴雨输入快速响应，然后迅速回落到基流，而径流是通过蓄满产流产生的。暴雨径流的发生率通常不到 15%。完整的枯枝落叶层具有很高的渗透能力，所以即便是在大暴雨期间，也几乎不会出现超渗产流。

14.2.5 弗雷泽（Fraser）实验林（FrEF），科罗拉多州东圣路易斯（ESL）参证流域

FrEF 位于科罗拉多州的落基山脉，是落基山脉中部大部分地区代表性的亚高山流域。它横跨亚高山到高山带，气温较低，降水中等（Love，1960）。该地区高海拔和阴坡上以恩格尔曼云杉和亚高山冷杉为主，低海拔阳坡上为美国黑松，林木线以上为高山苔原。90 多年来，803 hm² 的 ESL 流域并未得到显著的治理（Retzer，1962）。

降水主要是发生在 10 月至 5 月的降雪（约 75%）（Alexander et al.，1985），而径流主要来自于 5 月至 8 月的融雪（约 90%）（图 14.1）。夏季对流雨事件也可能短暂地增加流量。主河道为常年性河流，但基流较低、稳定，且在冬季几个月内，由于冬季后勤方面的困难导致没有流量观测。

年径流系数约为 45%，冬季冠层升华损失和夏季蒸散损失明显。夏季降雨主要被植被就地利用，由于干燥气团和风的存在，蒸发损失很高。

高海拔河流时断时续，融雪补给春季和夏季的径流（图 14.1）。水文过程线受季节性融雪控制，5 月和 6 月有一个快速上升，随后是长时间的退水，于 8 月回到基流（第二大 Q_{90}/Q_{50}，表 14.2）（Alexander et al.，1985；Troendle and King，1985）。随着一年一度的融雪脉冲穿过流域，大量的泉水网络流入水系（Retzer，1962）。降雨事件打断了融雪的水文过程线，但对年径流量的贡献微不足道。超渗产流并不多见，但在融雪季节，冻住的土壤阻碍渗透时可能会出现在积雪下面。由于多孔土壤和冰碛物的渗透率大于最大降雨量和融雪率，蓄满产流极为罕见（Retzer，1962）。

ESL 是本次对比中的海拔最高、积雪量最大、面积最大的流域。受输入能量的限制，最大融雪率永远达不到极端降雨强度。雪上雨洪水事件可以改变流量统计特征值，但却很少发生在落基山脉的这部分区域。在相对较大的流域，小流域常见的骤发洪水或高径流模数也较少。

14.2.6 H. J. 安德鲁斯（H. J. Andrews）实验林（HJAEF），俄勒冈州参证流域 WS02

HJAEF 位于俄勒冈州中部的西喀斯喀特山脉，代表了太平洋西北地区湿润的针叶林。流域 2（WS02）面积为 60 hm²，地质以火山成因的基岩为主。河道陡峭，泥沙以鹅卵石和巨砾为主，含有零星粉砂和裸露基岩。浅层山坡土壤（一般不到 1 m 深）是壤土和黏壤土。含石量从 35%到 80%不等，在阳坡上呈增加趋势。WS02 陡坡主要是 500—550 年的花旗松（*Pseudotsuga mensiesii*）林，也含有西部铁杉和西部红雪松（Rothacher et al., 1967）。树冠大于 60 m 高。大陆性气候，冬季寒冷，夏季凉爽、短暂、干燥。

年平均降雨量为 2300 mm，主要集中在 11 月至 4 月，在海拔较高的地方偶有降雪。土壤温度保持在冰点以上。WS02 的水文过程线具有很强的季节性，冬季基流高，秋冬季和春季暴雨径流频繁，而夏季流量很低。

大约 57%的降水形成河川径流（Post and Jones，2001）。基流仅占总流量的 43%（$Q_{90}/Q_{50}=0.126$）（表 14.2），其余为快速径流（本书第 9 章图 9.1）。McGuire 等（2005 年）基于水的 O^{18} 同位素估计，WS02 的平均基流停留时间约为 2.2 年。相较于流域面积，他们认为地形和坡度对停留时间的影响更大。1987—2007 年径流无显著趋势，但在近期（1996—2007 年）可观察到略有下降趋势（Argerich et al.，2013）。

WS02（彩图 8 和彩图 9）中相对较陡的 FDC 主要是由较高的渗透性土壤和较强的降水季节性变异导致的。快速渗滤速率一般大于 0.12 m/h，会受高含石量和大孔隙的影响（Rothacher et al.，1967）。这些特征也导致了河流侧向和下方的大量潜流（Kasahara and Wondzell，2003）。

14.2.7 哈伯德布鲁克（Hubbard Brook）实验林（HBEF），新罕布什尔州参证流域 W3

HBEF 位于新罕布什尔州，代表林地为成熟的北方硬木林。W3 流域的植被主要由糖槭、美国山毛榉和白桦组成。HBEF 的大部分地区在 1910 年代进行过采伐，这个 42 hm² 的流域中主要是次生林（表 14.1）。1938 年新英格兰飓风过后，HBEF

进行了新的采伐。在最近的 1998 年北美暴风雪中，树木受到一些破坏，但对年径流没有明显影响。

HBEF 的气候凉爽潮湿。W3 年平均降水量 1350 mm，全年均匀分布。在记录期间，降雨量增加了 25%，这与更大区域内的趋势一致（Brown et al.，2010）。大约三分之一的降水以雪的形式出现（本书第 9 章图 9.1），积雪通常从 12 月下旬持续到 4 月中旬。在三分之二的年份中，冬季会形成土壤霜冻，平均年最大深度为 6 cm。

年水文过程线显示了很强的季节性，洪峰出现在融雪径流期间。虽然春季流量较高，但当土壤水得到补给时，一年中的任意时间都可能发生洪水（图 14.1）。降水量的增加趋势导致了高水和低水流量都呈现增大趋势（Campbell et al.，2011）。

流域上大约 64% 的降水变成了河川径流，剩余部分为蒸散。W3 的蒸散略有下降，但从统计上来看下降明显（56 年下降了 14%），下降原因不明。考虑到在更大的区域范围内并不存在类似的趋势，所以这应当是受所在位置的影响而引起的下降。

传统上认为是粗质、水系发育良好的土壤和山地地形导致了 W3 相对较陡的 FCD（图 11 和图 12），它们一起促成快速的径流响应。由于枯枝落叶层的高渗透能力，地表径流也很少。近年来，对流域复杂的产流过程有了更全面的认识。W3 水井观测网络的数据揭示了间歇性、不连续的地下水位（Detty and McGuire，2010a；Gannon et al.，2014；Gillin et al.，2015）。暴雨径流的产生是土层中横向潜流的结果。在某些土壤湿度条件下，地下水的微小变化会导致径流的巨大变化，这表明响应阈值与流动路径和土壤导水率有关（Detty and McGuire，2010b；Gannon et al.，2014）。在枯水期，只有靠近河道的区域与河网保持水文联系。随着流域变湿，更远的、之前隔离的地下水也开始相连了。

14.2.8 马塞尔（Marcell）实验林（MEF），明尼苏达州参证流域 S2

MEF 位于明尼苏达州北部的北方生物群落南缘。景观包括高地、泥炭地、湖泊和溪流。与山区研究流域不同，在西部湖泊部分，径流通常不受基岩控制，存在超过 50 m 深的大型含水层（Verry et al.，2011）。在酸沼和碱沼中，含水层-泥炭地的连通性会有所不同（Bay，1967）。在这两种类型的流域中，河川径流都可能源自降水，并沿着高地矿物土壤中的近地表和浅层流动路径流动（Verry et al.，2011）。壤质黏土耕作可能会导致酸沼流域滞水，阻碍了水从土壤向冰水沉积含水层的垂直流动（Verry et al.，2011）。在碱沼流域，大部分径流（在低流量时可能超过来自酸沼的径流几个数量级）源自含水层排水，且属于常年性径流（Bay，1967）。

10 hm^2 的 S2 研究流域含有一个沼泽（33%面积），地形起伏较低（表 14.1），高地矿物土壤通过泥炭地边缘流入间歇性河流。11%至 33%的年降雨量（456—981 mm）

成为径流，5%—17%补给地下含水层（Nichols and Verry，2001）（图9.1）。计算的蒸散（降水减去径流和地下水补给）为 372—605 mm/a。百分之九十的高水流量均由降水引起，而不是融雪或雪上雨。河川干涸可能出现在任意一个月份，有38%的记录期间（彩图8和彩图9）都没有径流，这与 Q_{90}/Q_{50} 的零值一致（表14.2）。

虽然 S2 大部分地区是高地，但大部分水量（58%）来自泥炭地的直接降水（Verry et al.，2011）。如果地下水位低于泥炭地表以下 5—10 cm，则径流停止，且必须补充蓄水方能恢复。夏季降雨量超过冬季雪水当量，由于蒸散，暴雨径流迅速消退，直至无流量。积雪融化（11月/12月至3月/4月）引起了数周的高流量（Sebestyen et al.，2011）（图14.1）。若高地土壤的冬霜和春霜超过 50 cm，则会阻止渗透（Verry et al.，2011）。融雪水流经地表，直至春季土壤解冻，之后径流主要出现在壤质黏土上的浅层砂壤土中（Verry et al.，2011）。地下径流可能持续数周，直到高地落叶林开始蒸腾。在夏季大量降雨期间，地下径流可能会持续几个小时，但很少会持续更长时间。

14.2.9 圣迪马斯（San Dimas）实验林（SDEF），加利福尼亚州参证流域 Bell 3

SDEF 的 25 hm^2 流域位于加利福尼亚州南部，是美国西南部 chaparral 灌木林的代表。这是一种茂密、耐旱的灌木地，郁闭冠层高 3—5 m，是一种容易着火的生态系统，大约每 40 年 SDEF 就会发生一次野火。

区域水文受气候和地质的控制：漫长的夏季干旱后是寒冷潮湿的冬季；持续的构造隆起产生了陡峭的地形和暴露的断裂结晶基岩，这些岩石经历了薄层、粗结构的泛域土侵蚀（Dunn et al.，1988）（表14.1）。降水几乎完全来自冬季锋面暴雨以及极少数夏季雷暴降雨。近90%的年降雨量出现在12月至4月，2月径流最大（图14.1）。

径流只占降雨量的约 11%，其余为蒸散和地下水补给。SDEF 的地下水动态实际上是未知的，所以水量平衡难以明确。但通过基岩裂隙的地下水补给量可能很大，导致蒸散在计算中被高估。到夏天结束时，土壤湿度达到或低于萎蔫点，耐旱植物可从基岩裂隙中获取水分。

河川径流是由河岸带的蓄满产流引起的，可能是因为浅层壤中流横向穿过粗质土被（本书第9章，图9.1）。山坡上超渗产流并不常见，仅在最强暴雨期间才会出现，这反映了土壤的高渗透率，暴雨产生的径流渗透到了基岩中。但在野火之后，随着树木冠层和地表枯枝落叶层的燃烧以及土壤性质（容重和疏水性）的变化，在非常薄的土壤表层蓄满后，山坡产流机制转变为普遍的坡面流（Rice，1974；DeBano，1981）。以前通过地下路径缓慢流动的水现在迅速流入河道，暴雨径流比火灾前增加了多达四个数量级（Wohlgemuth，2016）。火灾对森林水文的影响可以持续数年。

14.2.10　桑蒂（Santee）实验林（SEF），南卡罗来纳州参证流域 WS80

SEF 位于南卡罗来纳州东部，是美国东南部亚热带沿海流域的代表，夏季炎热潮湿，冬季温暖。155 hm^2 的 WS80 流域覆盖着松树/混交硬木林（表 14.1），自 1936 年以来一直未受到管理活动的干扰，但在 1989 年受到"雨果"飓风的严重影响，80%以上的森林树冠遭到破坏（Hook et al.，1991）。

就季节而言，冬季通常潮湿，有低强度、长历时的降雨和较稀少的降雪。夏季的特点是短历时、高强度的暴雨，热带低气压暴雨很常见。降雨事件的季节性径流响应如图 14.1 所示。

若不考虑渗流，平均大约 22%的年降雨量会变为径流（Amatya et al.，2006），大约 78%为蒸散（本书第 9 章，图 9.1）。大约 60%的径流来自浅层地表或直接来自雨水，其余来自地下径流（Epps et al.，2013）。

根据 FDC 分析，该流域仅有 56.3%的时间会产流，因此 Q_{90}/Q_{50} 为零值（彩图 8 和彩图 9，表 14.2）。径流产生机制主要由浅层地下水位驱动（本书第 9 章图 9.1）（Harder et al.，2007；Epps et al.，2013），受到降雨量和蒸散控制，较低程度上也受到地下约 20 m 的石灰岩下的深层地下水控制。排水不畅的黏土形成的黏化土壤剖面导致浅层地下水位的动态变化与径流量形成复杂的非线性响应关系（Harder et al.，2007）。在地势平坦的河段，可能会出现蓄满地表和浅层地下径流，并在高渗透性上层土壤内快速横向运移。地表洼地蓄水也会影响地表径流速率（Amoah et al.，2012）。该流域的径流和洪峰流量取决于降雨量和降雨强度，以及初始地下水位等前期条件（Epps et al.，2013）。

观察 WS80 得到一个重要结果，与之前的率定期相比，在"雨果"飓风严重破坏两个流域植被后的三年内，该流域与治理流域之间的流量关系发生了反转。因此，参证流域内受飓风影响蒸散减少，径流增加（Jayakaran et al.，2014）。长期数据还显示了气温的上升及大暴雨频率的增大（Dai et al.，2013）。

14.3　水文过程的讨论

14.3.1　流量历时曲线

在我们比较的研究流域中，FrEF 和 CPCRW 是最大的参证流域（表 14.1）。FrEF 海拔最高，积雪最深，流域面积最大。这些因素结合融雪驱动的水文状况，解释了在流量历时方面的一些不同特性,与 CPCRW 相比,FrEF 的流量值更高(彩图 8 和彩图 9,表 14.2)。可能是由于流域相对良好的土壤排水条件(见 14.2.1 节),及较大的流域面积,CPCRW 高水流量较为平缓。而 CCEW 的情况并非如此,尽管其面积与 CPCRW(表 14.1)相当,但 FDC 在低水区较陡,这可能是因为 CCEW 流域降水的季节性变化大得多,深层黏土层和土管有助于快速径流响应(见上文第 14.2.2 节)。

相比之下,SDEF 拥有第二小的参证流域和第四陡的研究流域(表 14.1)。因此,其 FDC 显示出非常强烈的暴雨响应,随后是流量的长期下降,最终在 47.5%的时间内保持零值。同样,泥炭地较深、可能有很高蓄水容量的 MEF,以及具有浅砂质黏壤土的 SEF,在其 44%的记录期内不产生地表径流,所有三个流域的 $Q_{90}/Q_{50}=0$(表 14.2)。虽然 SEF 是梯度最低的流域,但除了 HBEF、HJAEF 和 CCEW 外,在不到 1%的时间内出现的高流量范围大于大多数其他流域。该流域的最高流量来自蓄满的富黏土质土壤的暴雨径流(Epps et al., 2013; Griffin et al., 2014)。

沿着美国西部的海岸山脉,HJAEF 和 CCEW 具有形状相似的 FDC,这很可能与季节性气候模式有关。HJAEF 具有仅次于 CHL 和 CCEW 的第三陡流域坡度(表 14.1),但是其 FDC 在低流量处的坡度最陡,持续时间超过 0.2%—30%,在此之上的 CHL 具有最高的低流量(彩图 8 和彩图 9)。尽管 HJAEF 的 WS02 比 CCEW 的流域小(表 14.1),但除了在最大流量处以外,它一般能够维持较高的流量,原因可能在于它比 CCEW 的降雨量多 1.75 倍。这两个西部流域都具有相似的森林树种和叶面积指数(LAI)(表 14.1),以及冬季和旱季频繁的大暴雨。Weiler 和 McDonnell(2004)认为,诸如土壤横向传导度和孔隙度这些因素可能解释了河川径流响应的变异性,特别是在 HJAEF 的径流。

在本次分析中,在所有流域中,CHL 坡度最陡(52%),95 百分位流量(Q_{95})达 0.47 mm/d,是所有流域中最大的(表 14.2)。在阿巴拉契亚山脉的三个流域(即 CHL、FnEF 和 HBEF)中,CHL 的流域面积也最小,比 FnEF 和 HBEF 更靠南(表 14.1)。有趣的是,该参证流域也具有最高的 Q_{90}/Q_{50} 值(表示持续基流)和最低的高水流量($Q_{0.1}$ 或更小),但与 FnEF 或 HBEF 相比,在 Q_{25} 及以上时具有相等或更高的流量(表 14.2)。在更北的 HBEF,较高的高水流量可能部分归因于融雪,而在 CHL,较高的高水流量可能是由于深层土壤的高蓄水所维持的基流导致的(表 14.1)。

尽管海岸的位置相反,但 61 hm^2 的 HJAEF 和 42.4 hm^2 的 HBEF 有相似的纬度、海拔、潜在蒸散、地表和地下产流机制(表 14.1),但 HJAEF 的百分位数流量比 HBEF 更高(表 14.2)。唯一的例外是,两者在出现概率小于 0.01%的极端高流量处展示出相似的特征(彩图 8 和彩图 9),这是由于 HJAEF 比 HBEF 具有更高的坡度以及高出 41%的降雨量。在对北部流域水文响应临界值的分析中,Ali 等(2015)发现这两个流域在降雨和融雪驱动径流方面有一些相似之处。

14.3.2 长期平均日流量

图 14.1A—C 显示了西海岸流域每月的长期平均日流量,这些流域都有很强的季节性降雨。

俄勒冈州的 HJAEF(图 14.1A)月流量最大,冬季雨季比南方的流域长。在加州,沿海的 CCEW(图 14.1B)反映了从湿润的西北部到 SDEF(图 14.1C)地中海干旱气候的转变。这三个西部流域显示了由于太平洋锋面系统的多变性导致了高度变化的冬季径流模式,在更南的地方大型冬季暴雨不太频繁,径流的变差系数更大。这些模式也与 FDC 上部和下部超限值百分比所定义的变异性一致(彩图 8 和彩图 9,表 14.2)。

同样,图 14.1 中除 HBEF 外(图 14.1G)的东海岸流域(图 14.1D—G)的流量范围从冬季的高流量到夏季和初秋的低流量不等。CHL(图 14.1D)是一个平滑的年过程线,其季节性降雨在春末达到峰值。FnEF(图 14.1E)和 SEF(图 14.1F)的年平均降水量相似,但 SEF 产生的径流不到 FnEF 的一半,主要是由于潜在蒸散较高(表 14.1)。FnEF 和 CHL 的季节变化反映了它们的内陆位置和相对于 SEF 更明显的休眠期。由于降水量分布更为均匀,CHL 和 FnEF 的径流变化都相对较小。受海岸气候和黏土质浅层控制的地下水位动态变化导致 SEF 的径流变化相对较高。HBEF(图 14.1G)位于其他东海岸流域的北部,雪在水文系统中发挥着更大的作用。这是唯一一个年流量出现显著双峰的流域:11 月出现降雨峰值,4 月出现融雪或雪上雨峰值。

融雪和大陆性是影响最后三个研究区域的年水量平衡的主导因素:FrEF(图 14.1H)、MEF(图 14.1I)和 CPCRW(图 14.1J)。FrEF 依靠冬季降雪获得大部分降水。CPCRW 显示了包括年降雨量和径流在内的各项指标的极值(表 14.1)。因为洪峰流量受积雪量和融化积雪所需的最大能量影响,所有以融雪为主的流域都显示出了相对较低的流量变化。但 MEF 偶有例外,在雨雪天气期间 MEF 也会出现一些洪峰流量。一般情况下会在靠近沿海水汽来源的流域或低纬度地区观察到较高的月平均流量,不过还是存在例外(SDEF 和 SEF)。在海岸附近也观察到了较高的径流变异性,这些地区大规模、偶发的降雨事件的影响更大。融雪过程使方差(FfF、MEF 和 CPCRW)减小,而内陆流域的日平均流量(FfF 和 CHL)的变异性也较小。

14.3.3 影响水文的其他流域特征

这 10 个流域的数据显示,和预期一样,年降水量是影响年径流最重要的驱动因素（$R^2 = 0.85$），但除了年降水量外，表14.1中的参数（温度、潜在蒸散、流域面积、海拔、纬度）对年径流量没有显著影响。不过，降水和径流量之间的差值（不考虑地下水补给），即实际蒸散，与潜在蒸散（$R^2 = 0.72$）、温度（$R^2 = 0.76$）和纬度（$R^2 = 0.53$）都有很好的相关性。另一个有趣的发现是，DI值（干旱指数）高于0.71且接近土壤水分限制的流域（CPCRW、MEF、SDEF和SEF）的平均径流系数（径流/降水）比其余能量受限且DI<0.50的流域（0.44—0.64）要低得多（0.12—0.22）（表14.1）。虽说HBEF和HJAEF的大多数地点特征相似，但除了HJAEF的降雨量较高之外，HJAEF的径流量占降雨量的百分比实际上低于HBEF。这可能是由于针叶林的蒸散较高，其LAI几乎是HBEF地区北部阔叶林的两倍。除蒸散外，地质和岩性等其他因素也可能对水量损失有影响。FrEF的降雨量与SDEF和MEF相似，但其年径流量是MEF的2—4倍，这是因为该流域地形陡峭，当植被大部分处于休眠状态时，潜在蒸散要低很多。

当然，MEF含水层渗流以及SDEF可能存在的地下水补给也是导致流量较低的因素。

14.3.4　水文过程的意义

提高对径流产生和流动路径的理解，有助于土地管理者确定径流和污水的来源。综合分析跨流域径流模式（彩图8和彩图9，图14.1）对于确定径流和营养物之间的关系非常重要，有助于建立负荷历时曲线与水质标准（Argerich et al., 2013）。目前正利用这一重要信息评估森林扰动和恢复项目的影响，并有助于更好地预测水文和化学响应及运移。例如，在CCEW流域开发的监测程序被广泛用于评估沉积物和污染物负荷。这一信息有助于评估潜在的木材采伐影响，制定森林管理条例和最佳管理实践（Cafferata and Reid, 2013）。

通过对不同流域的长期记录获取的物理过程知识（表14.1）有利于研究人员更好地理解它们与气候、森林植被、用水以及生态系统的相互关系（Vose et al., 2012）。例如，CHL的密集监测样地就提供了关于土壤水分、碳和氮循环之间关系、沿着地形梯度的植被分配过程等问题的新见解。这些记录还被用来研究各种干扰的水文恢复情况，例如，FrEF灾难性的山地松树皮甲虫侵扰、SEF的极端飓风和CCEW的历史土地利用。

14.4　小　　结

本章的跨流域对比分析了长期水文气象模式、流域水文形态参数和其他属性

(表14.1),比较了 USDA-EFR 中10个参证流域的森林水文过程(图9.1)。通过使用日流量历时曲线(彩图8和彩图9)以及每个月的长期日平均流量(图14.1),评估了径流量对各流域年降水量、降水形式、季节性以及蒸散变化的响应。

关键流域变量(表14.1)的统计结果(彩图8和彩图9,图14.1和表14.2)表明,这些流域具有不同的水文过程,因此,可以帮助我们从概念上理解降水驱动下的森林径流过程(图9.1)。虽然在东部和西部近海岸地区的一些流域观察到了一些季节性的径流模式,但雨水和融雪水的流动路径在参证流域之间和流域内部变化很大,可能会影响径流的时间和峰值,如 FDC(彩图8和彩图9,表14.2)和长期月平均日流量(图14.2)所示。约 0.50—0.70 的 DI 值,可用来判断相对于降水来说高径流或低径流流域的大致划分标准。分析还表明,较大的流域不一定会产生较高基流和高流量。同时,黏土层、大洼地、河岸区域、优先流、管流、陡坡和某些土壤物理性质的存在也显著影响径流路径和径流总量与分布,并可能影响水量平衡(Weiler and McDonnell,2004;Griffin et al.,2014;Gillin et al.,2015;Klaus et al.,2015)。此外,研究结果还表明,需要加深对 MEF 和 SEF 等地形起伏较低的流域的理解,这些地区很常见,但现有实验流域大多位于山区,并没能很好地代表这些地区。

这一比较研究有助于提高我们对于不同流域产流机制的理解,但近年来越来越多的证据支持了山坡和低梯度海岸景观上的非线性降雨径流响应,凸显了更好地量化水文阈值和理解物理过程的重要性(Spence,2010;la Torre Torres et al.,2011;Epps et al.,2013;Ali et al.,2015;Klaus et al.,2015)。目前正在推进某些流域的水文与土壤发育之间的联系(Gillin et al.,2015)、泥炭地流域对环境和气候变化的响应(Kolka et al.,2011)、浓密常绿阔叶灌丛的降雨-径流关系、植被和林地类型对径流的交互影响(Jayakaran et al.,2014)、受潮汐影响的河岸森林湿地的水文过程(Czwartacki,2013)等方面的研究。将这些新信息纳入生态水文模型(Dai et al.,2010;Amatya and Jha,2011)可改进径流的预测和对未来干扰响应的评估。

这些流域的长期数据证明了 USDA-EFR 在研究各种水文过程以及不同环境中相互作用方面的价值,这在单个流域或使用短期研究是不可能完成的。这种不同流域间的变异性在未来的物理过程研究、气候和土地利用变化的影响、脆弱性和风险评估有关的统计和建模研究,以及森林对水文、生物地球化学和供水的干扰研究中也至关重要。这些参证流域在配对流域研究中仍会发挥重要作用,它们能够评估干扰的影响,如森林采伐、计划烧除、植被破坏、森林结构和物种组成的变化、施肥和其他土地管理对产水量、蒸散、径流路径、养分循环和输沙的影响。目前正根据这些研究评估长期效应,采集的数据对于跨流域综合研究至关重要(Kolka et al.,2011;Jones et al.,2012;Creed et al.,2014;Gottfried et al.,2014;Vose et al.,2014)。但是,还需要进行一些新研究来检查长期数据的一致性,分析这些参证流域在不同研究中由于气候变化等不可预见的外部因素而导致的潜在偏差（Alila et al.，2009；Ali et al.，2015）。

因此，仍需继续监测这些长期流域，它们非常适合用于记录和分析基准期的水文条件，同时也是解决21世纪新出现的森林和水问题的宝贵基础。

参 考 文 献

Adams, M.B., Kochenderfer, J.N., Wood, F., Angradi, T.R. and Edwards, P.J. (1994) *Forty Years of Hydrometeorological Data from the Fernow Experimental Forest*. General Technical Report NE-184. USDA Forest Service, Northeastern Forest Experiment Station, Radnor, Pennsylvania.

Alexander, R., Troendle, C., Kaufmann, M., Shepperd, W., Crouch, G. and Watkins, R. (1985) *The Fraser Experimental Forest, Colorado: Research Program and Published Research 1937–1985*. General Technical Report GTR-RM-118. USDA Forest Service, Rocky Mountain Research Station, Fort Collins, Colorado.

Ali, G., Tetzlaff, D., McDonnell, J.J., Soulsby, C., Carey, S., Laudon, H., McGuire, K., Buttle, J., Seibert, J. and Shanley, J. (2015) Comparison of threshold hydrologic response across northern catchments. *Hydrological Processes* 29, 3575–3591.

Alila, Y.P., Kuras, K., Schnorbus, M. and Hudson, R. (2009) Forests and floods: a new paradigm sheds light on age-old controversies. *Water Resources Research* 45, W08416, doi: 10.1029/2008WR007207 (accessed 9 April 2016).

Amatya, D.M. and Jha, M.K. (2011) Evaluating SWAT model for a low gradient forested watershed in coastal South Carolina. *Transactions of the ASABE* 54, 2151–2163.

Amatya, D.M., Miwa, M., Harrison, C.A., Trettin, C.C. and Sun, G. (2006) *Hydrology and Water Quality of Two First Order Forested Watersheds in Coastal South Carolina*. ASABE Paper #06-2182. American Society of Agricultural and Biological Engineers, St Joseph, Michigan.

Amoah, J., Amatya, D.M. and Nnaji, S. (2012) Quantifying watershed depression storage: determination and application in a hydrologic model. *Hydrological Processes* 27, 2401–2413.

Argerich, A., Johnson, S.L., Sebestyen, S.D., Rhoades, C.C., Greathouse, E., Knoepp, J.D., Adams, M.B., Likens, G.E., Campbell, J.L. and McDowell, W.H. (2013) Trends in stream nitrogen concentrations for forested reference catchments across the USA. *Environmental Research Letters* 8, 014039.

Arora, V.K. and Boer, G.J. (2001) Effects of simulated climate change on the hydrology of major river basins. *Journal of Geophysical Research* 106, 3335–3348.

Bay, R.R. (1967) Ground water and vegetation in two peat bogs in northern Minnesota. *Ecology* 48, 308–310.

Bolton, W.R., Hinzman, L.D. and Yoshikawa, K. (2004) Water balance dynamics of three small catchments in a sub-Arctic boreal forest. In: Kane, D.L. and Yang, D. (eds) *Northern Research Basins Water Balance (Proceedings of a workshop held Victoria, BC, 15–19 March 2004)*. IAHS Publication No. 290. International Association of Hydrological Sciences, Wallingford, UK, pp. 213–223.

Boring, L.R., Elliott, K.J. and Swank, W.T. (2014) Successional forest dynamics 30 years following clearcutting. In: Swank, W.T. and Webster, J.R. (eds) *Long-Term Response of a Forest Watershed Ecosystem. Clearcutting in the Southern Appalachians*. Oxford University Press, New York, pp. 11–35.

Bosch, J.M. and Hewlett, J.D. (1982) A review of catchment experiments to determine the effect of vegetation changes on water yield and evapotranspiration. *Journal of Hydrology* 55, 3–23.

Brown, A.E., Zhang, L., McMahon, T.A., Western, A.W. and Vertessy, R.A. (2005) A review of paired catchment studies for determining changes in water yield resulting from alterations in vegetation. *Journal of Hydrology* 310, 28–61.

Brown, P.J., Bradley, R.S. and Keimig, F.T. (2010) Changes in extreme climate indices for the northeastern US, 1870–2005. *Journal of Climate* 23, 6555–6572.

Cafferata, P.H. and Reid, L.M. (2013) *Application of Long-term Watershed Research to Forest Management in California: 50 Years of learning from Caspar Creek Experimental Watersheds*. California Forestry Report No. 5. State of California Natural Resources Agency, Department of Forestry and Fire Protection, Sacramento, California.

Campbell, J.L., Driscoll, C.T., Pourmokhtarian, A. and Hayhoe, K. (2011) Streamflow responses to past and projected future changes in climate at the Hubbard Brook Experimental Forest, New Hampshire, USA. *Water Resources Research* 47, W02514, doi:10.1029/2010WR009438 (accessed 9 April 2016).

Creed, I.F., Spargo, A.T., Jones, J.A., Buttle, J.M., Adams, M.B., Beall, F.D., Booth, E.G., Campbell, J.L., Clow, D., Elder, K., Green, M.B., et al. (2014) Changing forest water yields in response to climate warming: results from long-term experimental watershed sites across North America. *Global Change Biology* 20, 3191–3208.

Czwartacki, B.J. (2013) Time and tide: understanding the water dynamics in a tidal freshwater forested wetland. MSc. thesis, College of Charleston, Charleston, South Carolina.

Dai, Z., Li, C., Trettin, C.C., Sun, G., Amatya, D.M. and Li, H (2010) Bi-criteria evaluation of the MIKE SHE model for a forested watershed on the South Carolina coastal plain. *Hydrology and Earth System Science* 14, 1033–1046.

Dai, Z., Trettin, C.C. and Amatya, D.M. (2013) *Effects of Climate Variability on Forest Hydrology and Carbon Sequestration on the Santee Experimental Forest in Coastal South Carolina*. General Technical Report SRS-172. USDA Forest Service, Southern Research Station, Asheville, North Carolina.

DeBano, L.F. (1981) *Water Repellent Soils: A State-of-the-Art*. General Technical Report PSW-46. USDA Forest Service, Pacific Southwest Forest and Range Experiment Station, Berkeley, California.

Detty, J.M. and McGuire, K.J. (2010a) Topographic controls on shallow groundwater dynamics: implications of hydrologic connectivity between hillslopes and riparian zones in a till mantled catchment. *Hydrological Processes* 24, 2222–2236.

Detty, J.M. and McGuire, K.J. (2010b) Threshold changes in storm runoff generation at a till mantled headwater catchment. *Water Resources Research* 46, W07525, doi: 10.1029/2009WR008102 (accessed 9 April 2016).

DeWalle, D.R., Edwards, P.J., Swistock, B.R., Aravena, R. and Drimmie, R.J. (1997) Seasonal isotope hydrology of three of three Appalachian forest catchments. *Hydrological Processes* 11, 1895–1906.

Douglass, J.E. and Hoover, M.D. (1988) History of Coweeta. In: Swank, W.T. and Crossley, D.A. (eds) *Forest Hydrology and Ecology at Coweeta*. Ecological Studies Vol. 66. Springer, New York, pp. 17–31.

Dunn, P.H., Barro, S.C., Wells, W.G. II, Poth, M.A., Wohlgemuth, P.M. and Colver, C.G. (1988) *The San Dimas Experimental Forest: 50 Years of Research*. General Technical Report PSW-105. USDA Forest Service, Pacific Southwest Forest and Range Experiment Station, Berkeley, California.

Epps, T., Hitchcock, D., Jayakaran, A.D., Loflin, D., Williams, T.M. and Amatya, D.M. (2013) Characterization of storm flow dynamics of headwater streams in the South Carolina lower coastal plain. *Journal of the American Water Resources Association* 49, 76–89.

Ford, C.R., Hubbard, R.M. and Vose, J.M. (2011) Quantifying structural and physiological controls on variation in canopy transpiration among planted pine and hardwood species in the southern Appalachians. *Ecohydrology* 4, 183–195.

Gannon, J.P., Bailey, S.W. and McGuire, K.J. (2014) Organizing groundwater regimes and response thresholds by soils: a framework for understanding runoff generation in a headwater catchment. *Water Resources Research* 50, 8403–8419.

Gillin, C.P., Bailey, S.W., McGuire, K.J. and Gannon, J.P. (2015) Mapping of hydropedologic spatial patterns in a steep headwater catchment. *Soil Science Society of America Journal* 79, 440–453.

Gottfried, G.J., Ffolliott, P.F., Brooks, K.N., Kolka, R.K., Raish, C.B. and Neary, D.G. (2014) Contributions of studies on experimental forests to hydrology and watershed management. In: Hayes, D. (ed.) *Long-Term Research on Experimental Forests and Ranges*. USDA Forest Service, Washington, DC, pp. 387–403.

Griffin, M.P., Callahan, T.J., Vulava, V.M. and Williams, T.M. (2014) Storm-event flow pathways in lower coastal plain forested watersheds of the southeastern United States. *Water Resources Research* 50, 8365–8280.

Hamon, W.R. (1963) Computation of direct runoff amounts from storm rainfall. *International Association of Scientific Hydrology Publication* 63, 52–62.

Harder, S.V., Amatya, D.M., Callahan, T.J., Trettin, C.C. and Hakkila, J. (2007) A hydrologic budget of a first-order forested watershed, coastal South Carolina. *Journal of the American Water Resources Association* 43(3), 1–13.

Haugen, R.K., Slaughter, C.W., Howe, K.E. and Dingman, S.L. (1982) *Hydrology and Climatology of the Caribou-Poker Creeks Research Watershed, Alaska*. CRREL Report 82-26. US Army Corps of Engineers, Washington, DC.

Hinzman, L.D., Nobuyoshi, I., Yoshikawa, K., Bolton, W.R. and Petrone, K.C. (2002) Hydrologic studies in Caribou-Poker Creeks Research Watershed in support of long term ecological research. *Eurasian Journal Forest Research* 5(2), 67–71.

Hewlett, J.D. and Hibbert, A.R. (1963) Moisture and energy conditions within a sloping soil mass during drainage. *Journal of Geophysical Research* 68, 1081–1087.

Hewlett, J.D. and Hibbert, A.R. (1967) Factors affecting the response of small watersheds to precipitation in humid areas. In: Sopper, W.E. and Lull, H.W. (eds) *Forest Hydrology*. Pergamon Press, New York, pp. 275–291.

Hook, D.D., Buford, M.A. and Williams, T.M. (1991) Impact of Hurricane Hugo on the South Carolina coastal pine forest. *Journal of Coastal Research* (SI-8), 291–300.

Jayakaran, A., Williams, T.M., Ssegane, H.S., Amatya, D.M., Song, B. and Trettin, C. (2014) Hurricane impacts on a pair of coastal forested watersheds: implications of selective hurricane damage to forest structure and streamflow dynamics. *Hydrology and Earth System Science* 18, 1151–1164.

Jones, J.A., Achterman, G.L., Augustine, L.A., Creed, I.F., Ffolliott, P.F., MacDonald, L. and Wemple, B.C. (2009) Hydrologic effects of a changing forested landscape – challenges for the hydrological sciences. *Hydrological Processes* 23, 2699–2704.

Jones, J.A., Creed, I.F., Hatcher, K.L., Warren, R.J., Adams, M.B., Benson, M.H., Boose, E., Brown, W.A., Campbell, J.L., Covich, A., et al. (2012) Ecosystem processes and human influences regulate stream-flow response to climate change at long-term ecological research sites. *BioScience* 62, 390–404.

Jones, J.B. and Rinehart, A.J. (2010) The long term response of stream flow to climatic warming in headwater streams of interior Alaska. *Canadian Journal of Forest Research* 40, 1210–1218.

Kane, D.L. and Hinzman, L.D. (2004) Monitoring extreme environments: arctic hydrology in transition. *Water Resources Impact* 6, 24–27.

Kasahara, T. and Wondzell, S.M. (2003) Geomorphic controls on hyporheic exchange flow in mountain streams. *Water Resources Research* 39, 1005, doi: 10.1029/2002WR001386 (accessed 10 April 2016).

Keppeler, E. (2007) *Effects of Timber Harvest on Fog Drip and Streamflow, Caspar Creek Experimental Watersheds, Mendocino County, California*. General Technical Report PSW GTR-194. USDA Forest Service, Pacific Southwest Research Station, Albany, California, pp. 85–93.

Keppeler, E.T. and Brown, D. (1998) *Subsurface Drainage Processes and Management Impacts*. General Technical Report PSW GTR-168. USDA Forest Service, Pacific Southwest Research Station, Albany, California, pp. 25–34.

Klaus, J., McDonnell, J.J., Jackson, C.R., Du, E. and Griffiths, N.A. (2015) Where does streamwater come from in low-relief forested watersheds? A dual-isotope approach. *Hydrology and Earth System Science* 19, 125–135.

Kolka, R.K., Sebestyen, S.D. and Bradford, J.H. (2011) An evolving research agenda of the Marcell Experimental Forest.

In: Kolka, R.K., Sebestyen, S.D., Verry, E.S. and Brooks, K.N. (eds) *Peatland Biogeochemistry and Watershed Hydrology at the Marcell Experimental Forest*. CRC Press, Boca Raton, Florida, pp. 73–91.

Laseter, S.H., Ford, C.R., Vose, J.M. and Swift, L.W. (2012) Long-term temperature and precipitation trends at the Coweeta Hydrologic Laboratory, Otto, North Carolina, USA. *Hydrology Research* 43, 890–901.

La Torre Torres, I., Amatya, D.M., Callahan, T.J. and Sun, G. (2011) Seasonal rainfall–runoff relationships in a lowland forested watershed in the southeastern USA. *Hydrological Processes* 25, 2032–2045.

Love, L. (1960) *The Fraser Experimental Forest ... Its Work and Aims*. Station Paper No. 8. USDA Forest Service, Rocky Forest and Range Experiment Station, Fort Collins, Colorado.

McGuire, K.J., McDonnell, J.J., Weiler, M., Kendall, C., McGlynn, B.L., Welker, J.M. and Seibert, J. (2005) The role of topography on catchment-scale water residence time. *Water Resources Research* 41, W05002, doi: 10.1029/2004WR003657 (accessed 10 April 2016).

Meixner, T. and Wohlgemuth, P.M. (2003) Climate variability, fire, vegetation recovery, and watershed hydrology. In: Renard, K.G., McElroy, S.A., Gburek, W.J., Canfield, H.E. and Scott, R.L. (eds) *The First Interagency Conference on Research in the Watersheds, October 27–30, 2003, Benson, Arizona*. US Department of Agriculture, Agricultural Research Service, Washington, DC, pp. 651–656.

Nichols, D.S. and Verry, E.S. (2001) Stream flow and ground water recharge from small forested watersheds in north central Minnesota. *Journal of Hydrology* 245, 89–103.

Patric, J.H. (1973) *Deforestation Effects on Soil Moisture, Streamflow, and Water Balance in the Central Appalachians*. Research Paper No. NE-259. USDA Forest Service, Northeastern Forest Experiment Station, Upper Darby, Pennsylvania.

Patric, J.H. and Goswami, N. (1968) Evaporation pan studies – forest research at Parsons. *West Virginia Agriculture and Forestry* 1(4), 6–10.

Peel, M.C., Finlayson, B.A. and McMahon, T.A. (2007) Updated world map of the Köppen–Geiger climate classification. *Hydrology and Earth System Science* 11, 1633–1644.

Post, D.A. and Jones, J.A. (2001) Hydrologic regimes of forested, mountainous, headwater basins in New Hampshire, North Carolina, Oregon, and Puerto Rico. *Advances in Water Resources* 24, 1195–1210.

Reid, L.M. and Lewis, J. (2009) Rates, timing, and mechanisms of rainfall interception loss in a coastal redwood forest. *Journal of Hydrology* 375, 459–470.

Reinhart, K.G., Eschner, A.R. and Trimble, G.R. (1963) *Effect on Streamflow of Four Forest Practices in the Mountains of West Virginia*. Research Paper No. NE-1. USDA Forest Service, Northeastern Forest Experiment Station, Upper Darby, Pennsylvania.

Retzer, J. (1962) *Soil Survey: Fraser Alpine Area, Colorado*. Soil Survey Series 1956, No. 20. USDA Forest Service, Soil Conservation Service, Colorado Agricultural Experiment Station, Washington, DC.

Rice, R.M. (1974) The hydrology of chaparral watersheds. In: Rosenthal, M. (ed.) *Proceedings of the Symposium on Living with the Chaparral, March 30–31, 1973, Riverside, California*. Sierra Club, San Francisco, California, pp. 27–34.

Riggan, P.J., Lockwood, R.N. and Lopez, E.N. (1985) Deposition and processing of airborne nitrogen pollutants in Mediterranean-type ecosystems in southern California. *Environmental Science and Technology* 19, 781–789.

Rothacher, J., Dyrness, C.T. and Fredriksen, R.L. (1967) *Hydrologic and Related Characteristics of Three Small Watersheds in the Oregon Cascades*. USDA Forest Service, Pacific Northwest Forest and Range Experiment Station, Portland, Oregon. Available at: http://andrewsforest.oregonstate.edu/pubs/pdf/pub344.pdf (accessed 14 April 2016).

Searcy, J.K. (1959) Flow-duration curves. In: *Manual of Hydrology: Part 2: Low-Flow Techniques*. US Geological Survey

Water-Supply Paper 1542-A. US Government Printing Office, Washington, DC.

Sebestyen, S.D., Dorrance, C., Olson, D.M., Verry, E.S., Kolka, R.K., Elling, A.E. and Kyllander, R. (2011) Long-term monitoring sites and trends at the Marcell Experimental Forest. In: Kolka, R.K., Sebestyen, S.D., Verry, E.S. and Brooks, K.N. (eds) *Peatland Biogeochemistry and Watershed Hydrology at the Marcell Experimental Forest*. CRC Press, Boca Raton, Florida, pp. 15–71.

Spence, C. (2010) A paradigm shift in hydrology: storage thresholds across scales influence catchment runoff generation. *Geography Compass* 47, 819–833.

Sun, G., McNulty, S.G., Amatya, D.M., Skaggs, R.W., Swift, L.W. Jr, Shepard, J.P. and Riekerk, H. (2002) A comparison of the watershed hydrology of coastal forested wetlands and the mountainous uplands in the southern US. *Journal of Hydrology* 263, 92–104.

Swift, L.W., Cunningham, G.B. and Douglass, J.E. (1988) Climate and hydrology. In: Swank, W.T. and Crossley, D.A. (eds) *Forest Hydrology and Ecology at Coweeta*. Ecological Studies Vol. 66. Springer, New York, pp. 35–55.

Thornthwaite, C.W. (1948) An approach toward a rational classification of climate. *The Geographical Review* 38, 55–94.

Troendle, C. and King, R. (1985) The effect of timber harvest on the Fool Creek watershed, 30 years later. *Water Resources Research* 21, 1915–1922.

Verry, E.S., Brooks, K.N., Nichols, D.S., Ferris, D.R. and Sebestyen, S.D. (2011) Watershed hydrology. In: Kolka, R.K., Sebestyen, S.D., Verry, E.S. and Brooks, K.N. (eds) *Peatland Biogeochemistry and Watershed Hydrology at the Marcell Experimental Forest*. CRC Press, Boca Raton, Florida, pp. 193–212.

Vogel, R.M. and Fennessey, N.M. (1995) Flow duration curves II: a review of applications in water resources planning. *Journal of the American Water Resources Association* 31, 1029–1039.

Vose, J.M., Ford, C.R., Laseter, S.H., Dymond, S.F., Sun, G., Adams, M.B., Sebestyen, S.D., Campbell, J.L., Luce, C., Amatya, D.M., et al. (2012) Can forest watershed management mitigate climate change effects on water resources? In: Webb, A.A., Bonell, M., Bren, L., Lane, P.J.N., McGuire, D., Neary, D.J., Nettles, J., Scott, D.F., Stednick, J. and Wang, Y. (eds) *Revisiting Experimental Catchment Studies in Forest Hydrology (Proceedings of a Workshop held during the XXV IUGG General Assembly in Melbourne, June–July 2011)*. IAHS Publication No. 353. International Association of Hydrological Sciences, Wallingford, UK, pp. 12–25.

Vose, J.M., Swank, W.T., Adams, M.B., Amatya, D., Campbell, J., Johnson, S., Swanson, F.J., Kolka, R., Lugo, A., Musselman, R. and Rhoades, C. (2014) The role of experimental forests and ranges in the development of ecosystem science and biogeochemical cycling research. In: Hayes, D. (ed.) *Long-Term Research on Experimental Forests and Ranges*. USDA Forest Service, Washington, DC, pp. 387–403.

Weiler, M. and McDonnell, J. (2004) Virtual experiments: a new approach for improving process conceptualization in hillslope hydrology. *Journal of Hydrology* 285, 3–18.

Wohlgemuth, P.M. (2016) Long-term hydrologic research on the San Dimas Experimental Forest: lessons learned and future directions. In: Stringer, C.E., Krauss, K.W. and Latimer, J.S. (eds) *Headwaters to Estuaries: Advances in Watershed Science and Management – Proceedings of the Fifth Interagency Conference on Research in the Watersheds, March 2–5, 2015, North Charleston, South Carolina*. e-General Technical Report SRS-211. USDA Forest Service, Southern Research Station, Asheville, North Carolina, pp. 227–232.

Zegre, N. (2008) The history and advancement of change detection methods in forest hydrology. In: *Society of American Foresters Water Resources Working Group Newsletter*. Society of American Foresters, Bethesda, Maryland.

Ziemer, R.R. (1998) Stormflow response to roadbuilding and partial cutting in small streams of northern California. *Water Resources Research* 17, 907–917.

15 森林水文科学在 21 世纪流域管理中的应用

J. M. 沃斯（J. M. Vose）[1*]，K. L. 马丁（K. L. Martin）[1]，
P. K. 巴滕（P. K. Barten）[2]

15.1 引　言

　　21 世纪的余下时间里，快速多变和复杂的环境、经济和社会使未来越来越不确定，这对森林流域管理提出了重大挑战。许多变化预示着不断增长的人口面临越来越大的缺水风险，更容易受到极端干旱和更强暴雨的影响。森林水文科学在传统上即致力于提供修复和管理受干扰和受压力的景观方面的信息，它可以很好地指导管理，并为将来提供重要的生态系统服务功能。事实上，为了保护流域，美国根据 1911 年《维克斯法案》（Weeks Act of 1911，http://www.foresthistory.org/ASPNET/Policy/WeeksAct/index.aspx，访问日期：2016 年 4 月 10 日）建立了公共林地，这反映了人们对森林在调节供水、为水生态系统和人类提供高质量地表水方面作用的强烈认可。从过去一个世纪的流域研究和管理经验中获得的知识为未来的管理决策奠定了坚实的基础；不过，仅仅依赖历史经验是否足够尚不明确。当代景观、气候和扰动机制的变化以前所未有的速度出现，鲜有不受人类活动影响的流域生态系统（Likens，2001；Seastedt et al.，2008；Hobbs et al.，2009）。水文循环已经发生了改变，随着气候变化、人口增长、引水和许多其他环境变化的持续，这种变化还将继续下去（Huntington，2006；Naiman，2013）。与此同时，社会期望流域生态系统能够得到管理，维持其功能状态（Naiman，2013）。评估如何应用、调整和扩展森林水文学的研究以应对这些挑战，对于确保未来能够维持以水为基础的生态系统服务功能至关重要。

　　本章考察了森林水文科学在 21 世纪流域管理的发展和应用中的作用。简要综述了未来几十年预计发生的生物物理和社会经济变化，并讨论了未来几十年维系流域生态系统服务的关键流域科学需求和管理对策。最近，笔者对生态水文学在

---

1 美国农业部林务局，美国北卡罗来纳州罗利；北卡罗来纳州立大学，美国北卡罗来纳州罗利；2 马萨诸塞大学阿默斯特分校，美国马萨诸塞州阿默斯特

* 通讯作者邮箱：jvose@fs.fed.us

解决当前和未来水资源挑战中的作用进行了一些讨论（National Research Council, 2008; Riveros-Iregui et al., 2011; Vose et al., 2012; Wang et al., 2012; Egginton et al., 2014）。鉴于公共和私人林地混合所有权的复杂性在更大的空间范围内给流域管理带来了巨大的挑战，因此笔者的例子集中在美国南部的森林流域。虽说专注于美国南部，但其一般原则适用于全球范围的森林流域。

过去一个世纪的森林流域研究提供了流域水文过程和最佳管理措施的基本理解，在管理流域时，这些实践可用于保护或恢复这些过程。Ice 和 Stednick（2004）总结了美国大陆的森林流域科学研究现状，Lockaby 等（2013）与 de la Crétaz 和 Barten（2007）分别总结了美国南部和东北部的研究现状。这些总结为流域管理提供了以下五个关键经验：

①在所有土地利用中，森林提供了最清洁和最稳定的地表水和地下水供给。

②可以通过森林管理来改变径流量（产水量）和径流时间；径流量可能会根据扰动后的变化模式增加或减少。

③森林流域的营养水平普遍较低；但干扰导致侵蚀和输沙时，泥沙负荷会增加。

④河岸地区和森林湿地对于调节径流和保护水质尤为重要。

⑤实施最佳管理措施对于确保森林得到有效管理以避免或尽量减少对水资源的不利影响至关重要。

国家研究委员会（2008）最近的一项综述评估了这些理论基石的适用性，并得出结论认为，在相对较短的时间内（即 5—15 年），我们对实验流域尺度的水文过程和土地利用效应有深刻、详细的认识，但随着空间和时间尺度的增大（例如，生态分区、几十年尺度），我们的认识迅速减少。因此，本章要问的问题是：①土地利用的大规模变化和气候条件的长期变化将如何影响我们去制定和实施流域管理的政策、计划和措施；②需要哪些新的研究问题和方法来解决关键的信息差距和不确定性？我们解决这些问题的重点是，如何将目前对森林流域管理的理解应用于保护水资源，以及可能需要哪些新的管理方法。森林管理理念需从如何避免不利的水质影响转变为更全面地看待森林，将森林视为维持水生态系统、水供应和公共健康所需的至关重要的土地覆盖和土地利用（sensu Postel and Richter, 2003）。

15.2　预计未来几十年将发生的生物物理和社会经济变化

由人类活动引起的大气化学、养分和水文循环等地球系统的变化，足以定义一个新的地质时代——人类世。最近的 10000—12000 年的冰期标志着全新世的结束，而关于人类世始于 1800 年左右的工业革命、1950 年代的战后时代，还是使用这些日期作为两个不同阶段的起始尚存在争论（Steffen et al.，2007）。人类对大气化学的影响可以追溯到最初的工业化和化石燃料的使用，从煤动力蒸汽机开始。到 1950 年，大气中二氧化碳的浓度从工业化前的 270—275 ppm* 增加到 310 ppm（Steffen et al.，2007）。在 20 世纪下半叶，世界人口翻了一番，城市化程度更高，全球经济活动增加了 15 倍，人为来源的活性氮（化肥、化石燃料燃烧）超过了自然产生的总和（Steffen et al.，2007）。大气中的二氧化碳已经超过 400 ppm，并且正在加速上升，目前每年增加 2.25 ppm，而 1959 年为每年增加 0.75 ppm（Field et al.，2014）。

由于人口增长和社会发展继续加快，人类世仍会是一个快速变化的时代。在 1950 年，不到地球表面一半面积的温带阔叶林和混交林覆盖能够支撑这一生物群落，到 2050 年估计还会减少 10%的面积（Millennium Ecosystem Assessment，2005）。其部分原因是到 2050 年，预计世界人口将达到 95 亿，比 2010 年增长 36%（United Nations，2013）。随着人口的增长，城市将继续增长和发展，到 2050 年，预计将有 66%的世界人口生活在城市地区，比 2014 年增加 12%（United Nations，2014）。在美国东南部，预计到 2060 年将新开发 1200 万—1700 万 hm^2 土地，是目前城市土地覆盖面积的至少两倍（Dai，2013）。城市增长将特别集中在阿巴拉契亚山脉南部，形成一条从弗吉尼亚州里士满经北卡罗来纳州罗利-达勒姆到佐治亚州亚特兰大的连通城市的通道（Wear and Greis，2013；Terrando et al.，2014）。人口的增加将导致水资源需求的增长。如果在整个地区保持当前的发展模式，低密度发展（"扩张"）将加剧城市化的影响，增加发达地区的连通性，同时分割和隔离自然区域（Terrando et al.，2014）。这相当于东南部地区损失了 7%—13%的区域林地，阿巴拉契亚山脉损失林地高达 21%（Dai，2013）。随着森林被城市取代，沉积物、营养物质、污染物和病原体的浓度都会增加，水质将会降低（Lockaby et al.，2013）。人口增长和发展也影响水的供应；到 2050 年，东南地区的水资源压力（定义为人类需求量除以水供应）预计将增加 10%。随着森林的消失，预计森林类型也将发生变化，种植松树将取代大部分剩余的天然松树（Huggett et al.，2013）。

除了经济社会发展和快速的土地利用变化外，人类世还是一个气候变化较快的时代。据估计，1880—2012 年，全球平均气温上升了 0.65—1.06℃（Field et al.，2014）。这一趋势预计会持续下去，到 21 世纪末，全球平均温度将进一步上升 4.8℃（Field et al.，2014）。在东南部，自 1970 年以来，平均气温仅上升了 1℃多一点，夏季的上升幅度更大（Carter et al.，2014）。在不久的将来，预计到 21 世纪末，东南部的气候将更加多变，气温将上升约 2—4℃，超过 35℃的天数将更多

---

* part per million，10^{-6}。

(McNulty et al., 2013)。降水预测更加多变，虽然一些模型表明变化很小，但这很可能是西南地区（预计降水量将减少）和东北地区（预计降水量将增加）间的区域位置造成的假象（Carter et al., 2014）。即使降水模型存在不确定性，温度升高导致的蒸发损失也会增加水资源压力。大多数大气环流模型预测，随着气候变暖，在全球范围内，极端降水事件的频率将升高（O'Gorman and Schneider, 2009），洪水事件（漫滩流）和干旱（包括气象干旱和水文干旱）的规模和频率可能会增加。在过去50年中，美国许多地区记录到极端降水事件（即更多的干旱和更大、更高强度降雨事件）的频率增加（Easterling et al., 2000; Huntington, 2006; Field et al., 2014）。极端或小概率事件的时间和空间分布是未来气候情景中最不确定的方面。降水的年际和年内自然变化使预测变得复杂，这些变化受到大尺度全球气候遥相关现象的影响，例如，厄尔尼诺南方涛动、太平洋十年际振荡、北大西洋涛动（Karl et al., 1995; Allen and Ingram, 2002）。

极端降水事件并非是未来不确定性和变化的唯一来源；预计未来将会加速出现"新型复合干扰"。例如，气候变化预计会增加火灾（Marlon et al., 2008）。气温上升及其造成的干旱条件也将增加野火的风险，造成此风险的部分原因是火灾季节的延长。到2060年，预计美国东南部的气候变化将增加野火的频率和烈度，并将火灾季节延长3个月（Liu et al., 2013）。得益于有效的火灾长期规定、减少燃料负荷及野火抑制方案，该地区的大规模高烈度野火并不常见。更热、更干旱的条件可能会减少符合受控燃烧标准的天数，从而减少可燃物负荷和主动火灾管理的机会（Melvin, 2012; Liu et al., 2013; Mitchell et al., 2014）。此外，在未来极端条件下，不管计划焚烧管理如何，都可能会出现一些高烈度燃烧的火灾。2007年就是这种情况，当时佐治亚湾大火（Georgia Bay Complex fires）以树冠火的方式烧遍奥西奥拉国家森林，即使在过去五年里用计划焚烧治理过的森林中也是如此（Fites et al., 2007）。由于树木死亡率高，严重的野火可以通过移除枯枝落叶层和腐殖层、改变土壤渗透性和减少蒸散来增加径流和侵蚀（Ice et al., 2004; Certini, 2005; Doerr et al., 2006）。未来的火灾风险也取决于未来的可燃物动态，其中害虫、疾病和物种入侵是越来越重要的因素。害虫和疾病会导致树木死亡，从而增加可燃物负荷、增大火灾风险。一些入侵物种也是如此。例如，白茅（*Imperata cylindrica*）是一种高度易燃的入侵植物，在整个美国东南部迅速蔓延（Bradley et al., 2010）。

在美国东南部，9%的森林都至少含有一种入侵物种，而年扩散速度超过58 000 hm^2（Miller et al., 2013）。许多成功入侵的植物物种都属于快速生长物种，具有高蒸发率，增加了水通量。在美国西部，柽柳（*Tamarix*）的入侵增加了蒸腾水通量，因此减少了径流（Ehrenfeld, 2010）。尽管东南地区尚未出现如此影响巨大的入侵植物，但铁杉球蚜（*Adelges tsugae*）的入侵移除了常绿河岸树——加拿大铁杉（*Tsuga canadensis*），改变了水文循环（Ford and Vose，2007；Brantley et al.，2005）。有关入侵物种对生态系统结构和功能影响的记录越来越多（Lovett et al.，2006；Ehrenfeld，2010）。然而，对多种入侵物种的新群落或混合群落如何影响生态系统功能的了解较少（Hobbs et al.，2006，2009）。

人类世使得新的生态系统在整个景观中不断增加，几乎所有的生态系统都受到人类活动的影响。如 Hobbs 等（2006）的定义，新生态系统的特征是以前从未在生物群落中出现过的物种的组合，是人类直接或间接行为的结果，并且已经可以自我延续。许多生态系统与早期的演替模式和物种组合差异较大，尝试恢复似乎不太可能或非常困难。因此，在某些情况下，可能更要将城市和郊区作为新型或混合生态系统进行管理，维持包括水资源在内的生态服务（Hobbs et al.，2014）。

15.3　21 世纪维持流域生态系统服务的管理对策

诚然，20 世纪的很多森林水文学原则在 21 世纪的剩余时间里依然高度相关和适用，但笔者建议，针对未来几十年生物物理和社会经济的快速和成规模变化，需修正和新增管理方法来维持生态系统服务。例如，为应对更大的降水变化而对现有最佳管理措施进行修正，从而涵盖更宽的河岸缓冲区、更大的涵洞以及更高效、更稳定的道路设计。在很大程度上，对新管理方法的需求是由日益增长的淡水需求驱动的。笔者一直认为森林水源具有宝贵的生态系统服务功能，对流域的保护侧重于保持水质。针对未来对淡水需求的增加，可能会更加注重针对产水量的森林管理。为了满足日益城市化背景下的景观需求，需要进行大规模的流域管理。在下一节，笔者将讨论森林水文科学需要推进的两个关键领域，以期为管理决策提供信息和支持（Vose et al.，2012）。

15.3.1　管理物种组成和林分结构来优化产水量

干旱和强降雨等气候异常事件增多的影响取决于未来降水输入（P）与树木需水量（潜在蒸散，PET）之间的平衡。例如，干旱的西南林区的特点是低 P/PET（小于 1），东北和西北林区的特点是高 P/PET（大于 1），美国南部的大部分地区的 P/PET 比值接近 1。当前的生态、社会经济和流域管理系统随着降水量和潜在蒸散之间平衡关系的变化而演变。在降雨量大大超过潜在蒸散的地区，水资源通常较为丰富，适宜喜湿树种，管理重点是洪水和水质保护。相比之下，在潜在蒸散大大超过降雨量的地区，水资源较为有限，适宜旱生树种，管理重点则是管理干旱期和干旱相关的干扰（如野火），以及为农业和人类需求开发可靠的水源。未来的情景表明，在中纬度地区，潮湿地区一般会变得更潮湿，干旱地区则变得更加干旱（Field et al.，2014）。然而，即使总降水量没有变化，当干旱发生时，较高的气温也会放大干旱的影响（Breshears et al.，2005）。在美国南部，树种的高度多样性以及在大部分地区积极管理森林的能力，是制定或完善最佳流域管理战略、保护水质、增加或维持产水量的重要基础。

美国东部的森林正在发生变化，这些变化会影响产水量、水质和产流时间。在20世纪，随着农业用地的减少，东南部的许多地区森林面积有所增加，蒸散也随之增加（Kim et al.，2014）。同时，由于有目的的管理活动（如建立人工林），及树种演替过程和变化环境的干扰，森林树种发生了转变。例如，从20世纪早期开始，橡树和橡树-松树的物种组成在整个美国东部发生了转变，这一过程叫做"mesophication"（Nowacki and Abrams，2015）。该术语用于描述优势树种从原本耐旱、适应短期野火的树种（例如，厚皮橡树）向其他树种转变。许多潜在因素促成了这种转变，包括更潮湿的环境、人工灭火和经历20世纪大面积采伐后森林的成熟（McEwan et al.，2011；Nowacki and Abrams，2008，2015）。

树种组成变化改变了蒸散，进而改变了干旱脆弱性和水量平衡分量的相对大小，包括截留和蒸发（Zhang et al.，2001）。冠层物理结构、树高和历时（常绿还是落叶）都会影响截留率（Calder et al.，2003）。矮树比同一树种的高树具有更高的截留率，常绿树种比落叶树种具有更高的截留率（Rutter et al.，1975；Calder et al.，2003；Ford et al.，2011）。在东南部，Ford等（2011）发现，与混交硬木林相比，人工松林的截留率几乎是混交硬木林的两倍。Ford等（2011）还发现，蒸腾对蒸散的影响大于截留，在干旱年份，蒸腾尤为重要。木质部解剖和由此产生的边材面积是林地蒸腾的重要决定因素（Wullschleger et al.，2001；Ford et al.，2007）。中生树种通常是散孔的，并且比环孔或半环孔树种具有更大的边材面积。潜在的水分传输会随着边材面积的增大而增多（Enquist et al.，1998；Meinzer et al.，2005）。例如，给定直径的北美鹅掌楸（*Liriodendron tulipifera*）（散孔材）的蒸腾速率几乎是山核桃属（*Carya* spp.）（半环孔材）的两倍，比栎属（*Quercus* spp.）（环孔材）大四倍（图15.1）。而且，与橡树和山核桃树等环孔树种相比，散孔树种的蒸腾速率和气孔导度对气候变化的响应也更为敏感（Ford et al.，2007）。严重干旱时，散孔、中生树种死亡率比环孔树种高（Klos et al.，2009）。流域数据还表明，一般的松林，特别是南方的松树人工林，由于较高的截留和蒸腾，比相应的硬木林具有更大的蒸散（Ford et al.，2011），并且更容易受干旱影响（Domec et al.，2015）。

综上所述，这些发现表明现在美国南部的森林比过去消耗更多的水资源，而且它们在未来可能更容易受到干旱的影响。因此可以预料到，流量观测站应该会检测到径流量的长期减少趋势；考虑到影响径流的因素众多，建立一个简单的因果关系很有挑战性，尤其是在较大的空间尺度上。例如，研究发现美国南部的流量既有减少的,也有增加的,部分原因可能是降水的变异性(Patterson et al.,2013;Kim et al.,2014;Yang et al.,2014)。尽管观测结果存在差异,但将南部森林转变为环孔、耐旱树种可能会增大林地产水量,并增强未来的耐旱能力。可通过增加计划焚烧来促进树种转变,计划焚烧有利于增加栎属植物和减少中生树种。但是必须定期反复治理,在某些情况下,还要结合间伐等操作,实现树种丰度的转变(Green et al.,2010;Martin et al.,2011;Arthur et al.,2015)。除了计划焚烧以外,特别是在无法焚烧的地区,间伐可以清除中生树种,有利于节水和耐旱的树种生长。

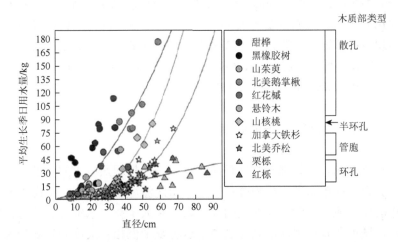

图 15.1 美国南部不同木质部解剖的森林树种平均生长季日用水量

所列树种:甜桦(*Betula lenta*)、黑橡胶树(*Nyssa sylvatica*)、山茱萸(*Cornus florida*)、北美鹅掌楸(*Liriodendron tulipifera*)、红花槭(*Acer rubrum*)、悬铃木(*Platanus occicdentalis*)、山核桃(*Carya* spp.)、加拿大铁杉(*Tsuga canaclensis*)、北美乔松(*Pinus strobus*)、栗栎(*Quercus prinus*)和红栎(*Quercus rubra*)(摘自 Ford et al.,2011)。

松树人工林是美国南部的一种重要森林类型,可为该地区、国家和全球提供纤维和木材产品(Wear and Greis,2013)。经过几十年的研究,遗传改良和林地管理(如整地、施肥、间伐、杂草控制)大大提高了南方松树人工林的生产力(Fox et al.,2007);不过,这些高产森林也会消耗更多的水资源(Jackson et al.,2005;Ford et al.,2011;King et al.,2013),更容易遭受干旱影响(Domec et al.,2015;Ward et al.,2015)。有人认为未来的松树种植面积将会增加(Huggett et al.,2013),到 2060 年将增加 2000 万—2500 万 hm^2,增加面积取决于气候和经济相关条件的假设(如全球森林产品市场、生物质能)。在水资源丰富的地区和时间,这种扩张不太可能对水资源产生不利影响。但在降雨量变化较大的情况下,或者在水资源越来越稀缺的地区,松树人工林或其他速生树种的扩张可能会对水资源产生负面影响(Calder et al.,2009;King et al.,2013;Vose et al.,2015)。

替代方案包括种植低立木度的人工林（Sun et al.，2015）或耗水量较少的树种（Calder et al.，2009），如恢复长叶松（Lockaby et al.，2013）。

还可以采取一些管理措施，尽可能地减少干旱对水质的影响。在已开发的地区，最明显的措施就是限制取水（Webb and Nobilis，1995；Meier et al.，2003），在枯水期尽可能减少废水排放，并鼓励废水回用，减少排入河川的高温污水（Kinouchi，2007）。在森林地区，应争取最大限度地减少泥沙和营养物质进入河流。规划管理时间应当很有帮助，这样就不会在枯水期间干扰径流。由于河岸植被的移除和变化，及木材采伐（Swift and Messer，1971；Swift Baker，1973；Wooldridge 和 Stern，1979；Sun et al.，2004）和野火（Dunham et al.，2007；Isaak et al.，2010）增加了河流温度（Beschta et al.，1987；Groom et al.，2011），维持或增强河岸森林林冠的遮阴效果可减缓水温、溶解氧浓度的波动以及对水生生物的压力（急性和慢性）（Burton and Likens，1973；Swift and Baker，1973；Peterson and Kwak，1999；Kaushal et al.，2010）。

15.3.2 更大的空间尺度上的管理

面向水资源的森林管理应尝试解决河流系统在景观尺度上的问题。在美国东南部，山麓都市区向有着大面积森林覆盖的山区流域不断扩张。沿海平原处在迅速城市化的山麓地带下游，含有大面积的农业和人工林。水资源供给与管理系统处在森林、城市和农业用地的景观之中。这种复杂但相互关联的景观为森林管理提供了更广阔的背景。随着人口的不断增长及日益城市化，人类对淡水的需求不断增加，将会更加迫切地需要森林流域管理方案来提供稳定的淡水供应。在大空间尺度上管理森林、增加年径流的概念并不新鲜（Douglass，1983）；然而，最近美国许多地区发生的严重干旱使得人们对森林干扰和管理、干旱、径流之间的关系更为关注（Ford et al.，2011；Jones et al.，2012）。由于采伐通常会增加年产水量，因此有人提出可通过维持低密度森林来减轻干旱的影响（McLaughlin et al.，2013）。在干旱期间，密度较低的森林可以增加产水量，同时减少树木的水资源压力。

在对小流域的研究中，我们可以很好地理解干扰和森林管理对产水量的影响，但尚不清楚是否可以简单地对这些影响进行升尺度，即是否可以在更大的空间尺度上外推来自小流域的研究结论（National Research Council，2008）。遥感、GIS和传感器监测网络等工具可以促进更大空间范围的研究。而且，水文模型是跨越空间和时间尺度的重要工具，还可用于复杂系统的回顾性分析、生成未来情景、明确关键的不足之处和生成新假设。比如利用 RHESSys，即区域水文生态模拟系统（regional hydro-ecological simulation system）（Tague and Band，2004），可进一步研究森林管理在大尺度上增加产水量的潜力。RHESSys 已用于评估气候、火灾和城市化对多种生态系统水资源的影响（Tague et al., 2009；Mittman et al., 2012；Godsey et al., 2014；Hwang et al., 2014；Vicente-Serrano et al., 2015）。笔者针对蜜蜂树溪（Beetree Creek）流域开展了一个案例研究，这是一个位于北卡罗来纳州西部阿巴拉契亚山脉的 1414 hm^2 的流域，自 1926 年以来，美国地质调查局每天都记录着这里的河流流量。蜜蜂树溪的径流汇集在一个水库中，该水库是北卡罗来纳州阿什维尔的第二大饮用水水源。流域河岸缓冲带为 30 米，在 6 年的模拟期内，笔者发现森林密度减小了 50%，这减轻了降雨量减少 20%的影响，虽然这种影响在去年似乎有所下降（图 15.2a）。当笔者去除 6—8 月的所有降水去模拟极端夏季干旱时，河岸缓冲带的森林密度的减少仍然显示出减缓效果，特别是在休眠期，这可能是由于土壤蓄水引起的（图 15.2b），对于这类涉及城市供水的流域来说，森林密度的减小可能会对干旱时期的供水保障发挥重要作用。

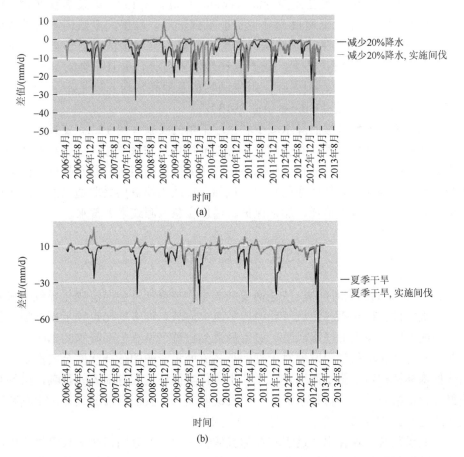

图 15.2　在（a）降雨量减少 20%和（b）6 至 8 月没有降水的夏季极端干旱两种情景下，RHESSys 模型模拟的基准期产水量和采伐后（森林减少 50%，留 30m 河岸缓冲带）的产水量

显然，森林管理可以改变径流，但通过管理森林来增加供水仍存在重大挑战。首先，为了在较大空间尺度上增加年产水量，必须在流域的很大一部分区域上进行采伐（Bosch and Hewlett，1982；Ice and Stednick，2004）。因此，由于给定时间内能获取的土地数量有限，通过森林采伐能增大的径流量很有限（Kattelmann et al.，1983）。笔者的模拟实验是在一个小流域（1414 hm^2）上进行的，此次采伐对于下游或整个 481 220 hm^2 的佛兰西布罗德（French Broad）上游流域来说几乎不会产生影响。此外，由于森林快速再生，径流响应时间较为短暂（特别是在美国东部；Swank et al.，2014）。实际上，分多次砍伐的森林可能比未砍伐森林具有更低的径流（Ford et al.，2011）。而且，由于干旱的不可预测性，将采伐作为干旱应对策略来维持径流并不现实。与旨在增加径流量的森林管理相反，考虑到一些森林生态系统中日益增加的干旱压力，可能要采取保水措施来最大限度地降低树木死亡率，但这又会减少径流（Grant et al.，2013）。即使是在间伐不能增加径流量的情况下，低密度森林也更能抵御干旱，确保大多数树木能够存活下来，并在未来恢复其生态系统服务功能。此外，重新种植或自然再生耗水较少的树种是一个长期解决方案，只要它在经济上可行，并且不会对其他森林管理目标（如森林生产力、碳固存、野生动物栖息地和水质）产生不利影响，某些情况下可能会更有效（King et al.，2013）。

总的来说，笔者模拟的降水减少和极端干旱的实验（图 15.2）支持了笔者的结论，即未来的环境条件有时会超过森林能够提供生态系统服务（包括水资源）的临界值。因此，综合性的社会生态系统管理必须包括用水和蓄水战略，弥补严重或长期干旱等极端条件造成的缺口。例如，市政当局需要采取适当的策略来保障水资源供应，如减少消耗、加强保护、增加应急水源或增大蓄水。

15.4　结论和建议

在 21 世纪的剩余时间内，快速而复杂的生物物理和社会经济变化导致未来充满了不确定性，这对森林流域管理提出了重大挑战。许多变化也预示着不断增长的人口面临越来越大的缺水风险，更容易受到极端干旱和极端降水的影响。一个世纪以来森林流域科学的发展对于确保森林流域水资源的可持续性至关重要。我们确信森林植被对水量平衡以及水文和生物化学循环过程有很大的影响，必须实施最佳管理措施来保护森林水资源。但关键问题在于我们目前的认知、工具和管理措施是否在 21 世纪的剩余时间里同样适用。

我们以往对于森林水文过程和森林流域管理的大部分知识在未来仍将适用，但是，迅速而强烈的环境变化会使我们的管理效果受限。相较于其它土地利用类型，森林在未来仍然能够更好地提供清洁、稳定的水资源，但需要新的适应性措施来减少取水、保护森林。森林管理活动对蒸散和产汇流的影响已受到广泛关注，未来需要进一步对这些影响的持续时间和影响范围展开研究（National Research Council，2008）。对未来情景的预测显示，松树人工林与速生林的面积会进一步扩大，以应对固碳和提供生物能源的需求，但其对于水量水质的影响，以及在不同时空尺度上产水与固碳之间的矛盾关系尚未得到系统性研究。

水资源的日益匮乏要求我们去更好地管理森林结构和树种组成，以实现最大的产水量和最小的树木死亡率。通过树种演替和集约化森林管理，美国东部出现了需水量更大、更易受旱的森林。在大尺度上管理森林需要明确管理是否能够，以及在何处能够，有效地增加林地产水量，从而增加供水。进一步的研究还可以确定最易受干旱影响的地区，进行优先管理，提高森林韧性。数学模型为相关研究提供了宝贵的工具，可以在景观尺度上研究森林管理对水资源、森林韧性和其他生态系统服务（包括碳固存以及木材和纤维生产）的潜在短期和长期影响。但是建模的前提是必须加强对流域，尤其是大流域的监测。在可能的情况下，使用适应性管理方法在多个大流域开展实验，可以提供最真实有用的信息。

参 考 文 献

Allen, M.R. and Ingram, W.J. (2002) Constraints on future changes in climate and the hydrologic cycle. *Nature* 419, 224–232.

Arthur, M.A., Blankenship, B.A., Schorgendorfer, A., Loftis, D.L. and Alexander, H.D. (2015) Changes in stand structure and tree vigor with repeated prescribed fire in an Appalachian hardwood forest. *Forest Ecology and Management* 340, 46–61.

Beschta, R.L., Bilby, R.E., Brown, G.W., Holtby, L.B. and Hofstra, T.D. (1987) Stream temperature and aquatic habitat: fisheries and forestry interactions. In: Salo, E.O. and Cundy, T.W. (eds) *Streamside Management: Forestry and Fishery Interactions*. Contribution No. 57. University of Washington Institute of Forest Resources, Seattle, Washington, pp. 191–232.

Bosch, J.M. and Hewlett, J.D. (1982) A review of catchment experiments to determine the effect of vegetation changes on water yield and evapotranspiration. *Journal of Hydrology* 55, 3–23.

Bradley, B.A., Wilcove, D.S. and Oppenheimer, M. (2010) Climate change increases risk of plant invasion in the Eastern United States. *Biological Invasion* 12, 1855–1872.

Brantley, S.T., Miniat, C.F., Elliott, K.J., Laseter, S.H. and Vose, J.M. (2015) Changes to southern Appalachian water yield and stormflow after loss of a foundation species. *Ecohydrology* 8, 518–528.

Breshears, D.D., Cobb, N.S., Rich, P.M., Price, K.P., Allen, C.D., Ballice, R.G., Romme, W.H., Kastens, J.H., Floyd, M.L., Belnap, J., *et al*. (2005) Regional vegetation die-off in response to global-change-type drought. *Proceedings of the National Academy of Science USA* 102, 15144–15148.

Burton, T.M. and Likens, G.E. (1973) Effect of strip-cutting on stream temperatures in Hubbard Brook Experimental Forest, New Hampshire. *BioScience* 23, 433–435.

Calder, I.R., Reid, I., Nisbet, T.R. and Green, J.C. (2003) Impact of lowland forests in England on water resources: application of the Hydrological Land Use Change (HYLUC) model. *Water Resources Research* 39, 1319, doi:

10.1029/2003WR002042 (accessed 10 April 2016).

Calder, I.R., Nisbet, T. and Harrison, J.A. (2009) An evaluation of the impacts of energy tree plantations on water resources in the United Kingdom under present and future UKCIP02 climate scenarios. *Water Resources Research* 45, W00A17, doi: 10.1029/2007WR006657 (accessed 10 April 2016).

Carter, L.M., Jones, J.W., Berry, L., Burkett, V., Murley, J.F., Obeysekera, J., Schramm, P.J. and Wear, D. (2014) Southeast and the Caribbean. In: Melillo, J.M., Richmond, T.C. and Yohe, G.W. (eds) *Climate Change Impacts in the United States: The Third National Climate Assessment*. US Global Change Research Program, Washington, DC, pp. 396–417.

Certini, G.G. (2005) Effects of fire on properties of forest soils: a review. *Oecologia* 143, 1–10.

De la Crétaz, A.L. and Barten, P.K. (2007) *Land Use Effects on Streamflow and Water Quality in the Northeastern United States*. CRC Press/Taylor & Francis, Boca Raton, Florida.

Doerr, S.H., Shakesby, R.A., Blake, W.H., Chafer, C.M., Humphreys, G.S. and Wallbrink, P.J. (2006) Effects of differing wildfire severities on soil wettability and implications for hydrological response. *Journal of Hydrology* 319, 295–311.

Domec, J.J., King, J.S., Ward, E., Oishi, A.C., Palmroth, S., Radecki, A., Bell, D.M., Miao, G., Gavazzi, M., Johnson, D.M., et al. (2015) Conversion of natural forests to managed forest plantations decreases tree resistance to prolonged droughts. *Forest Ecology and Management* 355, 58–71.

Douglass, J.E. (1983) The potential for water yield augmentation from forest management in the eastern United States. *Water Resources Bulletin* 9, 351–358.

Dunham, J.B., Rosenberger, A.E. and Luce, C.H. (2007) Influences of wildfire and channel reorganization on spatial and temporal variation in stream temperature and the distribution of fish and amphibians. *Ecosystems* 10, 335–346.

Easterling, D.R., Evans, J.L., Groisman, P.Y., Karl, T.R., Kunkel, K.E. and Ambenje, P. (2000) Observed variability and trends in extreme climate events: a brief review. *Bulletin of the American Meteorological Society* 81, 417–425.

Egginton, P., Beall, F. and Buttle, J. (2014) Reforestation – climate change and water resource implications. *The Forestry Chronicle* 90, 516–524.

Ehrenfeld, J.G. (2010) Ecosystem consequences of biological invasions. *Annual Review of Ecology, Evolution and Systematics* 41, 59–80.

Enquist, B.J., Brown, J.H. and West, G.B. (1998) Allometric scaling of plant energetics and population density. *Nature* 395, 163–165.

Field, C.B., Barros, V.R., Dokken, D.J., Mach, K.K. Masterandrea, M.D., Bilir, T.E., Chatterjee, M., Ebi, K.L., Estrada, Y.O., Genova, R.C., et al. (eds) (2014) *Climate Change 2014: Impacts,Adaptation, and Vulnerability. Part A: Global and Sectorial Aspects. Contribution of Working Group II to the Fifth Assessment Report of the Intergovenmental Panel on Climate Change*. Cambridge University Press, Cambridge/New York.

Fites, J.A., Carol, E., Vaillant, N., Campbell, M., Courson, M., Decker, T., Lew, C., Marouk, S., Taylor, Z. and Anderson, R. (2007) Big Turnaround and Georgia Bay Complexes Fire Behavior Assessment Report. USDA Forest Service Fire Behavior Assessment Team. Available at: http://www.fs.fed.us/adaptivema-nagement/reports/fbat/GA_Wildfires_2007_detail_report_AMSET.pdf (accessed 10 April 2016).

Ford, C.R. and Vose, J.M. (2007) *Tsuga canadensis* (L.) Carr. mortality will impact hydrologic processes in southern Appalachian forest ecosystems. *Ecological Applications* 17, 1156–1167.

Ford, C.R., Hubbard, R.M., Kloeppel, B.D. and Vose, J.M. (2007) A comparison of sap flux-based evapotranspiration estimates with catchment-scale water balance. *Agricultural and Forest Meteorology* 145, 176–185.

Ford, C.R., Hubbard, R.M. and Vose, J.M. (2011) Quantifying structural and physiological controls on canopy transpiration of planted pine and hardwood stand species in the Southern Appalachians. *Ecohydrology* 4, 183–195.

Fox, T.R., Jokela, E.J. and Allen, H.L. (2007) The development of pine plantation silviculture in the Southern United States. *Journal of Forestry* 105, 337–347.

Godsey, S.E., Kirchner, J.W. and Tague, C.L. (2014) Effects of changes in winter snowpacks on summer low flows: case studies in the Sierra Nevada, California, USA. *Hydrological Processes* 28, 5048–5064.

Grant, G.E., Tague, C.L. and Allen, C.D. (2013) Watering the forest for the trees: an emerging priority for managing water in forest landscapes. *Frontiers in Ecology and the Environment* 11, 314–321.

Green, S.R., Arthur, M.A. and Blankenship, B.A. (2010) Oak and red maple seedling survival and growth following periodic prescribed fire on xeric ridgetops on the Cumberland Plateau. *Forest Ecology and Management* 259, 2256–2266.

Groom, J.D., Dent, L., Madsen, L.J. and Fleuret, J. (2011) Response of western Oregon (USA) stream temperatures to contemporary forest management. *Forest Ecology and Management* 262, 1618–1629.

Hobbs, R.J., Arico, S., Aronson, J., Baron, J.S., Bridgewater, P., Cramer, V.A., Epstein, P.R., Ewel, J.J., Klink, C.A., Lugo, A.E., et al. (2006) Novel ecosystems: theoretical and management aspects of the new ecological world order. *Global Ecology and Biogeography* 15, 1–7.

Hobbs, R.J., Higgs, E. and Harris, J.A. (2009) Novel ecosystems: implications for conservation and restoration. *Trends in Ecology and Evolution* 24, 599–605.

Hobbs, R.J., Higgs, E., Hall, C.M., Bridgewater, P.M., Chapin, F.S. III, Ellis, E.C., Ewel, J.J., Hallett, L.M., Harris, J., Hulvey, K.B., et al. (2014) Managing the whole landscape: historical, hybrid, and novel ecosystems. *Frontiers of Ecology and the Environment* 12, 557–564.

Huggett, R., Wear, D.N., Li, R., Coulston, J. and Liu, S. (2013) Forecasts of forest conditions. In: Wear, D.N. and Greis, J.G. (eds) *The Southern Forest Futures Project*. General Technical Report 178. USDA Forest Service, Southern Research Station, Asheville, North Carolina, pp. 73–101.

Huntington, T.G. (2006) Evidence for intensification of the global water cycle: review and synthesis. *Journal of Hydrology* 319, 83–95.

Hwang, T., Band, L.E., Miniat, C.F., Song, C., Bolstad, P.V., Vose, J.M. and Love, J.P. (2014) Divergent phonological response to hydroclimate variability in forested mountain watersheds. *Global Change Biology* 20, 2580–2595.

Ice, G.G. and Stednick, J.D. (2004) *A Century of Forest and Wildland Watershed Lessons*. Society of American Foresters, Bethesda, Maryland.

Ice, G.G., Neary, D.G. and Adams, P.W. (2004) Effects of wildfire on soils and watershed processes. *Journal of Forestry* 102, 16–20.

Isaak, D.J., Luce, C.H., Rieman, B.E., Nagel, D.E., Peterson, E.E., Horan, D.L., Parkes, S. and Chandler, G.L. (2010) Effects of climate change and wildfire on stream temperatures and salmonid thermal habitat in a mountain river network. *Ecological Applications* 20, 1350–1371.

Jackson, R.B., Jabbogy, E.G., Avissar, R., Roy, S.B., Barrett, D.J., Cook, C.W., Farley, K.A., le Maitre, D.C., Carl, B.A. and Murray, B.C. (2005) Trading water for carbon with biological carbon sequestration. *Science* 310, 1944–1947.

Jones, J.A., Creed, I.F., Hatcher, K.L., Warren, R.J., Adams, M.B., Benson, M.H., Boose, E., Brown, W.A., Campbell, J.L., Covich, A., et al. (2012) Ecosystem processes and human influences regulate stream-flow response to climate change at long-term ecological research sites. *BioScience* 62, 390–404.

Karl, T.R., Knight, R.W. and Plummer, N. (1995) Trends in high-frequency climate variability in the twentieth century. *Nature* 377, 217–220.

Kattelmann, R.C., Berg, N.H. and Rector, J. (1983) The potential for increasing streamflow from Sierra-Nevada watersheds. *Water Resources Bulletin* 19, 395–402.

Kaushal, S.S., Likens, G.E., Jaworski, N.A., Pace, M.L., Sides, A.M., Seekell, D., Belt, K.T., Secor, D.H. and Wingate, R.L. (2010) Rising stream and river temperatures in the United States. *Frontiers in Ecology and the Environment* 8, 461–466.

Kim, Y., Band, L.E. and Song, C. (2014) The influence of forest regrowth on the stream discharge in the North Carolina Piedmont watersheds. *Journal of the American Water Resources Association* 50, 57–73.

King, J.S., Ceulemans, R., Albaugh, J.M., Dillen, S.Y., Docmec, J.C., Fichot, R., Fischer, M., Leggett, Z., Sucre, E., Trnka, M. and Zenone, T. (2013) The challenge of lignocellulosic bioenergy in a water-limited world. *BioScience* 63, 102–117.

Kinouchi, T. (2007) Impact of long-term water and energy consumption in Tokyo on wastewater effluent: implications for the thermal degradation of urban streams. *Hydrological Processes* 21, 1207–1216.

Klos, R.J., Wang, G.G., Bauerle, W.L. and Rieck, J.R. (2009) Drought impact on forest growth and mortality in the southeast USA: an analysis using Forest Health and Monitoring data. *Ecological Applications* 19, 699–708.

Likens, G. (2001) Biogeochemistry, the watershed approach: some uses and limitations. *Marine and Freshwater Research* 52, 5–12.

Liu, Y.Q., Goodrick, S.L. and Stanturf, J.A. (2013) Future US wildfire potential trends projected using a dynamically downscaled climate change scenario. *Forest Ecology and Management* 294, 120–135.

Lockaby, G., Nagy, C., Vose, J.M., Ford, C.R., Sun, G., McNulty, S., Caldwell, P., Cohen, E. and Myers, J.M. (2013) Forests and water. In: Wear, D.N. and Greis, J.G. (eds) *The Southern Forest Futures Project*. General Technical Report 178. USDA Forest Service, Southern Research Station, Asheville, North Carolina, pp. 309–339.

Lovett, G.M., Canham, C.D., Arthur, M.A., Weathers, K.C. and Fitzhugh, R.D. (2006) Forest ecosystem responses to exotic pests and pathogens in eastern North America. *BioScience* 56, 395–405.

Marlon, J.R., Bartlein, P.J., Caracillet, C., Gavin, D.G., Harrison, S.P., Higurera, P.E., Joos, F., Power, M.J. and Prentice, I.C. (2008) Climate and human influences on global biomass burning over the past two millennia. *Nature Geosciences* 1, 697–702.

Martin, K.L., Hix, D.M. and Goebel, P.C. (2011) Coupling of vegetation layers and environmental influences in a mature, second-growth Central Hardwood forest landscape. *Forest Ecology and Management* 261, 720–729.

McEwan, R.W., Dyer, J.M. and Pederson, N. (2011) Multiple interacting ecosystem drivers: toward an encompassing hypothesis of oak forest dynamics across eastern North America. *Ecography* 34, 244–256.

McLaughlin, D.L., Kaplan, D.A. and Cohen, M.J. (2013) Managing forests for increased regional water yield in the Southeastern Coastal Plain. *Journal of the American Water Resources Association* 49, 953–965.

McNulty, S., Myers, J.M., Caldwell, P. and Sun, G. (2013) Climate change summary. In: Wear, D.N. and Greis, J.G. (eds) *The Southern Forest Futures Project*. General Technical Report 178. USDA Forest Service, Southern Research Station, Asheville, North Carolina, pp. 27–44.

Meier, W., Bonjour, C., Wuest, A. and Reichert, P. (2003) Modeling the effect of water diversion on the temperature of mountain streams. *Journal of Environmental Engineering – ASCE* 129, 755–764.

Meinzer, F.C., Bond, B.J., Warren, J.M. and Woodruff, D.R. (2005) Does water transport scale universally with tree size? *Functional Ecology* 19, 558–565.

Melvin, M. (2012) National Prescribed Fire Use Survey Report. Technical Report 01-12. National Association of State Foresters and Coalition of Prescribed Fire Councils, Inc. Available at: http://www.stateforesters.org/sites/default/files/

publication-documents/2012_National_Prescribed_Fire_Survey.pdf (accessed 14 April 2016).

Millennium Ecosystem Assessment (2005) *Ecosystems and Human Well-Being: Current State and Trends*. Island Press, Washington, DC.

Miller, J.H., Lemke, D. and Coulston, J. (2013) The invasion of southern forests by nonnative plants: current and future occupation, with impacts, management strategies and mitigation approaches. In: Wear, D.N. and Greis, J.G. (eds) *The Southern Forest Futures Project*. General Technical Report 178. USDA Forest Service, Southern Research Station, Asheville, North Carolina, pp. 397–456.

Mitchell, R.J., Youngqiang, L., O'Brien, J.J., Elliott, K.J., Starr, G., Miniat, C.F. and Hiers, J.K. (2014) Future climate and fire interactions in the southeastern region of the United States. *Forest Ecology and Management* 327, 316–326.

Mittman, T., Band, L.E., Hwang, T. and Smith, M.L. (2012) Distributed hydrologic modeling in the suburban landscape: assessing parameter transferability from gauged reference catchments. *Journal of the American Water Resources Association* 48, 546–557.

Naiman, R.J. (2013) Socio-ecological complexity and the restoration of river ecosystems. *Inland Waters* 3, 391–410.

National Research Council, Water Science and Technology Board (2008) *Hydrologic Effects of a Changing Forest Landscape*. National Academies Press, Washington, DC.

Nowacki, G.J. and Abrams, M.D. (2008) The demise of fire and 'mesophication' of forests in the eastern United States. *BioScience* 58, 123–138.

Nowacki, G.J. and Abrams, M.D. (2015) Is climate an important driver of post-European vegetation change in the Eastern United States? *Global Change Biology* 21, 314–334.

O'Gorman, P.A. and Schneider, T. (2009) The physical basis for increases in precipitation extremes in simulations of 21st-century climate change. *Proceedings of the National Academy of Sciences USA* 106, 14773–14777.

Patterson, L.A., Lutz, B. and Doyle, M.W. (2013) Climate and direct human contributions to changes in mean annual streamflow in the South Atlantic, USA. *Water Resources Research* 49, 7278–7291.

Peterson, J.T. and Kwak, T.J. (1999) Modeling the effects of land use and climate change on riverine small-mouth bass. *Ecological Applications* 9, 1391–1404.

Postel, S. and Richter, B. (2003) *Rivers for Life: Managing Water for People and Nature*. Island Press, Washington, DC.

Riveros-Iregui, D.A., Wang, L. and Wilcox, B. (2011) Ecohydrology and the challenges of the coming decades. *American Geophysical Union, Hydrology Section Newsletter* (July), 32–34.

Rutter, A.J., Morton, A.J. and Robins, P.C. (1975) Predictive model of rainfall interception in forests 2. Generalizations of model and comparison with observations in some coniferous and hardwood stands. *Journal of Applied Ecology* 12, 367–380.

Seastedt, T.R., Hobbs, R.J. and Suding, K.N. (2008) Management of novel ecosystems: are novel approaches required? *Frontiers in Ecology and the Environment* 6, 547–553.

Steffen, W., Crutzen, P.J. and McNeill, J.R. (2007) The Anthropocene: are humans now overwhelming the great forces of nature? *Ambio* 36, 614–621.

Sun, G., Riedel, M. and Jackson, R. (2004) Influences of management of Southern forests on water quantity and quality. In: Rauscher, H.M. and Johnsen, K. (eds) *Southern Forest Sciences: Past, Current, and Future*. General Technical Report SRS-75. USDA Forest Service, Southern Research Station, Asheville, North Carolina.

Sun, G., Caldwell, P.V. and McNulty, S.G. (2015) Modelling the potential role of forest thinning in maintaining water supplied under a changing climate across the conterminous United States. *Hydrological Processes* 29, 5016–5030.

Swank, W.T., Knoepp, J.D., Vose, J.M., Laseter, S.H. and Webster, J.R. (2014) Response and recovery of water yield and timing, stream sediment, abiotic parameters, and stream chemistry following logging. In: Swank, W.T. and Webster, J.R. (eds) *Long-Term Response of a Forest Watershed Ecosystem. Clearcutting in the Southern Appalachians*. Oxford University Press, New York, pp. 36–56.

Swift, L.W. and Baker, S.E. (1973) *Lower Water Temperatures Within a Streamside Buffer Strip*. Research Note SE-193. USDA Forest Service, Southeastern Forest Experiment Station, Asheville, North Carolina.

Swift, L.W. and Messer, J.B. (1971) Forest cuttings raise temperatures of small streams in Southern Appalchians. *Journal of Soil and Water Conservation* 26, 111–116.

Tague, C.L. and Band, L.E. (2004) RHESSys: Regional Hydro-Ecologic Simulation System – an object-oriented approach to spatially distributed modeling of carbon, water, and nutrient cycling. *Earth Interactions* 8, 1–42.

Tague, C.L., Seaby, L. and Hope, A. (2009) Modeling the eco-hydrologic response of a Mediterranean type ecosystem to the combined impacts of projected climate change and altered fire frequencies. *Climatic Change* 93, 137–155.

Terrando, A.J., Costanza, J., Belyea, C., Dunn, R.R., McKerrow, A. and Collazo, J.A. (2014) The southern megalopolis: using the past to predict the future of urban sprawl in the southeast US. *PLoS One* 9, e102261.

United Nations, Department of Economic and Social Affairs, Population Division (2013) *World Population Prospects:The 2012 Revision, Key Findings and Advance Tables*. Working Paper No. ESA/P/WP.288. United Nations, New York.

United Nations, Department of Economic and Social Affairs, Population Division (2014) *World Urbanization Prospects,The 2014 Revision*. Paper ST/ESA/SER.A/366. United Nations, New York.

Vicente-Serrano, S.M., Camarero, J.J., Zebalza, J., Sanguesa-Barreda, G., Lopez-Moreno, J.I. and Tague, C.L. (2015) Evapotranspiration deficit controls net primary production and growth of silver fir: implications for circum-Mediterranean forests under forecasted warmer and drier conditions. *Agricultural and Forest Meteorology* 206, 45–54.

Vose, J.M., Ford, C.R., Laseter, S.H., Dymond, S.F., Sun, G., Adams, M.B., Sebestyen, S.D., Campbell, J.L., Luce, C., Amatya, D.M., et al. (2012) Can forest watershed management mitigate climate change effects on water resources? In: Webb, A.A., Bonell, M., Bren, L., Lane, P.J.N., McGuire, D., Neary, D.J., Nettles, J., Scott, D.F., Stednick, J. and Wang, Y. (eds) *Revisiting Experimental Catchment Studies in Forest Hydrology (Proceedings of a Workshop held during the XXV IUGG General Assembly in Melbourne, June–July 2011)*. IAHS Publication No. 353. International Association of Hydrological Sciences, Wallingford, UK, pp. 12–25.

Vose, J.M., Miniat, C.F., Sun, G. and Caldwell, P.V. (2015) Potential implications for expansion of freeze-tolerant Eucalyptus plantations on water resources in the Southern United States. *Forest Science* 61, 509–521.

Wang, L., Liu, J., Sun, G., Wei, X., Liu, S. and Dong, Q. (2012) Water, climate and vegetation: ecohydrology in a changing world. *Hydrology and Earth System Science* 16, 4633–4636.

Ward, E.J., Domec, J.C., Laviner, M.A., Fox, T.R., Sun, G., McNulty, S., King, J. and Noormets, A. (2015) Fertilization intensifies drought stress: water use and stomatal conductance of *Pinus taeda* in a mid-rotation fertilization and throughfall reduction experiment. *Forest Ecology and Management* 355, 72–82.

Wear, D.N. (2013) Forecasts of land uses. In: Wear, D.N. and Greis, J.G. (eds) *The Southern Forest Futures Project*. General Technical Report 178. USDA Forest Service, Southern Research Station, Asheville, North Carolina, pp. 45–72.

Wear, D.N. and Gries, J.G. (eds) (2013) *The Southern Forest Futures Project*. General Technical Report 178. USDA Forest Service, Southern Research Station, Asheville, North Carolina.

Webb, B.W. and Nobilis, F. (1995) Long-term water temperature trends in Austrian rivers. *Hydrological Sciences Journal* 40, 83–96.

Wooldridge, D.D. and Stern, D. (1979) *Relationships of Silvicultural Activities and Thermally Sensitive Forest Streams*. Report DOE 79-5a-5. College of Forest Resources, University of Washington, Seattle, Washington.

Wullschleger, S.D., Hanson P.J. and Todd, D.E. (2001) Transpiration from a multi-species deciduous forest as estimated by xylem sap flow techniques. *Forest Ecology and Management* 143, 205–213.

Yang, Q., Hanqin, T., Friedrichs, M.A.M., Liu, M., Li, X. and Yang, J. (2014) Hydrological responses to climate and land-use changes along the North American east coast: a 110-year historical reconstruction. *Journal of the American Water Resources Association* 51, 47–67.

Zhang, L., Dawes, W.R. and Walker, G.R. (2001) Response of mean annual evapotranspiration to vegetation changes at catchment scale. *Water Resources Research* 37, 701–708.

16　北部高纬度地区泰加林的水文特征

A. 奥努钦 A. Onuchin[1*]，T. 布列尼纳（T. Burenina）[1]，
A.什维坚科（A. Shvidenko）[1,2]，G. 古根贝格尔
（G. Guggenberger）[3]，A.穆索赫拉诺娃（A. Musokhranova）[1]

16.1　引　　言

  我们认为，当今对泰加林（也叫做北方针叶林）的水文作用及其水循环特征的估计，尤其是在森林对年径流的影响方面，是十分矛盾的。相较于其他土地类型，热带和温带落叶林会蒸发更多的水分，并因此导致径流减小，但是泰加林的情况却更为模糊。一些研究人员总结了热带和温带落叶林的结论，认为这些结论可以适用于所有类型的森林，并且认为森林能增加流域径流的假设是基于对森林生态系统水文循环的错误解释（Hamilton，2008）。这一概念的基础是将森林生态系统看成了水的消耗者，森林通过蒸发冠层截留的降水和蒸腾来降低地下水位和减少河川径流。针对泰加林带森林，本章尝试提出不同的观点。

  森林中的水文循环由众多因素和条件决定，包括环境因素、森林面积大小、其在流域中的占比和其他森林特征。这就对估算森林的水文作用提出了一个关键问题：为什么在某些条件下，森林有助于增加河川径流量，而在其他条件下，它通过增大蒸散来减少径流量？

  对于生态系统和复杂自然过程来说，研究人员应该把他们的研究建立在整体方法的基础上。为了理解某一特定现象而简化实际情况，并从更复杂的情境系统和过程中分离出某一现象来，然后进行尺度放大的做法一般会降低实验精度和鲁棒性。如今，想要提高我们对森林水文过程的理解，就需要基于科学的方法来确定研究尺度（Cohen and Bredemeier，2011）。局部与大尺度研究结果的比较揭示了目前在水-森林系统知识方面的不足。我们希望我们对森林水文的局地和区域研究成果有助于对水-森林系统功能的一般理解，并有助于消除关于泰加林水文作用的不同观点之间的矛盾。

---

 1 俄罗斯科学院西伯利亚分院，俄罗斯克拉斯诺雅茨克；2 国际应用系统分析研究所，奥地利拉克森堡；3 莱布尼兹大学，德国汉诺威

 * 通讯作者邮箱：onuchin@ksc.krasn.ru

16.2 北方森林特征和生长条件

泰加林带是北部高纬度的广阔环极植被带。根据不同的地域管辖，不同的国家对"北方森林"的定义有所不同。北半球北方森林带的边界与七月等温线相吻合，在北半球和南半球，边界分别沿着13℃和18℃等温线。加拿大对"北方生物群落"（一个主要生物带）的通用定义是，植被主要由锥状、针叶或鳞叶常绿树木组成，这些树木生长在冬季漫长、年降雨量中等至偏高的地区（Burton et al., 2003）。北方森林占全球森林面积的30%以上（FAO, 2010），覆盖北美和欧亚大陆的广大地区，气候寒冷，土壤多为灰化土，针叶树比所有其他树种占绝对优势。目前对北方森林面积估计差异很大：从10个国家的11.616亿hm^2（Shvi-denko and Apps, 2006）到12.14亿hm^2（含9.2亿hm^2蓄积森林）（FAO, 2010），再到7个国家的14.444亿hm^2（含林地）（Burton et al., 2003）。北方森林基本上集中在泰加林带（沿河流为主），在苔原和森林苔原中所占面积相对较小。最北部的北方森林位置为西伯利亚中部72°30'N。

北方森林地区的气候条件差异很大。不过泰加林也存在一些共同特点。霜冻期有时气温很低，气候因地区而异，年降水量从300 mm到900 mm不等，夏天十分凉爽。年降水量一般会超过蒸散。相当一部分北方森林位于永久冻土之上，尤其是在北亚。泰加林带由南到北气温越来越低，蒸发量越来越少。鉴于此，泥炭地分布广泛，也出现了许多湖泊（特别是在永久冻土上）。

在环极泰加林中通常以针叶林为主，分布最广的四个树属为：松属（Pinus）、落叶松属（Larix）、云杉属（Picea）和冷杉属（Abies）。当然，在各大洲之间森林面积和树种组成会有所不同。在欧亚大陆，尤其是在北亚，以落叶松为主（占俄罗斯所有林地的36%），西伯利亚落叶松（Larix sibirica）、日本落叶松（Larix sukaczewii）、兴安落叶松（Larix gmelini）和欧洲落叶松（Larix cajanderi）占据的面积最大，其次是欧洲赤松（Pinus sylvestris）为主的松树（16%），几乎遍布整个林区。深色泰加林主要由云杉-冷杉混交林组成（12.5%）。这里以西伯利亚的西伯利亚云杉（Picea sibirica）和俄罗斯远东的云杉（Picea ajanensis）为主，而冷杉的占比不同，且在地理上是分开的（Strakhov et al., 2001; Ermakov, 2003）。

森林生境的地理位置和特性控制着森林地表植被的组成，包括不同属的草本植物、苔藓和地衣。生境中树种的比例取决于气候大陆性、地貌、流域地形和人为干扰水平。在非山地景观中，落叶松由北向南递减，松树按比例递增；而在山区，以深色针叶树种为主，森林植被清楚地反映出垂直分布带（Ermakov, 2003）。

在北美（主要是在阿拉斯加州、美国和加拿大），北方森林是由白云杉（*Picea glauca*）、黑云杉（*Picea mariana*）、巨云杉（*Picea sitchensis*）、香脂冷杉（*Abies balsamifera*）、欧洲银冷杉（*Abies alba*）、大冷杉（*Abies grandis*）、西黄松（*Pinus ponderosa*）、银叶五针松（*Pinus monticola*）、北美短叶松（*Pinus banksiana*）和许多其他松树种组成。欧洲刺柏（*Juniperus communis*）、北美圆柏（*Juniperus virginiana*）、阿拉斯加扁柏（*Chamaecyparis nootkatensis*）、金钟柏、铁杉和红杉也普遍存在（Spurr and Barnes，1980）。

在欧洲，泰加林主要分布在斯堪的纳维亚国家。主要的成林树种与俄罗斯东北部的基本相同，即欧洲云杉（*Picea abies*）、欧洲落叶松（*Larix decidua*）、紫杉、欧洲银冷杉（*Abies alba*）、杜松、欧洲赤松（*Pinus sylvestris*）和欧洲黑松（*Pinus nigra*）。

北方森林的地区差异很大程度上是由气候驱动的。北美洲和欧亚大陆西北部的海洋性或温和大陆性湿润气候，夏季温暖，霜冻期短暂而温和，促进了针阔混交林的形成，有利于形成亚泰加林交错区，并逐渐让位于温带森林。混交林的群落外貌取决于阔叶树种的分布；这些树种无法耐受大陆性气候，但由于一定程度的耐低温，它们可能已扩散到了遥远的北方（Strakhov et al.，2001）。

超过三分之二的泰加林带（阿拉斯加州、加拿大和俄罗斯的北部地区）位于永久冻土区。俄罗斯叶尼塞河以东，永久冻土从北冰洋延伸到该国南部边境。冰晶石带森林主要由落叶松构成（彩图10），但在环境条件不太恶劣的地区被其他树种所取代（Osawa et al.，2010）。

16.3 文献综述

现有文献详细描述了不同方面的森林水文作用。Hamilton（2008）综述了涉及热带和温带森林作用的内容。研究最多的课题之一就是泰加林的水文作用，因为这些森林在全球温带森林中占相当大的比例，例如，在俄罗斯，占森林总面积的四分之三。地面数据主要通过配对实验径流站网络获取，可用于估计北半球森林流域中森林对水文过程的重要影响。在一些论文中对方法和结果有详细介绍（Fedorov，1977；Bosch and Hewlett，1982；Gu et al.，2013）。从基础样地到支流众多的大流域，许多林区和非林区的研究表明，木本植被导致了水循环变化（Molchanov，1961；Voronkov，1988；Johnson，1998；Bond et al.，2008），并且促进了降雨渗透到地下水（Lebedev，1982；Waldenmeyer，2003；Hegg et al.，2004）。

由于环境特征在内的各因素组合决定了森林水文循环，许多森林水文学家（Keller，1988；Whitehead and Robinson，1993；Johnson，1998；Onuchin et al.，

2006；Onuchin and Burenina，2008；Burenina et al.，2014）采用景观水文方法来研究森林植被导致的水文变化。在欧亚大陆北部和北美进行的森林水文学研究（Krestovskiy，1984；Hornbeck et al.，1997，2014；Buttle et al.，2005；Campbell et al.，2013；Burenina et al.，2014；Winkler et al.，2015）表明，严重的干扰，如大型植食性昆虫爆发、大型森林火灾和大规模砍伐，会影响任何规模和复杂程度流域的水源形成和水文循环。

泰加林带的水文循环在很大程度上是由树冠对雪的截留、雪在树冠中停留的时间，以及有多少雪落到地面或从树冠中蒸发掉决定的。上述因素对积雪形成的贡献取决于区域气候、天气和林地的生物特征（Hedstrom and Pomeroy，1998；Jones et al.，2001）。

对于冠层截留雪在水量平衡计算中的重要性，存在不同的观点。Schmidt 等（1988）、Lundberg 和 Halldin（1994）和许多其他研究人员的报告指出，雪的截留和随后的蒸发是森林树冠下积雪量的关键控制因素。除了冠层截留雪的升华，Lundberg 和 Halldin（1994）强调了风引起的雪从森林树冠落到地面的再分布过程的重要性。

因此，在寒冷气候中，泰加林林冠的截留作用与南部温带气候区的截留作用不同。在寒冷的气候条件下，雪可能会在树冠上停留几天到几个月（Pomeroy and Schmidt，1993），而在温暖的气候条件下，通常在下次降雪时，冠层截留的雪已经完全消失。

环境条件（气温、相对湿度、风速）对雪水水量平衡有显著影响。我们的研究结果表明，雪水流量很大程度上取决于上述因素的组合与非线性水文响应。一些作者认为存有矛盾。例如，树冠对雪的截留随着气温的升高而增加，因为温暖潮湿的雪对树冠的黏附性更强（Miller，1964；Onuchin，2001）。同时，截留的雪可能变形，使雪变得不太密实（Kobayashi，1987；Gubler and Rychetnik，1991）。一些研究者（Bunnell et al.，1985；Wheeler，1987；Schmidt and Gluns，1991）指出，低气温引起的风速和低雪密度有助于森林树冠层截留降雪，降雪后的温暖期会增加落到地面的截留雪量。

气温和树冠降雪之间的关系可能会因温度对树枝刚度和雪附着的影响而变化（Pomeroy and Gray，1995）。近融雪点的气温时，树枝变得有弹性，无法再承受寒冷时期积累的雪，结果就是雪从树冠落到地面上（Schmidt and Pomeroy，1990）。

大多数泰加林局限于冰晶石带。估算这些森林的水文作用存在一定的困难，特别是位于连续永久冻土上的森林。这种困难与冻土的季节性冻融所导致的不稳定水量平衡有关（Georgiyevsky and Shiklomanov，2003）。我们的研究表明，冰晶石带河流的水文状况与该带以南的泰加林明显不同。我们分析了北方河流的径流，发现它在空间和时间上都有变化。地理因素对河流的季节性水文特征有明显的影响。河流越靠北，融雪洪水和雨水导致的洪峰就越明显。即使在小雨后，小流域的流量也可能倍增（Burenina et al.，2015）。

16.4 局地和区域水文变化

16.4.1 泰加林带的雪水平衡

季节和区域特点

在泰加林带，积雪是水文循环的重要组成部分，对森林水文作用的估计，应精确考虑到森林积雪不同于开阔地积雪的独有特征。森林水文学家认为要做到这一点，术语"森林"和"开阔地"应能反映景观特征（Kolomyts，1975；Schleppi，2011），并应根据森林和开阔地植被参数以及微气候条件加以解释。

LaMalfa 和 Ryle（2008）指出，在美国犹他州，草甸中的积雪比泰加林中的积雪多，而落叶森林中的积雪居中。融雪径流也随之形成。森林中的积雪在很大程度上取决于森林树种组成和林冠郁闭度。在泰加林中，融雪水随着林冠郁闭度的增大而减少（Berris and Harr，1987；Onuchin，2001）。开阔地的积雪取决于当地面积、形状和位置（Golding and Swanson，1978；Onuchin，1984）。

一些研究人员认为，森林中的空地（或开阔地）不会增加流域接收的降水总量；也就是说，林间空地促进了径流的形成（Kattelmann et al.，1983；Folliott et al.，1989）。这种影响是由于蒸腾导致的水量损失减少、林中空地融雪水的积累以及土壤中存在大量前一年的水（Gary and Troendle，1982）。空地导致的径流增大在丰水年非常显著，而在干旱年空地导致的径流几乎没有增大。

根据对积雪和融雪的分析，一些研究者（López-Moreno and Stahli，2008；Schleppi，2011）指出，森林和开阔地在这些水文过程方面的差异是由辐射、相对湿度、对流和风速上的差异造成的。这些差异因地理环境而异，包括纬度、海拔高度和其他气候控制因素。同时还确定，根据其地理位置，森林雪量可能比开阔地更高或更低，森林融雪可能比开阔地更早或更晚。

雪留存在地面的时间和积雪含水量取决于气候和森林覆盖参数。根据 Alewell 和 Bebi（2011）的研究，森林覆盖干扰在不同的气候条件下可能产生相反的影响。扰动的水文效应由积雪和融化过程决定，对森林覆盖的变化很敏感（Hibbert，1969；Kattelmann et al.，1983；Stednick，1996）。因此，森林的水文差异在很大程度上受雪水平衡的控制，雪水的重要性随着降雪占年降水量比例的增大而增大。

在寒冷地区，森林树冠对入射短波辐射起到过滤作用，森林面积和森林覆盖密度的增大一般会延长积雪的持续时间（Hardy et al., 1997; Link and Marks, 1999）。在温暖的气候下，森林树冠聚集更多的热量，从而有利于融雪（Davis et al., 1997; López-Moreno and Latron, 2008）。

在估计泰加林的水文作用时，需要认识到冬季水循环过程很大程度上是由冰雪特性决定的，并随着环境条件的不同而存在很大差异，特别是会受空气温度和相对湿度的影响。在许多泰加林水文循环的研究中，若不考虑这些变量，仅仅讨论环境引起的雪属性变化如何影响陆地生态系统和表层水分流动的强度和方向是不够的。

在夏季，水主要是液态和气态，垂直水汽流动在地表大气层中占主导地位，土壤等生态系统的所有组成部分都参与到活跃的水循环之中（物理蒸发、蒸腾和径流）。水分流动的强度和方向受土壤和植被特征以及植物生物量的控制，包括发生蒸腾的针叶和叶片的数量。

在冬季，当降水以雪的形态落下，而且水分在积雪层中长时间保存而没有蒸腾时，活跃的水循环很大程度上发生在地表的大气层。雪水流量和冬季水量平衡的主要控制因素是林冠对降水的截留、地面积雪的蒸发、风引起的积雪在水平方向上的再分布，以及暴风雪期间的地面积雪蒸发。此季节水分流动的强度和方向与植被的生产力关系不大，很大程度上是由植被覆盖类型（森林或开阔地）和环境条件决定的。

森　林

一般估计森林中的积雪量会使用相对值，如积雪量或积雪系数。这些系数是林中积雪与较小的林间空地或落叶林积雪之比，表示林地积雪的能力。利用这些比值，能够得出关于冠层截留雪量的结论。

许多研究都在尝试模拟森林中的积雪（Miller, 1964; Rubtsov, 1974; Hedstrom and Pomeroy, 1981; Rubtsov et al., 1986; Hedstrom and Pomeroy, 1998）。现在的模型大多是案例模型，考虑了林冠郁闭对积雪的影响，但无法反映区域差异性。我们之前的研究（Onuchin, 2001）表明，冠层截雪在很大程度上是由冬季气温决定的，而冬季气温在不同地区之间差异很大。我们尝试根据不同地理条件下获得的数据建立一个森林积雪的概化模型，包括加拿大（不列颠哥伦比亚省、亚伯达省和萨斯喀彻温省）和美国（阿拉斯加州、俄勒冈州、蒙大拿州、爱达荷州、密歇根州和明尼苏达州）。还涵盖了欧亚大陆北部的以下地区：中亚的山脉、白俄罗斯共和国、蒙古以及俄罗斯不同地区的森林，从欧陆俄罗斯到俄罗斯的远东地区，从西伯利亚南部的山地森林到苔原北部的开阔林地（Murashev and Kuznetsova, 1939; Molchanov, 1961; Harested and Bunnell, 1981; Rubtsov et al., 1986; Voronkov, 1988; Hedstrom and Pomeroy, 1998; Onuchin, 2001; Buttle et al., 2005; Konstantinos et al., 2009）。我们处理了大量关于森林积雪的数据，并开发了一个高度概化的模型。另外也考虑了林地参数，这些都表明了冬季气温的重要性。

研　　究

在建模的初始阶段，我们考虑将林冠郁闭度、林分年龄和组成、林地大小、平均高度和立木蓄积量作为模型参数。但根据模型回归系数的显著性，我们限制了林冠郁闭度、林龄和树种组成等参数的使用。

总体而言，开发的模型基于243个不同树种组成和年龄的林地的积雪数据，数据采集周期为1—12年，降雪量为30—830 mm，1月气温为-4—-40℃。模型见公式（16.1）。

$$K = 118.1 + 0.016S_0 - \frac{15.8\ln(A)}{\ln(T)} - 1.3LC - 2.4XC$$

$$(R^2 = 0.71,\ \sigma = 9.6,\ F = 209.7) \tag{16.1}$$

式中，K为储雪系数，%；S_0是降雪量，mm；A为树龄，岁；T为一月平均气温，℃；L和X是树种组成公式中的系数，分别以林地中落叶松和其他针叶林的占比（百分之几十）表示；C是林冠郁闭度（0—1）。

通过该模型[公式（16.1）]，我们可根据一系列天气和气候条件下的树种组成和林冠郁闭来量化森林中积雪的变化。模型分析表明，树冠截雪量随着林龄、冬季气温、冠层郁闭度和针叶树种比例的增大而增大。

干雪、霜冻天气和罕见强降雪强化了降雪向林冠下的渗透。气温上升，加上频繁和轻微的降雪，促进了树冠对雪的截留（彩图11）。风在这个过程中的作用各不相同。在干燥和霜冻的天气里，即使是低风速也会导致被截留的雪从树冠上落下，从而形成积雪。潮湿的雪较好地保存在树冠上，风增强了它的蒸发，为下一次降雪截留提供了条件，因此导致积雪减少。不过，在海洋性气候的高相对湿度下，或者在山区，风可使雪附着在树冠上（Miller, 1964）。

我们的模型表明，由气温升高引起的成熟林地截留雪量增大比在幼龄林地更为明显。在任何地理条件下，成熟树枝对冠层截留的潮湿雪都有更好的支撑作用，因为它们比幼龄树枝更强壮，更耐弯曲。根据该模型，树龄为10—80岁时，积雪明显减少，而超过150岁后树龄对积雪系数值几乎没有影响。

我们用这个模型做了数值实验。图16.1显示了积雪系数对气温变化和100年生泰加林林冠郁闭度的响应，降雪量为200 mm。随着1月气温升高至-15℃以上，冠层截留雪量急剧增加，在这种情况下，气温对截雪的影响甚至高于林冠郁闭度。

某些年份观察到的数据与"积雪量随着林地立木度和林冠郁闭度的增大而减小"这一总体趋势不一致，这是由冬季解冻期引起的，在此期间与高立木度林地相比，低立木度林地中更强的融雪抵消了树冠截雪的差异（Rutkovsky and Kuznetsova，1940）。如上所述，在气候变暖的情况下也会出现类似的效果，森林树冠会随着温度升高而积聚热量，从而强化融雪作用（Davis et al.，1997；López-Moreno and Latron，2008）。

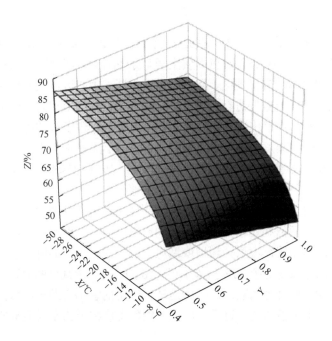

图 16.1　积雪系数（Z，%）与泰加林林冠郁闭度（Y，单位值的比例）和一月份平均气温（X，℃）的关系

在模拟冠层截雪时，除了要考虑到平均气温、相对湿度和风速本身之外，以下这些值的变化也很重要。例如，在大约 0℃ 的背景温度和高相对湿度下，发生降雪后气温下降时，即使强风也不太可能导致截留的雪落到地面。相反，当降雪后解冻时，大多数被截留的雪都会滑落到地上。

根据各个区域的具体情况以及每个预测值的变化范围，即使是非常概化的模型也存在应用限制。对于寒冷的大陆性气候，在冬季没有频繁和突然的解冻期的情况下，我们的模型可保证对林冠截雪估计的可靠性。

开　阔　地

若不分析开阔地（无树）的水量平衡，那么对泰加林带水文循环的估计就不够全面。我们在前文讨论了夏季泰加林带不同类型景观的水循环特征。值得注意的是，夏季蒸发和径流之比很大程度上是由植被生物量决定的。在寒冷季节，开阔地的雪水流量受诸多因素控制，其中背景气候条件、林地大小和形状、相对于盛行风的方位和位置非常重要。传统上使用一种降水保持系数来估计开阔地积雪能力（Sosedov，1967；Onuchin，1984）。这个系数是积雪量和降雪量之比。

$$K = \frac{S_n}{X} \quad (16.2)$$

式中，K 为降水保持系数；S_n 为开阔地积雪中的水量，mm；而 X 是观测积雪时的固态降水总量，mm。这个系数在本质上类似于估计森林积雪函数的系数。

我们对贝加尔湖东南部地区、克拉斯诺亚尔斯克中心区以及西伯利亚的泰米尔和其他地区采集的实验数据进行了分析，结果表明，开阔地积雪的形成在很大程度上受暴风雪的控制。除了使雪变得更密实，暴风雪还促进了雪的蒸发并促使其重新分布。但暴风雪对雪蒸发的贡献仍然少有研究。虽然通过水量平衡方法获得了一些暴风雪期间存在强烈雪蒸发的间接证据（Dyunin，1961；Osokin，1962；Berkin and Filippov，1972），但很少有公开的实验数据能够证实这一观点。

在开阔地，雪直接落在地上。但风吹落到地上的雪比林中雪的蒸发和融化一般更加强烈。我们在西伯利亚不同地区进行的研究表明，在融雪初期，与不受盛行风影响的小型开阔地相比，大型开阔地或迎风坡的积雪较少，而降雪量相同。多风开阔地的积雪量比背风场地少30%—60%（图16.2）。积雪量减少的原因是风引起的除雪，及暴风雪期间更强烈的蒸发。开阔地被风吹走的雪仍有助于区域河川径流的形成，而蒸发的雪水不参与这一过程，所以明确积雪量减少的原因很重要。

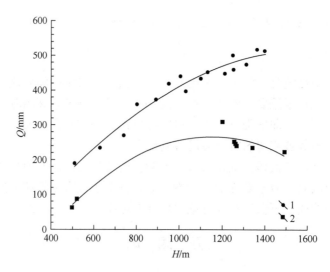

图16.2　1981—1983年平均雪水当量（Q，单位：mm）与海拔高度（H，单位：m）的关系
1 背风的开阔地；2 多风的开阔地

我们对贝加尔湖流域开阔地和相邻林地积雪形成的研究（Onuchin，1984）表明，在阴坡上，只要开阔地位于西北向斜坡上部且面积超过 15—20 hm² 暴风雪，导致的积雪减少会出现在任意大小的开阔地。而在阴坡的其他开阔地或阳坡上，并不常出现引发吹蚀的暴风雪，在某些地方根本不会发生。

在大型开阔地和迎风坡的开阔地上，积雪的变异系数通常在 22%—35% 之间，而在较小的背风林地，变异系数仅为 6%—10%。在多风林地，积雪密度和积雪蓄水量的变异性高于背风的林地。

我们的积雪观测显示，当换算为总面积时，根据场地大小，森林外围附近积累的雪对总积雪量的贡献从 8—21 mm（2%—16%）不等。考虑到森林外围附近积雪的贡献，蒸发的雪水量为固态降水量和开阔地积雪量之间的差值，达 160 mm。这与其他雪蒸发研究的结果一致，即发现在西伯利亚山区，蒸发量可能高达 140—200 mm（Osokin，1962；Berkin and Filippov，1972）。

实验数据（Onuchin，1987）表明，在相同条件下，干燥细雪的蒸发是密实雪块蒸发的 1.5—3 倍。当气流速度从 2—12 m/s 时，蒸发强度分别从 0.3 mm/d 增加到 2.0 mm/d，以及从 0.2 mm/d 增加到 0.65 mm/d。对结果进行分析发现，同一因素的重要性因地区条件而异。对于迎风坡而言，沿盛行风方向森林外围之间的距离是主要因素，而背风坡的最重要因素是开阔地的大小。

我们使用了自己的数据和其他已公开的数据（Pruitt，1958；Miller，1966；Sosedov，1967；Berkin and Filippov，1972；Golding and Swanson，1978；Onuchin，1984；Onuchin et al.，2008）去确定开阔地积雪的总体趋势（图 16.3）。由图 16.3 可清楚地

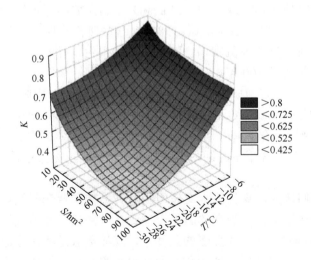

图 16.3　积雪系数（K，单位值比例）与开阔地大小（S，单位：hm²）和
1 月份零下气温（T，单位：℃）的关系

看出，由于风力会增强，积雪随着开阔地面积的增大而减少。这种关系在寒冷的冬天最为明显。在暖冬的情况下，开阔地的面积对积雪影响不大。在稳定无风的反气旋下，开阔地的面积大小对积雪的影响也会减小。

16.4.2 森林覆盖对产水量的影响

森林采伐后，当新一代森林生长时，森林生态系统会进行持续的结构变化。因此，气候参数和伐木后森林演替决定了未来的流域水文情景。即使在相对同质的地理条件下，地球系统水量平衡对森林覆盖干扰也可能有各种各样的响应。

在西伯利亚的一些地区，伐木后的森林再生可能需要很长时间，由于极端的大陆性气候，流域的水文变化比较特殊。在皆伐后的最初几年，大面积砍伐导致的风力增强促进了暴风雪和雪的蒸发，并减少了积雪。在相同的背景气候条件下，这导致皆伐后的流域年径流量减少。随着伐木后木本植被逐渐恢复，特别是发生植被变化的地方，恢复的林地也恢复了甚至提高了积雪能力。伐木后逐渐被落叶树种占据的流域，其径流也会增大（Krestovskiy，1984；Onuchin et al.，2006，2009）。

随着气候的大陆性特征减弱，森林水文对采伐的响应发生了很大变化。伐木后的最初几年，由于积雪增加，径流增加。在随后长达 50 年的时间内，占主导地位的密集、高产的针叶林幼林蒸散增大，导致径流减少（Krestovskiy，1984）。从西伯利亚西萨彦岭（West Sayan）朝北大坡的深色针叶林也得到类似数据（Burenina，1982；Lebedev，1982）。这些研究表明，在过度潮湿的条件下进行森林采伐会导致径流骤增，随着森林的再生，径流变得稳定。达到稳定所需的时间一般超过 100 年。

我们研究了吉尔吉斯斯坦伊塞克湖（Lake lssyk-kul）周围山区流域森林面积变化的水文效应（Onuchin et al.，2008）。在这个山地气候和干湿周期显著的地区，水文效应非常特殊。在湿润时期，河川径流随着森林面积百分比的增加而减少，这与干旱时期相反，在干旱时期，蒸发减少，总径流随着森林面积百分比的增加而增加。

因此，我们认为，森林的水文作用随着其结构和背景气候条件的变化而变化。在寒冷的气候下，减少森林面积会导致暴风雪和积雪蒸发增大，从而减少总径流（图 16.4a）。在气候变暖的条件下，森林蒸散是河川径流减少的因素之一（图 16.4b）。采伐林地的树冠截雪和林地蒸腾减小，而在开阔地和林冠下的积雪蒸发没有太大差异，所以，森林采伐导致了径流的急剧增大。

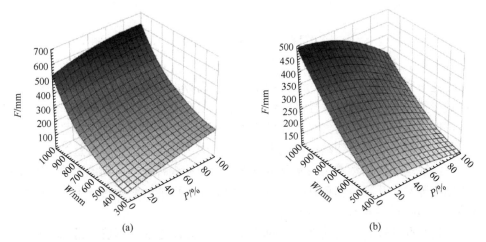

图 16.4 在（a）寒冷和（b）温暖气候中，河川径流（F, mm）与流域森林面积百分比（P, %）和总水量（W, mm）的关系

在估计森林的水文作用时，北方气候分为"冷"和"暖"是有条件限制的。例如，图 16.4a 和图 16.4b 显示了两个地区产流模型的数值试验结果：西伯利亚中部的库列伊卡河流域（"寒冷气候"的例子），1 月气温为 $-28.6℃$（图 16.4a）；吉尔吉斯斯坦伊塞克湖周围地区（"温暖气候"的例子），1 月平均气温为 $-7℃$（图 16.4b）（Onuchin et al., 2006, 2008）。目前的研究尚未涵盖北方气候条件的全部多样性。同时，还应注意流域水量平衡的变化也取决于其规模、地质和结构以及天气条件。我们开发的模型（Onuchin et al., 2006, 2009; Onuchin, 2015）可用于确定相关的气候阈值，超过该阈值，森林由减少径流的因素转变为促进径流和减少蒸发的因素（图 16.5）。

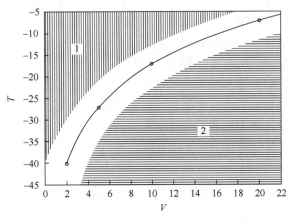

图 16.5 控制森林产水功能的天气和气候阈值

V 为风速，m/s；T 为空气温度，℃；1 森林是蒸散增加和径流减少因素的区域；2 森林是径流增加因素的区域。

16.5 结　　论

上述研究表明，泰加林的水文作用因流域而异，且取决于雪水平衡，受到森林植被参数和背景气候条件控制，包括气温、相对湿度、风速和降水中的雪量。

可以肯定地说，背景气候条件导致了泰加林带森林水文作用的最显著变化。在低相对湿度和高风力活动的极端大陆性气候中，开阔地的雪蒸发量总是高于森林。开阔地雪的强烈蒸发是由暴风雪引起的，而从森林树冠落到地面的雪则可免受吹蚀和蒸发。开阔地和森林在雪蒸发方面的差异可能达到数百毫米，并随着风速的增大和相对湿度的降低而增大。

在相对湿度较高的大陆性气候的温暖冬季，开阔地的雪蒸发通常比森林少，在森林中，树冠会截留大量潮湿的雪。在这种情况下，风力的作用使林冠蒸发大于开阔地蒸发。覆盖在开阔地上的密实潮湿的雪既不会从地面吹起，也不会被暴风雪重新分布，因此与粗糙冠层截留的雪相比，其蒸发表面积相当小。被截留的雪在树冠中保留了很长时间，在此期间大部分都蒸发掉了。

在很大程度上，冬季水循环决定了泰加林的水文作用。雪水流量受风速、空气温度和相对湿度的组合影响。估计森林水文作用时，出现明显矛盾的主要原因是忽略了这些因素。

我们的研究已经确定了主要的气候阈值，超过这些阈值，森林就会改变其产水功能；也就是说，不再是减少河川径流的一个因素，而成为减少蒸散并因此增加河川径流的原因。虽然如此，尚未彻底研究所有影响森林水文作用的因素及各种因素的组合。

通过系统分析森林水文过程，我们可发现出现矛盾的原因，并根据森林形成趋势和背景气候条件开发预测水量平衡变化的模型。这种方法有助于分析不同地理条件下的森林水文作用，以水循环机制为基础，量化不同地球物理背景下森林覆盖变化的水文效应（Onuchin，2015）。这一地理概念在水文循环模型中的应用需要从景观和定量评价的角度解释术语"森林"和"开阔地"。通过将局地水循环模型和植被覆盖动态数据纳入全球水文模型，研究人员能够在广阔的区域内获得一致的、空间分布式的水量平衡估计。利用这种系统方法，我们能够预测未来不同地区在气候变化和土地利用变化背景下的水文变化，这种系统方法可作为促进自然资源利用（包括森林利用）的有效工具。

16.6 致　　谢

感谢俄罗斯联邦政府（基金号 14.B25.31.0031）对这项工作的大力支持。

参 考 文 献

Alewell, C. and Bebi, P. (2011) Forest development in the European Alps and potential consequences on hydrological regime. In: Bredemeier, M., Cohen, S., Godbold, D.L., Lode, E., Pichler, V. and Schleppi, P. (eds) *Forest Management and the Water Cycle: An Ecosystem-Based Approach*. Ecological Studies Vol. 212. Springer, Dordrecht, the Netherlands, pp. 111–126.

Berkin, N.S. and Filippov, A.K. (1972) Value of winter evaporation in Predbaikalie region. In: *Meteorology and Climatology of Pribaikalie*. Publishing House of ISU, Irkutsk, USSR, pp. 22–31 (in Russian).

Berris, S.N. and Harr, R.D. (1987) Comparative snow accumulation and melt during rainfall in forested and clear-cut plots in the western Cascades of Oregon. *Water Resources Research* 23, 135–142.

Bond, B.J., Meinzer, F.C. and Brooks, J.R. (2008) How trees influence the hydrological cycle in forest ecosystems. In: Wood, P.J., Hannah, D.M. and Sadler, J.P. (eds) *Hydroecology and Ecohydrology: Past, Present and Future*. Wiley, Chichester, UK, pp. 7–35.

Bosch, J.M. and Hewlett, J.D. (1982) A review of catchment experiments to determine the effect of vegetation changes on water yield and evapotranspiration. *Journal of Hydrology* 55, 3–23.

Bunnell, F.L., McNay, R.S. and Shank, C.C. (1985) *Trees and Snow:The Deposition of Snow on the Ground – A Review and Quantitative Synthesis*. IWIFR-17. Research Branch, Ministries of Environment and Forests, Victoria, British Columbia, Canada.

Burenina, T.A. (1982) Dynamics of hydrological regime restoration at the experimental felled area in West Sayan. In: Protopopov, V.V. (ed.) *Environmental Role of Siberian Forest Ecosystems*. Publishing House of Institute of Forest and Wood, USSR Academy of Sciences, Krasnoyarsk, USSR, pp. 106–114 (in Russian).

Burenina, T.A., Onuchin, A.A. and Fedotova, E.V. (2014) Hydrological effect of forest logging in boreal zone of Siberia. In: Roberts, N. (ed.) *Forest Ecosystems: Biodiversity, Management and Conservation*. Nova Science Publishers, Inc., New York, pp. 117–147.

Burenina, T., Onuchin, A., Guggenberger, G., Musokhranova, A. and Prisov, D. (2015) Dynamics of hydrological regime in permafrost zone of Central Siberia. In: Liu Juan (ed.) *Environment, Chemistry and Biology IV*. International Proceedings of Chemical Biological & Environmental Engineering, Vol. 90, IACSIT Press, Singapore, pp. 125–132.

Burton, P.J., Messier, C., Smith, D.W. and Adamowicz, W.L. (2003) *Towards Sustainable Management of the Boreal Forests*. NRC Research Press, Ottawa.

Buttle, J.M., Creed, I.F. and Moore, R.D. (2005) Advances in Canadian forest hydrology, 1999–2003. *Hydrological Processes* 19, 169–200.

Campbell, J.L., Bailey, A.S., Eagar, C., Green, M.B. and Battles, J.J. (2013) Vegetation treatments and hydrologic responses at the Hubbard Brook Experimental Forest, New Hampshire. In: Camp, A.E., Irland, L.C. and Carroll, C.J.W. (eds) *Long-Term Silvicultural & Ecological Studies: Results for Science and Management*, Vol. 2. GISF Research Paper 013. Global Institute of Sustainable Forestry, Yale University, New Haven, Connecticut, pp. 1–9.

Cohen, S. and Bredemeier, M. (2011) Synthesis and outlook. In: Bredemeier, M., Cohen, S., Godbold, D.L., Lode, E., Pichler, E. and Schleppi, E. (eds) *Forest Management and the Water Cycle:An Ecosystem-Based Approach*. Ecological Studies Vol. 212. Springer, Dordrecht, the Netherlands, pp. 507–512.

Davis, R.E., Hardy, J.P., Ni, W., Woodcock, C., McKenzie, J.C., Jordan, R. and Li, X. (1997) Variation of snow cover ablation in the boreal forest: a sensitivity study on the effects of conifer canopy. *Journal of Geophysical Research:*

Atmospheres 102, 29389–29395.

Dyunin, A.K. (1961) *Evaporation of Snow.* Publishing House of the Siberian Branch of the USSR Academy of Sciences, Novosibirsk, USSR (in Russian).

Ermakov, N.B. (2003) *Diversity of Boreal Vegetation of Northern Asia. Hemiboreal Forests. Classification and Ordination.* Publishing House of the Siberian Branch of the Russian Academy of Sciences, Novosibirsk, Russia (in Russian).

FAO (2010) *Global Forest Resources Assessment 2010: Main Report.* FAO Forestry Paper No. 163. Food and Agriculture Organization of the United Nations, Rome.

Fedorov, S.F. (1977) *Water Balance Research in the Forest Zone of European Territory of the USSR.* Hydrometeoizdat, Leningrad, USSR (in Russian).

Folliott, P.F., Gottfried, G.J. and Baker, M.B. (1989) Water yield from forest snowpack management: research findings in Arizona and New Mexico. *Water Resources Research* 25, 1999–2007.

Gary, H.L. and Troendle, C.A. (1982) *Snow Accumulation and Melt under Various Stand Densities in Lodgepole Pine in Wyoming and Colorado.* Research Note RM-417. USDA Forest Service, Rocky Mountain Forest and Range Experimental Station, Fort Collins, Colorado.

Georgiyevsky, V.Y. and Shiklomanov, I.A. (2003) Climate change and water resources. In: Shiklomanov, I.A. and Rodda, J.C. (eds) *World Water Resources at the Beginning of the Twenty-First Century.* Cambridge University Press, Cambridge, pp. 390–413.

Golding, D.L. and Swanson, D.H. (1978) Snow accumulation and melt in small forest openings in Alberta. *Canadian Journal of Forest Research* 8, 380–388.

Gu, W.Z., Liu, J.-F., Lu, J.-J. and Frentress, J. (2013) Current challenges in experimental watershed hydrology. In: Bradley P.M. (ed.) *Current Perspectives in Contaminant Hydrology and Water Resources Sustain-ability.* InTech, Rijeka, Croatia, pp. 299–333.

Gubler, H. and Rychetnik, J. (1991) Effects of forests near the timberline on avalanche formation. In: Bergmann, H., Lang, H., Frey, W., Issler, D. and Salm, B. (eds) *Snow, Hydrology and Forests in High Alpine Areas.* IAHS Publication No. 205. IAHS Press, Wallingford, UK, pp. 19–38.

Hamilton, L.S. (2008) *Forests and Water.* FAO Forestry Paper No. 155. Food and Agricultural Organization of the United Nations, Rome.

Hardy, J.P., Davis, R.E., Jordan, R., Li, X., Woodcock, C., Ni, W. and McKenzie, J.C. (1997) Snow ablation modeling at the stand scale in a boreal jack pine forest. *Journal of Geophysical Research: Atmospheres* 102, 29397–29405.

Harested, A.S. and Bunnell, F.L. (1981) Prediction of snow-water equivalents in coniferous forests. *Canadian Journal of Forest Research* 11, 854–857.

Hedstrom, N.R. and Pomeroy, J.W. (1998) Measurements and modelling of snow interception in the boreal forest. *Hydrological Processes* 12, 1611–1625.

Hegg, Ch., Badaux, A., Luscher, P. and Witzig, R. (2004) Zur Schutzwirkang des waldes gegen Honwassser. *Forum für Wissen* 2004, 15–20.

Hibbert, A.R. (1969) Water yield changes after converting a forested catchment to grass. *Water Resources Research* 5, 634–640.

Hornbeck, J.W., Martin, C.W. and Eagar, C. (1997) Summary of water yield experiments at Hubbard Brook Experimental Forest, New Hampshire. *Canadian Journal of Forest Research* 27, 2043–2052.

Hornbeck, J.W., Bailey, A.S., Eagar, C. and Campbell, J.L. (2014) Comparisons with results from the Hub-bard Brook Experimental Forest in the northern Appalachians. In: Swank, W.T. and Webster, J.R. (eds) *Long-Term Response of a*

Forest Watershed Ecosystem: Clearcutting in the Southern Appalachians. Oxford University Press, New York, pp. 213–228.

Johnson, R. (1998) The forest cycle and low river flows: a review of UK and international studies. *Forest Ecology and Management* 109, 1–7.

Jones, H.G., Pomeroy, J.W., Walker, D.A. and Hoham, R.W. (2001) *Snow Ecology: An Interdisciplinary Examination of Snow-Covered Ecosystems.* Cambridge University Press, Cambridge.

Kattelmann, R.C., Berg, N.H. and Rector, J. (1983) The potential for increasing streamflow from Sierra Nevada watersheds. *Journal of the American Water Resources Association* 19, 395–402.

Keller, H.M. (1988) European experiences in long-term forest hydrology research. In: Swank, W.T. and Crossley, D.A. (eds) *Forest Hydrology and Ecology at Coweeta.* Ecological Studies Vol. 66. Springer, New York, pp. 407–414.

Kobayashi, D. (1987) Snow accumulation on a narrow board. *Cold Regions Science and Technology* 13, 239–245.

Kolomyts, E.G. (1975) Formation and distribution of snow cover of Sos'vinsk Priobie. In: *The Sos'vinsk Priobie.* Publishing House of ISU, Irkutsk, USSR, pp. 158–214 (in Russian).

Konstantinos, M.A., Pascal, S. and Lettenmaier, D.P. (2009) Modeling snow accumulation and ablation processes in forested environments.*Water Resources Research* 45(5), W05429, doi: 10.1029/2008WR007042 (accessed 10 April 2016).

Krestovskiy, O.I. (1984) Logging and forestation impact on water-yield in southern and middle taiga of ETU. *Journal of Water Resources* 5, 125–135 (in Russian).

LaMalfa, E.M. and Ryle, R. (2008) Differential snowpack accumulation and water dynamics in aspen and conifer communities: implications for water yield and ecosystem function. *Ecosystems* 11, 569–581.

Lebedev, A.V. (1982) *Hydrological Role of Siberian Mountain Forests.* Nauka, Siberian Branch, Novosibirsk, USSR (in Russian).

Link, T.E. and Marks, D. (1999) Distributed simulation of snow cover mass- and energy-balance in the boreal forest. *Hydrological Processes* 13, 2439–2452.

López-Moreno, J.I. and Latron, J. (2008) Influence of canopy density on snow distribution in a temperate mountain range. *Hydrological Processes* 22, 117–126.

López-Moreno, J. and Stahli, M. (2008) Statistical analysis of the snow cover variability in a subalpine watershed: assessing the role of topography and forest interactions. *Journal of Hydrology* 348, 379–394.

Lundberg, A. and Halldin, S. (1994) Evaporation of intercepted snow: analysis of governing factors. *Water Resources Research* 30, 2587–2598.

Miller, D.H. (1964) *Interception Processes during Snowstorms.* Research Paper PSW-18. USDA Forest Service, Pacific Southwest Forest and Range Experiment Station, Berkeley, California.

Miller, D.H. (1966) *Transport of Intercepted Snow from Trees during Snow Storms.* Research Paper PSW-RP-33. USDA Forest Service, Pacific Southwest Forest and Range Experiment Station, Berkeley, California.

Molchanov, A.A. (1961) *Forest and Climate.*Academy of Sciences of the USSR, Moscow, USSR (in Russian).

Murashev, S.I. and Kuznetsova, Z.I. (1939) Influence of the composition, age and completeness plantations on snow regime. In: *Water Regime in the Woods.* VNIILH, Pushkino, USSR, pp. 27–44 (in Russian).

Onuchin, A.A. (1984) Snow accumulating role of forest openings in forest ecosystems of Khamar-Daban. In: Protopopov V.V. (ed.) *Transformation of Environmental Factors by Forest Ecosystems.* Institute of Forest and Wood, Siberian Branch of the USSR Academy of Sciences, Krasnoyarsk, USSR, pp. 75–86 (in Russian).

Onuchin, A.A. (1987) Transformation of solid precipitation by mountain forests of Khamar-Daban. Abstract of dissertation for Candidacy in Biological Sciences, Krasnoyarsk, USSR (in Russian).

Onuchin, A.A. (2001) General snow accumulation trends in boreal forests. *Proceedings of the Academy of Sciences: Geographic Series* 2, 80–86 (in Russian).

Onuchin, A. (2015) The reasons of conceptual contradictions in evaluating hydrological role of boreal forests. *Siberian Journal of Forest Science* 2, 41–54 (in Russian).

Onuchin, A. and Burenina, T. (2008) The hydrological role of forests in Siberia. In: Prescott, A. and Barkely, T. (eds) *Trends in Water Resources Research*. Nova Science Publishers, New York, pp. 67–92.

Onuchin, A., Balster, H., Borisova, H. and Blitz, E. (2006) Climatic and geographic patterns of river runoff formation in Northern Eurasia. *Advances in Water Resources* 29, 1314–1327.

Onuchin, A., Gaparov, K. and Mikheeva, N. (2008) Forest and climate factors impacts on annual runoff of Issik-Kul basin rivers. *Journal of Forestry* 6, 45–52 (in Russian).

Onuchin, A., Burenina, T., Gaparov, K. and Ziryukina, N. (2009) Land use impacts on river hydrological regimes in Northern Asia. In: Cluckie, I.D., Chen, Y., Babovic, V., Konikow, L., Mynett, A., DeMuth, S. and Savic, D. (eds) *Hydroinformatics in Hydrology, Hydrogeology and Water Resources.Proceedings of Symposium JS4 at the Joint Convention of the International Association of Hydrological Sciences (IAHS) and the International Association of Hydrogeologists (IAH) held in Hyderabad, India, 6–12 September 2009*. IAHS Publication No. 331. International Association of Hydrological Sciences, Wallingford, UK, pp. 163–170.

Osawa, A., Zyryanova, O.A., Matsuura, Y., Kajimoto, T. and Wein, W. (eds) (2010) *Permafrost Ecosystems: Siberian Larch Forests*. Ecological Studies Vol. 209. Springer, Dordrecht, the Netherlands.

Osokin, I.M. (1962) On varying snow cover density with height in mountain regions of the USSR. *Proceedings of Zabaikalie Branch, the All-Union Geographical Society, Chita* 18, 26–31 (in Russian).

Pomeroy, J.W. and Gray, D.M. (1995) *Snow Accumulation, Relocation and Management*. NHRI Science Report No. 7. National Hydrology Research Institute, Environment Canada, Saskatoon, Saskatchewan, Canada.

Pomeroy, J.W. and Schmidt, R.A. (1993) The use of fractal geometry in modelling intercepted snow accumulation and sublimation. In: Proceedings of the 50th Eastern Snow Conference, Quebec City. Available at: http://www.usask.ca/hydrology/papers/Pomeroy_Schmidt_1993.pdf (accessed 10 April 2016). pp. 1–10.

Pruitt, W.O. Jr (1958) Qali, a taiga snow formation of ecological importance. *Ecology* 39, 169–172.

Rosman, A.P. (1974) Influence of crown density on distribution of snow cover in pine phytocenoses of middle Sikhote-Alin. In: *Water-Protective Importance of Forests*. Far East Publishing House, Vladivostok, USSR, pp. 47–48 (in Russian).

Rubtsov, M.V., Deryugin, A.A. and Gurtsev, V.I. (1986) Forest impact on snow accumulation and snow melt in middle taiga of the European north. *Journal of Forestry* 2, 11–16 (in Russian).

Rutkovsky, V.I. and Kuznetsova, Z.I. (1940) Impact of stands on snow regime. In: *Water Protective Role of Forest*. VNIILKH, Pushkino, USSR, pp. 149–179 (in Russian).

Schleppi, P. (2011) Forested water catchments in a changing environment. In: Bredemeier, M., Cohen, S., Godbold, D.L., Lode, E., Pichler, V. and Schleppi, P. (eds) *Forest Management and the Water Cycle: An Ecosystem-Based Approach*. Ecological Studies Vol. 212. Springer, Dordrecht, the Netherlands. pp. 89–110.

Schmidt, R.A. and Gluns, D.R. (1991) Snowfall interception on branches of three conifer species. *Canadian Journal of Forest Research* 21, 1262–1269.

Schmidt, R.A. and Pomeroy, J.W. (1990) Bending of a conifer branch at subfreezing temperatures: implications for snow interception. *Canadian Journal of Forest Research* 20, 1250–1253.

Schmidt, R.A., Jairell, R.L. and Pomeroy, J.W. (1988) Measuring snow interception and loss from an artificial conifer. In: *Proceedings of the 56th Western Snow Conference, Kalispell, Montana, April 19–21, 1988*. Colorado State University, Fort Collins, Colorado, pp. 166–169.

Shvidenko, A. and Apps, M. (2006) The International Boreal Forest Research Association: understanding boreal forests and forestry in a changing world. *Mitigation and Adaptation Strategies for Global Change* 11, 5–32.

Sosedov, I.S. (1967) *Studying of the Snow Water Balance at Mountain Slopes of Zailiyskiy Alatau*. Publishing House 'Nauka', Alma-Ata, USSR (in Russian).

Spurr, S.H. and Barnes, B. V. (1980) *Forest Ecology*, 3rd edn. Wiley, New York.

Strakhov, V.V., Pisarenko, A.I. and Borisov, V.A. (2001) The forests of the world and Russia. *Bulletin of the Ministry of Natural Resources RF 'Using and protection of natural resources of Russia'* 9, 49–63 (in Russian).

Stednick, J.D. (1996) Monitoring the effects of timber harvest on annual water yield. *Journal of Hydrology* 176, 79–95.

Voronkov, N.A. (1988) *Significance of Forests for Water Protection*. Gydrometeoizdat, Leningrad, USSR (in Russian).

Waldenmeyer, G. (2003) *Abflussbildubg und Regionalisierung in einem fortlicch genutzten Einzagsgebit (Durreychtal, Nordschwarrwald)*. Universität Karlsruhe/Karlsruher Schriften Band 20. Institut für Geographie und Geoökologie, Universität Karlsruhe, Karlsruhe, Germany.

Wheeler, K. (1987) Interception and redistribution of snow in a subalpine forest on a storm by storm basis. In: *Proceedings of the 55th Annual Western Snow Conference, Vancouver, British Columbia, Canada*. Western Snow Conference, Vancouver, British Columbia, Canada, pp. 78–87.

Whitehead, P.G. and Robinson, M. (1993) Experimental basin studies – an international and historical perspective of forest impacts. *Journal of Hydrology* 145, 217–230.

Winkler, R., Spittlehouse, D., Boon, S. and Zimonick, B. (2015) Forest disturbance effects on snow and water yield in interior British Columbia. *Hydrology Research* 46, 521–532.

17 森林水文学的发展方向

T. M. 威廉姆斯（T. M. Williams）[1*]，D. M. 阿玛蒂亚（D. M. Amatya）[2]，L. 布伦（L. Bren）[3]，C. 德容（C. de Jong）[4]，J. E. 内特尔斯（J. E. Nettles）[5]

17.1 森林水文学：我们已经知道了什么？

森林水文学是水文学的一个独立而独特的分支，其独特之处在于树木和林下植被组成的森林。树木可以长到 100 m 高，树冠直径可达 20—30 m，树根深 5—10 m 而且分布与树冠一样广泛，寿命从 50—5000 年不等，所以了解森林给科学带来了独特的挑战。森林约覆盖全球面积的 26.2%，其中拉丁美洲和加勒比地区的森林面积占世界森林面积的 45.7%，亚太地区的森林面积占 35%，欧盟地区的森林面积占 35%。加拿大和美国的森林面积加起来只占世界森林面积的 6.8%，而非洲的森林面积甚至更少，只占 5.7%（About.com，2013）。由于森林的广泛分布，很难概括树木和森林生态系统在全球水文循环中的作用。

本书的 16 章内容论述了不同森林类型里的径流、排水、蒸散等水文过程，涵盖了从北方森林到热带森林，从降雪主导的温带山地森林到低梯度、湿润的沿海平原森林，从小流域到大流域，以及洪泛和湿地森林等其他森林类型。大多数森林通过蒸发冠层截留的降水而损失水量（本书第 3 章），在频繁发生低强度降雨的针叶林，冠层蒸发损失最大（本书第 14 章）。但在一些热带山地森林，水分从大气中凝结到树叶上，由此产生的水滴可增加 20% 的降水量（本书第 2 章和第 6 章）。在非常寒冷的大陆性气候下（本书第 16 章），开阔地比森林更容易因升华和风而失水（雪）；但是在温暖的地区，开阔地比森林有更强的融雪，产水量更大。蒸腾是森林水文循环中的主导过程之一，但除非针对单棵树，否则很难直接观测（本书第 3 章）。在样地、山坡或流域尺度上对蒸腾的估计不能脱离蒸发，所以也就有

---

1 克莱姆森大学，美国南卡罗来纳州乔治城；2 美国农业部林务局，美国南卡罗来纳州考代斯维拉；3 墨尔本大学，澳大利亚维多利亚克莱斯韦克；4 斯特拉斯堡大学，法国斯特拉斯堡；5 惠好公司，美国密西西比州哥伦布

* 通讯作者邮箱：tmwllms@clemson.edu

了"蒸散"这个新词，Savenije（2004）认为它妨碍了我们对这一过程的理解。森林水文随温度、降水、树种、树龄、坡度、排水和土壤类型而变化，本章尝试综述一些关于世界各地森林的主要发现。

在全球范围内，热带森林集中在非洲、南美洲和东南亚；亚热带森林集中在北美洲东南部和亚洲东南部；温带森林集中在欧洲、澳大利亚沿海、北美东部和远东地区；广阔的北方森林环绕地球，横跨欧洲、亚洲和北美。温度受限的高山林的树线高度从瑞典（68°N）的 700 m 到墨西哥（19°N）和厄瓜多尔（0°）的 4000 m 不等，但所有高山林的年平均地表温度都在 6—7℃之间（Körner and Paulsen，2004）。同样受限于温度，在年平均气温低于-6℃的永久冻土区，不存在森林（Smith and Riseborough，2002）。森林分布的另一个主要限制是年降雨量和潜在蒸发量的平衡。在热带地区，降雨量低于 1000 mm 时就不存在森林（Staver et al.，2011），而在北极地区（61°N），森林的年降水量为 260 mm（Carey and Woo，2001）。在亚热带和温带地区，森林也受到降雨和蒸发的限制，但由于人类对土地的利用，森林植被格局高度碎片化。如本书第 1 章和第 5 章的讨论，人类与林地和水文的相互作用是森林水文研究的一大诱因。欧洲人定居的悠久历史可让我们深入了解人类与森林长期互动所导致的变化。同样，本书第 8 章概述了为林业生产而排水的森林中的径流动态。

本书第 9 章和第 10 章回顾了理解水文过程所采用的建模工具、地理空间技术、影响评估和决策支持系统的应用，第 15 章讨论了森林水文科学在 21 世纪剩余时间里给流域管理带来的挑战。下面总结了每一章的关键点，及未来森林水文科学的应用、局限性、面临的挑战，以及在推进解决土地利用和气候变化相关问题上的重要性。

北 方 森 林

北方森林仅存在于北半球，但它依然是世界上分布最广的森林，气候类型涵盖了海洋性和大陆性气候。北方森林多位于欧亚大陆东部和北美稍偏南的地方。本书第 4 章、第 16 章以及第 14 章的相关部分讨论了降雪期间和降雪后，森林如何影响水文过程对温度和风的响应。在寒冷地区，雪也不会附着在树冠上，很容易被风吹走。在地面上，雪在风的作用下再分布并升华（本书第 16 章）。在更温暖和海洋性气候区域，由于接近 0℃的雪很容易附着在树叶上，雪的截留量更大，部分融化和重新冻结的可能性也更大。这些都使西伯利亚极北地区森林砍伐产生相反的水文影响，即砍伐后径流反而减小（本书第 16 章）。虽然融雪是形成径流的最重要因素，但在南部地区，大流量经常与雪上雨事件有关（本书第 14 章）。由于冬季结冰和/或夏季蒸散速率增大（本书第 14 章），小流域的径流可能会枯竭，而较大河流冰层下的径流难以观测。本书第 7 章中有大量关于这一地区湿地的讨论，本书第 14 章中卡里布布克溪流域的数据通过一个例子解释了这类森林地区的水文特征。

温 带 森 林

大多数温带森林都位于北半球，其他地区包括新西兰南岛、澳大利亚南部和东部（包括塔斯马尼亚）以及智利。针对温带森林的研究最为广泛，森林水文学这门学科就起源于 18 世纪对欧洲中部温带森林的研究。大部分美国长期森林水文数据（本书第 14 章）源自温带森林。本书第 2 章引用的所有径流过程几乎都是针对北美、欧洲、新西兰和澳大利亚的温带森林的研究。同样，本书第 12 章概述的大部分配对流域研究也发生在这些地区。

温带森林地区最明显的特点是有很长的休眠期，这与北半球的温度较低和大片落叶林的存在有关。春末夏初的高蒸散率通常会导致接下来的夏末秋初土壤水分亏缺（降水量减去蒸散）。当森林植被处于休眠状态，落叶林在无叶期间，冬季的降水可能储存为雪或补充土壤水分。径流来源于融雪、雪上雨或较大的土壤湿度，一般都是季节性的，在春季的流量最高。

本书第 14 章的数据展示了温带森林水文多样性和地理地质条件相关。由于明尼苏达州马塞尔流域地势较低，且处于北美大陆北部地区，马塞尔流域的水文状况和冬季漫长寒冷的北方地区类似。新罕布什尔州的哈伯德布鲁克流域和科罗拉多州弗雷泽流域的水文过程仍被融雪所主导，尽管弗雷泽流域比马塞尔流域更往南 5°。由于高海拔和位于北美大陆中部，融雪是科罗拉多州径流的重要组成部分。强烈的海洋影响减少了俄勒冈州的 H. J. 安德鲁斯流域和加利福尼亚州的卡斯帕溪流域积雪和融雪的影响，这也同样适用于西弗吉尼亚州的费尔诺流域和北卡罗来纳州的考维塔流域。太平洋冬季暴雨在西部流域产生大量冬季径流，而潮湿地面上的春雨更有可能在东部流域产生大量径流。虽然夏季高蒸散对这四个流域来说都很重要，但在东部流域，偶遇夏季雷暴和热带气旋的可能性更大，从而产生径流。

以上关于北美温带森林水文变化的讨论对于欧洲来说同样重要（第 5 章），但是欧洲的实验流域更多地集中在温带高山林，如瑞士斯派尔博哥本和若盆哥本流域、德国埃伯斯瓦尔德流域（温带森林）、威尔士普林利蒙流域和德国哈茨流域（北方森林）。本书第 5 章对欧洲研究的综述表明，缺乏大型国有森林及复杂的政策影响了欧洲对森林流域水文数据的长期协同采集（本书第 14 章）。欧洲还有高山海洋性气候区，及更多的欧洲东部地区和俄罗斯大陆性气候区。斯堪的纳维亚半岛是个例外，该地区涉及大量湿地森林的排水，如本书第 8 章所述。

亚热带森林

亚热带气候区的森林有两种不同的气候模式：①全年降雨均匀分布；②冬季降雨，夏季炎热干燥。均匀分布雨带的森林分布在美国东南部、中国东南部、日本南部、澳大利亚东北部和新西兰北岛。由于第二种类型发生在地中海周围，因此赋予了此气候类型一个共用名称，即地中海气候。地中海气候在北美西南部和澳大利亚南部的部分地区也很常见。

亚热带的北缘（北半球）和南缘（南半球）与温带相似，冬季植物休眠，蒸发需求较低。地中海气候条件下，冬季蒸发需求较低，降雨较大，形成高度季节性的径流模式。本书第14章加利福尼亚州圣迪马斯的数据例证了这种气候类型的森林水文特征。森林火灾在所有气候类型中都很常见，但地中海气候地区干燥的夏季使得森林火灾的水文影响（本书第13章）成为这些地区的一个关注重点。

在北美东部和亚洲，亚热带气候地区也受到海洋性气候的影响，这与夏季和秋季的北热带辐合带有关。热带气旋（飓风和台风）是这种影响的极端表现形式，但通常夏季降雨量较高（例如，图7.4）。南卡罗来纳州桑蒂的数据（本书第14章）表明一般很少或不存在夏季径流。但在沿海低梯度流域，热带风暴引起的100—600 mm降雨量产生了大面积（接近100%）的蓄满产流。

热 带 森 林

热带森林水文的一个特点是没有休眠期。只要有足够的降雨量，树木就会常绿，全年都有蒸腾。热带森林分为全年降雨量都很高的热带雨林和旱季明显的热带季风雨林。太阳直射带来的高能量会引起高蒸发率、高湿度和强雷暴。高能量输入会加速水文循环，这可能会带来疑问，之前在温带测试得出的原理是否仍然有效。

热带雨林主要位于亚马孙流域、刚果流域和东南亚地区，以及盛行风带来强对流的岛屿和山地森林。这些森林一般靠近赤道，全年的温度波动相对稳定。虽然有多层常绿森林，亚马孙雨林的截留损失仍可能低至降雨量的9%（Lloyd and Marques，1988）。

季节性季风以印度和东南亚最为典型，但15°N和20°S之间的区域季节性都相当明显，这与热带辐合带的季节性运动有关。在雨季，这些地区可能会持续高强度降雨。Bonell和Gilmour（1978）在澳大利亚北部发现有地表径流与降雨强度有关，这与Hewlett等（1977）的论点相矛盾，即降雨强度无法解释湿润温带森林的流量或洪峰流量（本书第1章）。Elsenbeer（2001）认为，热带流域地表径流的产生是由降雨强度和地下土层的垂向水力传导度决定的（本书第6章）。

17.2 我们将何去何从？

17.2.1 森林水文学会发生什么转变？

森林水文学的诞生是为了理解：在洪水和干旱期间，森林的人为变化是如何改变河流里的水量的。现在人类正在改变景观和气候。与此同时，森林作为景观的一个组成部分，保持其功能完整性对于生态系统和社会的可持续性十分必要（Amatya et al.，2011）。因此亟须更好地理解树木、森林和水之间的联系，提高对森林水文学的认识和实践能力，并将这些知识和研究成果纳入政策制定之中（Hamilton et al.，2008；本书第 5 章）。我们讨论的欧洲和美国东南部未来几十年的挑战（本书第 5 章和第 15 章）同样适用于世界上的许多地方。20 世纪，森林水文学主要关注各种形式的森林管理对水量和水质的影响。在下个世纪，森林在减缓气候变化中的作用可能成为最大的挑战。如本书第 3 章所述，森林碳同化和蒸腾由同一个生理机制控制，即气孔开度。快速生长的森林可以为实现碳中和提供可持续的保障。树木也吸收碳，并且可以将碳封存几个世纪到几千年。然而，CO_2 的摄入要求内部叶片组织接触大气，当水汽压较低时会发生蒸腾。只有了解单位固碳的用水量变化，我们才能有效地管理森林，实现木材和能源供给的平衡、碳平衡、水资源供需平衡等目标。

除了碳同化之外，森林流域能够提供优质的水源，这将极大减少对饮用水的处理要求。森林通过影响雨水分配和径流过程，在含水层补给中发挥作用。虽然已经很好地定义了这些过程（本书第 2 章），但是我们仍然很难掌握气候、森林特征和地质如何影响从树冠到溪流或含水层的径流路径和水量。由于在许多流域中森林占比较大，在考虑其他土地利用因素的同时，了解自然森林和人工管理的森林中的水文过程与路径十分重要（Amatya et al.，2015）。

我们目前对森林水文学的理解主要局限于温带森林的研究，所以即使是最成熟的原则也不一定普遍适用。我们给出了一些相对的例子，比如砍伐西伯利亚部分地区的森林可能会减少而不是增加径流量。再比如另一个例子，在强热带雷暴期间，森林地表下渗可能会小于降雨强度。为了开拓森林水文学，必须将研究扩展到所有森林区域，探寻普适性的基本原理。

17.2.2 蒸发和蒸腾

蒸散（ET）在许多森林水文学家、土地和水资源管理者的心中占有重要地位，它揭示了我们对于森林与大气之间的水分交换原理其实知之甚少。在大多数森林生态系统（本书第 3 章）中，ET 占比最大，但它只在一些特定的林地和/或没有水量损失的流域中得到了观测。几乎每一个配对流域实验都估算了 ET，但一般只是用水量平衡来计算，所得到的 ET 中包含了所有的误差和未知量。ET 的观测（或缺乏直接观测）很可能是第 1 章提出的"$R^2 = 0.8$"困惑的原因。降雨量和 PET 能否解释森林的约 80%径流？无论我们使用的模型形式如何，在能够量化实际蒸发（E）和蒸腾（T）如何随森林特征、气候和天气条件变化之前，可能很难比 $R^2 = 0.8$ 做得更好。

E 和 T 的观测可能是森林水文学研究中发展最快的部分。液流观测在理解森林生态与水文的关系上有着巨大的潜力。如彩图 2 所示，不同树种和胸径的树中液流存在明显差异。理解这些树种差异与个体生态之间的联系将是未来研究的一个重要方向。此外，本书第 10 章中提到的机载或地面 LiDAR 的新遥感技术（Vauhkonen et al.，2016）可能比胸径和叶面积指数能更好地估计树冠动态。这样的进步能帮助我们更好地理解景观尺度的 ET。Good 等（2015）研究了一种新方法，通过结合两种不同的稳定同位素通量分配技术，量化蒸散组分（截留、蒸腾、土壤蒸发和地表水蒸发），及植物可利用的土壤结合水与更多流动地表水之间的水文连通性。该方法也可用于森林系统。

另一个挑战是将 E 和 T 的观测值升尺度到样地、山坡、流域和区域尺度上。液流对一棵树的蒸腾进行了精确的估计。基于涡度相关的通量塔可在一定范围的区域进行采样监测。水量平衡方法则仅适用于深层渗流量很小的流域。卫星遥感可监测全球范围内的蒸发，但除非使用带有地面实况的高分辨率图像进行校准，卫星遥感目前的分辨率无法应用于样块或小流域尺度（本书第 10 章）。因此，需要一种方法来整合和比较这些方法的结果，从而能在适合社会需求的任意尺度上观测 E 和 T。

17.2.3 凝结

冷凝是水汽交换的重要组成部分，但也是森林水文学中探究最少的一个过程。Makarieva 等（2014）提出了一个理论，即蒸发最强的森林区域会驱动上升流和冷凝，所以森林上方的空气通道会产生更多的降雨。但蒸散过程不仅仅影响穿过森林的空气中的含水量，还通过促进降水来改变大尺度气压梯度，从而影响区域大气动力过程。他们认为这会在一个正反馈回路中增强和稳定降水。

瑞士联邦研究院（WSL）的科学家（Herzog et al.，1995）根据观测的茎干的日变化量，对高山环境中挪威云杉的水交换进行了长期实验。中午前树冠中部的树干液流每天都会暂时下降，但未给出解释。根据对林木线以上灌木地带的观测（de Jong，2005），这种现象可能与蒸腾开始前的冷凝效应有关。预计将来会出现更全面地解释冷凝和蒸散的观测技术，例如，茎干的径向变化（Zweifel，2015）。

需要对蒸发、蒸腾和大气动力过程进行协同观测，以确定局地和区域气团传递和移动与当地降水之间的联系。

17.2.4 径流过程

我们已经对森林系统降雨产生径流的过程有了较好的定性理解。图 2.2、图 6.5、图 9.1 和图 9.3 描述的基本过程展现了从降雨至河川径流的路径。但是，对径流路径的定量估计取决于研究场地的位置。通过人为干预，可以改变原有的径流路径，在排水不良的土壤上提高水流流通能力，促进树木的生长（图 8.1 和图 8.2），我们发现，定量分析需要针对森林再生周期的不同阶段估计导水率的变化。我们的定量理解大多来自于对径流的同位素或地球化学示踪分析。Klaus 和 McDonnell（2013）讨论了同位素的使用和局限性。端员混合是一种常用的地球化学示踪剂技术，而近来的研究中，实现了对河流溶解的天然有机物中有机碳组分的识别，这有可能作为检测流经林地水流的一种替代方法（Yang et al.，2015）。

目前正在逐渐形成对森林地下水运移过程的统一解释。McDonnell（2013）开始探究一个想法，即地下水过程可能和超渗产流的方式类似。如第 2 章的讨论，降雨可能通过几种不同的路径变成径流，其中垂直流向地下水的水流梯度最大。Jackson 等（2014）提出了一个简练的数学表达式，根据横向和垂向的梯度、导水率与隔水层上方饱和土壤的厚度，将水流运移分配到垂直与沿斜坡两个方向上。这一分析与 Elsenbeer（2001）对产生坡面流的热带土壤进行分类的论点类似。该分析仅限于平面斜坡，且需要具有平行于斜坡的隔水层，但可能提供了一种能解释森林系统一般规律的理念。Uchida 等（2005）开发了一种决策树方法，根据降雨量和降雨强度评估山坡径流的发生概率和流量，主要是土壤管流。他们的决策树根据触发管流的降雨量和降雨强度（与最大管流量相关）来检测山坡管流流量。当出现管流时，垂直和平行于斜坡方向上的导水率均由土壤大孔隙和土管确定。

17.2.5 森林水文学与生态水文学的融合

根据 Smettem（2008）的定义：

"生态水文学寻求理解水文循环和生态系统之间的相互作用。生态水文学的主题是水文对生态系统模式、多样性、结构和功能的影响，以及水文循环和过程要素的生态反馈。生态水文学的范围涵盖陆地和淡水生态系统，以及人类与环境的关系。"

森林水文学作为生态水文学的一个子学科，这一定义也与之相符。Jackson 等

（2009）引用了本书第 1 章和第 5 章中讨论的瑞士流域实验，这是最早的生态水文实验之一。有人认为植树造林和森林砍伐实验涉及草地和森林两种生态系统的转化，所以它们都可视作生态水文学的例子。

Bonnell（2002）还指出，生态水文学并不是一门全新的科学，但确实包含了水文过程和河流水生生物学之间的新联系。结合河流底栖过程的研究是全新内容，在山坡地下径流的早期研究中未曾涉及。更广义的生态水文学则是将森林水文学与森林、干旱草地，以及湿地和河流之间相互作用的研究结合起来。

生态水文学可为解答一个世纪以来的老问题提供理论工具，即"森林是带来雨水还是仅仅对增加的雨水做出响应？"，这个问题对于热带森林可能更加重要。在大部分热带地区，森林、稀树草原或草地之间的平衡可能不是由气候决定的，而是处于生态替代状态，这种状态很容易被火灾、灭火，以及其他人类活动改变。如果森林覆盖增加了降雨量，那么生物群落的变化可能变得难以逆转（Staver et al., 2011）。

17.3　更广泛的森林水文学

发展森林水文学对森林生态系统管理至关重要。森林水文过程驱动了土壤中污染物的循环和污染负荷的动态变化，通过植物、动物、降水输入以及地表和地下径流网络影响到下游水质。此外，森林水文的研究可为评估土地开发的影响提供参考。我们已经知道森林的产水量和产水时间受到森林管理的影响，但这些影响的持续时间和空间尺度值得进一步研究（NRC, 2008）。

Vose 等指出：

"预测表明，未来松林和速生林面积将增大，以满足碳固存和生物能源的需求，但尚未系统地探索这些植被变化在景观尺度上对产水量和水质的影响，以及碳和水管理之间潜在的矛盾（Jackson et al., 2005; King et al., 2013）。"

为了应对在大尺度上研究森林水文和管理森林的挑战，还需要了解大尺度过程以及与内外景观的相互作用，这些一般都是通过建模方法实现的。但是，还必须要考虑到环境变化、观测数据和建模方法中的不确定性（Harmel et al., 2010）。

相较于传统方法，对森林水文过程的智能化和基于现场的实时监测可在更精细的时空尺度上改善数据采集（Sun et al., 2016）。LiDAR、卫星图像、利用稳定同位素追踪水通量来源（Good et al., 2015; Klaus et al., 2015），以及其他传感器技术等监测和制图技术上的最新进展，与计算速度的提高一起为研究这些复杂过程提供了新的契机。但遥感产品在森林生态水文研究中的作用还需要做进一步研究。

Jones 等（2009）强调，应将森林水文学视为一种景观水文学，其研究内容包括各种陆地活动对供水的交互影响。为了提高景观设计的效率和效果，确保可持续性，需要适配农业用地的模型来描述林地的生物、化学和物理过程。通常使用未受干扰林地的水文和水质来作为人为影响评估的参考基准（本书第 14 章），这就进一步强调了模型测试的重要性，在必要时需进一步开发适用于森林流域的模型。

森林水文科学的研究范围必须以 20 世纪小流域研究中对森林气象和水文影响的理解为基础（Hewlett，1982），然后扩大到目前量化全球变化的生态水文影响（Amatya et al.，2011；Vose et al.，2011）。还必须推动解决当前的复杂问题，包括城市化、气候变化、野火、入侵树种、河道内流量、洪水、干旱、水的有效利用、不断变化的发展模式和所有权，以及不断变化的社会价值观。在这方面，迫切需要继续监测世界各地现有的长期森林流域，它们非常适合记录和解释基准期的水文条件，为推进森林水文科学，解决 21 世纪森林和水资源相关新问题提供宝贵的参考基准。

森林水文学的发展应满足森林管理的需求。预计到 2050 年，全球需水量将增大 55%，增长主要来自发展中国家（WWAP，2014）。同时，生活水平的提高也可能增大对木材产品和能源的需求。即使在不容易发生干旱的地区，气候变化和自然变化也可能导致水资源量减少。这些条件可能会给森林管理者带来巨大压力，他们需要保持并增加森林流域的产水量以满足城市和其他下游用途，而水资源压力使森林本身更容易遭受顶梢枯死、虫害和火灾（Grant et al.，2013）。随着城市的发展，必须有效管理大型森林城市流域，满足尚未确定的产水量和水质标准。Barten 等（2012）描述了这方面的经验。减缓气候变化和保障能源安全需要增大森林生物量及其利用。森林的增长又需要吸收更多的水分，那么森林管理者就需要用可靠的规划工具来协调从树木到景观尺度的各种需求。为了开发这些工具，我们不仅要推进森林水文科学的发展，理解各种因素之间复杂的相互作用，还必须结合现有的研究和模型结果，确定合理、可实现的水量和水质管理目标。我们还必须了解森林管理实践和评估技术，从而在森林所有者的限制下实现这些目标。我们要应对与森林和产水量相关的各项挑战，包括气候变化、土地利用变化、公众对森林改造的抵制、火灾、林龄分布变化、病虫害昆虫和疾病，以及受到干扰后森林再生的影响等。随着世界对清洁水资源、木材、能源和森林碳储存等需求的增长，森林水文学研究对于保护水资源和可持续地提供森林生态系统服务至关重要。

参 考 文 献

About.com (2013) Forest Types of the World – Maps of the World's Forest. Available at: http://www.forestry.about.com (accessed 27 February 2013).

Amatya, D.M., Douglas-Mankin, K.R., Williams, T.M., Skaggs, R.W. and Nettles, J.E. (2011) Advances in forest hydrology: challenges and opportunities. *Transactions of the ASABE* 54, 2049–2056.

Amatya, D.M., Sun, G., Rossi, C.G., Ssegane, H., Nettles, J.E. and Panda, S. (2015) Forests, land use, and water. In: Zolin, C.A. and de A.R. Rodrigues, R. (eds) *Impact of Climate Change on Water Resources in Agriculture*. CRC Press, Boca Raton, Florida, pp. 116–153.

Barten, P.K., Ashton, M.S., Boyce, J.K., Brooks, R.T., Buonaccorsi, J.P., Campbell, J.S., Jackson, S., Kelly, M.J., King, M.J., Sham, C.H., et al. (2012) *Review of the Massachusetts DWSP Watershed Forestry Program*. DWSP Science and Technical Advisory Committee, Massachusetts Division of Water Supply Protection, Boston, Massachusetts.

Bonell, M. (2002) Ecohydrology – a completely new idea? *Hydrological Sciences Journal* 47, 809–810.

Bonell, M. and Gilmour, D.A. (1978) The development of overland flow in a tropical rainforest catchment. *Journal of Hydrology* 39, 365–382.

Carey, S.K. and Woo, M. (2001) Slope runoff processes and flow generation in a subarctic, subalpine catchment. *Journal of Hydrology* 253, 110–129.

De Jong, C. (2005) The contribution of condensation to the water cycle under high-mountain conditions. *Hydrological Processes* 19, 2419–2435.

Elsenbeer, H. (2001) Hydrologic flowpaths in tropical soilscapes – a review. *Hydrological Processes* 15, 1751–1759.

Good, S.P., Noone, D. and Bowen, G. (2015) Hydrologic connectivity constrains partitioning of global terrestrial water fluxes. *Science* 349, 175–178.

Grant, G.E., Tague, C.L. and Allen, C.D. (2013) Watering the forest for the trees: an emerging priority for managing water in forest landscapes. *Frontiers in Ecology and the Environment* 11, 314–321.

Hamilton, L.S., Dudley, N., Greminger, G., Hassan, N., Lamb, D., Stolton, S. and Tognetti, S. (2008) *Forests and Water*. FAO Forestry Paper No. 155. Food and Agriculture Organization of the United Nations, Rome.

Harmel, R.D., Smith, P.K. and Migliaccio, K.W. (2010) Modifying goodness-of-fit indicators to incorporate both measurement and model uncertainty in model calibration and validation. *Transactions of the ASABE* 53, 55–63.

Herzog, K.M., Häsler, R. and Thum, R. (1995) Diurnal changes in the radius of a subalpine Norway spruce stem: their relation to the sap flow and their use to estimate transpiration. *Trees* 10, 94–101.

Hewlett, J.D. (1982) *Principles of Forest Hydrology*. University of Georgia Press, Athens, Georgia.

Hewlett, J.D., Forston, J.C. and Cunningham, G.B. (1977) The effect of rainfall intensity on storm flow and peak discharge from forest land. *Water Resources Research* 13, 259–266.

Jackson, C.R., Bitew, M. and Du, E. (2014) When interflow also percolates: downslope travel distances and hillslope process zones. *Hydrological Processes* 28, 3195–3200.

Jackson, R.B., Jabbogy, E.G., Avissar, R., Roy, S.B., Barrett, D.J., Cook, C.W., Farley, K.A., le Maitre, D.C., Carl, B.A. and Murray, B.C. (2005) Trading water for carbon with biological carbon sequestration. *Science* 310, 1944–1947.

Jones, J.A., Achterman, G.L., Augustine, L.A., Creed, I.F., Ffolliott, P.F., MacDonald, L. and Wemple, B.C. (2009) Hydrologic effects of a changing forested landscape – challenges for the hydrological sciences. *Hydrological Processes* 23, 2699–2704.

King, J.S., Ceulemans, R., Albaugh, J.M., Dillen, S.Y., Docmec, J.C., Fichot, R., Fischer, M., Leggett, Z., Sucre, E., Trnka, M. and Zenone, T. (2013) The challenge of lignocellulosic bioenergy in a water-limited world. *BioScience* 63, 102–117.

Klaus, J. and McDonnell, J.J. (2013) Hydrograph separations using stable isotopes: review and evaluation. *Journal of Hydrology* 505, 47–64.

Klaus, J., McDonnell, J.J., Jackson, C.R., Du, E. and Griffiths, N.A. (2015). Where does streamwater come from in low-relief forested watersheds? A dual-isotope approach. *Hydrolology and Earth System Science* 19, 125–135.

Körner, C. and Paulsen, J. (2004) A world-wide study of high altitude treeline temperatures. *Journal of Biogeography* 31, 713–732.

Lloyd, C.R. and Marques, A.d.O. (1988) Spatial variability of throughfall and stemflow measurements in Amazonian rainforest. *Agricultural and Forest Meteorology* 42, 63–73.

Makarieva, A.M., Gorshkov, V.G., Sheil, D., Nobre, A.D., Bunyard, P. and Li, B.L. (2014) Why does air passage over forest yield more rain? Examining the coupling between rainfall, pressure, and atmospheric moisture content. *Journal of Hydrometeorology* 15, 411–426.

McDonnell, J.J. (2013) Are all runoff processes the same? *Hydrological Processes* 27, 4103–4111.

NRC (National Research Council) (2008) *Hydrologic Effects of a Changing Forest Landscape*. The National Academies Press, Washington, DC.

Savenije, H.H.G. (2004) The importance of interception and why we should delete the term evapotranspiration from our vocabulary. *Hydrological Processes* 18, 1507–1511.

Smettem, K.R.J. (2008) Welcome address for the new 'Ecohydrology' journal. *Ecohydrology* 1, 1–2.

Smith, M.W. and Riseborough, D.W. (2002) Climate and the limits of permafrost: a zonal analysis. *Permafrost and Periglacial Processes* 13, 1–15.

Staver, A.C., Archbald, S. and Levin, S.A. (2011) The global extent and determinants of savanna and forest as alternative biome states. *Science* 344, 230–232.

Sun, G., Amatya, D.M. and McNulty, S.G. (2016) Forest hydrology. In: Singh, V.P. (ed.) *Chow's Handbook of Applied Hydrology*, 2nd edn. McGraw-Hill, New York, Part 7: Systems Hydrology, Chapter 85 (in press).

Uchida, T., Tromp-van Meerveld, I. and McDonnell, J.J. (2005) The role of lateral pipe flow in hillslope runoff response: an intercomparison of nonlinear hillslope response. *Journal of Hydrology* 311, 117–133.

Vauhkonen, J., Holopainen, M., Kankare, V., Vastaranta, M. and Vitale, R. (2016) Geometrically explicit descriptions of forest canopy based on 3D triangulations of airborne laser scanning data. *Remote Sensing of Environment* 173, 248–257.

Vose, J.M., Sun, G., Ford, C.R., Bredemeier, M., Otsuki, K., Wei, X.H., Zhang, Z.Q. and Zhang, L. (2011) Forest ecohydrological research in the 21st century: what are the critical needs? *Ecohydrology* 4, 146–158.

WWAP (United Nations World Water Assessment Programme) (2014) *The United Nations World Water Development Report 2014: Water and Energy*. United Nations Educational, Scientific and Cultural Organization, Paris.

Yang, L., Chang, S.W., Shin, H.S. and Hur, J. (2015) Tracking the evolution of stream DOM source during storm events using end member mixing analysis based on DOM quality. *Journal of Hydrology* 523, 333–341.

Zweifel, R. (2015) Radial stem variations – a source of tree physiological information not fully exploited yet. *Plant, Cell & Environment* 39, 231–232.

彩　　图

彩图1　火灾导致的土壤侵蚀堵塞了澳大利亚维多利亚州克饶普斯河
（Croppers Creek）的一处量水堰

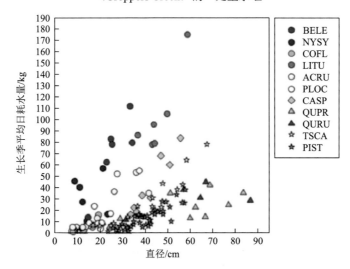

彩图2　基于液流观测的美国东部考维塔水文实验室参考流域不同树种日耗水量

BELE，*Betula lenta*，甜桦；NYSY，*Nyssa sylvatica*，多花蓝果树；COFL，*Cornus florida*，美洲山茱萸；LITU，*Liriodendron tulipifera*，北美鹅掌楸；ACRU，*Acer rubrum*，美国红枫；PLOC，*Platnus occidentalis*，白杨；CASP，*Carya* spp.，山核桃；QUPR，*Quercus prinus*，栗栎；QURU，*Quercus rubra*，北美红栎；TSCA，*Tsuga Canadensis*，加拿大铁杉；PIST，*Pinus strobus*，北美乔松。图中圆形为散孔材树种，菱形为半环孔材树种，三角形为环孔材树种，星形为针叶材树种（Vose et al., 2011）。

彩图 3　因撂荒造成的森林侵占

图片由 Carmen de Jong 提供，2008 年摄于法国阿尔卑斯南部。

彩图 4　因滑雪道导致的土壤入渗容量减小及其对林地的总体影响

图片由 Carmen de Jong 提供，2012 年摄于法国凯拉地区。

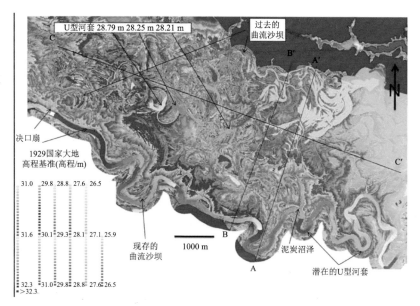

彩图 5　美国南卡罗来纳州康加里湿地国家公园康加里河河谷 11 km 河段处洪泛区的 LiDAR DEM 高程分布（3.05 m × 3.05 m）

LiDAR 数据来自于南卡罗来纳州自然资源部（SCDNR，2015）。

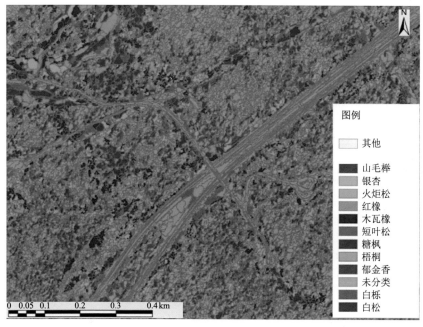

彩图 6　基于 OBIA（面向对象的图像分析）的森林树种组成分析

使用高精度正射影像与 Visual Basic for Applications（VBA）语言在 ArcGIS 9.3 的 ArcObjects 平台上编程实现。

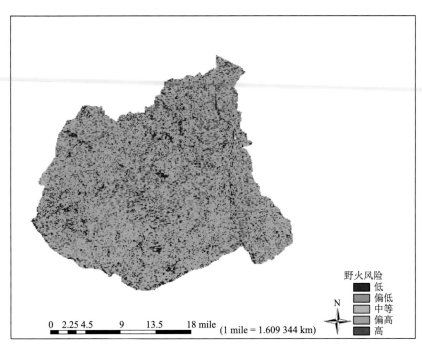

彩图 7 美国南卡罗来纳州萨姆特国家森林的野火敏感性/脆弱性地图

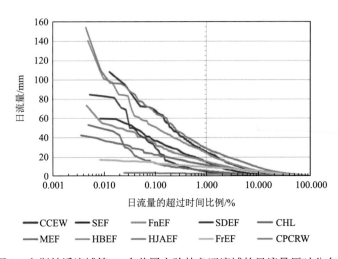

彩图 8 卡斯帕溪流域等 10 个美国实验林参证流域的日流量历时分布曲线

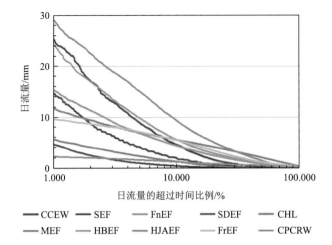

彩图 9　卡斯帕溪流域等 10 个美国实验林参证流域的日流量历时分布曲线

此图仅展示超过时间比例大于 1% 的部分。

彩图 10　位于北部泰加林区的俄罗斯巴赫塔河

图片由 I.M. Danilin 提供。

彩图 11　位于俄罗斯叶尼塞山脉西部坡地（南部泰加林区）的深色针叶泰加林
图片由 A.S. Shishikin 提供。